U0151042

硬件 IP 核安全与可信

Hardware IP Security and Trust

Prabhat Mishra（普拉巴特·米什拉）
［美］ Swarup Bhunia（斯瓦普鲁·布尼亚） 主编
Mark Tehranipoor（马克·德黑兰尼普尔）

冯志华 何安平 译

国防工业出版社
·北京·

著作权合同登记　图字：军-2021-002 号

图书在版编目（CIP）数据

硬件 IP 核安全与可信/（美）普拉巴特·米什拉（Prabhat Mishra），（美）斯瓦鲁普·布嗯亚（Swarup Bhunia），（美）马克·德黑兰尼普尔（Mark Tehranipoor）主编；冯志华，何平译. —北京：国防工业出版社，2022.12

书名原文：Hardware IP Security and Trust

ISBN 978-7-118-12596-2

I. ①硬…　II. ①普…　②斯…　③马…　④冯…　⑤何…　III. ①核安全—研究　IV. ①TL7

中国版本图书馆 CIP 数据核字（2022）第 194783 号

（根据版权贸易合同著录原书版权声明等项目）

※

新时代出版社

国防工业出版社 出版发行

（北京市海淀区紫竹院南路 23 号　邮政编码 100048）

北京虎彩文化传播有限公司印刷

新华书店经售

*

开本 710×1000　1/16　**印张** 19¼　**字数** 338 千字

2022 年 12 月第 1 版第 1 次印刷　**印数** 1—1500 册　**定价** 189.00 元

（本书如有印装错误，我社负责调换）

国防书店：（010）88540777　　书店传真：（010）88540776

发行业务：（010）88540717　　发行传真：（010）88540762

译 者 序

原著从集成电路安全现状，集成电路可信分析，集成电路防伪、加密和混淆安全对策以及集成电路安全与可信度4个层面系统地介绍了硬件IP核所处的现状及技术特点，就硬件IP核的安全对策和度量方法进行了深入分析与介绍，描述了各种安全与可信检测技术的优势。全书除对硬件IP核安全与可信的学术观点、已有成果进行整理和介绍外，还提出可信SoC系统安全的发展趋势预测。

作者Mark Tehranipoor等均为国际硬件IP核领域安全技术研究的知名学者，书中不仅有他们对学科基础理论精湛而严谨的论述，而且有他们多年从事硬件IP核安全研究的实践成果。其中，Mark Tehranipoor是国际集成电路硬件IP核安全领域的领军专家，也是DAC、FPL、HOST、FPGA、DATE等国际集成电路安全会议的主席或程序委员，对硬件IP核安全行业的洞察力和造诣首屈一指，并创建了国际首个硬件IP核安全威胁测试集（Trust-Hub）。作者对近10年的相关硬件IP核安全研究工作进行了归纳提炼，原版经Springer出版后得到了业界的一致好评，已经成为国外部分高校高年级本科生或研究生的必读书目。

《硬件IP核安全与可信》一书从集成电路科技发展和军事应用背景出发，围绕着集成电路硬件IP核存在的安全与可信问题，总结了近年来美国、英国、德国及日本等世界各国30余位优秀学者关于集成电路硬件IP核安全与可信技术的最新研究进展，阐述了硬件IP核安全与可信研究的必要性和重要性。书中辑录了来自世界各地的集成电路硬件IP核安全领域高水平专家的研究成果，涉及内容丰富，特别是对硬件IP核的可信分析和硬件IP核安全验证方法进行了详细论述，覆盖了集成电路IP核安全与可信的多个研究热点。

本书为学术界及产业界的研究者提供了关于硬件IP核的最具创新性、最有代表性的研究内容，囊括硬件IP核安全生命周期中安全需求分析、设计、验证和检测等各个环节安全与可信的技术问题。这些宝贵的研究将会极大地提升我国集成电路硬件IP核安全风险分析、设计、测试与验证等方面的研究水平，推动硬件IP核安全技术在我国军事装备、电力、金融等国家信息安全领域芯片的工程化应用，对改善和提高我国军事装备、电力和金融等领域底层硬件芯片安全具有现实意义。本书是硬件IP核安全与可信领域目前公开出版的唯一一本系统且全面介绍硬件IP核安全与可信研究的国外专著，相信本译著的出版会促进和推动我国集成电路硬件 IP 核安全与可信的研发水平，本书将成为国内科研院所及高校的科研工作者、工程技术人员及相关专业学生等研究芯片安全人员的经典读物。

译　者

2022 年 2 月

目　录

第一部分　概　述

第二部分　可信分析

第三部分 有效对策

第四部分　安全与可信确认

第五部分 结　论

第一部分

概　　述

第 1 章 第三方 IP 核中脆弱的安全和可信性

1.1 引 言

人类的日常生活已经与一个链接设备数量超过人口数的结构——物联网（Internet of Things，IoT）密切地结合在一起，2020 年，有超过 500 亿台各类设备被部署并相互连接[1]。在设计这些系统时，安全和可信是最重要的考虑因素。大多数 IoT 设备以及嵌入式系统都使用片上系统（System on Chip，SoC）组件和软件应用程序设计。为了降低设计成本并满足缩短上市时间的需求，SoC 设计使用第三方知识产权内核（IP 核）[2]。例如，图 1.1 显示了具有处理器内核的典型 SoC，这种设计包含数字信号处理器（DSP）、存储器（MEM）、模/数转换器（ADC）、数/模转换器（DAC）、通信网络和外设（I/O）等。为了便于说明，通信网络被视作 IP 核，而不是 IP 核和外设之间的连接。如图 1.2 所示，在许多情况下，这些 IP 核由全球不同的公司设计，涉及多个供应商的长程供应链。SoC 在其生命周期的不同阶段的安全漏洞是 SoC 设计人员、系统集成商以及最终用户的重要关注点。在过去的几十年中，硬件组件、平台和供应链被认为是安全可靠的。然而，最新的关于微芯片和电路中安全漏洞和攻击的研究和报告显示并非如此[3]。

对可重用硬件 IP 核（通常由不可信的第三方供应商提供）越来越多的依赖，严重影响了 SoC 计算平台的安全性和可信赖性[3]。对于外来的硬件 IP 核的日渐严峻的忧虑是，它们可能会附有恶意模块、与需求不符的功能（如硬件木马）、可用作后门的未记录测试/调试接口或其他完整性问题。例如，一项对 IP 核的严密检查（在图 1.1 中列为“TRUST ME”）发现了恶意逻辑（硬件木马）、潜在后门及未知（未定义的）功能。SoC 中的不可信 IP 核可能会导致最终用户的安全性问题。例如，处理器模块中的硬件木马可能会泄露安全密钥或其他受保护的数据。如果攻击者可以细致地分析状态变换，并能够从存储器 IP 核任意状态到达处理器 IP 核的受保护状态，则存储器 IP 核中的硬件木马将能够通过处理器 IP 核获取安全密钥。值得注意的是，如果在 IP 核设计的任何阶段（如综合、验证、可测性设计（DFT）、布局、制造、制造测试和硅后调试）有来源于外协的功能，那么即便来自可信公司的 IP 核，也有可能包含恶意模块。根据 IP 核漏洞的类型，对手不仅可以利用硬件木马，还可以执行侧信道攻击、探测攻击以及基于有限状态机漏洞的攻击等。本书全面介绍了 SoC 漏洞分析，并提出了有效的对策和验证技术，以利用不可信的第三方 IP 核设计出可信的 SoC。

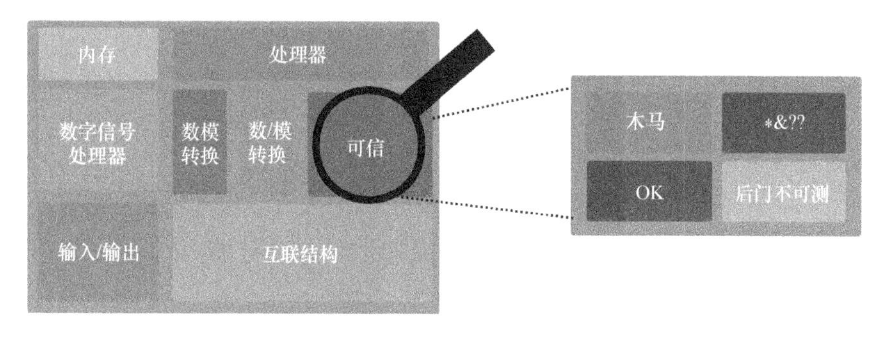

图 1.1 使用具有处理器内核的可信 SoC 设计

图 1.2 长期全球分布的硬件 IP 供应链使其越来越容易受到各种可信问题的困扰

本章的组织结构如下：1.2 节描述了现有的 SoC 设计和验证方法的实践；1.3 节概述了第三方 IP 核的安全和可信漏洞；1.4 节介绍如何使用潜在的不可信第三方 IP 核设计可信的 SoC；1.5 节介绍了其余章节的组织结构与简要内容。

1.2 SoC 的设计与验证

SoC 将硬件和软件组件集成到可以执行所需功能的集成电路（IC）中。硬件组件可以是处理器、协处理器、控制器、转换器（模/数和数/模）、现场可编程门阵列（Field Programmable Gate Array，FPGA）、存储器模块和外设。软件组件可以是实时操作系统和控制程序。典型的 SoC 可以执行数字、模拟和混合信号计算。图 1.1 显示了典型 SoC 设计的框图。示例中 SoC 由处理器、DSP、存储器、转换器、通信网络和外围设备组成。SoC 广泛用于设计 IoT 设备和嵌入式系统，包括通信、娱乐、多媒体、汽车和航空电子等各个领域。本节接下来概述了 SoC 设计方法和 SoC 验证技术。

图 1.3 显示了一种典型的自上而下的 SoC 设计方法。首先是需求规格说明设计，然后是软件–硬件协同设计（包括任务划分、软件模型的代码生成、硬件模型的综合、布局和制造）以及集成和验证。一些半导体公司使用基于平台的 SoC 设计，这是传统自上而下方法的一种变体。在基于平台的方法中，将期望的行为（规范）映射到目标平台。系统设计行为的某些部分以 IP 核形式实现，其余部分在硬件或软件中实现。由于 SoC 设计复杂性的增加以及时间的限制，半导体公司主要选择基于 IP 核的 SoC 设计方法。与传统自上而下的设计方法相比，基于 IP 核的设计能够非常快速地将所有必需的组件组合在一起，然后按图 1.4 所示进行集成和验证。

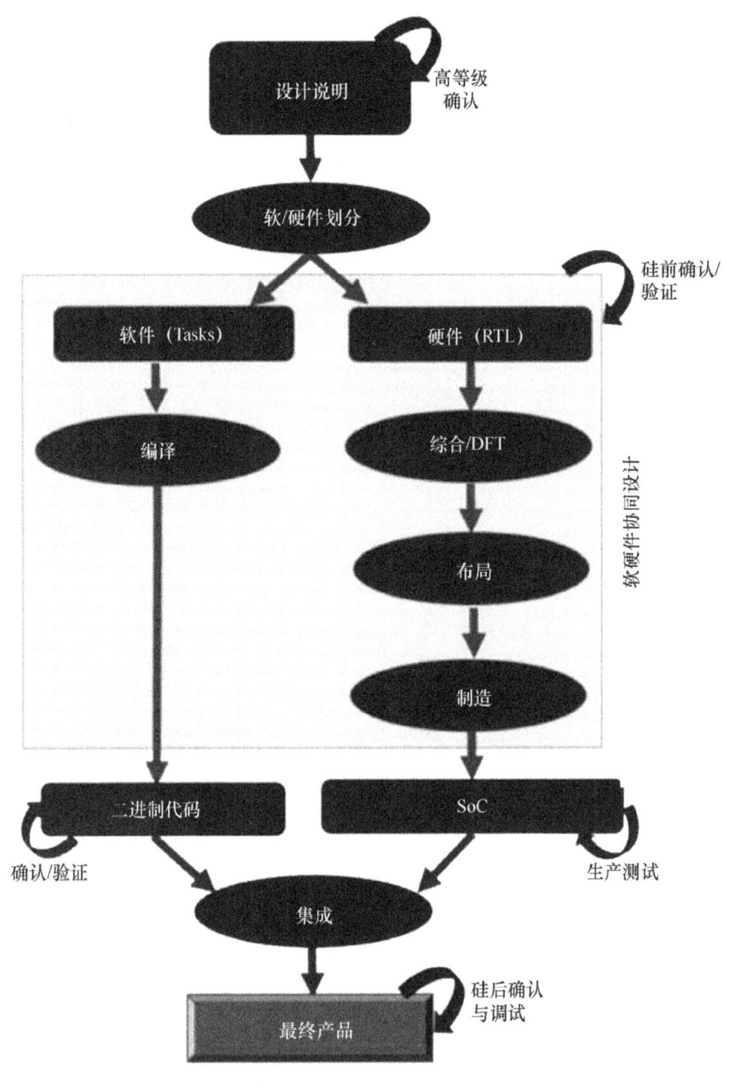

图 1.3　传统的自上而下的 SoC 设计方法

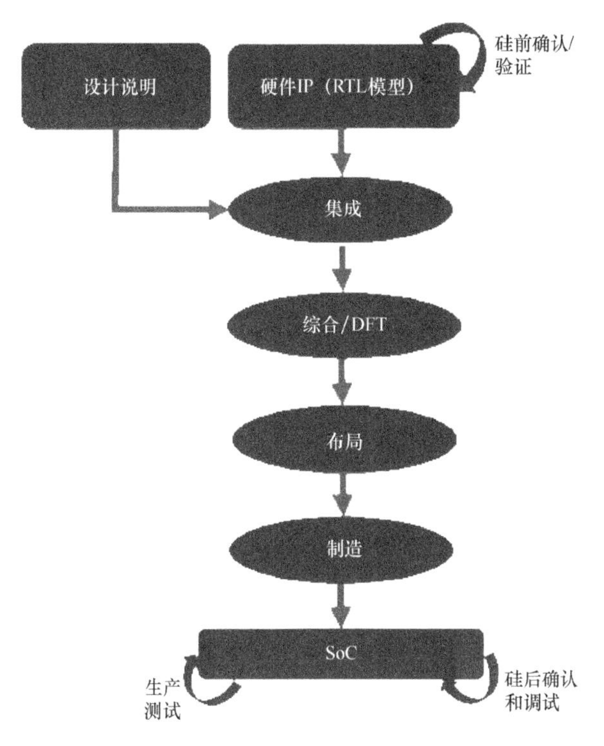

图 1.4 基于 IP 核的 SoC 设计方法

由于设计复杂性增加和缩短上市时间需求的综合影响，SoC 的验证面临着巨大的挑战。最近的研究报告显示，SoC 验证占据了整体 SoC 设计流程高达 70%的资源（成本和时间）[4]。其中，成本包括架构模型的系统级验证、硅前验证以及功能行为和非功能需求的硅后验证。SoC 验证广泛使用了随机、约束随机和定向测试向量仿真。由于可能的输入组合（测试向量）的数量可能是指数规模的，基于仿真的方法不能保证验证的完整性。另外，诸如模型（属性）检查、等价性检查和可满足性（SAT）求解的形式化方法可以证明系统设计的正确性，但是因为状态空间爆炸问题而难以处理大规模的设计。因此，SoC 验证专家将基于仿真的技术和形式化方法有效地结合起来。在典型的工业环境中，使用有效的测试向量来模拟完整的 SoC，使用形式化方法来验证一些关键组件（如安全性 IP 核和复杂协议）。不幸的是，现有这些验证技术难以直接用于检测 SoC 的安全和可信漏洞[5-8]。

1.3 第三方知识产权与可信危机

来源于不可信的第三方供应商的硬件 IP 核可能具有各种各样的安全性和完整性问题。IP 核设计过程中涉及的 IP 设计公司内的攻击者，可以故意插入恶意的植入或设计修改，用于注入一些隐藏和不需要的功能。攻击者添加这些附加功能主要有以下两个目的。

（1）引起集成这些 IP 核的 SoC 发生故障。

（2）通过硬件后门泄露信息，从而进行未经授权的访问，或者芯片内部直接泄露秘密信息（如密码密钥或 SoC 的内部设计细节）。

研究人员已经发现不同形式的组合和时序硬件木马，可能造成在有效载荷下系统故障或信息泄露，这可能成为攻击者的有效攻击手段。信息泄露或隐藏的后门可以使攻击者在系统运行期间非法访问 SoC 内的重要模块或有价值的数据。这样的访问可以通过硬件后门远程获取。另外，由恶意修改突然触发的电路故障，可能会在关键基础设施中造成灾难性的后果。这两种类型的隐患都对国家和个人的安全造成严重影响。

除了设计中的恶意更改外，IP 核供应商还可能无意中加入一些设计功能，如可能引发关键安全漏洞隐藏的测试/调试接口。2012 年，一组剑桥研究人员在 MicroSemi（以前称为 Actel）[9]的高度安全的军用级 ProAsic3 FPGA 器件的突破性研究中，发现了一个未记录的硅片后门。类似地，IP 核可以具有未被描述的参数行为（如功耗/热量），可被攻击者利用以对电子系统造成不可恢复的损坏。在最近的一份报告中，研究人员已经展示了这样的攻击，其中固件的恶意升级会通过影响电源管理系统来破坏正处于控制状态的处理器[10]。它揭露了 IP 核的新的攻击模式，其中固件/软件更新可能恶意影响芯片的功耗、性能、温度曲线，以破坏系统或通过适当的侧信道攻击（如故障或时序攻击）暴露秘密信息[11]。因此，迫切需要对硬件 IP 核中的可信/完整性问题进行严格和全面的分析，并开发有效的低成本对策，以保护 SoC 设计人员和终端用户免受这些问题的影响。

数字 IP 核有以下几种不同的形式。

（1）软核（如寄存器传输级 IP 核）。

（2）固核（如门级 IP 核）。

（3）硬核（如版图级 IP 核）。

所有形式的 IP 核都容易受到上述可信问题的影响。图 1.5 显示了硬件 IP 核的主要可信/完整性问题。首先，攻击者可以植入某些内部节点条件触发的组合和时序木马。部分专业的攻击者会将这些木马的触发条件设置得十分罕见，从而逃避在常规功能测试中的检测[12]。组合木马由一个内部节点值布尔函数的触发条件激活，而时序木马被一系列罕见的条件激活，并且由包含一个或多个状态元素的状态机实现。一般来说，这些木马可以引起两种类型的问题（指木马的效果），即引发故障或信息泄露。后者可以将秘密信息作为逻辑值通过输出端口泄露或通过侧信道泄露来实现，即每次向功耗签名添加单比特信息以从加密 IP 泄露密钥[13]。两种类型的特洛伊木马具有不同的复杂度，这些复杂度与触发概率有很好的相关性。更复杂的组合（或时序）木马可能会使用更多的节点（触发输入）来实现触发条件，从而实现更为罕见的木马激活条件。

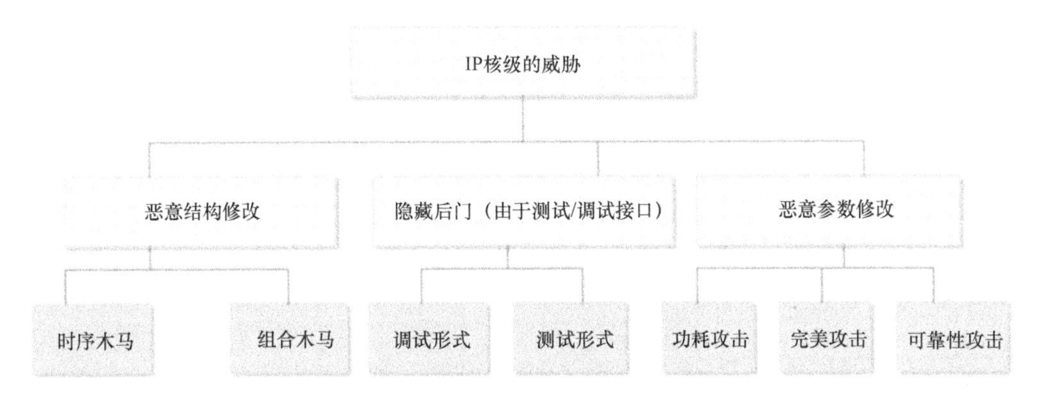

图 1.5　硬件 IP 核可信问题分类法

可信/完整性问题涉及明显良性的测试/调试接口，这些接口使得 IP 核在实际工作过程中容易受到各种攻击。例如，如果 SoC 可以后期制造，则与密钥相关逻辑接口的加密 IP 中的扫描链可以启用基于扫描的可控制性/可观察性攻击，从而导致密钥泄露。类似地，允许硅后验证、调试和故障分析的 SoC 中的调试接口是众所周知的各种攻击的漏洞。最近的事件揭示了这样一个漏洞[9]，在 MicroSemi 提供的一种高度安全的军用级别可重构设备的研究中发现了一个未记录的硅片后门，MicroSemi 给这个后门植入了一组密钥或密码，研究人员使用高度敏感的差分功耗分析技术发现了这个问题。使用这个后门，攻击者可以访问不同的芯片组件，如非易失性存储器（Non-Volatile Memory，NVM）、阵列比特流等。攻击者可以利用它对芯片进行远程重新编程及禁用，即使用户使用自己的用户密钥将其锁定也无济于事。虽然 MicroSemi 已经证实这种 JTAG 的测试/调试接口形式结构只能由制造商进行控制和使用。令人担忧的是，它们不能用杀毒软件修复，因此部署的芯片仍然易受影响。有必要对于这种测试/调试接口是否会在信息泄露方面造成直接（基于逻辑）或间接（侧信道）泄露进行分析。

第三类木马涉及隐藏的输入/操作条件，这些条件可能会使 IP 超出安全操作点，如 IP 违反峰值功率或温度限制的攻击。由于许多 IP 核的参数行为没有得到很好的表征，所以它使攻击者在尝试使用各种输入（可能是罕见的）条件来违反非功能约束的操作时容易受到攻击。如文献[10]所述，这样的条件可能会导致使用固件、软件、输入来直接攻击硬件的严重威胁。本书介绍了 IP 核层面的主要攻击类型以及它对 SoC 安全和可信影响的分析。

1.4 基于不可信IP核的可信SoC设计

最近的研究工作已经开始针对IP核可信保证。研究内容可以分为两大类。

（1）测试和验证的解决方案，其中一组测试模式旨在识别IP中未知的隐藏木马。

（2）设计解决方案，SoC设计师遵循与IP核提供商的预定义协议。

测试/验证解决方案的现有工作考虑了统计和定向测试生成。对大型设计或各种形式的IP核中木马的攻击方法的可扩展性尚未得到广泛的研究。第二类中的突出工作是基于将随码证明（Proof-Carrying-Code，PCC）嵌入到设计中，其中SoC设计者向IP核供应商提供一组嵌入IP核的证明，用于后续SoC检查设计师进行可信验证。虽然这种技术可以有效地向SoC设计者提供IP核的某些属性和组件的较好的保证，但是它不能为IP核的所有结构组件提供全面的保证。IP核攻击者可以通过将木马嵌入其中未包含验证码的逻辑块中来突破PCC的保护。此外，由于PCC的集成，它可能会引入相当大的设计开销，并且对SoC设计人员提出了更多的要求和约束，使其在IP设计过程中与IP供应商进行交互。

由于其隐藏的性质和几乎无限的木马空间（包括触发条件、形式和规模方面），巧妙地嵌入集成到大型SoC的IP核中的木马很有可能避开常规的硅后测试。此外，因为处在整个软件堆栈以下的层，恶意硬件可以轻松地绕过传统的软件实现的防御技术。类似地，在实际使用期间，攻击者可以利用在非常规的输入条件下的明显的良性调试/测试接口或者非特征参数行为。由于以下原因，IC级别的现有安全分析和可信验证不能轻易扩展到SoC中使用的硬件IP核。

（1）不同的威胁模型。IP级别的信任/完整性问题与IC级别的信任/完整性问题根本不同，主要是因为第三方IP并没有黄金参考模型。它阻止执行常规的时序等价性检查（Sequential Equivalence Check，SEC）来识别异常。大多数情况下，这些IP核只有一个功能规格说明（通常是不完整的）和可选的高级框图。而与之对应的是，对于IC可以使用一组理想IC或一些抽象层次的理想设计作为参考。

（2）隐藏的测试/调试接口。不同于IC，测试工程师可以访问系统设计的测试/调试接口进行可信验证，而IP核如同最近的研究发现那样，可能包含造成重大安全问题的隐藏的测试/调试接口。

（3）参数漏洞。如前所述，可能IP核供应商无法充分验证IP核的功耗、温度、性能行为，这可能会造成意想不到的漏洞。

幸运的是，任何形式的IP核在可信验证方面都提供了重要的优势。IP核不是真正的黑匣子，可以利用逻辑块（如数据路径）组件的结构/功能信息来有效地识别不同的可信问题。下面详细介绍了 3 种主要类型的 IP 可信验证解决方案，如图 1.6 所示。

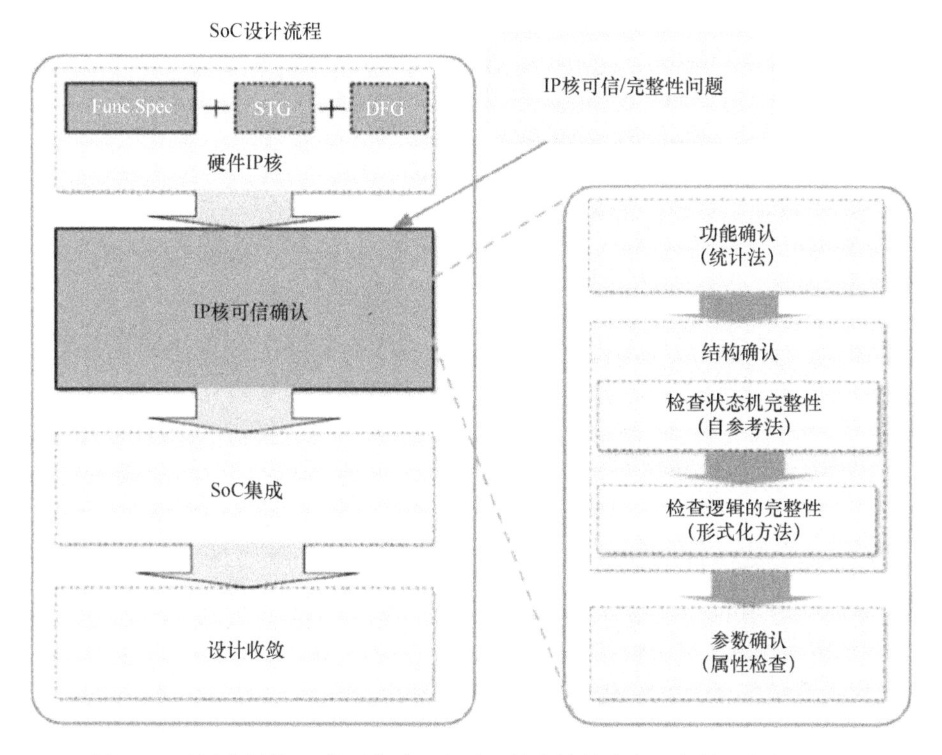

图 1.6　不同类别的 IP 核可信验证方法可能会被整合在更高的置信水平上

（1）功能分析。功能分析可以采用统计随机测试方法，目的是激活木马实例。这一领域的研究结果表明，这种方法对小型木马，特别是组合式的木马非常有效[14]，它尝试将随机测试发生器偏向可能的恶意植入。然而，这种方法通常对于激活条件是无规则的较大的木马是无效的。统计随机检验将对定向检验进行补充。

（2）结构分析。确保 IP 核按照规范执行十分重要，这需要对状态机和数据路径进行评估。为了检查状态转换功能的完整性，可以采用自参考方法[15]，比较两个不同时刻的有限状态机（Finite State Machine，FSM）的时间特征，以识别 FSM 的恶意修改。基本思想是一个设计中的时序木马（如计数器木马）将在状态机中触发不相关的活动，因此其可以被隔离。自参考方法可以用形式化验证方法作为补充，形式化验证方法利用数学技术来保证设计针对某些特定行为的正确性。但是，由于等效检查过程中状态空间爆炸，现有的方法通常无法处理大型 IP 核，除非规范和实现的结构非常相似。因此，需要开发用于 IP 结构信任验证的新的可扩展形式方法[7]。

（3）参数分析。检查 IP 核的各种特性（包括峰值功耗和峰值温度）对于信任保证也很重要。攻击者可以通过软件、固件、输入控制产生功耗病毒，从而最大限度地提高 IP 核中的交换活动。在峰值功耗超出阈值的情况下，设计人员可能需要重新设计 IP 核以降低峰值功耗。攻击者可以开发产生温度病毒的机制，可以产生持续的峰值功耗以产生峰值温度。如果温度病毒可以将 IP 核温度提高到超过阈值，则可能导致可靠性、信息安全和功能安全的问题。

（4）设计安全。作为 IP 核级别可信验证的替代或补充方法，可以使用精选的设计解决方案来避免 SoC 遭受不可信的 IP 核的恶意行为。这样的解决方案通常需要 SoC 设计公司和 IP 核供应商之间的协作。这种安全的设计解决方案的核心思想是设计具有特定可证明属性的 IP 核，其可靠性可以在 SoC 集成期间轻松建立。SoC 设计人员会要求 IP 供应商将一组预定义的可验证安全性声明嵌入到 IP 中，以便对其进行检查（如使用形式化方法来验证 IP 的信任级别）。任何违反安全性声明/检查的行为都表明 IP 核不符合规定，因此可能是恶意的。这种方法的主要挑战包括对设计中的不同功能块进行适当的安全检查、插入安全检查而导致的设计开销以及安全保护整个设计的难度。此外，这种方法还需要改变当前的商业模式，即以很少或根本没有定制的 IP 作为商品产品出售给芯片制造商。

1.5 本书章节安排

本书内容如下：第 2～5 章介绍了几种信任漏洞分析技术；第 6、7 章提供了针对各种形式攻击的有效对策；第 8～14 章概述了用于测试和验证硬件 IP 核安全性和信任的有效技术；第 15 章为全书总结。

第 2 章介绍了用于分析不同抽象级别的设计漏洞，并在设计阶段评估其安全性的框架。

第 3 章介绍了门级和版图级设计的漏洞分析，以定量确定其对硬件木马插入的敏感性。

第 4 章提出了一个有趣的案例研究，使用形式化和半形式化的覆盖分析方法来识别可疑信号。

第 5 章调查了现有的执行探测攻击的技术、防范探测攻击的问题，并提出了一个布局驱动的框架来评估设计对探测攻击的漏洞程度。

第 6 章回顾了 3 种主要的安全强化方法，即伪装、逻辑加密/锁定和设计混淆。这些方法适用于版图级、门级和寄存器传输级别的 IC。

第 7 章介绍了一种变异的运行时体系架构，以支持系统设计人员实施强化的加密设备以应对侧信道攻击。

第 8 章使用基于仿真的验证和形式化方法的组合来研究软 IP 核的现有安全验证方法。

第 9 章使用模型检验和使用携带证明的硬件进行定理证明以完成可信评估。

第 10 章介绍了利用木马特性检测潜在硬件木马的 3 种方法，还概述了一个隐藏的木马是如何逃避这些检测方法的。

第 11 章概述了如何利用未指定的功能泄露信息，并提出了防止这种攻击的框架。

第 12 章提出了使用指令级抽象来指定安全属性，并通过固件和硬件验证这些属性的机制。

第 13 章描述了如何执行测试生成以检测参数约束中的恶意变化。

第 14 章介绍了使用 3 个指标进行的侧信道测试，以及有关实际未受保护和受保护目标的实际案例研究。

第 15 章总结了全书的内容，并为可信任的 SoC 设计提供了未来的路线图。

参考文献

1. D. Evans, Cisco white paper on the internet of things: how the next evolution of the internet is changing everything (April 2011). www.cisco.com/c/dam/en_us/about/ac79/docs/innov/IoT_IBSG_0411FINAL.pdf. Accessed 8 Nov 2016
2. M. Keating, P. Bricaud, *Reuse Methodology Manual for System-on-a-Chip Designs* (Kluwer, Norwell, MA, 1998)
3. S. Bhunia, D. Agrawal, L. Nazhandali, Guest editors' introduction: trusted system-on-chip with untrusted components. IEEE Des. Test Comput. **30**(2), 5–7 (2013)
4. M. Chen, X. Qin, H. Koo, P. Mishra, *System-Level Validation: High-Level Modeling and Directed Test Generation Techniques* (Springer, New York, 2012)
5. Y. Huang, S. Bhunia, P. Mishra, MERS: statistical test generation for side-channel analysis based Trojan detection, in *ACM Conference on Computer and Communications Security (CCS)* (2016)
6. X. Guo, R. Dutta, P. Mishra, Y. Jin, Scalable SoC trust verification using integrated theorem proving and model checking, in *IEEE International Symposium on Hardware Oriented Security and Trust (HOST)* (2016), pp. 124–129
7. F. Farahmandi, Y. Huang, P. Mishra, Trojan localization using symbolic algebra, in *Asia and South Pacific Design Automation Conference (ASPDAC)* (2017)
8. X. Guo, R. Dutta, Y. Jin, F. Farahmandi, P. Mishra, Pre-silicon security verification and validation: a formal perspective, in *ACM/IEEE Design Automation Conference (DAC)* (2015)
9. S. Skorobogatov, C. Woods, Breakthrough silicon scanning discovers backdoor in military chip, in *CHES 2012*. Published in Lecture Notes in Computer Science, vol. 7428 (2012), pp. 23–40
10. Ellen Messmer, RSA security attack demo deep-fries Apple Mac components, Network World (2014). http://www.networkworld.com/article/2174737/security/rsa-security-attack-demo-deep-fries-apple-mac-components.html
11. P.C. Kocher, Timing attacks on implementations of diffie-hellman, RSA, DSS, and other systems, in *CRYPTO* (1996), pp. 104–113
12. F. Wolff, C. Papachristou, R. Chakraborty, S. Bhunia, Towards Trojan-free trusted ICs: problem

analysis and a low-overhead detection scheme, in *Design Automation and Test in Europe (DATE)* (2008)
13. L. Lin, W. Burleson, C. Parr, MOLES: malicious off-chip leakage enabled by side-channels, in *International Conference on CAD (ICCAD)* (2009)
14. R. Chakraborty, F. Wolff, S. Paul, C. Papachristou, S. Bhunia, MERO: a statistical approach for hardware Trojan detection, in *Workshop on Cryptographic Hardware and Embedded Systems (CHES)* (2009)
15. S. Narasimhan, X. Wang, D. Du, R. Chakraborty, S. Bhunia, TeSR: a robust temporal self-referencing approach for hardware Trojan detection, in *4th IEEE International Symposium on Hardware-Oriented Security and Trust (HOST)* (2011)

第二部分

可 信 分 析

第2章 安全规则检查

2.1 概 述

随着信息技术的高速发展及其在日常生活中扮演着关键角色，网络面临着前所未有的被攻击的巨大风险。许多安全系统或设备有着严格的安全性要求，它们的失效可能对人类的生活和环境造成伤害，对重要基础设施造成严重破坏、泄露个人隐私甚至破坏整个商业部门赖以生存的基础。甚至有人认为一个有漏洞的系统（如通过互联网支付的信用卡）会严重阻碍经济发展。使用软件防御入侵和未授权使用资源在过去得到了广泛的关注，包括防病毒、防火墙、虚拟化、加密软件和安全协议等在内的安全技术的发展，使得系统更加安全。

虽然自 20 世纪 80 年代以来，软件开发商和黑客之间的对抗愈演愈烈，但底层硬件通常被认为是安全可靠的。然而，在过去的 10 年左右的时间里，战场已经扩展到硬件领域，因为在某些方面，新兴的硬件攻击比传统的软件攻击更为有效和高效。例如，虽然加密算法已经得到改进，以数学方式非常难以破解（如果可以破解的话），但是其电路实现并不能做到如此。已经证明密码系统、SoC 和微处理器电路的安全性可以使用时序分析攻击[1]、功耗分析攻击[2]、可测性设计（Design For Test，DFT）结构[3-5]和故障注入攻击[6]来破坏。这些攻击可以有效地绕过软件层面建立的安全机制，使设备或系统暴露于危险之中。这些基于硬件的攻击旨在利用 IC 设计流程中无意或有意引入的设计漏洞。

IC 中的许多安全漏洞可能由于设计错误和设计人员对安全问题缺乏了解在无意中产生。此外，今天的计算机辅助设计（Computer Aided Design，CAD）工具没有考虑集成电路中的安全漏洞问题。因此，CAD 工具可能会在电路中引入额外的漏洞[7-8]。这些漏洞可以使电路变得更容易受到攻击，如故障注入或基于侧信道的攻击。此外，这些漏洞可能导致敏感信息通过可被攻击者访问的观测点泄露，或者未经授权访问攻击者以控制或影响安全系统。

漏洞也可以故意在集成电路中以恶意修改的形式引入，称为硬件木马[9]。由于上市时间越来越短，设计机构越来越多地依赖第三方 IP 核。此外，由于制造 IC 的成本不断增加，设计公司常常依靠不可信的代工厂和组装来制造、测试和封装集成电路。这些不可信的第三方 IP 核所有者或代工厂可以插入硬件木马，以便在设计中创建后门，通过该后门可以泄露敏感信息，并且可以执行其他可能的攻击（如拒绝服务、降低可靠性等）。

在硬件设计和验证过程中识别安全漏洞非常重要，并需要尽早解决，因为：① 制作后期的集成电路灵活性差，很难做出改动；②修复在设计和制造过程后期发现的漏洞其成本显著高于最初的规则（当通过对设计流程的每个阶段进行检测以发现有问题的 IC 时，成本增加了一个数量级）。此外，如果 IC 在投产制造过程中发现一个漏洞，那么公司可能会产生数百万美元的收入损失和替代成本。

识别安全漏洞需要广泛的硬件安全知识，而由于硬件安全问题的复杂性和多样性，很多设计工程师不能完全掌握这方面的知识。因此，硬件安全工程师需要分析电路实现和规范，并识别潜在的漏洞。这就要求工程师必须拥有从已有和未来攻击中获得不同漏洞的能力。设计公司中具有高专业知识的大型安全专家团队人力成本昂贵，而现代设计日益增加的复杂性大大增加了手动分析安全漏洞的难度。不完善的安全检查可能会遗漏未解决的安全漏洞，同时伴随着极大的设计开销、开发时间和硅成本[10]。

以上这些限制因素要求我们在设计和验证阶段实现安全漏洞分析过程的自动化。本章提出了一个称为设计安全规则检查（Design Security Rule Check，DSeRC）[11]的框架，将其集成到常规设计流程中，以分析设计的漏洞，并在设计过程的寄存器传输级（RTL）、门级网表、插入 DFT 和物理设计等各个阶段评估其安全性。DSeRC 框架旨在成为设计工程师的安全验证的专家系统。为了实现这一点，需要全部 IC 漏洞的列表。然后将这些漏洞与规则和度量标准相关联，以便对每个漏洞进行定量测量。DSeRC 框架将允许半导体行业系统地识别流片之前的漏洞和安全问题，以便使用适当的对策或改进设计来解决这些问题。

本章的其余部分组织如下：在 2.2 节中，介绍了什么是安全资产和攻击模式，并讨论了谁是潜在的对手以及他们如何获得未经授权的资产访问权；在 2.3 节中，提出了所建议的 DSeRC 框架、漏洞和相关的度量规则，并详细介绍了漏洞在设计过程的不同阶段是如何被引入的，还概述了定量分析漏洞所需的规则和指标；在 2.4 节中，对开发 DSeRC 框架所需的任务进行了讨论；2.5 节对本章内容做出总结。

2.2 安全资产和攻击模型

为了建立安全的集成电路，设计者必须决定要保护哪些资产以及要对哪些可能的攻击进行检查。此外，IC 设计人员还必须了解 IC 设计供应链中的参与者（攻击者和防御者）分别是谁，并且能够根据明确的规则和度量方法快速评估安全漏洞和对策质量。集成电路中的 3 个基本安全因素（安全资产、潜在对手和潜在攻击）与安全检查相关联，下面将对此进行讨论。

2.2.1 资产

正如文献[10]中所定义，资产是一种值得保护的有价值的资源。资产可能是有形的物体，如电路设计中的信号；或可能是无形资产，如信号的可控性。文献[12]中列出了在SoC中必须保护的资产示例。

（1）设备上的密钥（On-Device Key）：密钥，如加密算法的私钥。这些资产通过存放在某种形式的非易失性存储器而存储在芯片上。如果密钥被攻破，那么设备的机密性要求将受到损害。

（2）制造固件（Manufacture Firmware）：低级程序指令，专有固件。这些资产对原始制造商具有知识产权价值，并且在这些资产的保护上进行妥协会使攻击者伪造设备。

（3）设备上受保护的数据（On-Device Protected Data）：敏感数据，如用户的个人信息和抄表。攻击者可以通过窃取这些资产来侵犯某人的隐私，或者通过篡改这些资产（抄表）使自己受益。

（4）设备配置（Device Configuration）：配置数据确定哪些资源可供用户使用。这些资产决定了特定用户可使用哪些特定服务或资源，攻击者可能希望篡改这些资产来获取这些资源的非法访问权。

（5）熵（Entropy）：为加密原语生成的随机数，如初始化向量或加密密钥生成。对这些资产的成功攻击将削弱设备的加密强度。

硬件设计者基于设计的目标规格来了解安全资产。例如，设计者知道加密模块使用的专用加密密钥是资产，还知道密钥位于SoC中的位置。图2.1中显示了不同类型的资产及其在SoC中的位置。

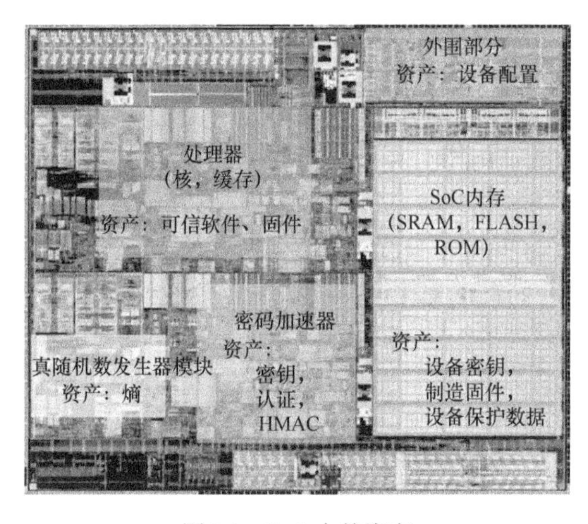

图2.1　SoC中的资产

2.2.2 潜在的资产访问方法

攻击的目的通常是获取资产。根据攻击者的能力，有 3 种类型的攻击可以获取资产，即远程攻击、非侵入式物理攻击和侵入式物理攻击。

（1）远程攻击。在这种情况下，攻击者不通过物理途径访问设备，即攻击者不能接触设备。攻击者仍然可以执行时序[13]和电磁[14]侧信道攻击，从智能卡等设备远程提取私钥。已经证明的是，攻击者也可以远程访问 JTAG 端口，并危及存储在机顶盒智能卡中的密钥[15]。

芯片的扫描结构也可以被远程访问。例如，在汽车应用中，每当车辆熄火或启动时，控制关键功能（如断路、动力传动、气囊）的 SoC 进入“测试模式”。这种熄火/启动测试确保关键系统在每次启动时都经过测试并正常工作。然而最近有消息显示，现代汽车可以由可信方（如路边援助运营商）或恶意方远程启动或关闭。远程启动或关闭汽车时，可以访问 SoC 的测试模式，该模式可用于从片上存储器获取信息或强制执行非意愿功能。

远程攻击还包括利用硬件弱点的攻击，如缓冲区溢出、整数转换、堆栈破坏、格式化和全局攻击[16]。

（2）非侵入式物理攻击。这种攻击通常是低预算的，不会对受攻击设备造成破坏。基本攻击方式包括使用主要输入输出来利用设计中的安全弱点获取敏感信息。此外，更高级的攻击使用 JTAG 调试，边界扫描 I / O 和 DFT 结构来监视和/或控制系统中间状态，或者窥探总线和系统信号[4]。其他的攻击还可以通过计算密码算法期间注入故障导致错误，并利用故障结果获取资产（如私钥）。

（3）半侵入式物理攻击。半侵入式物理攻击介于非侵入式物理攻击和侵入式物理攻击之间。这种攻击具有更大的威胁，因为它们比非侵入式物理攻击更有效，但比侵入式物理攻击的成本低得多。半侵入式物理攻击需要对芯片进行部分去包装才能进入其表面；但不同于入侵式物理攻击的是，这些攻击不需要完全去除芯片的内部层。这种攻击包括注入故障以修改 SRAM 单元内容或改变 CMOS 晶体管的状态，并获得对芯片操作的控制或绕过其保护机制[17]。

（4）侵入式物理攻击。这种攻击最为复杂和昂贵，需要先进的技术和设备。在这种攻击中，可以使用化学工艺或精密设备来通过物理手段去除器件的微米薄层。然后可以使用微探针读取数据总线上的值或将故障注入设备内部的线网，以激活特定的部分并提取信息。这些攻击通常是侵入式的，要求对设备进行全面的访问，并且会破坏设备。

2.2.3 潜在的恶意攻击方

了解利用安全漏洞进行攻击的潜在攻击方很重要，这有助于设计师了解对手的能力，并根据目标对手采取正确的对策。攻击方可能是个人或者团体，打算获得、损坏或破坏他/她无权进入的资产。考虑到集成电路设计过程和涉及的实体，攻击方可以分为内部人员和外部人员。图2.2显示了SoC设计流程不同阶段的潜在对手。

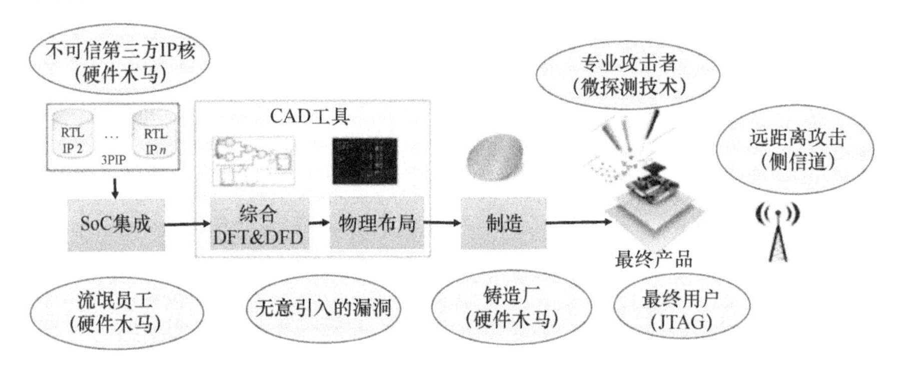

图2.2　SOC设计过程不同阶段的潜在对手

（1）内部人员。集成电路的设计和制造已经变得更加复杂和全球化，使其更容易受到了解设计细节的内部人员的攻击。内部人员可能是为设计公司、系统集成商工作的流氓员工，也可能是不可信的第三方 IP 核或代工厂。一个内部人员有以下几种。

① 可直接访问SoC设计，无论是RTL、门级网表，还是一个GDSII布局文件。

② 如果受雇于一家公司负责IC设计和供应链，他/她拥有较高的技术知识。

③ 有能力修改设计，如插入硬件木马[9, 18]，这些硬件木马可能导致拒绝服务或在设计。

创建后门以泄露敏感信息，其他可能的内部人员攻击是通过操纵电路参数，泄露资产等来降低电路可靠性。

（2）外部人员。这类攻击者可以获取市场上的终端产品（如封装的 IC）。外部攻击者可以根据自己的能力分为以下3种。

① 远程黑客。这些攻击者不通过物理手段访问设备，并且必须采用 2.2.2 小节中描述的远程攻击，尽管他们可能通过一些物理手段访问类似的设备来开发其攻击策略。这些攻击者通常依赖于利用软件/硬件漏洞、用户错误和设计错误来获取资产。

② 终端用户。这组攻击者通常旨在免费获取内容和服务。在这种情况下，一些终端用户出于好奇可能依靠专业的攻击者已经开发的技术进行攻击。例如，一些业余爱好者可能会找到iPhone或Xbox游戏机越狱的方法，并在社交媒体上张贴程序，让具有较少专业知识的终端用户复制该过程。越狱允许用户安装越狱程序，使苹果或微软损失利润[19]。

③ 专业攻击者。最具技术能力的攻击者是安全专家或国家赞助的攻击者，其动机是由于经济或政治原因驱动的，这些团队能够执行所有类型的攻击，包括

2.2.2 小节中描述的昂贵的入侵攻击，需要去除芯片封装并探测内部信号。

与外部人员相比，内部人员可以轻松地引入或利用设计中的漏洞。外部人员进行攻击的主要挑战是攻击者不知道设计的内部功能。外部人员可以对芯片的功能做逆向工程，但这种技术需要大量的资源和时间。

2.3 DSeRC：设计安全规则检查

如图 2.3 所示，为了识别和评估与 IC 相关的安全漏洞，可以将设计规则检查（DSeRC）框架集成到传统的数字 IC 设计流程中。DSeRC 框架可阅读设计文件，约束用户的输入数据，并检查所有抽象级别的漏洞（RTL、门级和版图级）。每个漏洞都对应一组规则和指标，这样可以定量地衡量每一个设计的安全性。在 RTL 中，DSeRC

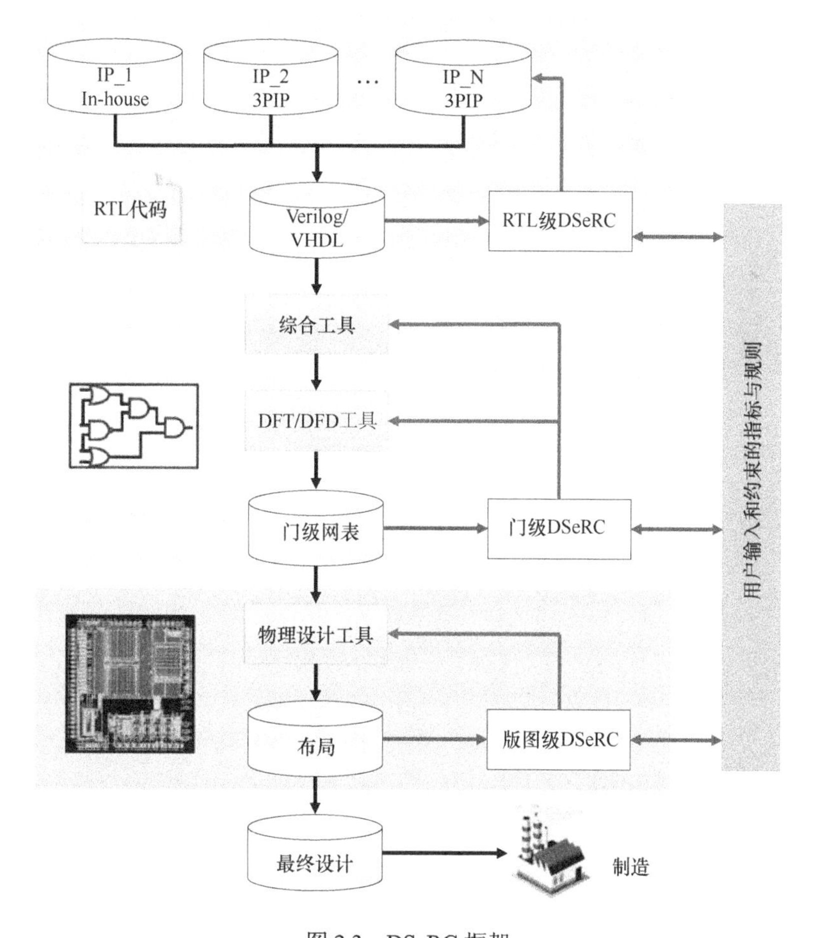

图 2.3　DSeRC 框架

框架将评估内部开发或从第三方（3P）采购的 IP 核的安全性，并将其反馈给设计工程师，以便发现并解决其中的安全问题。解决了 RTL 的安全漏洞后，设计将被综合到门级，插入可测性设计（DFT）和可调试性设计（DFD）结构。之后 DSeRC 框架将分析门级网表的安全漏洞。在版图设计中有着同样的过程。通过这个过程，DSeRC 框架将允许设计者在最早的设计步骤中发现和解决安全漏洞。这将大大提高 IC 的安全性，并通过缩短上市时间大大降低开发成本。此外，DSeRC 框架允许设计者定量比较相同设计的不同实现，从而允许设计者在不影响安全性的情况下优化性能。

DSeRC 框架需要设计者的一些输入。例如，安全资产需要由硬件设计师根据目标规格指定。安全漏洞来源以及 DSeRC 框架开发所需的相应的测量和规则将在后面进行讨论。

2.3.1 漏洞

1. 漏洞来源

集成电路中的漏洞意味着攻击者能通过执行某种形式的攻击来访问资产的薄弱环节。IC 中的漏洞来源分为以下几类。

（1）设计错误造成的漏洞。传统上，设计目标是由成本、性能和上市时间限制来确定的；而在设计阶段安全性通常会被忽略。此外，安全感知设计还未实现。因此，不同设计师和设计团队开发的 IP 核可能会呈现不同的漏洞。可以通过下面的案例来进一步说明这一点。

图 2.4（a）显示了 PRESENT 加密算法[20]的顶层描述。其 Verilog 实现的一部分如图 2.4（b）所示。可以看到，密钥直接分配给模块中定义为“kreg”的寄存器。虽然加密算法本身是安全的，但是在其硬件实现时无意中创造了一个漏洞。当实现此设计时，“kreg”寄存器将被包含在扫描链中，攻击者可以通过基于扫描链的攻击来访问获得密钥[4]。

另外，同一算法的不同实现风格也可以具有不同的安全水平。在最近的一项研究[21]中分析了两种高级加密标准（Advanced Eucryption Standard，AES）S 盒架构 PPRM1 [22]和 Boyar-Peralta [23]，以评估哪种设计更容易发生故障注入攻击。分析表明，P-AES 比 B-AES 架构更容易受到故障注入攻击。

（2）CAD 工具引入的漏洞。在 IC 设计过程中，CAD 工具广泛用于综合、DFT 插入以及自动布局和路由等。这些工具没有 IC 安全漏洞的概念，因此可能会在设计中引入额外的漏洞。例如，当工具将设计从 RTL 综合到门级时，综合工具可以在设计中创建新的漏洞。在有限状态机（FSM）的 RTL 规范中，没有指定下一个状态或没有转换输出的状态称为无关状态。在综合过程中，综合工具尝试通过为无关状态引入确定性状态和过渡来优化设计。使用 CAD 工具引入无关状态和转换会使受保护状态遭到非法访问，从而可能导致电路产生漏洞 [8]。

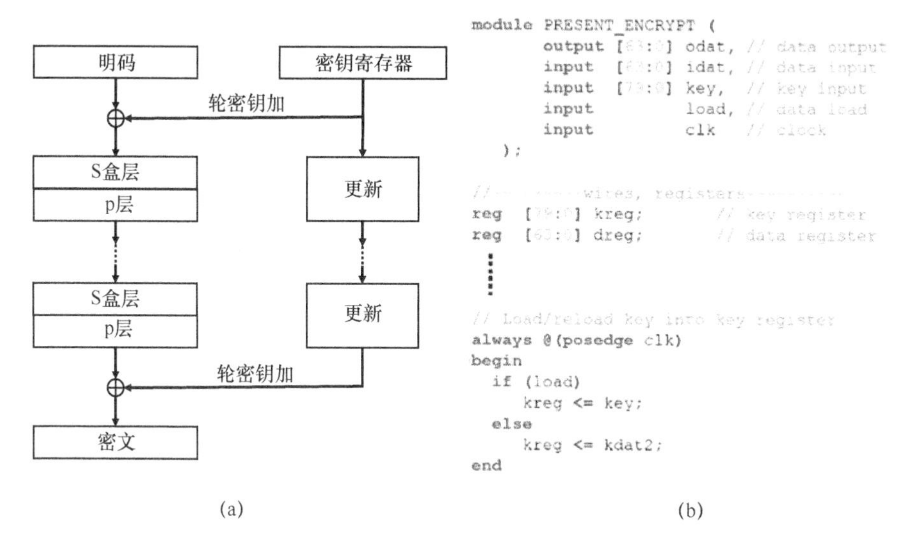

图 2.4　设计错误造成的无意漏洞

（a）PRESENT[20]的顶层描述；（b）PRESENT（http：//opencores.org/）的 verilog 实现。

下面使用 AES 加密模块（http：//opencores.org/）的控制器电路作为另一个案例来演示 CAD 工具引入的漏洞。图 2.5（b）所示的 FSM 的状态转换图在图 2.5（a）所示的数据路径上实现 AES 加密算法。FSM 由 5 个状态组成，每个状态在 10 轮 AES 加密期间控制特定模块。在 10 轮之后，到达“最后一轮”状态，FSM 生成控制信号“finished= 1”，该信号将“Add Key”模块的结果（密文）存储在结果寄存器中。对于这个 FSM，“最后一轮”是受保护状态，因为如果攻击者可以不进行“Do Round”而直接进入“Final Round”状态，那么结果将存储在结果寄存器中，密钥可能会泄露。在综合过程中，如果引入了直接访问受保护状态的无关状态，它就可以通过允许攻击者利用这种无关状态来访问受保护状态在 FSM 中制造漏洞。让我们考虑图 2.5（b）所示由综合工具引入的“Don't-Care_1”状态，该状态可以直接访问受保护状态“Final Round”。攻击者也可以利用“Don't-Care_1”状态来植入木马。由于该状态在确认和测试过程中不会被考虑，这使木马更容易逃过检测，可以说无关状态的出现给了攻击者特殊优势。

另外，在综合过程中 CAD 工具扁平化设计中所有模块，并对设计功耗、时序、面积等方面做出优化。如果 SoC 中存在安全模块（如加密模块），设计布局和复杂的优化过程可能会将可信模块与不可信模块混淆在一起。这些设计者难以控制的设计步骤，可能会引入漏洞并导致信息泄露[24]。

（3）DFT 和 DFD 结构引入的漏洞。高可测性对于关键系统在整个生命周期中确保正确的功能和可靠性至关重要。可测试性是电路中信号（如线网）的可控性和可观察性的量度。将特定逻辑信号设置为“1”或“0”的难度即为可控性，观察逻辑信号的状态的难度即为可观察性。为了提高可测试性和可调试性，在复杂设计中集成可测性设计（DFT）和可调试性设计（DFD）是非常常见的。然而，DFT 和 DFD 结构增加的可控性和可观察性可能通过允许攻击者控制或观察 IC 的内部状态从而可能产生许多漏洞[25]。

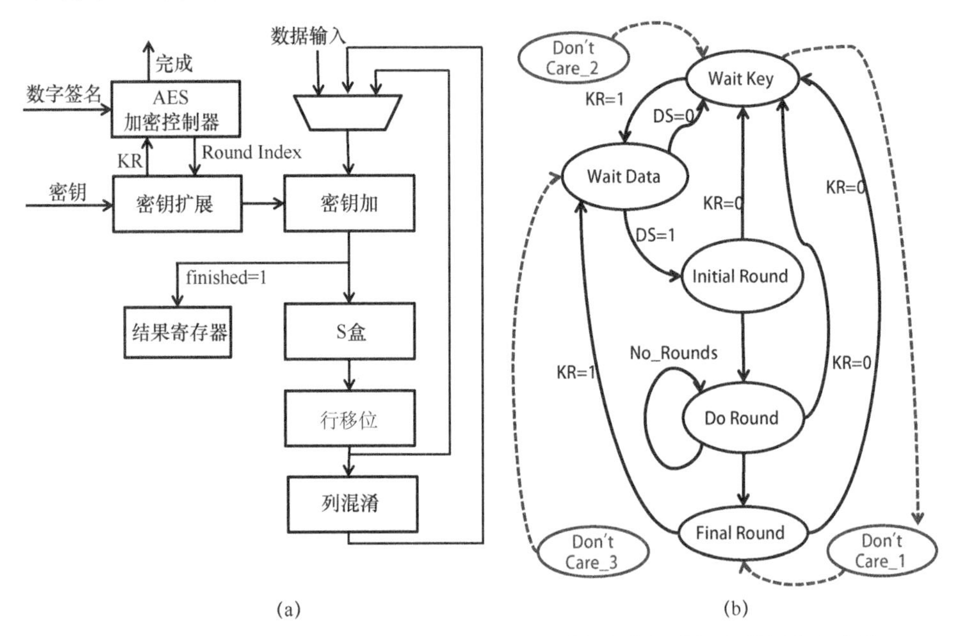

图 2.5　CAD 工具创建的无意漏洞（KR 和 DS 分别代表密钥就绪和数据稳定信号；红色标记的状态和转换表示 CAD 工具引入的无关状态和转换）

（a）AES 加密模块的数据通路；（b）有限状态机。

一般来说，如图 2.6 所示，访问电路内部部件的测试和调试可以看作对安全性的威胁。不幸的是，由于在制造期间产生的大量意外缺陷和错误，使得 DFT 和 DFD 结构在现代设计中难以避免。此外，国家标准与技术研究所（National Institute of Standards and Technology，NIST）要求在关键应用中使用的任何设计都需要在制造前和制造后进行适当的测试。因此，尽管 DFT 和 DFD 结构可能会造成漏洞，但仍必须要纳入 IC。因此，DSeRC 框架有必要检查 DFT 和 DFD 是否引入了任何安全漏洞。

2. 不同抽象级别的漏洞

为开发 DSeRC 框架，每个漏洞都需要分配到一个或多个适当的抽象级别，以便高效地识别。通常，IC 设计流程通过规范、RTL 设计、门级设计和物理布局设计。DSeRC 框架旨在尽早在设计流程中识别漏洞，因为后期评估可能导致漫长的开发周期和高设计成本。此外，一个阶段的漏洞（如果没有解决）可能会在一个级别到下一级的转换期间引入额外的漏洞。本节根据抽象级别对漏洞进行分类（表2.1）。

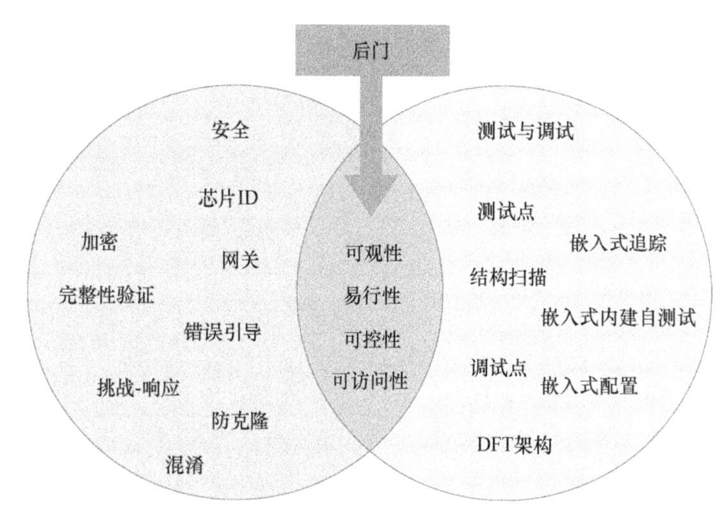

图 2.6 高质量的测试和调试要求与安全性相矛盾

表 2.1 DSeRC 中包含的漏洞、指标和规则

级别	漏洞	指标	规则	攻击（攻击者）
RTL	危险的无关	识别所有“X”分配并检查“X”是否可以传播到可观察的节点	“X”不应该传播到可观察的节点	硬件木马注入（内部人员）
	难以控制和观测的信号	描述难度与信号的可观测性[27]	描述难度（信号可观测性）应该低于（高于）阈值	硬件木马（内部人员）
	资产泄露	架构检查和信息流跟踪	是/否：访问资产或观测资产	资产入侵（最终用户）
	⋮	⋮	⋮	⋮
门级	难以控制和观测的网络	网络可观测性和可控性[28]	可观测性和可控制性应高于阈值	硬件木马（内部人员）
	有漏洞的有限状态机	故障注入（VF_{FI}）和木马插入（VF_{Tro}）的漏洞因素[8]	VF_{FI} 和 VF_{Tro} 应为 0	故障注入，硬件木马（内部人员，最终用户）
	资产泄露	保密和完整性评估[30]	是/否：访问资产或观测资产	资产入侵（最终用户）
	DFT	保密和完整性评估[30]	是/否：访问资产或观测资产	资产入侵（最终用户）
	DFD	保密和完整性评估[30]	是/否：访问资产或观测资产	资产入侵（最终用户）
	⋮	⋮	⋮	⋮

（续）

级别	漏洞	指标	规则	攻击（攻击者）
版图级	侧信道信号	侧信道漏洞因素（SVF）[31]	SVF应低于阈值	侧信道攻击（最终用户）
	微探测技术	易受微探测攻击的安全关键网的暴露区域[29]	暴露区域面积应低于阈值	微探测攻击（专业攻击者）
	可注入故障/错误	时序违规漏洞因子（TVVF）[21]	TVVF高于阈值代表实现是不安全的	基于时序的故障注入攻击（最终用户）
	⋮	⋮	⋮	⋮

（1）寄存器传输级（RTL）。设计规范首先用硬件描述语言（Hardware Description Language，HDL）描述（如Verilog）来创建设计的RTL抽象。在文献中已经提出了在RTL中进行的几种攻击。例如，Fern等[26]表明，RTL代码中的无关任务可以用于实现泄露资产的硬件木马。在这种情况下，RTL代码中的无关任务是漏洞的根源。此外，在RTL中，硬件木马最有可能插入到难以控制和难以观察的代码部分[27]。识别难以控制和难以观察的代码部分可以帮助设计师评估设计对在RTL中插入木马的敏感程度。

一般来说，RTL中识别的漏洞比较容易解决。然而，一些漏洞，如设计对故障或侧信道攻击的敏感度，即便可以在这个层面上识别出也是非常具有挑战性的。

（2）门级。使用综合工具（如设计编译器）将RTL规范综合为门级网表。门级的设计通常用扁平化的网表表示，使得不再抽象；而具有关于门电路或晶体管的实现的更准确的信息。在门级，难以控制和难以观察的线网可用于设计难以检测的硬件木马[28]。此外，CAD工具从RTL到门级的转换可能会引入其他漏洞，2.3.2小节列举了这些漏洞的例子，并在门级进行分析。

DFT和DFD结构通常在门级集成在IC中。因此，测试和调试结构引入的漏洞（见2.3.1小节）需要在门级进行分析。

（3）版图级。物理布局设计是芯片制造之前的最后一个设计阶段。因此，应在这个层面上解决所有残留漏洞。在版图设计期间，布局路由阶段提供有关电路中单元和金属连接的空间布置信息。在版图级，可以精确地模拟功耗、电磁辐射和执行时间。因此，在这个层面上，可以非常准确地进行侧信道和基于故障注入攻击的漏洞分析。此外，一些漏洞分析，如易受探针攻击的漏洞[29]只能在版图级进行。然而，与RTL和门级相比，在这个级别进行的任何分析都是非常耗时的。

2.3.2 指标和规则

将已经讨论的漏洞与指标和规则相结合，可以对每个设计的安全性进行定量测量（表2.1）。这些DSeRC框架的规则和指标可以与设计规则检查（Design Rule

Chek，DRC）进行比较。在 DRC，半导体制造商将制造规范转换为一系列指标，使设计者能够定量地测量掩模的可制造性。对于 DSeRC 框架，每个漏洞需要进行数学建模，并且需要开发相应的规则和指标，以便可以定量评估设计的漏洞。可以有两种类型的规则：一种类型是基于定量指标；另一种类型是基于二元分类（是/否）。

下面简要介绍一些与表 2.1 所列的漏洞相对应的规则和指标。

（1）资产泄露。如 2.3.1 小节所述，与资产泄露相关的漏洞可能无意中由可测性设计（DFT）、可调试性设计（DFD）结构、CAD 工具和设计师的错误创建。这些漏洞导致违反信息安全策略，即机密性和完整性策略。因此，识别这些漏洞的指标是保密性和完整性评估。在文献[30]中，作者提出了一个框架，验证在 SoC 中是否保持保密性和完整性策略。该框架提出了一种新方法，即将资产（如携带密钥的线网）建模为故障，并利用已知的测试算法来检测该故障。成功检测到故障表明，信息从资产流向观测点。这个漏洞的判断规则是资产值是否可以传播到任何观测点。如果评估结果为是，则设计中存在漏洞，设计不安全。

（2）有漏洞的 FSM。FSM 的综合过程可以通过插入额外的无关（don'tcare）状态和转换的手段来向已实现电路中引入额外的安全风险。攻击者可以利用这些无关的状态和转换，进行故障注入和木马攻击。在文献[8]中，作者提出了两个指标，分别是故障注入的敏感因素（VFFI）和木马插入的敏感因素（VFTro），以定量分析 FSM 对故障注入和木马攻击的敏感程度。这两个指标的值越高，FSM 越容易受到故障注入和木马攻击。对于这个漏洞，规则可以说明如下：能够防止故障注入和木马插入攻击的 FSM 设计，VFFI 和 VFTro 的值应为零。

（3）微探针攻击。微探针攻击是直接探测信号线以获取敏感信息的一种物理攻击。这种攻击引发了对安全关键应用程序的密切关注。在文献[29]中，作者提出了一个版图驱动的框架，以便对易受到微阵列攻击的安全关键线网的暴露面积进行定量评估布局路由设计。暴露面积越大，SoC 越容易被探针攻击。因此，微探测漏洞的规则可以描述为：微探测的暴露区域应该低于阈值。

（4）对木马插入的敏感性。在文献[27]中，作者提出了一个名为“语句难度”的指标来评估在 RTL 代码中执行语句的难度。“语句难度”值较高的电路区域更容易受到木马的攻击。因此，指标“语句难度”给出了对设计的木马插入敏感性的定量测量方法。接下来是定义规则来评估设计是否安全。对于这个漏洞，规则可以说明如下：为了防止木马插入攻击，设计中每条语句的声明硬度应低于 SH_{thr}。这里，SH_{thr} 是一个阈值，需要从区域和性能预算中推导出来。

在门级，设计容易通过添加和删除门来注入木马。为了隐藏注入的木马，对手将目光放在了门级网表中难以检测的区域上。难以检测的线网被定义为具有低转换概率的线网，并且不能通过众所周知的故障测试技术（固定、转换延迟、路径延迟和桥接故障）进行测试[28]。在难以检测的区域插入木马将降低触发木马的可能性，从而降低在确认和验证测试期间被检测到的可能性。在文献[32]中，作者提出了衡量门级网表中难以检测区域的指标标准。

（5）故障和侧信道攻击。文献[21]中的作者已经引入了时序违规漏洞因子（Timing ViolationVulnerability Factor，TVVF），以建立作为故障注入攻击的一种时序违规攻击，来评估硬件结构的漏洞。在文献[33]中，作者提出了一个名为适应性模块化自治侧信道漏洞评估器（Adaptable Modular Autonomous Side-Channel Vulnerability Evaluator，AMASIVE）的框架来自动识别设计的侧信道漏洞。此外，已经提出了一种称为侧信道漏洞因子（SVF）的指标来评估 IC 应对功耗侧信道攻击的能力[31]。

需注意，指标的开发是一项具有挑战性的任务，因为理想情况下，指标必须独立于设计的攻击模型和应用程序/功能。例如，攻击者可以应用基于低电压或时钟干扰的故障注入攻击来获取 AES 或密码算法系统（the Rivest Shamir Adleman Crypto System，RSA）加密模块的私钥。故障注入的指标需要提供一种设计方法（AES 或 RSA）以对这些攻击（低电压或时钟干扰）的漏洞进行定量测量。一个策略是首先确定这些攻击试图利用的漏洞根源。对于这个特定的例子，低电压和时钟故障试图利用时序违规设置，是这两个攻击成功的常用标准。那么该框架必须评估给定设计违反时序设置以获得目标安全资产的难度。

2.3.3 DSeRC 框架的工作流程

本节将介绍如何使用规则和指标来识别 DSeRC 框架下的漏洞。表 2.1 显示了 DSeRC 框架涵盖的漏洞及其相应的指标和规则。将使用 PRESENT 加密算法的示例来说明 DSeRC 框架的工作流程。设计人员首先将 RTL 设计文件和资产名称（如“密钥”）作为 DSeRC 框架的输入。DSeRC 框架将使用信息流跟踪来分析“密钥”是否会通过任何观测点泄露（如寄存器）。对于这个设计，可以通过“kreg”寄存器观察“密钥”。因此，框架将给设计者一个预警，如果寄存器“kreg”包含在 DFT 结构中，那么密钥会通过扫描链泄露。设计师应该在进入下一个抽象层次之前，采取对策来解决这个漏洞。一个可能的对策是将“kreg”从扫描链中排除。

解决此漏洞后，首先可以综合设计并插入 DFT；然后设计者将综合生成的门级网表提供给 DSeRC，将使用 DSeRC 框架的机密性评估技术来分析“key”是否可以通过任何观测点泄露。如果“key”不能泄露，则满足 DSeRC 规则，并且设计可以被认为在资产泄露方面是安全的。另一方面，如果 DSeRC 框架认为“key”在扫描触发器（观测点）被捕捉到，则框架将发出标志并指向携带有关键信息的扫描触发器。设计人员需要在进行物理布局之前解决这个漏洞。一种可能的方法是应用安全扫描结构[34-35]来应对 DFT 结构引入的漏洞。

注意，手动跟踪 SOC 中的资产，以评估它是否通过观测点泄露，对于设计者来说，这将是一个费力且难以完成的任务。另外，DSeRC 框架能够确定资产泄露路径，使设计人员能够将分析工作集中在这些路径上并做出明智的决定。

一些漏洞可能具有共同的因素，可以对多个漏洞综合分析。如表 2.1 所列，资产泄露和故障注入都需要一个指标来评估电路结构中线网的可观测性。因此，对于这两个漏洞分析，可以进行一次可观测性分析。

虽然 DSeRC 可能是设计安全 IC 的合理和必要的步骤，但不会取代安全主题专家的地位。DSeRC 框架旨在成为一个自动化框架，因此可能不会将 IC 的应用和使用案例考虑在内。例如，木马可观测指标将报告在设计中观察每个信号的难度。木马检测需要高可观测度指标。而在加密模块，私钥的高可观测度指标将产生严重的威胁。因此，设计师应该解释由 DSeRC 框架产生的结果。

2.4 DSeRC 框架的发展

1. 漏洞、指标和规则

漏洞识别对于 DSeRC 框架的发展至关重要。随着更多攻击的出现，需要确定这些新攻击所利用的漏洞。随着更多的漏洞被发现，他们的相应指标和规则也需要被开发出来。鉴于安全威胁的多样性和广泛性，学术界和行业研究人员的共同努力将为 DSeRC 框架制定一套全面的漏洞集和相应的规则和指标。

2. 工具开发

DSeRC 框架旨在与传统的 IC 设计流程相结合，使得安全性评估可以作为设计过程的固有部分。这需要开发可以根据 DSeRC 规则和指标自动评估设计安全性的 CAD 工具。工具的评估时间需要根据设计尺寸进行扩展。此外，并且工具应易于使用，并且工具生成的输出能够易于被设计工程师所理解。

3. 安全设计准则的发展

为了避免在早期设计阶段出现一些常见的安全问题，可以利用通过经验获得的良好设计实践作为指导。设计指南可以指导设计工程师在最初设计时做什么（Do-s）和不做什么（Don’t-s）。为提高设计质量和故障的可测试性[36]，Do-s 和 Don't-s 在 VLSI 设计和测试领域非常普遍。这些 Do-s 和 Don't-s 非常直接。例如，可初始化的触发器中没有异步反馈，且没有时钟门控来扫描触发器，但是可提高设计可测试性从而节省设计周期的时间和成本。这也适用于硬件安全。以图 2.4 为例，如果“kreg”不成为扫描链的一部分，则密钥泄露问题可以在设计阶段解决。然而，到目前为止，还没有一套针对硬件安全性的全面指导方法。这是学术界和行业需要探索的研究方向。

4. 技术发展对策

仅了解设计的漏洞不足以保护设计，每个漏洞还需要一系列低成本的应对对策。DSeRC 框架的另一个扩展是为每个漏洞提供低成本的缓解技术。建议的对策对缺乏硬件安全知识的设计工程师来说是一个很好的提示。应用对策后，可以通过再次运行 DSeRC 检查来衡量安全性是否提高。

例如，在文献[8]中，作者已经提出了一个对策，来解决通过综合工具或设计错误引入 FSM 的漏洞。在其提出的方法中，状态 FF 将由“ProgrammableState FF”代替。如果受保护的状态正在被除有授权状态以外的状态访问时，那么“ProgrammableState FF”被定义为可转向复位/初始状态的状态 FF。文献[8]中讨论了“ProgrammableState FF”的详细体系结构。

2.5 小　结

本章介绍了 DSeRC 的基本概念，用以分析设计中的漏洞，从而在设计阶段评估其安全级别。DSeRC 框架开发的主要挑战之一是如何对数学建模引起的漏洞进行定量评估。因为不管具体应用是什么，都涉及设计或攻击模型，DSeRC 框架都需要验证设计的安全性。虽然 DSeRC 不会消除对安全主题专家的需求，但它将加快 IC 和 SoC 的安全性分析，并提高设计工程师对其设计安全问题的认识。

参考文献

1. P.C. Kocher, Timing attacks on implementations of diffie-hellman, RSA, DSS, and other systems, in *Annual International Cryptology Conference* (Springer, Berlin/Heidelberg, 1996), pp. 104–113
2. P.C. Kocher, J. Jaffe, B. Jun, Differential power analysis, in *CRYPTO* (1999)
3. D. Hely et al., Scan design and secure chip [secure IC testing], in *Proceedings of the 10th IEEE IOLTS* (July 2004), pp. 219–224
4. J. Lee, M. Tehranipoor, C. Patel, J. Plusquellic, Securing scan design using lock and key technique, in *Proceedings - IEEE International Symposium on Defect and Fault Tolerance in VLSI Systems (DFT'05)* (2005)
5. B. Yang, K. Wu, R. Karri, Scan-based side-channel attack on dedicated hardware implementations of data encryption standard, in *Proceedings of International Test Conference* (2004)
6. E. Biham, A. Shamir, Differential fault analysis of secret key cryptosystems, in *CRYPTO* (1997)
7. C. Dunbar, G. Qu, Designing trusted embedded systems from finite state machines. ACM Trans. Embed. Comput. Syst. **13**(5s), 1–20 (2014)
8. A. Nahiyan, K. Xiao, K. Yang, Y. Jin, D. Forte, M. Tehranipoor, AVFSM: a framework for identifying and mitigating vulnerabilities in FSMs, in *Proceedings of the 53rd Annual Design Automation Conference* (ACM, 2016), p. 89

9. M. Tehranipoor, F. Koushanfar, A survey of hardware Trojan taxonomy and detection. IEEE Des. Test Comput. **27**, 10–25 (2010)
10. ARM inc., Building a secure system using TrustZone technology, http://infocenter.arm.com/help/topic/com.arm.doc.prd29-genc-009492c/PRD29-GENC-009492C_trustzone_security_whitepaper.pdf
11. K. Xiao, A. Nahiyan, M. Tehranipoor, Security rule checking in IC design. Computer **49**(8), 54–61 (2016)
12. Eric Peeters, SoC security architecture: current practices and emerging needs, in *Design Automation Conference (DAC)* (IEEE, 2015), pp. 1–6
13. P. Kocher, Timing attacks on implementations of diffie-hellman, RSA, DSS, and other systems, in *Advances in Cryptology* (1996), pp. 104–113
14. T. Korak, T. Plos, Applying remote side-channel analysis attacks on a security-enabled NFC tag, in *Topics in cryptology–CT-RSA 2013* (February 2013)
15. A. Das, J. Da Rolt, S. Ghosh, S. Seys, S. Dupuis, G. Di Natale et al., Secure JTAG implementation using Schnorr protocol. J. Electron. Test. Theory Appl. **29**(2), 193–209 (2013)
16. S. Chen et al., Security vulnerabilities: from analysis to detection and masking techniques. Proc. IEEE **94**(2), 407–418 (2006)
17. S.P. Skorobogatov, Semi-invasive attacks - a new approach to hardware security analysis, in Technical Report UCAM-CL-TR-630. University of Cambridge Computer Laboratory, April 2005
18. M. Tehranipoor, C. Wang, *Introduction to Hardware Security and Trust* (Springer, New York, 2011)
19. M.A. Harris, K.P. Patten, Mobile device security considerations for small-and medium-sized enterprise business mobility, Inf. Manage. Comput. Secur. **22**, 97–114 (2014)
20. A. Bogdanov et al., PRESENT: an ultra-lightweight block cipher, in *Cryptographic Hardware and Embedded Systems* (2007)
21. B. Yuce, N. Ghalaty, P. Schaumont, TVVF: estimating the vulnerability of hardware cryptosystems against timing violation attacks, in *Hardware Oriented Security and Trust* (2015)
22. S. Morioka, A. Satoh, An optimized s-box circuit architecture for low power AES design, in *Cryptographic Hardware and Embedded Systems* (2003)
23. J. Boyar, R. Peralta, A small depth-16 circuit for the AES s-box, in *Proceedings of Information Security and Privacy Research* (2012)
24. T. Huffmire et al., Moats and drawbridges: an isolation primitive for reconfigurable hardware based systems, in *Proceedings of the 2007 IEEE Symposium on Security and Privacy* (2007)
25. J. Rolt et al., Test versus security: past and present. IEEE Trans. Emerg. Top. Comput. **2**(1), 50–62 (2013)
26. N. Fern, S. Kulkarni, K. Cheng, Hardware Trojans hidden in RTL don't cares - automated insertion and prevention methodologies, in *International Test Conference (ITC)* (2015)
27. H. Salmani, M. Tehranipoor, Analyzing circuit vulnerability to hardware Trojan insertion at the behavioral level, in *IEEE International Symposium on Defect and Fault Tolerance in VLSI and Nanotechnology Systems (DFT)* (2013), pp. 190–195
28. H. Salmani, R. Karri, M. Tehranipoor, On design vulnerability analysis and trust benchmarks development, in *Proceedings of IEEE 31st International Conference on Computer Design (ICCD)* (2013), pp. 471–474
29. Q. Shi, N. Asadizanjani, D. Forte, M. Tehranipoor, A layout-driven framework to assess vulnerability of ICs to microprobing attacks, in *2016 IEEE International Symposium on Hardware Oriented Security and Trust (HOST)* (IEEE, 2016), pp. 155–160
30. G. Contreras, A. Nahiyan, S. Bhunia, D. Forte, M. Tehranipoor, Security vulnerability analysis of design-for-test exploits for asset protection, in *Asia and South Pacific Design Automation Conference* (2017, to appear)
31. J. Demme et al., Side-channel vulnerability factor: a metric for measuring information leakage, in *39th Annual International Symposium on Computer Architecture* (2012), pp. 106–117
32. M. Tehranipoor, H. Salmani, X. Zhang, *Integrated Circuit Authentication: Hardware Trojans and Counterfeit Detection* (Springer, Cham, 2013)

33. S.A. Huss, M. Stottinger, M. Zohner, AMASIVE: an adaptable and modular autonomous side-channel vulnerability evaluation framework, in *Number Theory and Cryptography* (Springer, Berlin, Heidelberg, 2013), pp. 151–165
34. J. Lee, M. Tehranipoor, C. Patel, J. Plusquellic, Securing designs against scan-based side-channel attacks. IEEE Trans. Dependable Secure Comput. **4**(4), 325–336 (2007)
35. J. Lee, M. Tehranipoor, J. Plusquellic, A low-cost solution for protecting IPs against scan-based side-channel attacks, in *VLSI Test Symposium* (2006)
36. M. Bushnell, V. Agrawal, in *Essentials of Electronic Testing for Digital, Memory and Mixed-Signal VLSI Circuits* (Springer, New York, 2000)

第 3 章　数字电路漏洞导致的硬件木马

3.1 引　　言

出于经济利益的考虑，横向集成电路设计流程引起国家安全和关键基础设施领域的密切关注[1-2]。攻击者具备多种途径对集成电路设计流程进行干扰，从而破坏电路参数或功能规格造成危害行为[3-6]。任何故意针对设计规格和功能以破坏其特性和正确性的修改称为硬件木马程序。

硬件木马可以通过在寄存器传输级或门级增加附加电路，或通过在版图级更改导线粗细或组件尺寸等电路参数来实现。硬件木马会降低电路的可靠性，在一定时间内改变或禁用其功能，披露其详细的实现过程，或授权对未经授权的实体的隐秘访问[7-8]，如第三方知识产权（IP 核）提供商可以在门级的密码模块中封装额外的电路以泄露其密钥。

目前已有很多通过分析电路侧信道信号或增加木马完全激活概率的方法用于帮助硬件木马检测。额外的开关动作或额外的路由和栅极电容会影响电路侧信道信号，如功耗和延迟。基于影子寄存器的路径时延指纹和时延测量是用来捕获木马对电路时延特性影响的技术[9-10]。瞬态电流积分、电路功耗指纹和静态电流分析是基于功耗的木马检测技术[11-13]。为了发现除工艺和环境变化外木马对电路特性的影响，还需要有效的图形生成[14-15]。除了新的图形生成技术外，目前已经提出了硬件可信设计方法，以增加木马电路内的开关动作，同时减少作为背景噪声的主电路开关动作，以提高木马检测分辨率[3-4, 6]。

在门级，硬件木马触发器可能由具有转移概率较低的信号驱动，以减少木马对电路规格的影响。由于电路布局可能会由不可信的代工厂经手，因此硬件木马可能被插入现有电路的空白处，以使电路布局尺寸保持不变。因此，需要一种系统的方法来分析门级网表和电路布局对硬件木马插入的敏感性，以识别和量化信号或分区对硬件木马插入和攻击的脆弱性。

3.2 门级设计漏洞分析流程

功能性硬件木马通过添加或删除门来实现。因此，这种添加或删除电路门的方式会影响电路侧信道信号，如功耗、延迟及功能等特性。为了最小化木马对电路侧信道信号的影响，攻击者可以利用难以检测的区域（如线网）来实现木马。对电路侧信道信号没有显著的影响或者不能通过一般的故障测试技术（如固定故障、转换延迟、路径延迟和桥接故障）测试的电路中的区域被定义为难以检测区域。因此，需要一个漏洞分析流程来识别电路中难以检测区域。这些区域让难以检测的木马有机可乘，同时要求研究人员开发使攻击者更难以插入木马的技术。

图 3.1 显示了在电路上进行功耗、延迟和结构分析以提取难以检测区域的漏洞分析流程。木马电路内的任何转换都会增加总瞬态功耗。因此，可以预计，木马输入由具有低转移概率的线网提供，以减少木马电路内部的活动。

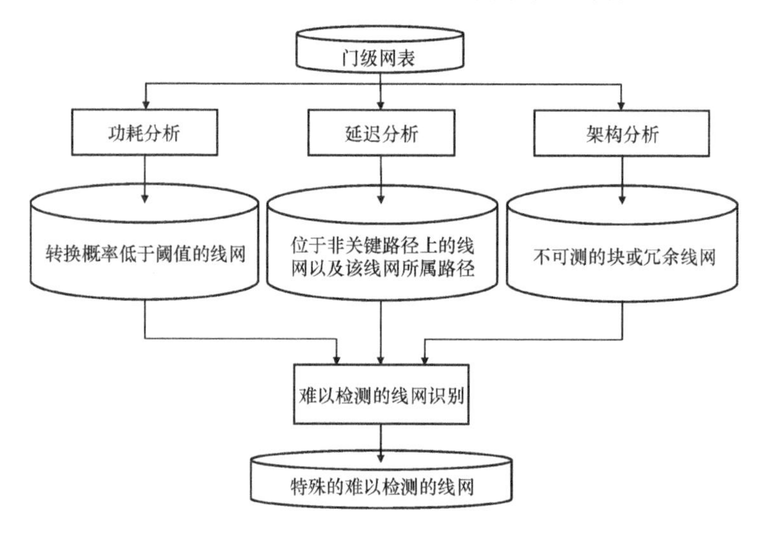

图 3.1　门级漏洞分析流程

图 3.1 中功耗分析步骤基于开关动作分析。假设主要输入和存储单元输出的“0”或“1”的概率为 0.5 的情况下，它确定电路中每个线网的转移概率。具有低于某个阈值转移概率的线网被认为是可能的木马输入。延迟分析步骤基于门电容执行路径延迟测量。由此可以通过了解电路路径上增加的电容来测量木马引起的额外延迟。延迟分析步骤可识别非关键路径上的线网，因为它们更容易插入木马，并且更难检测其变化的延迟。为进一步减少木马对电路延迟特性的影响，它还会报告线网所属的路径，以避免选择属于一条路径的不同部分的线网。结构分析步骤执行结构转换延迟故障测试，以找到不可测试的阻塞和不可测试的冗余网。因为被冗余逻辑屏蔽，不可靠的冗余线网不可测试，并且它们不能通过主输出或扫描单元观察。不可靠的线网不可被不可测量的冗余线网控制或观察到。攻击木马输入到不可测试的线网会隐藏木马对延迟变化的影响。

最后，漏洞分析流程报告特殊的难以被检测的线网，这些线网转移概率低，并且不共享任何公共路径。值得注意的是，当一个木马影响多个路径时，检测到木马的概率会增大。避免共享路径使木马对受影响路径的延迟最小化，这可能会因过程变化而被掩盖，从而难以检测和区分由变化带来的延迟增加。通过生产测试中使用的结构测试图案，可确保所报告的线网不可测试。它们同样具有较低的转移概率，因此木马对于电路功耗的影响可以忽略不计。由于线网是从没有共享段的非关键路径中选择的，因此通过基于延迟的技术来检测木马是非常困难的。

漏洞分析流程可以使用大多数电子设计自动化（Electronic Design Automation，EDA）工具实现，分析的复杂性相对于电路中的线网数量是线性的。该流程应用于以太网 MAC 10GE 电路[16]，实现 10Gb/s 以太网媒体访问控制功能。以太网 MAC 10GE 电路使用 90nm Synopsys 工艺综合，包括 102047 个功能组件和 21830 个触发器。功耗分析表明，电路中的 102669 个线网中，其中 23783 个转移概率小于 0.1，7003 个小于 0.01，367 个小于 0.001，99 个小于 0.0001。延迟分析表明，电路中沿路径的最大电容（代表路径延迟）为 0.065717825pF，假设路径长于电路中的 70%，可以使用测试仪进行测试，则路径电容小于最大电容的 70%的电路中有 14927 条路径。结构分析发现，电路中没有不可测试的故障。在保证基于侧信道和功能测试技术的高检测难度的情况下，通过排除共享一条路径不同段的线网，以太网 MAC 10GE 电路中有 494 个线网被认为是可以使用木马输入的区域。

3.3 版图设计漏洞分析流程

物理设计工具采用综合网表和相关工艺库信息，并考虑设计约束（如性能、大小和可制造性）进行布局和路由。逻辑单元格通常放置成行，并且它们通过单元格上方的金属层实现彼此互连。诸如芯片之类的大电路需要较大的放置区域，并且除了电路功能需求外，还需要对更多的金属层进行路由以满足电路要求。然而，最终的电路布局可能在基板上的金属层中的衬底和空的路由通道中含有相当数量的空白。这些空白空间可被不可信的代工厂利用，从而做到对电路规范的影响最小。为研究电路布局对硬件木马插入的漏洞，图 3.2 显示了在布局级的新型电路脆弱性分析流程。

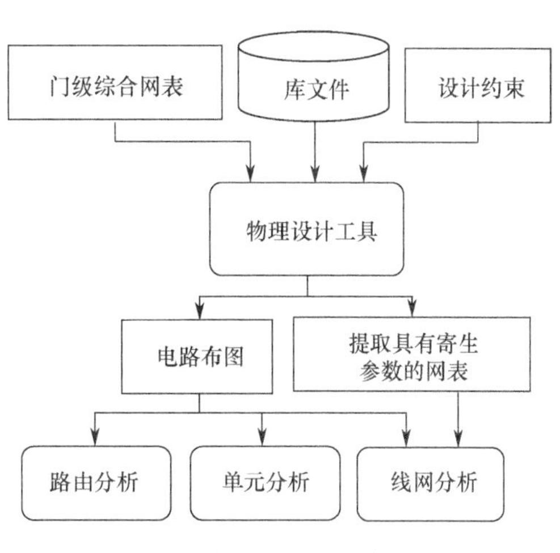

图 3.2 版图级漏洞分析流程

3.3.1 单元和路由分析

门级综合网表、设计约束和工艺库信息用于布局路由的物理设计工具中。电路布局、物理设计的输出显示了门的位置及其通过金属层的详细路由。除了电路布局外，还可获得具有电路寄生参数的更新设计网表。提出的流程包括两个主要步骤，包括关于元件分布的元件分析以及关于路由的路由分析。元件分析步骤是通过扫描晶元以获取元件位置，并由此确定空白位分布及大小。路由分析步骤是在每个金属层中提取已使用的路由信道，确定未使用的路由信道。

获得电路布局后，元件分析通过侦测电路布局，可以得到电路尺寸、特定元件及其协作部分等信息。利用这些信息，可以识别电路衬底板中的空白。尺寸大于工艺库中最小元件的任何空白区域则被认为是一个或多个木马插入的潜在位置。元件分析还可以在整个布局中获得元件和空白区域的分布。路由分析是在基板上方的金属层中收集已使用和未使用的路由信道。可用的路由通道可能潜在地用于木马单元互连及其与主电路的连接。类似于元件分析，路由分析还收集所有金属层中已用的和空闲的路由信道的分布。在确定电路布局的空白和未使用的路由信道分布之后，将电路布局区域的硬件木马单元布局的漏洞定义为

$$V(r)=\mathrm{WS}(r)\cdot\mathrm{UR}(r) \tag{3.1}$$

式中：$V(r)$为区域 r 的漏洞；$\mathrm{WS}(r)$为区域 r 的归一化空白；$\mathrm{UR}(r)$为区域 r 的归一化未使用路由信道。可以预见，木马单元会被插入 $V(r)$密度高的区域，这之中$\mathrm{WS}(r)$和 $\mathrm{UR}(r)$密度同样高。

尽管将木马插入到具有高 V 的区域中可能无法保证避过木马检测，但为了对抗基于延迟的检测技术，木马应该插入具有足够空白和空白路由通道的区域，并在非关键路径上窃听到线网。区域 r 中的抗延迟木马的漏洞值可以定义为

$$V_{\mathrm{Td}}(r)=V(r)\cdot N_{\mathrm{NC}}(r) \tag{3.2}$$

其中，$N_{\mathrm{NC}}(r)$为区域 r 中的非关键路径的数量；$V(r)$为由式（3.1）定义的区域 r 的漏洞。

为了对抗基于功耗的检测技术，木马应该连接到具有低转移概率的线网，并布置在具有足够空白和未使用的路由信道的区域中。区域 r 中的抗功耗木马的漏洞的值可以定义为

$$V_{\mathrm{Tp}}(r)=V(r)\cdot N_{\mathrm{LP}}(r) \tag{3.3}$$

式中：$N_{\mathrm{LP}}(r)$为区域 r 中转移概率小于预定义 P_{th} 的线网数量；$V(r)$为由式（3.1）定义的区域 r 的漏洞。

能够对抗多参数检测技术的木马应放置在具有空白空间和未使用的路由通道的区域中，并连接到位于非关键路径上的低转移概率的线网。区域 r 中功耗和延迟抵

抗木马的漏洞的 $V_{Tdp}(r)$ 可以定义为

$$V_{Tdp}(r) = V(r) \cdot N_{NC\&LP}(r) \tag{3.4}$$

式中：$N_{NC\&LP}(r)$ 为区域 r 中转移概率小于区域 r 中的非关键路径上的预定义 P_{th} 的线网数量；$V(r)$ 为由式（3.1）定义的区域 r 的漏洞。

3.3.2 线网分析

线网分析是对电路中的每个线网进行全面分析。分析确定电路中每个线网的转移概率。通过结合电路布局信息，可以获得跨电路布局的转移概率的分布。使用时序分析工具，可以获得通过线网的最差路径的松散分布。位于非关键路径上的具有低转移概率的线网是木马触发器输入的最合适选择。

总之，版图级漏洞分析流程能识别出容易被一些抗延迟、功耗、多参数检测技术木马插入的电路区域。同时，对区域的漏洞进行量化，能够提供不同电路实现之间的详细和公正的比较。基于以上认知，可以将有效预防与对主要设计规格影响最小结合起来。此外，该流程可以在制造后为认证电路提供有见地的指导。

b18 基准使用 Synopsys 的 SAED_EDK90nm 库在 90nm 工艺下[17]综合，并考虑了 9 个用于路由金属层。布局被分为面积 A_T 为 W^2 的块，其中 W 是设计库中最大单元的宽度，即有 $A_T = 560.7424\mu m^2$。平均可用空白空间和未使用的路由通道分别约为 41 个 INVX0 单元和每层 0.84 个单位。在执行布局漏洞分析流程之后，图 3.3（a）显示了在式（3.1）中定义的版图级的木马插入的 b15 基准测试的漏洞[18]。平均漏洞约为 0.46，约 40%区域的 V 值在 0.5 以上。这表明该布局对木马插入的敏感度很高。

图 3.3（b）显示了面对可抵抗整个布局中基于延迟检测技术的木马时，b15 基准测试存在的漏洞。结果表明，第 7 行第 4 列中的区域 95 是抗延迟木马的最敏感区域，其中 $V_{Td}(95) = 20.44$，$N_{NC}(95) = 28$，$V(95) = 0.73$。有趣的是，第 7 行第 3 列中的相邻区域 94 具有相当大数量的非关键路径（$N_{NC}(94) = 40$）。然而，区域 94 具有低空白或未使用的路由信道（$V(94) = 0.21$）。因此，区域 94 的敏感性远低于区域 95（$V_{Td}(94) = 8.4$）。图 3.4（a）中显示了面对可抵抗整个布局中基于功耗检测技术的木马时，b15 基准测试存在的漏洞，其中 $P_{th} = 10^{-4}$。结果表明，第 11 行第 4 列中的 147 区域对抗功耗木马有最多的漏洞，其中 $V_{Tp}(147) = 7.71$，$V(147) = 0.70$，$N_{LP}(147) = 11$。

比较抗延迟木马和抗功耗木马，由于最大 V_{Td} 大于最大 V_{Tp}，b15 基准更容易受到延迟抵抗木马的影响。此外，具有最大 V_{Td} 和最大 V_{Tp} 的区域是不同的，因此对于 b15 基准对抗延迟木马最敏感的区域为 95，对抗功耗木马最敏感的区域是 147。

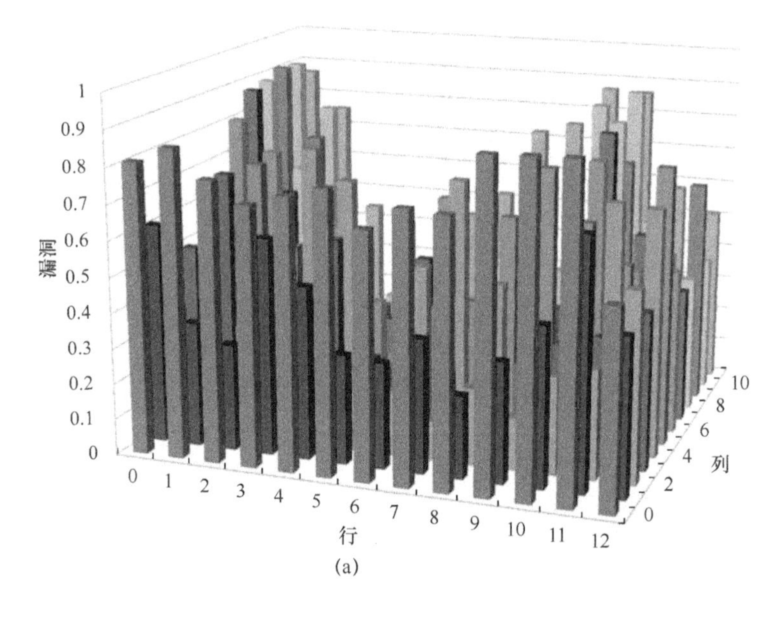

(a)

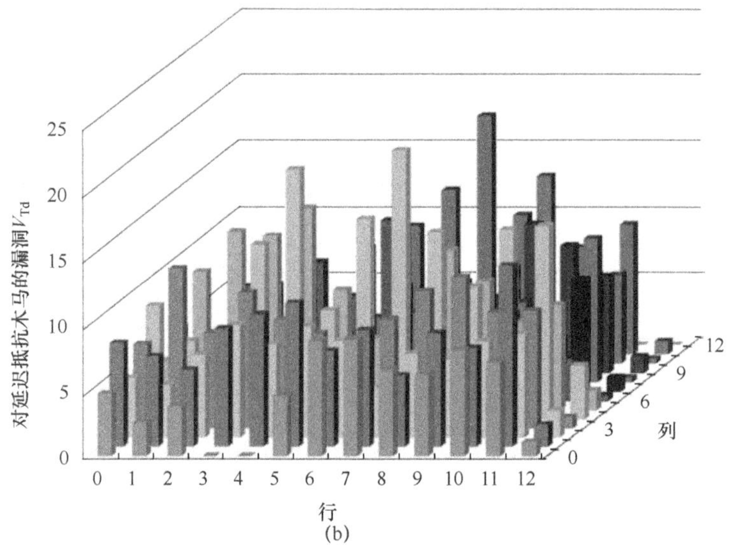

(b)

图 3.3　存在未使用的空间和路由通道以及漏洞在 b15 基准测试中的延迟硬件木马

（a）未使用的空间和路由信道 $V(r)$；（b）延迟抵抗木马。

图 3.4（b）显示了 b15 基准测试对多参数功能和延迟木马检测技术的漏洞。结果表明，第 11 列第 7 列中的区域 150 是最容易受到抗功耗和延迟检测技术木马攻击的区域，其中 $V_{\mathrm{Tdp}}(150)=5.32$，$V(150)=5.32$，$N_{\mathrm{NC\&LP}}(150)=10$。分析结果表明，如果区域 150 中仍然有相当多的空白和未使用的路由信道，那么即使使用多参数木马检测技术，也能实现一个完全激活概率为 10^{-40} 的木马。此分析标记出极易

插入木马的区域，因此能够有效缩小木马检测的工作量。对 b15 基准的详细分析显示，在 169 个区域中，有 21 个区域的 V_{Tdp} 高于 3，这表明存在木马中等程度的区域，这些区域具有相当大的空白和未使用的路由通道，并且在非关键路径上有相当数量的具有低转移概率的线网。

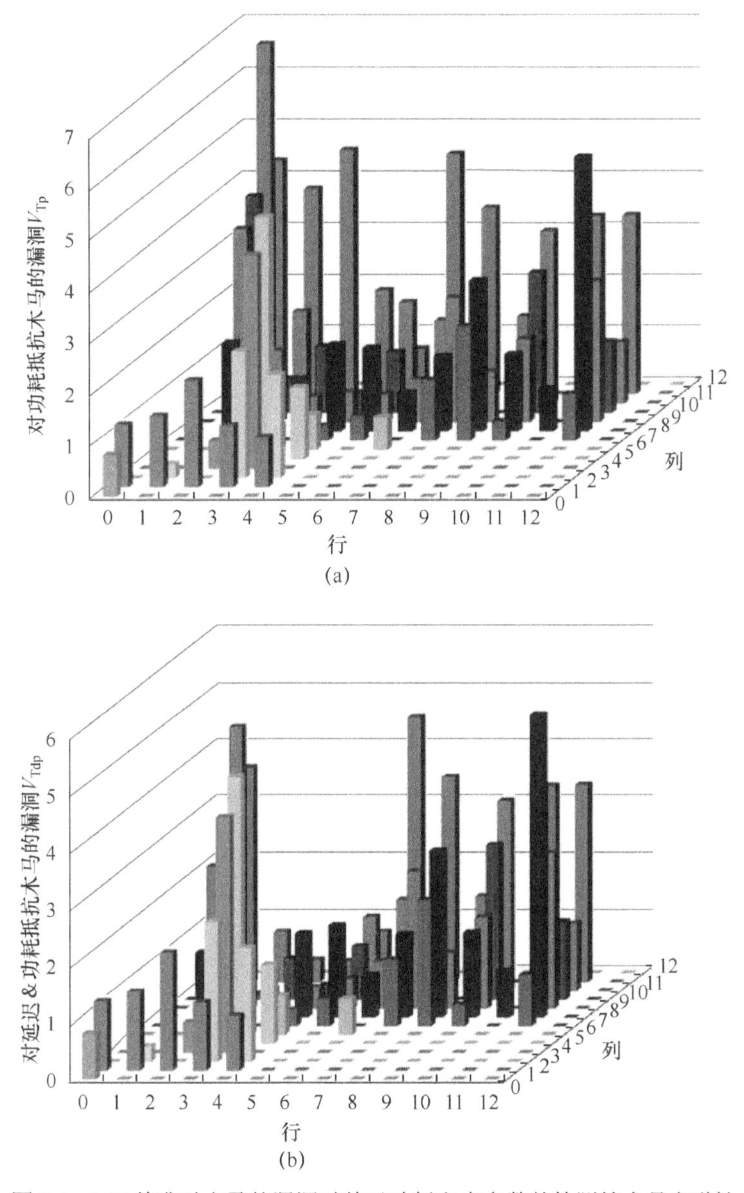

图 3.4 b15 基准对木马的漏洞对基于功耗和多参数的检测技术具有弹性

（a）抗功耗木马 $P_{\mathrm{th}}=10^{-4}$；（b）多参数破坏木马。

b15 基准的详细结果显示，V_{Td} 高于 5、10 和 15 区域的百分比分别为 75%、17%和 3%。V_{Tp} 高于 2、4 和 5 区域的百分比分别为 14%、4%和 0.6%，V_{Tdp} 高于 2、4 和 5 区域的百分比分别为 12%、2%和 0%。结果强调，b15 基准具有较高的易受木马攻击的区域百分比，这些区域可抵抗基于延迟的木马检测技术。此外，通过使用多参数功耗和延迟木马检测技术，该百分比能够显著下降。

3.4 木马分析

木马对电路特性的影响取决于其实现方式。从具有较高转移概率的线网窃取的木马输入将会增加木马电路内的开关活动，并增加其对电路功耗的影响。此外，由于额外的路由和木马门电路带来的附加电容，木马可能会影响电路延迟特性。为定量地确定检测门级木马的难度，开发了一种根据自身对跨不同电路延迟和功率影响的程序以确定木马的可检测性。由于木马的可检测性基于木马在侧信道信号中引起的变化，因此它可以在不同的硬件木马检测技术之间建立公平的比较。

木马可检测性度量是由木马电路中的转移次数和由木马门电路及其路由引起的额外电容决定的。该度量旨在与通过引入新变量（如与电磁场相关的数量）与新的木马检测方法兼容。

木马电路中的转移反映了木马对电路功耗的影响，木马对电路延迟特性的影响通过测量木马所增加的电容来表示。假设 A_{Trojan} 代表木马电路中的转移次数，S_{Trojan} 是以单元格为单位的木马电路大小，A_{TjFree} 是在无木马电路中的转换次数，S_{TjFree} 是以单元数为单位无木马电路的数量，TIC 是由木马引起的电容增量，C_{TjFree} 表示在相应的无木马电路中具有最大电容的木马感染路径，门级的木马可检测性定义为

$$T_{\text{Detectability}} = |t| \tag{3.5}$$

其中

$$\boldsymbol{t} = \left(\frac{\dfrac{A_{\text{Trojan}}}{S_{\text{Trojan}}}}{\dfrac{A_{\text{TjFree}}}{S_{\text{TjFree}}}}, \frac{\text{TIC}}{C_{\text{TjFree}}} \right) \tag{3.6}$$

门级的 $T_{\text{Detectability}}$ 计算如下：

（1）将随机向量输入到无木马电路，并获得电路中的转换次数 A_{TjFree}；

（2）将相同的随机向量应用于具有木马的电路，并获得木马电路 A_{Trojan} 中的转移次数；

（3）对无木马和有木马插入的电路进行延迟分析；

（4）获取由木马改变电容的路径列表；

（5）确定在相应的无木马 C_{TjFree} 和电容增量（TIC）中具有最大电容的木马感染路径；

（6）形成向量 $\boldsymbol{t}$（式（3.6）），并计算 $T_{\text{Detectability}}$（如式（3.5））。需要注意的是，木马可检测性代表检测到木马的难度。

例如，图 3.5 所示的比较器木马被插入以太网 MAC 10GE 电路中的 4 个不同位置，即 TjG-Loc1、TjG-Loc2、TjG-Loc3 和 TjG-Loc4（G 表示“门级”），表 3.1 显示了其可检测性。以太网 MAC 10GE 电路包括 102047 个单元，第 3 列 S_{TjFree} 包括 12 个单元，第 5 列 S_{Trojan} 的木马仅占整个电路的大约 0.011%。第 5 行的 TjG-Loc4 发生了最多的转移行为（第 4 列中的 13484），并且相对地诱导了高 TIC（第 6 列中为 0.004932996pF）。可推测由于对电路侧信道信号的影响较大，TjG-Loc4 最容易被检测到木马，进而 TjG-Loc4 的可检测性（第 8 列中的 $T_{\text{detectability}} = 1.079105$）高于其他信号。虽然在第 3 行中 TjG-Loc2（0.004969767pF）的感应电容大于由 TjG-Loc1（0.000286935pF）引起的电容，但在第 2 行中，TjG-Loc1 对电路转移行为有更大的影响（第 4 列的 10682 比 4229）。TjG-Loc1 在 TjG-Loc4 之后具有第二大可检测性（0.851659）。在 TjG-Loc2 和 TjG-Loc3 中，尽管第 4 行中的 TjG-Loc3 具有稍大的诱导电容（0.005005983pF），但 TjG-Loc2 在第 4 列中具有更多的转移行为（4229 比 3598）。这两个木马具有较为接近的可检测性，其中 TjG-Loc2 更容易检测，而 TjG-Loc3 是具备最低可检测性最难被检测到的木马。

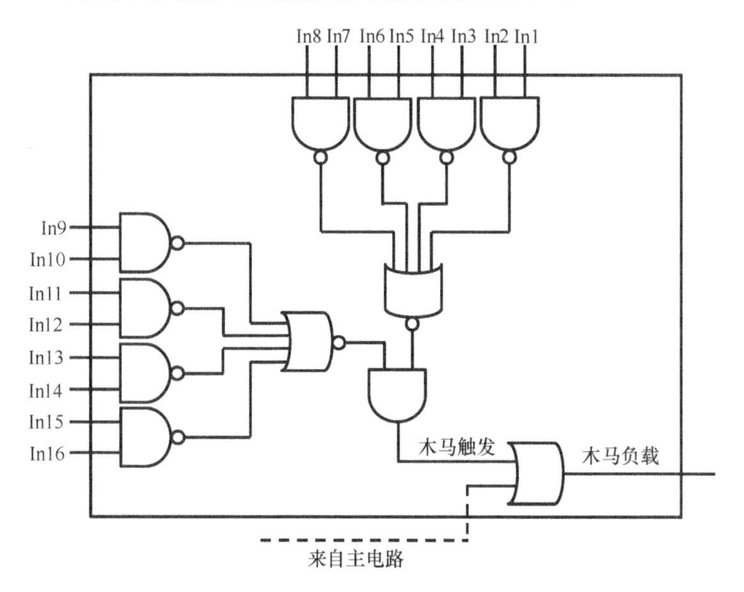

图 3.5　一个比较木马的例子

表3.1 比较器的可检测性木马放置在以太网MAC 10GE电路的4个不同位置

木马	A_{TjFree}	S_{TjFree}	A_{Trojan}	S_{Trojan}	TIC/pF	C_{TjFree}/pF	$T_{\mathrm{detectability}}$
TjG-Loc1	106664486	102047	10682	12	0.000286935	0.041358674	0.851659
TjG-Loc2	106664486	102047	4229	12	0.004969767	0.072111502	0.344132
TjG-Loc3	106664486	102047	3598	12	0.005005983	0.049687761	0.304031
TjG-Loc4	106664486	102047	13484	12	0.004932996	0.052602269	1.079105

在版图级，V_{Tdp} 度量决定了一个区域对木马的敏感性，这些特性对基于延迟的检测技术和基于功耗的检测技术都是有抵抗力的。一个3位同步计数器木马和一个12位比较器分别插入到b15基准测试，图3.6和图3.7分别显示其延迟和功耗的影响。计数器木马被插入在第3列第3行的区域42中，$V_{\mathrm{Tdp}}(42)=4.149$（$V(42)=0.4149$ 和 $N_{\mathrm{NC\&LP}}(42)=10$）。图3.6（a）～（c）示出了通过计数器的3个触发信号的1000个最差路径的松弛分布。分析表明，3个信号的TID数量平均约为1ns，木马插入后每个信号的最小松弛仍然很大，最差的路径不会成为关键路径。图3.6（d）还介绍了木马电路的功耗非常小（$\approx 6.84\times10^{-7}$W），而木马插入前后的电路功耗几乎保持不变，约为 6.49×10^{-4}W。因此，3位同步计数器木马可能会躲避基于延迟和功耗的木马检测技术的检测。

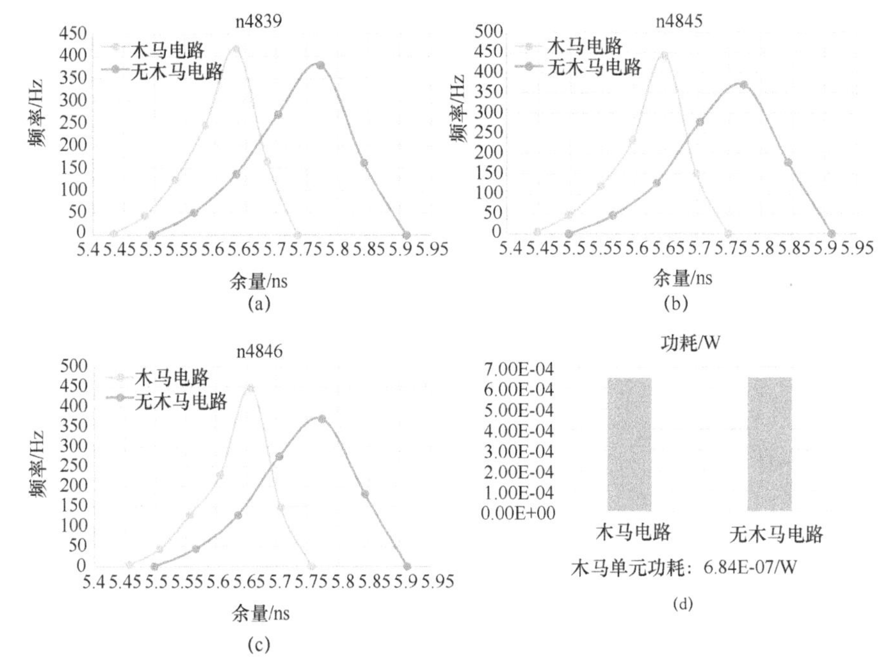

图3.6 b15基准的42号区域中1000个最差路径的电路功耗和余量分布
（每条路径包括一个3位同步计数器木马，此时 $V_{\mathrm{Tdp}}(42)=4.149$）
（a）n4839的余量分布；（b）n4845的余量分布；（c）n4846的余量分布；（d）木马单元功耗。

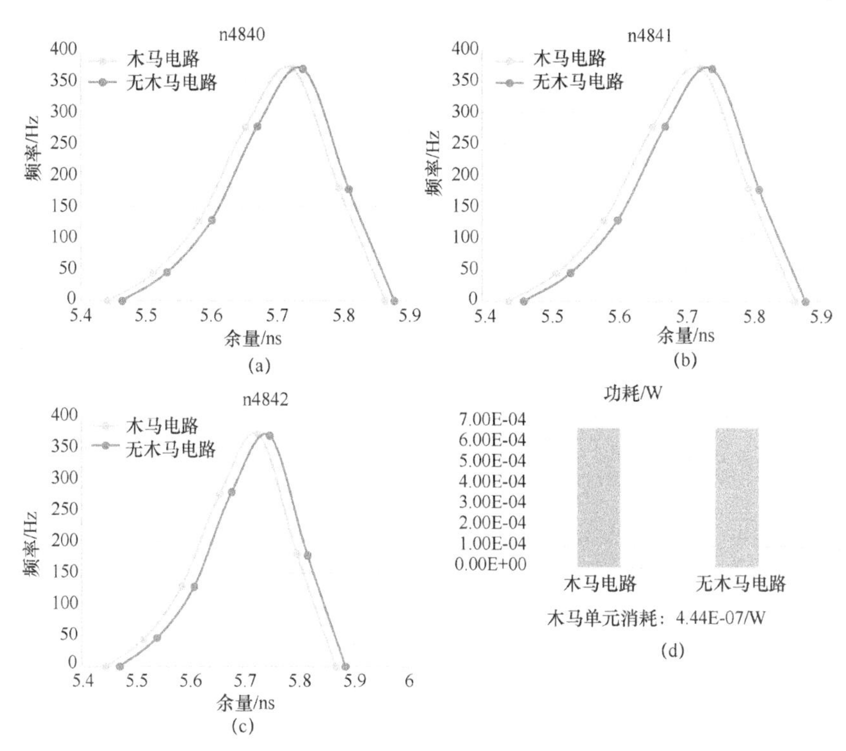

图 3.7　b15 基准的 43 号区域中 1000 个最差路径的电路功耗和余量分布
（每条路径包含一个 12 位比较器木马，此时，V_{Tdp}（43）＝4.7035）
（a）n4840 的余量分布；（b）n4841 的余量分布；（c）n4842 的余量分布；（d）木马单元功耗。

对列 4 和行 3 的相邻区域 43 中插入的 12 位比较器进行类似分析，$V_{\mathrm{Tdp}}(43)=4.7035$（$V(43)=0.78$ 和 $N_{\mathrm{NC\&LP}}(43)=6$）。具有最小松弛的比较器的 3 个选定输入的松弛分布如图3.7（a）～（c）所示。TID 的数量平均为 0.018ns，最差路径的延迟没有足够大到被认为是关键路径的标准。在图3.7（d）中，木马的功耗非常小（约 4.44 10^{-7}W）。在对电路延迟特性和功耗影响较小的情况下，比较器木马也可能保持隐藏。将 3 位同步计数器与 12 位组合比较器比较表明，尽管比较器电路的大小较大，但计数器比比较器消耗更多的功耗。这归因于计数器是时序电路，其触发器的时钟输入连接到电路时钟。此外，比较器电路的 TID 小于计数器的 TID，这是因为比较器的 V_{Tdp} 值较高。因此，V_{Tdp} 指标可以有效识别容易受到抗延迟和功耗技术的木马侵扰的区域。

3.5 小　结

本章介绍了一种新颖的门级和版图级漏洞分析流程，用于确定门级网表和电路布局对硬件木马插入的敏感性。基于电路拓扑和布局路由信息，定义了几个度量来量化不同类型木马的电路布局的漏洞。通过实现不同的木马评估了引入指标的重要性。结果表明，木马在抵抗基于延迟，基于功率和基于多参数的木马检测技术方面具有相当大的脆弱性。新提出的布局漏洞分析流程可以为电路开发中的木马预防和木马检测提供指导。

参考文献

1. U.S.D. Of Defense, Defense science board task force on high performance microchip supply (2015) http://www.acq.osd.mil/dsb/reports/2005-02-HPMS_Report_Final.pdf
2. S. Adee, The hunt for the kill switch (2008) http://www.spectrum.ieee.org/print/6171
3. S. Bhunia, M. Abramovici, D. Agarwal, P. Bradley, M.S. Hsiao, J. Plusquellic, M. Tehranipoor, Protection against hardware Trojan attacks: towards a comprehensive solution. IEEE Des. Test **30**(3), 6–17 (2013)
4. M. Tehranipoor, F. Koushanfar, A survey of hardware Trojan taxonomy and detection. IEEE Des. Test Comput. **27**(1), 10–25 (2010)
5. R. Karri, J. Rajendran, K. Rosenfeld, M. Tehranipoor, Trustworthy hardware: identifying and classifying hardware Trojans. IEEE Comput. **43**(10), 39–46 (2010)
6. M. Tehranipoor, H. Salmani, X. Zhang, X. Wang, R. Karri, J. Rajendran, K. Rosenfeld, Trustworthy hardware: Trojan detection and design-for-trust challenges. IEEE Comput. **44**(7), 66–74 (2011)
7. Y. Jin, D. Maliuk, Y. Makris, Post-deployment trust evaluation in wireless cryptographic ICs, in *Proceedings of the IEEE Design, Automation and Test in Europe Conference and Exhibition (DATE12)* (2012), PP. 965–970
8. X. Zhang, M. Tehranipoor, Case study: detecting hardware Trojans in third-party digital IP cores, in *Proceedings of the IEEE International Workshop on Hardware-Oriented Security and Trust (HOST11)* (2011), pp. 67–70
9. Y. Jin, Y. Makris, Hardware Trojan detection using path delay fingerprint, in *Proceedings of the IEEE International Workshop on Hardware-Oriented Security and Trust (HOST08)* (2008), pp. 51–57
10. J. Li, J. Lach, At-speed delay characterization for IC authentication and Trojan horse detection, in *Proceedings of the IEEE International Workshop on Hardware-Oriented Security and Trust (HOST08)* (2008), pp. 8–14
11. X. Wang, H. Salmani, M. Tehranipoor, J. Plusquellic, Hardware Trojan detection and isolation using current integration and localized current analysis, in *Proceedings of the IEEE International Symposium on Fault and Defect Tolerance in VLSI Systems (DFT08)* (2008), pp. 87–95
12. D. Agrawal, S. Baktir, D. Karakoyunlu, P. Rohatgi, B. Sunar, Trojan detection using IC fingerprinting, in *Proceedings of the IEEE Symposium on Security and Privacy* (2007), pp. 296–310
13. R. Rad, X. Wang, J. Plusquellic, M. Tehranipoor, Power supply signal calibration techniques for improving detection resolution to hardware Trojans, in *Proceedings of the International Conference on Computer-Aided Design(ICCAD08)* (2008), pp. 632–639
14. M. Banga, M.S. Hsiao, A novel sustained vector technique for the detection of hardware Trojans, in *Proceedings of the International Conference on VLSI Design (VLSID09)* (2009), pp. 327–332
15. F. Wolff, C. Papachristou, S. Bhunia, R.S. Chakraborty, Towards Trojan-free trusted ICs: problem analysis and detection scheme, in *Proceedings of the Design, Automation and Test in Europe (DATE08)* (2008), pp. 1362–1365
16. Ethernet 10GE MAC (2013) http://opencores.org/project,xge_mac
17. Synopsys 90nm generic library for teaching IC design (2016) http://www.synopsys.com/Community/UniversityProgram/Pages
18. ISCAS benchmarks (2016) http://www.pld.ttu.ee/~maksim/benchmarks/

第4章 IP核可信验证的代码覆盖率分析

4.1 概 述

由于半导体设计和制造过程的全球化，IC越来越容易受到恶意行为和变更的攻击。今天的SoC通常包含数十个执行各种功能的IP核（数字和模拟）。实际上，很少有IP核是由SoC集成商开发的，大多数是由外包第三方IP核供应商设计。使得第三方IP核的可信变得越发重要。这些问题已经在各种报告和技术事件中有所报道[1]。

IP核可信问题被定义为在SoC设计期间将IP核木马插入第三方IP核的可能性。由于第三方IP核供应商插入的木马可以在设计中创建后门，从而导致敏感信息泄露，并且可以执行其他可能的攻击（如拒绝服务、降低可靠性等），这个问题已经引起了人们的极大关注[2, 3]。

在第三方IP核中检测木马是非常困难的，因为在验证期间不会与给定的IP核进行比较。从理论上来说，在IP核中检测木马的有效方式是激活木马并观察其特效，但木马的类型、大小和位置是未知的，其激活条件很可能不易实现[4]。IC可信的常规侧信道技术不适用于IP核可信。当IP核中存在木马时，所有以IP核所制造的IC都将包含木马。唯一可信的组件是来自SoC设计者的规范，该设计者定义了功能、主要输入和输出以及他们要在其系统中使用的第三方IP核的其他信息。在作为寄存器传输级（RTL）代码提供的第三方IP核的正常功能操作期间，木马可以非常好地隐藏。一个大型的工业级IP核可以包含数千行代码。识别代表木马的IP核中的几行RTL代码是一项非常具有挑战性的任务。

鉴于这个问题的复杂性，在第三方IP核中没有可用于检测硬件木马的特效方法。在文献[5]中提出了一种解决IP核可信问题的IP核可信验证技术，本章将详细介绍这一技术。在该技术中已经采用了如形式验证、代码覆盖率分析和自动测试模生成（Automatic Test Pattern Generation，ATPG）方法等几个概念，来较准确地判断电路是否被木马插入。该IP核可信验证技术是基于可疑信号的识别。首先通过改进测试验证程序的覆盖分析来识别可疑信号；然后应用去除冗余电路和等价定理来减少可疑信号的数量。时序ATPG用于生成模式以激活可触发木马的可疑信号。

4.2 SoC设计流程

典型的 SoC 设计流程如图 4.1 所示。首先是设计规格说明文档；然后 SoC 集成者确定实现给定规格说明文档所需的 IP 核列表。这些 IP 核由内部开发或从第三方 IP 核供应商处购买。这些第三方 IP 核可以通过以下 3 种形态从供应商外采购[6]。

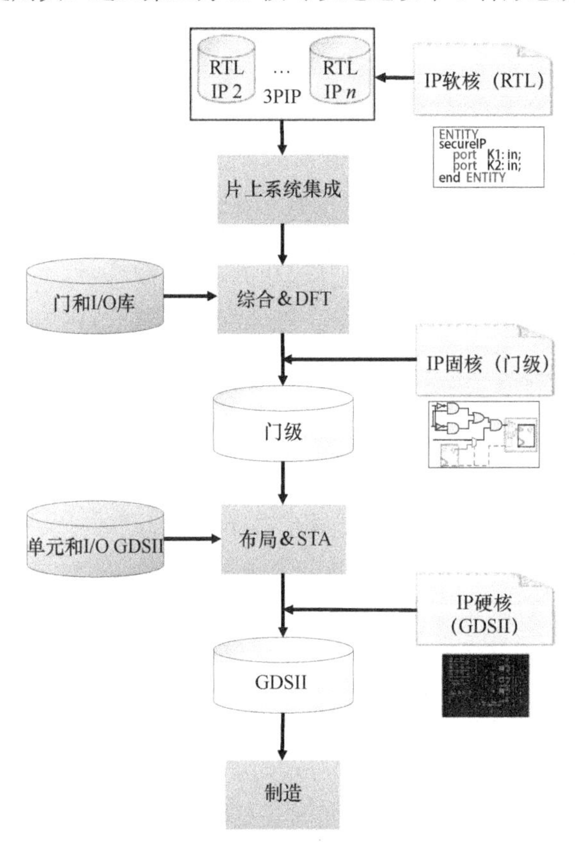

图 4.1 SoC 设计流程（包括基于 IP 核的设计、系统集成和制造）

（1）IP 软核为可综合的寄存器传输级（RTL）硬件描述语言（HDL）。

（2）IP 硬核为 GDSII 形式的完整布局布线的核心设计。

（3）IP 固核在结构和拓扑上进行优化，以获得性能和面积优化，可能使用通用库。

在开发或采购所有必要的 IP 核之后，SoC 设计公司将它们整合在一起，以生成整个系统的 RTL 规范。SoC 集成综合的 RTL 描述为一个基于逻辑单元门级网表和 I/O 目标工艺库，然后可以将来自供应商的门级 IP 核集成到该网表中。他们还添加了可测性设计（DFT）结构，以提高设计的可测试性。下一步是将门级网表转换为基于逻辑单元和 I/O 几何的物理布局。也可以从 GDSII 布局文件格式的供应商导入 IP 核。在进行静态时序分析（Static Timing Analysis，STA）后电源关闭，开发人员将以 GDSII 格式生成最终布局，并将其发送出去制作。

当今先进的半导体技术要求对 SoC 开发过程的每个阶段进行大量的投资，如 2015 年新建一个代工厂的成本估计为 50 亿美元[7]。因此，大多数半导体公司无法承受从设计到包装如此长的供应链。为了降低研发成本并减小开发周期，SoC 设计公司通常将制造外包给第三方代工厂，购买第三方 IP 核，和使用第三方供应商提供的 EDA 工具。使用不可信（和潜在恶意攻击）的第三方 IP 核会增加安全性问题。因此，供应链易受各种攻击的影响，如硬件木马插入、逆向工程、IP 核盗版、IC 篡改、IC 克隆、IC 过度生产等。其中，硬件木马被认为是最大的问题之一，并获得了相当的关注[9]。

木马可以在 SoC 的 RTL 和 DFT 插入的综合过程中，或在布局路由过程中，或在 IC 制造[8]时插入。攻击者还可以通过外部供应商提供的 IP 核插入木马。设计者必须验证 IP 核的可信性，以确保它们按预期执行，也仅此而已。

4.3 硬件木马结构

硬件木马被定义为对电路设计的故意恶意修改，在电路被部署时产生不希望的行为[8]。第三方 IP 核中木马的基本结构可以包括两个主要部分，即触发器和有效载荷。木马触发器是监视电路中各种信号或一系列事件的可选部分。有效载荷通常会从原始（无木马程序）电路和触发器的输出中抽出信号。一旦触发器检测到预期的事件或条件，有效载荷被激活以执行恶意行为。通常情况下，触发器预计在非常罕见的条件下才被激活，所以有效载荷在大多数时间内保持不动。当有效载荷不被激活时，IC 就像一个无木马程序的电路，很难检测到该木马。

门级木马的基本结构如图 4.2 所示。触发输入$(T_1,T_2,\cdots,T_K)$来自电路中的各种线网，有效载荷从原始（无木马程序）电路和触发器的输出攻击原始信号 Net_i 。由于触发器预期在极小概率的条件下才被激活，所以有效载荷输出在大多数时间内保持与 Net_i 相同的值。然而，当触发有效时（TriggerEnable 为“0”），有效载荷输出将与 Net_i 不同，这可能导致在电路中注入错误值并导致输出错误。应注意，RTL 中的木马具有与图 4.2 类似的功能。

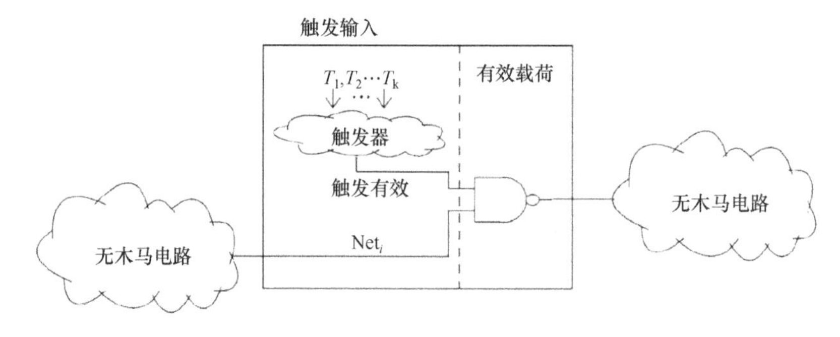

图4.2 木马结构

4.4 相关工作

IP核可信验证侧重于验证IP核没有表现出的任何恶意功能，如IP核不包含任何木马。现有的IP核可信验证技术可以大致分为代码覆盖率分析、形式化验证、结构分析、逻辑测试、功能验证和运行时验证。

（1）代码覆盖率分析。代码覆盖率定义为在功能验证过程中执行的代码行的百分比。代码覆盖率分析也可以应用于识别可能是木马的一部分的可疑信号，并验证第三方IP核的可信性。在文献[9]中，作者提出了未用电路识别（Unused Circuit Identification，UCI）的技术来寻找在仿真过程中未执行的RTL代码行。这些未执行的代码行可以被认为是恶意电路的一部分。在文献[9]中，作者建议从硬件设计中删除这些可疑的RTL代码，并在软件水平上进行仿真。在文献[10]中，作者提出了类似的代码覆盖分析结合硬件断言检查器来识别第三方IP核中的恶意电路。然而，这些技术并不能保证第三方IP核的可信度。在文献[11]中作者已经证明硬件木马可以对抗UCI技术。这种类型的木马从不太可能发生的事件中派生出触发电路，以逃避对代码覆盖率分析的检测。

（2）形式化验证。传统上，形式化方法如符号执行[12]、模型检查[13]和信息流[14]应用于软件系统，以寻找安全漏洞并提高测试覆盖率。形式化验证也证明可以有效地验证第三方IP核的可信度[15-17]。这些方法基于随码证明（Proof-Carrying Code，PCC）的概念，以形式化验证IP核的安全性属性。在这些提出的方法中，除了IP核供应商的标准功能文档外，SoC集成商还提供了一组安全属性。然后由第三方供应商提供与硬件IP核一起提供的这些属性的形式化证明。SoC整合通过使用PCC验证证明。IP核的任何恶意修改将违反这种证明而作为存在硬件木马的证据。但是，由于第三方供应商形式化证明这些与安全相关的属性[18]，这些方法无法确保IP核完全可信。

在文献[19]中，作者提出了一种技术，通过硬件木马形式化验证第三方 IP 核中关键数据的恶意修改。提出的技术基于有界模型检测（Bounded Model Checking，BMC）。BMC 检查属性——“关键信息是否被破坏？”，并在给定的 IP 核中属性被违反时输出。BMC 还报告违反此属性的输入模式序列。形成报告的输入模式，可以提取木马的触发条件。在文献[20]中提出了另一种类似的方法，形式化验证第三方 IP 核中的未经授权的信息泄露。这种技术检查属性“设计是否泄露任何敏感信息？”这些方法的局限性是由于空间爆炸的问题，模型检查的处理能力相对有限。

（3）结构分析。结构分析采用定量指标来标记低激活概率可疑的信号或门。在文献[21]中，作者提出了一个名为“语句难度”的度量来评估在 RTL 代码中执行语句的难度。“语句难度”值较大的电路区域更容易受到木马插入的攻击。在门级，攻击者很有可能在门级网表的难以检测区域插入木马。难以检测的线网被定义为具有低转换概率的线网，并且不能通过公认的故障测试技术（如固定、转换延迟、路径延迟和桥接故障）进行测试[22]。在难以检测的区域插入木马将降低触发木马的可能性，从而降低在验证和验证测试期间检测到的可能性。在文献[23]中，作者提出了评估门级网表中难以检测区域的度量标准。代码/结构分析技术的局限性在于它们不能保证木马检测，并且需要手动后期处理来分析可疑信号或门，并确定它们是否是木马的一部分。

（4）逻辑测试。逻辑测试旨在通过应用测试向量并将响应与正确的结果进行比较来激活木马。乍一看，这与检测制造缺陷的制造测试类似，传统的使用功能/结构/随机模式的制造测试不能可靠地检测硬件木马[24]。高明的对手可以设计在非常罕见的条件下激活的木马，因此在制造测试过程中可以在结构和功能测试中不被发现。在文献[25]中，作者已经开发了一种测试模式生成方法来触发这种很少激活的线网，并提高了从主要输出观察木马效应的可能性。然而，这种技术并不能保证触发木马程序，在工业规模的设计中应用这种技术是不可行的。此外，木马可能不会在功能上影响电路，而是通过侧信道泄露机密信息。这种类型的木马不能通过逻辑测试来识别。

（5）功能分析。功能分析应用随机输入模式，并执行 IP 核的功能仿真以找到具有与硬件木马相似特征的 IP 核的可疑区域。功能分析和逻辑测试之间的基本区别在于逻辑测试旨在应用特定的模式来激活木马，而功能分析则应用随机模式，而这些模式并不针对触发木马。文献[26]中提出了一种称为几乎未使用电路识别的功能分析（Functional Analysis for Nearly unused Circuit Identification，FANCI）的技术，其标记具有弱输入到输出依赖性的线网是可疑的。这种方法是基于在非常罕见的条件下触发硬件木马的观察。因此，在正常的功能操作期间，触发木马的电路逻辑几乎没有使用或休眠。在这里，作者提出了“控制值”的度量，通过量化每个输入网对其输出函数的可控性程度来找到“几乎未被使用的逻辑”。通过应用随机输入模式和测量输出转换次数来计算“控制值”。如果某线网的控制值低于预定阈值，则该线网被标记为可疑。例如，对于RSA-T100（http://trust-hub.org/resources/benchmarks）木马，触发条件为32'h44444444。触发线网的“控制值”为 2^{-32}，预计低于预定阈值。FANCI的主要限制是，这种方法产生大量的假阳性结果，这种方法没有规定任何方法来验证可疑信号是否执行任何恶意操作。另外，文献[27]实现了设计木马来破解FANCI。在这里，他们设计了触发向量在多个时钟周期内到达的木马电路。例如，对于RSA-T100木马，触发序列可以在4个周期内导出，使得触发线网的“控制值”为 2^{-8}。此外，FANCI无法识别“始终开启”的木马，即在其生命周期内保持活动，并且没有任何触发电路的木马。

在文献[28]中，作者提出了VeriTrust技术来识别硬件木马的潜在触发输入。所提出的技术是基于观察到硬件木马的触发电路的输入端口在正常操作期间保持休眠，因此对于电路的正常逻辑功能是冗余的。VeriTrust的工作原理：首先，使用随机输入模式进行IP核的功能仿真，并以积和（Sums-Of-Products，SOP）以及和积（Product-Of-Sums，POS）的形式跟踪输入端口的激活记录；然后，VeriTrust通过分析功能模拟期间未激活的SOP和POS来识别冗余输入。这些冗余输入信号是硬件木马的潜在触发输入，VeriTrust技术旨在独立于硬件木马的实现风格。然而，这种技术也产生了大量的假阳性结果，因为不完整的功能模拟和未激活的木马属于正常功能的条目。此外，文献[27]中也设计了可以击败VeriTrust的木马，这种木马确保除了触发输入外，由功能输入子集驱动木马触发电路。VeriTrust也拥有与FANCI相同的限制，因为无法识别“始终开启”木马。

（6）运行时验证。运行时验证方法通常是基于双模块冗余方法[29]。这些技术依赖于从不同的IP核厂商采购具有相同功能的IP核。基本假设是，不同的第三方IP核中的不同木马基本不可能产生相同的错误输出。因此，通过比较不同供应商获得的相同功能的IP核的输出，可以检测到由木马触发的任何恶意活动。这种方法的主要缺点是成本过高（约100%面积开销），SoC集成商需要从不同的供应商购买相同的功能IP核（经济上不可行）。

4.5 IP核可信验证的案例研究

从4.4节的讨论可以看出，不能仅使用单一方法就高度认可第三方IP核的可信度。文献[5]中提出了一种涉及形式验证、覆盖分析、冗余电路去除、连续ATPG和等价定理的IP核可信验证技术。该技术首先利用形式验证和代码覆盖分析来识别与第三方IP核中的木马相对应的任何可疑信号和组件。接下来，提出的技术应用可疑信号分析来减少假阳性可疑信号的数量。这种技术集中在确保对软IP核的可信，因为它们是当今市场上最主要的IP核形式，为SoC设计人员提供了灵活性。

4.5.1 验证和覆盖率分析

验证和覆盖率分析的重要概念之一是形式验证，一种基于算法的逻辑验证方法，彻底证明了设计的功能特性。它包含传统验证中不常用的 3 种验证方法，即模型检查、等价检查和属性检查。规范中的所有功能都定义为属性。测试套件中监视第三方 IP 核中特定对象的具体案例也可以通过属性来表示。例如，我们所担心的情况，块间接口和复杂 RTL 结构。无论协议可能被滥用、违反假设还是设计意图被错误地实现，它们都可以被表示为属性。形式化验证使用属性检查来检查 IP 核是否满足这些属性。通过属性检查，可以探索设计的每一个角落。例如，在基准 RS232 中，规范中有两个主要功能，即发送器和接收器。图 4.3 显示了发送器的波形。以 Startbit 为例，当 Rst == 1'b1，clk 上升沿和 xmitH == 1'b1 时，输出信号 Uart_xmit 将开始发送起始位“0”。此功能使用图 4.4 所示的 SystemVerilog 属性进行描述、相应的断言及定义。说明书中的其余项目也将在形式化验证过程中翻译成属性。一旦规范中的所有功能都转换为属性，覆盖度分析可以有助于在身份认证中识别第三方 IP 核中的可疑部分。这些可疑的部分可能是木马（或木马的一部分）。

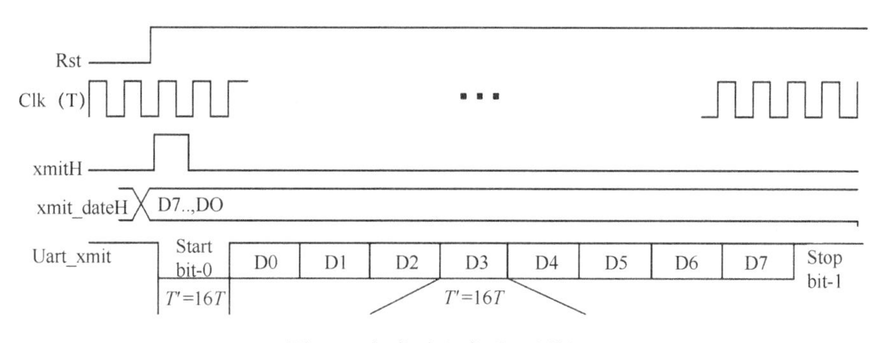

图 4.3 规范阶段发送器属性

```
01: property el;
02: @(posedgeuart_clk) disable iff (Rst)
03: $rose(xmitH) |-> ##1 (uart_XMIT_dataH==0);
04: endproperty
05:
06: al: assert property( el );
```

图 4.4 RS232 的属性和断言定义之一

覆盖指标包括代码覆盖率和功能覆盖率。代码覆盖率分析是评估测试平台在运行设计时的有效性的指标[30-31]。有许多不同类型的代码覆盖分析，但只有其中一些对 IP 核可信有帮助，即行覆盖率、语句覆盖率、翻转覆盖率和有限状态机（FSM）覆盖率。翻转覆盖率报告门级网表信号是否翻转，而其他 3 个覆盖率度量显示执行哪行和哪条语句，以及验证期间是否在 RTL 代码中到达 FSM 中的状态。图 4.5 显示了使用 RS232 进行仿真时行覆盖率报告的一部分。该报告显示，不执行第 72 和 74 行，这有助于通过检查源代码来改进测试平台。如果 RTL 代码容易读取，那么激活这些行的特殊模式将被添加到测试平台；否则，将添加随机模式以验证第三方 IP 核。

01：序号	覆盖范围	块类型
02：69	1	ALWAYS
03：70	1	CASEITEM
04：71	1	CASEITEM
05：72	0	CASEITEM
06：73	1	CASEITEM
07：74	0	CASEITEM
08：82	1	ALWAYS
09：82.1	1	IF
⋮ ⋮	⋮	⋮

图 4.5　行覆盖率报告的一部分

功能覆盖率是确定设计的功能多少被验证环境所执行。功能要求通过 SoC 设计者（即 IP 核采购者）对设计输入和输出及其相互关系的设计规范。所有的功能要求可以转换为不同类型的断言，如图 4.4 所示。功能覆盖检查这些断言以查看它们是否成功。表 4.1 显示了断言覆盖报告的一部分（断言 a1 在图 4.4 中定义）。表中的尝试次数意味着在仿真期间，当工具尝试检查断言时，有 500003 个正边沿时钟。

表 4.1　RS232 断言报告的一部分

断言	尝试	实际成功	失败	未完成
test.uart.uart_checker.a1	500003	1953	0	0
test.uart.uart_checker.a1	1953	1952	0	1
⋮	⋮	⋮	⋮	⋮

在表 4.1 中，“实际成功”列表示断言成功满足的概率，而“失败/未完成”列表示断言失败/未完成的概率。当为零失败时，该属性始终满足。

如果从第三方 IP 核的规范生成的所有断言都是成功的，并且所有覆盖度量（如行覆盖率、语句覆盖率和 FSM 覆盖率）都是 100%，那么可以高度可信第三方 IP 核是无木马程序的假设；否则，FSM 中的未覆盖的行、语句、状态和信号被认为是可疑的。所有可疑部分构成可疑清单。

4.5.2 针对可疑信号的还原技术

基于形式验证和覆盖率度量，提出了一种流程来验证第三方 IP 核在文献[1]中的可信度。所提出的解决方案的基本思想是，在第三方 IP 核中没有冗余电路和木马，所有信号/组件都将在验证期间改变其状态，第三方 IP 核应该能够正常工作。因此，在切换覆盖分析期间保持稳定的信号/组件是可疑的，因为木马电路不会频繁地改变其状态。然后将每个可疑信号视为 TriggercEnablex。图 4.6 显示了识别和最小化可疑部分的流程，包括测试模式生成，可疑信号识别和可疑信号分析。下面将详细讨论该图中的每个步骤。

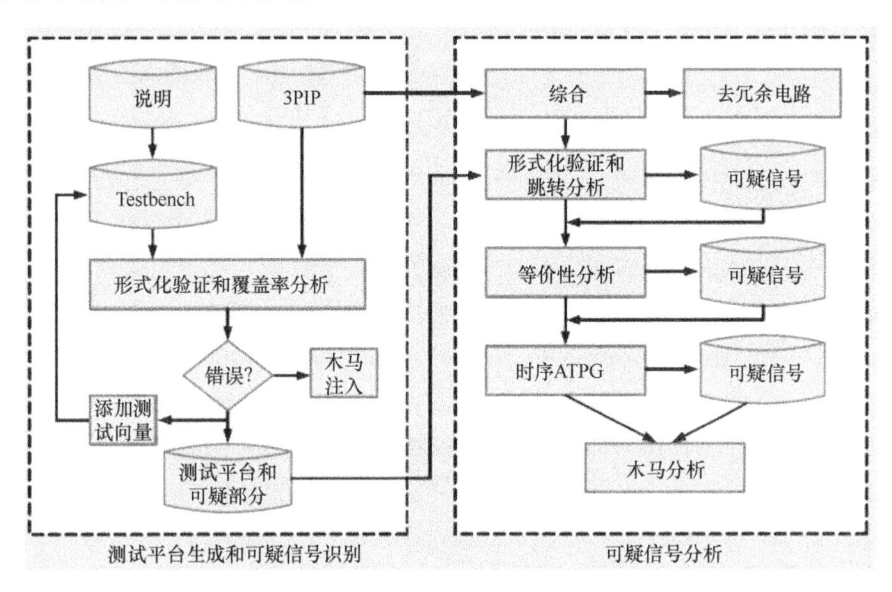

图 4.6　建议的识别和减少可疑信号的流程

1. 阶段 1：测试平台生成和可疑信号识别

为了验证第三方 IP 核的可信度，测试平台的 100%覆盖率最好。但是，对于每个第三方 IP 核，特别是具有数万行代码的数据，实现 100%的覆盖是非常困难的。在流程中，第一步是改进测试平台以通过可接受的模拟运行时获得更高的代码覆盖率。在规范中的每个属性和基本功能测试向量、RTL 代码的形式验证报告行、语句和 FSM 覆盖，如果其中一个断言在验证期间失败了一次，则第三方 IP 核被认为是不可信的，包含木马或漏洞。如果所有断言都成功，代码覆盖率为 100%，则为可信第三方 IP 核。如果至少有一个断言失败或代码覆盖率小于 100%，则需要将更多的测试向量添加到测试平台。添加新向量的基本目的是尽可能地激活未覆盖的部分。但验证时间会随着测试向量数量的增加而增加。通过 IP 核买方定义的可接受的验证时间和一定的覆盖率，将会生成最终的测试平台，并将 RTL 源代码综合进一步分析。

2. 阶段 2：可疑信号分析

（1）去除冗余电路（Redundant Circuit Removal，RCR）：必须从可疑列表中删

除冗余电路，因为它们在验证过程中也会保持在相同的逻辑值，并且输入模式无法激活它们。删除冗余电路涉及时序推理、SAT 扫描、冲突分析和数据挖掘。集成在 Synopsys 综合工具（Design Compiler，DC）中的 SAT 方法用于此流程中。

文献[5]中开发了另一种去除冗余电路的方法。扫描链在合成后插入门级网表，用于设计可测试性，ATPG 生成所有固定故障的模式。ATPG 期间不可靠的固定故障可能是冗余逻辑。原因是如果固定故障不可测，故障电路的输出响应与所有可能的输入模式的无故障电路的输出相同。因此，当 ATPG 将固定在 1/0 故障识别为不可测试时，故障网可以由没有扫描链的门级网表中的逻辑 1/0 代替。驱动故障网路的所有电路也将被移除。图 4.7（a）显示了冗余电路去除之前的电路。

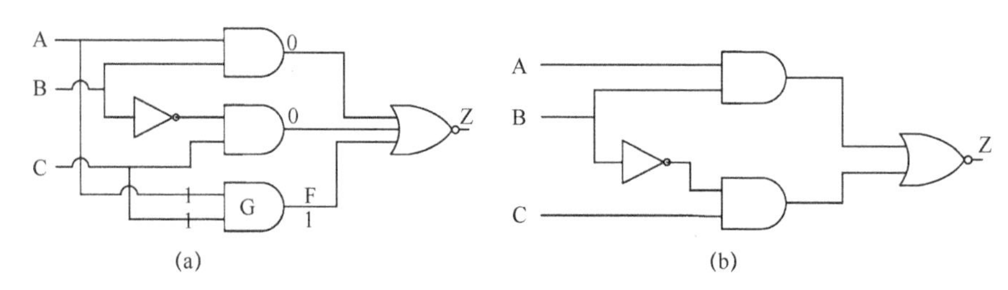

图 4.7　在移除具有不可测故障的冗余电路前后
（a）冗余电路移除之前；（b）冗余电路移除之后。

线网 F 的固定 0 故障在生成模式时是不可测的。线网 F 将被 0 替代，驱动门 G 将从原始电路中移除，如图 4.7（b）所示。

在冗余电路去除之后，无扫描链的门级网表的跳转覆盖率分析将在第 1 阶段中生成的测试平台验证期间识别哪些信号不会跳转（也称为单调信号）。

（2）等价性分析。已知故障等价定理可以减少 ATPG 期间的故障数量[32]。类似地，作者得出了可疑信号等价定理，以减少可疑信号的数量[5]。

定理 4.1　如果信号 *A* 接入 D 触发器（Flip-Flop，FF）的 D 引脚，而信号 *B* 接 D 触发器的 Q 引脚，则信号 *A* 和信号 *B* 保持一致。因此，认为信号 *A* 等价于信号 *B*，这意味着如果发现可以激活 *A* 的模式，它也将激活 *B*。然后信号 *B* 将从可疑信号列表中移除。因为触发器的 QN 端口是 Q 端口的反转，它们将保持同步。因此，认为可疑信号 *B* 等价于 *A*，并应从可疑列表中移除。

定理 4.2　如果信号 *A* 是反相器的输出，而信号 *B* 是其输入，则它们将保持同时开启。可疑信号 *B* 被认为等于 *A*，应从可疑列表中删除。

定理 4.3　对于与门，*A* 的输入之一恒为 0 将导致输出 *B* 保持不变，对于或门，*C* 的输入之一恒为 1，将使输出 *D* 一直为高电平。因此，对于与门，*B* 固定在 0 与 *A* 固定在 0 相同，而对于或门，*D* 与 *C* 固定在 1 相同。

（3）时序 ATPG。在通过应用上述等价定理减少可疑信号的数量后，作者使用时序 ATPG 来生成特殊模式，以在文献[5]中模拟某些信号的值。固定型故障是通过时序 ATPG 来产生一个时序模式，在应用于第三方 IP 核时激活可疑信号。如果第三方 IP 核与此模式完美匹配，则激活的可疑信号被认为是原始电路的一部分；否则，第三方 IP 核中必定包含恶意的内容。

4.6 仿真结果

将整个流程应用于 RS-232 电路中。由文献[5]中设计的 9 个木马和（http://trust-hub.org/resources/benchmarks）中设计的 10 个木马被插入到第三方 IP 核（RS232）中。总共有 19 个 RS232 基准，每个 IP 核中有一个木马。以下部分介绍了 19 个木马插入基准测试的模拟设置和测试平台分析。接下来，将介绍冗余电路去除和可疑信号减少的结果。最后将讨论木马覆盖分析。

4.6.1 测试集设置

下面讨论文献[5]中设计的木马的规格、结构和功能。

（1）木马 1 的触发器是一个特殊的输入序列 $8'ha6-8'h75-8'hc0-8'hff$ 。有效载荷改变了 RS232 的 FSM 中从开始到停止的状态变化，这意味着一旦木马被触发，RS232 将停止传输数据（输出数据 = $8'h0$ ）。由于木马的触发是 4 个特殊输入的序列，因此在验证过程中检测到木马的概率为 $1/2^{32}$ 。如果波特率为 2400，RS232 在 1s 内传输 240 个字，则需要 207.2 天才能启动该木马并检测到错误。换句话说，通过常规验证几乎不可能发现它。当这个木马插入 RS232 时，FSM 用于描述木马输入序列。3 位可变状态表示 FSM。

（2）木马 2 只向原始 RTL 代码添加了 4 行。如果发送字为奇数，接收字为 $8'haa$ ，则 RS232 将停止接收字。与木马 1 相比，这种木马并不复杂，但是它提供了展示提出流程每一步的有效性的机会。

（3）木马 3 的触发与木马 1 的触发相同，但有效载荷不同。木马 1 更改状态机，而木马 3 更改了移动过程。在传输期间，传输字的第 8 位将被木马位代替。木马位可以是认证信息、启用系统的特殊键或其他重要信息。

（4）木马 4 的设计就像是一枚定时炸弹。一个计数器插入到 RS232 中以计算发送出来的字数。发送 $10'h3ff$ 字后，木马将被激活。传输字的第 6 位将被木马位替换。

（5）木马 5 在 $24'hffffff$ 正边沿时钟之后，该木马的启用信号将变高。传输字的第 6 位将被木马位替换。

（6）木马 6，如果系统复位时 RS232 接收到“0”，则木马将被激活。传输字的第 8 位将被木马位代替。

（7）木马 7，当发射机同时发送字8'h01和接收机接收字8'hef时，木马将被激活。木马位将替换发送字的第1位。

（8）木马 8 和木马 9，这些木马不会篡改 RS232 的原始功能，但会向 RTL 添加额外的一级（木马 8）和三级（木马 9）环形振荡器，如果激活它们将快速提高芯片的温度。

4.6.2 测试平台对覆盖率分析的影响

规范中的所有细项都将转换为属性，并在测试平台中定义为断言。断言检查程序将验证 SystemVerilog 的断言正确性。测试平台的另一个重要特征是输入模式。一些测试角需要特殊的输入模式。测试平台中的输入模式越多，验证过程中就会覆盖越多的线路。表 4.2 显示了具有不同测试模式的 5 个测试平台和针对具有木马 1 的 RS232 基准测试的各种覆盖指标报告的验证时间。通常，验证时间将随着更多的测试模式而增加，并且代码覆盖率也将更高。对于测试平台 1 至测试平台 4，所有覆盖报告均小于 100%，所有断言都成功，这表明木马在整个验证过程中处于休眠状态。在测试平台 5 中添加的特殊测试模式显著增加了模式计数，并可激活插入基准测试中的木马程序。这些额外的测试模式可以实现百分之百的代码覆盖。如果一个断言失败，则表示木马激活，并且 RS232 将给出错误的输出。可以断定 IP 核是有木马插入的。然而，为大型 IP 核产生 100%代码覆盖率的测试平台并不容易，验证时间将会非常长。

验证流程的这个阶段可以帮助提高测试平台的质量。考虑到时间因素的折衷，选择测试平台 4 作进一步分析。

表 4.2　分析测试平台对覆盖率指标的影响（使用 Trojan1 的基准）

指标	测试平台 1	测试平台 2	测试平台 3	测试平台 4	测试平台 5
测试向量	2000	10000	20000	100000	1000000
验证时间	1min	6min	11min	56min	10h
Line 覆盖率/%	89.5	95.2	98.0	98.7	100
有限状态机状态覆盖率/%	87.5	87.5	93.75	93.75	100
有限状态机转换覆盖率/%	86.2	89.65	93.1	96.5	100
路径覆盖率/%	77.94	80.8	87.93	97.34	100
断言	成功	成功	成功	成功	失败

4.6.3 减少可疑信号

所有 19 个带有不同木马的基准被综合以产生门级网表。在使用设计编译器的特殊约束的综合过程中完成冗余电路的去除。仿真结果如表 4.3 所列。表中的第 2 列显示了生成最终布局后每个木马的面积开销。如表 4.3 所列，木马由不同的大小、门和结构以及前面提到的不同的触发器和有效载荷组成。最小的木马只占面积的 1.15%。由可疑信号 $SS-Overlap-Trojan$ 覆盖的木马面积的百分比由下式获得，即

$$SS-Overlap-Trojan=\frac{N_{SS}}{N_{TS}}$$

式中：N_{SS} 为可疑信号（Suspicious Signals）的数量；N_{TS} 为木马信号（Trojan Signals）的数量。如表 4.3 中最后一列的结果显示，$SS-Overlap-Trojan$ 在 67.7%～100%。

表 4.3　可疑信号分析

基准	木马面积开销	第一步：RCR 综合后的 SS 数	第二步：RCR 进行 ATPG 后的 SS 数	第三步：等效分析后的 SS 数	第四步：顺序 ATPG 后的 SS 数	SS 和木马重合率/%
木马 1	11.18	22	20	17	12	100
木马 2	20.35	17	16	3	木马被识别	100
木马 3	10.48	20	15	15	10	97.3
木马 4	20.35	3	3	3	2	87.6
木马 5	4.59	9	8	8	7	100
木马 6	1.15	1	1	1	木马被识别	100
木马 7	3.79	3	3	3	2	100
木马 8	1.15	1	木马被去除	—	—	100
木马 9	3.79	3	木马被去除	—	—	100
TR04C13PI0	1.6	8	3	3	3	100
TR04C13PI0	1.8	9	3	3	3	100
TR0AS10PI0	2.09	8	1	1	1	100
TR0CS02PI0	25.3	59	55	39	39	67.7
TR0ES12PI0	2.09	8	1	1	1	100
TR0FS02PI0	25.0	30	28	20	20	73.3
TR2AS0API0	11.9	19	18	11	11	100
TR2ES0API0	12.0	20	18	11	11	100
TR30S0API0	12.4	22	20	13	13	93.6
TR30S0API1	12.3	25	22	14	14	87.3

如果所有可疑信号都是木马的一部分，则 $SS-Overlap-Trojan$ 将是 100%。这表明最终可疑列表中的信号数量与来自木马的信号完全重叠。这是一个指示流程在

识别木马信号方面取得成功大小的指标。此外，如果木马被时序 ATPG 删除或检测到，则 $SS-Overlap-Trojan$ 也将是 100%。

测试平台 4 用于验证每个木马插入电路中的哪些信号不被所有成功断言的模拟覆盖。通常认为那些不变化的信号是可疑的。每个基准的可疑信号数显示在表 4.3 的第 3 列中。不同的基准测试根据木马的大小有不同的可疑信号。木马程序越大，它有越多的可疑信号。另外，通过验证来监视可疑信号的固定值。所有固定的故障都由带有扫描链的 ATPG 工具在网表中模拟。如果故障是不可测试的，则可疑电路是冗余电路，除了驱动网表的门外，将会被从原来的门级网表中删除。去除冗余电路后的可疑线网数量如表 4.3 第 4 列所示。从表中可以看出，具有木马 8 和木马 9 的可疑线网基准为零，这意味着如果在两个基准测试中删除了冗余电路，则基准测试将无木马程序。冗余电路去除可以区分木马的原因是一些木马被设计成没有有效载荷，并且对电路功能没有影响。因此，可以得出结论，这样的木马可以通过去除冗余电路来消除。

每个基准的剩余可疑线网需要通过等价性分析和时序 ATPG 来处理。表 4.3 中的第 5 列和第 6 列显示了前两步之后的可疑信号数。可以得出结论，等效性分析可以减少大量的可疑信号，并且时序 ATPG 也是有效的。对于具有木马 2 和木马 6 的基准测试，时序 ATPG 可以为可疑信号中的固定故障生成顺序模式。顺序测试模式改善了测试平台并提高了其覆盖率。尽管覆盖率不是 100%，但有些断言在仿真过程中遇到失败。因此，具有木马 2 和木马 6 的基准被认为有木马插入。

该流程是在 Trust-Hub（http://trust-hub.org/resources/benchmarks）上的 10 个可信基准上实现的，表 4.3 中的第 11～20 行报告的结果表明，所提出的流程可以有效地减少可疑信号的总数。此外，如第 7 列所示，可疑信号的数量与插入到每个基准中的实际木马信号之间有很好的重叠。然而，一些基准经历了低 $SS-Overlap-Trojan$，如 RS232-TR0CS02PI0，因为只有这个木马的一部分被仿真激活。

4.6.4 木马覆盖率分析

在可疑的列表中，并不是所有信号都是木马。但是，如果 IP 核包含木马，则 TriggerEnable 信号一定位于可疑列表中。一旦一个线网被识别为木马的一部分，就可以得出结论：第三方 IP 核被插入木马了。驱动这个线网的所有门都被认为是木马门。图 4.8 显示，可疑列表中木马信号的百分比随着流程的进展而显著增加。作者将不同的步骤（步骤 1～4）应用到基准测试中，平均来说，72%的可疑信号是在 19 个基准测试中使用综合和 ATPG 进行冗余电路去除后的木马的结果。然而，当等效分析完成时，百分比增加到 85.2%，在时序 ATPG 应用于这些基准之后，可疑信号列表中 93.6%的信号来自木马。

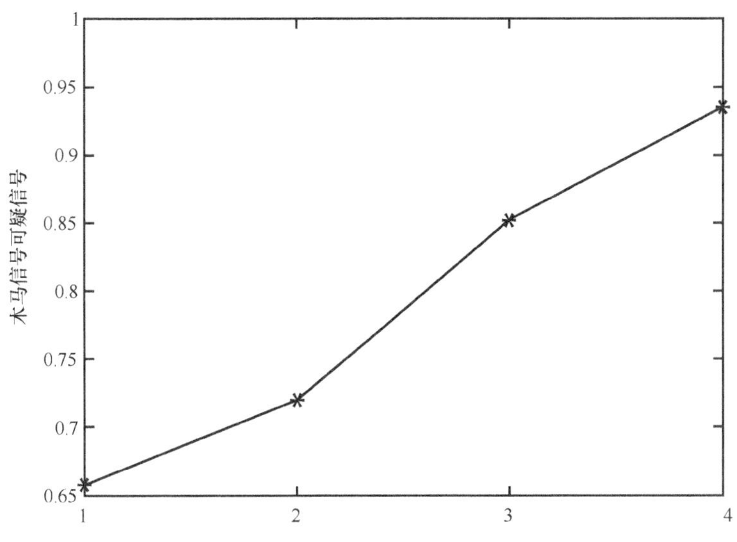

图 4.8　平均木马信号/可疑信号 19 个基准

4.7 小　结

本章介绍了第三方 IP 核的可信度验证技术。该技术涉及形式验证、覆盖分析、冗余电路去除、时序 ATPG 和等价定理。代码覆盖生成可疑信号列表，去除冗余电路以减少可疑信号的数量。等价定理的目的也是如此。时序 ATPG 用于激活这些可疑信号，并且会检测到一些木马。然而，还需要更多的工作才能在第三方 IP 核中获得 100%的硬件木马检测率。

参考文献

1. Report of the Defense Science Board Task Force on High Performance Microchip Supply, Defense Science Board, US DoD (2005), http://www.acq.osd.mil/dsb/reports/2005-02-HPMSi_Report_Final.pdf
2. M. Tehranipoor, F. Koushanfar, A survey of hardware Trojan taxonomy and detection. IEEE Des. Test Comput. **27**(1), 10–25 (2010)
3. M. Tehranipoor, C. Wang, *Introduction to Hardware Security and Trust* (Springer, New York, 2011)
4. H. Salmani, X. Zhang, M. Tehranipoor, *Integrated Circuit Authentication: Hardware Trojans and Counterfeit Detection* (Springer, Cham, 2013)
5. X. Zhang, M. Tehranipoor, Case study: detecting hardware Trojans in third-party digital IP cores, in *Proceedings of the IEEE International Symposium on Hardware-Oriented Security and Trust (HOST)* (2011)

6. VSI Alliance, VSI Alliance Architecture Document: Version 1.0 (1997)
7. DIGITIMES. Trends in the global IC design service market (2012). Retrieved from http://www.digitimes.com/news/a20120313RS400.html?chid=2
8. M. Tehranipoor, et al., Trustworthy hardware: Trojan detection and design-for-trust challenges. Computer **44**(7), 66–74 (2011)
9. K. Xiao, D. Forte, Y. Jin, R. Karri, S. Bhunia, M. Tehranipoor, Hardware Trojans: lessons learned after one decade of research. ACM Trans. Des. Autom. Electron. Syst. **22**(1), Article 6 (2016)
10. M. Bilzor, T. Huffmire, C. Irvine, T. Levin, Evaluating security requirements in a general-purpose processor by combining assertion checkers with code coverage, in *IEEE International Symposium on Hardware-Oriented Security and Trust (HOST)* (2012)
11. C. Sturton, M. Hicks, D. Wagner, S. King, Defeating UCI: building stealthy and malicious hardware, in *2011 IEEE Symposium on Security and Privacy (SP)* (2011), pp. 64–77
12. C. Cadar, D. Dunbar, D.R. Engler, Klee: unassisted and automatic generation of high-coverage tests for complex systems programs, in *Proceedings of the 2008 USENIX Symposium on Operating Systems Design and Implementation* (2008)
13. A. Biere, A. Cimatti, E. Clarke, M. Fujita, Y. Zhu, Symbolic model checking using SAT procedures instead of BDDs, in *Proceedings of the ACM/IEEE Annual Design Automation Conference* (1999), pp. 317–320
14. A.C. Myers, B. Liskov, A decentralized model for information flow control, in *Proceedings of the 1997 Symposium on Operating Systems Principles* (1997)
15. E. Love, Y. Jin, Y. Makris, Proof-carrying hardware intellectual property: a pathway to trusted module acquisition. IEEE Trans. Inf. Forensics Secur. **7**(1), 25–40 (2012)
16. Y. Jin, B. Yang, Y. Makris, Cycle-accurate information assurance by proof-carrying based signal sensitivity tracing, in *IEEE International Symposium on Hardware-Oriented Security and Trust (HOST)* (2013)
17. G. Xiaolong, R.G. Dutta, Y. Jin, F. Farahmandi, P. Mishra, Pre-silicon security verification and validation: a formal perspective, in *Proceedings of the 52nd Annual Design Automation Conference* (ACM, New York, 2015), p. 145
18. S. Bhunia, M.S. Hsiao, M. Banga, S. Narasimhan, Hardware Trojan attacks: threat analysis and countermeasures. Proc. IEEE **102**(8), 1229–1247 (2014)
19. J. Rajendran, V. Vedula, R. Karri, Detecting malicious modifications of data in third-party intellectual property cores, in *Design Automation Conference (DAC)* (2015)
20. J. Rajendran, A.M. Dhandayuthapany, V. Vedula, R. Karri, Formal security verification of third party intellectual property cores for information leakage, in *29th International Conference on VLSI Design* (2016)
21. H. Salmani, M. Tehranipoor, Analyzing circuit vulnerability to hardware Trojan insertion at-the behavioral level, in *IEEE International Symposium on Defect and Fault Tolerance in VLSI and Nanotechnology Systems (DFT)* (2013), pp. 190–195
22. H. Salmani, R. Karri, M. Tehranipoor, On design vulnerability analysis and trust benchmarks development, in *Proceedings of IEEE 31st International Conference on Computer Design (ICCD)* (2013), pp. 471–474
23. M. Tehranipoor, H. Salmani, X. Zhang, *Integrated Circuit Authentication: Hardware Trojans and Counterfeit Detection* (Springer, Cham, 2013)
24. S. Bhunia, M.S. Hsiao, M. Banga, S. Narasimhan, Hardware Trojan attacks: threat analysis and countermeasures. Proc. IEEE **102**(8), 1229–1247 (2014)
25. R.S. Chakraborty, F. Wolff, S. Paul, C. Papachristou, S. Bhunia, MERO: a statistical approach for hardware Trojan detection, in *Proceedings of the 11th International Workshop on Cryptographic Hardware and Embedded Systems (CHES'09)* (2009)
26. A. Waksman, M. Suozzo, S. Sethumadhavan, FANCI: identification of stealthy malicious logic-using Boolean functional analysis, in *Proceedings of the ACM Conference on Computer and Communications Security* (2013), pp. 697–708
27. J. Zhang, F. Yuan, L. Wei, Z. Sun, Q. Xu, VeriTrust: verification for hardware trust, in *Proceedings of the 50th ACM/EDAC/IEEE Design Automation Conference* (2013), pp. 1–8

28. J. Zhang, F. Yuan, Q. Xu, DeTrust: defeating hardware trust verification with stealthy implicitly-triggered hardware Trojans, in *Proceedings of the ACM Conference on Computer and Communications Security* (2014), pp. 153–166
29. J. Rajendran, O. Sinanoglu, R. Karri, Building trustworthy systems using untrusted components: a high-level synthesis approach. IEEE Trans. Very Large Scale Integr. VLSI Syst. **24**(9), 2946–2959 (2016)
30. Synopsys, The Synopsys Verification Avenue Technical Bulletin, vol. 4, issue 4 (2004)
31. I. Ugarte, P. Sanchez, Formal meaning of coverage metrics in simulation-based hardware design verification, in *IEEE International High Level Design Validation and Test Workshop (HLDVT)* (IEEE, Napa Valley, 2005)
32. M. Bushnell, V. Vishwani, *Essentials of Electronic Testing for Digital, Memory and Mixed Signal VLSI Circuits*, vol. 17 (Springer Science & Business Media, 2000)

第 5 章　基于探测攻击的电路版图分析

5.1　概　述

物理攻击已引起安全关键应用领域中的集成电路设计越来越多的关注。物理攻击通过攻击芯片来绕过加密。IC 探测是物理攻击的一种形式，攻击者通过直接访问承载关键安全信息的集成电路中的物理线路来获取这些关键安全信息[1]。为了方便起见，后面将探测攻击的物理线路目标称为目标线路。在移动设备中的智能卡和微控制器上已经出现了探测攻击的成功案例[2,3]。在这些成功的探测攻击中，如个人数据、软件形式 IP 核甚至加密密钥等明文可能会受到损害[4]。

IC 探测攻击发生在一系列各种携带原因导致的非保护区域。探测攻击绕过加密，而不会使目标设备无法操作，因此它们可以在敏感信息的系统上进行未经授权的访问。一个技术高超的未成年人可能想要窃取他的卫星电视智能卡来“解锁”他不应该看的频道，这件事可能看似无害[5]；但当相关部门查获与盗版诉讼相关的数百万美元的资产时，这个问题就变得严重了[6]。随着现代生活通过移动硬件与互联网更加一体化，私人数据的安全性以及存储在这些设备上的密钥也引起了人们的关注。这些信息如果泄露，则可用于进一步身份盗窃、勒索或一些对个人权利和自由产生危害的其他威胁。最糟糕的情况可能是，系统能够访问和破坏与公共安全相关的信息（如国防行业使用的安全令牌）。因此，在美国国防采购计划中，防篡改已成为默认的要求[8]。

典型的探测攻击包括（至少部分包括）去除目标设备的封装（图 5.1（a）），将其放置在探测台（图 5.1）上，并定位金属探测以形成与目标导线的电接触（图 5.1（a））。在真正的攻击中，通常通过牺牲具有相同设计的试验设备经由逆向工程来找到目标导线。逆向工程可能是一个漫长的过程，但是，如果受到攻击的 IC 重复使用不可信的硬件 IP 核，即在以前的攻击中进行了逆向工程的硬件 IP 核，则可以加速这一过程。在大多数 IC 设计中，目标导线通常被埋在钝化层、电介质层和其他金属层之下。例如，考虑到攻击者的目标是不超过 Metal4 层的导线，在 IC 中具有与图 5.2 相同的横截面。为了发起探测攻击，攻击者必须通过铣削其上方的所有层或其下的硅衬底来暴露目标导线。在所示的例子中，攻击者将不得不从钝化层到 Metal4 层，或从衬底到 Metal4 层。在任何一种情况下，都需要使用铣削刀具。

(a) (b)

图 5.1 探测和探测站设备示例

(a) 探测下的集成电路，封装部分被移除和探测引脚插入[7]；(b) 探测台[1]。

大多数安全关键集成电路对探测攻击都采用有源防护的方法。该方法通过检测铣削事件并在检测到破坏后发送警报来发挥作用。这里“发送警报”是一个通用术语，指的是所有适当的安全措施，以处理探测企图，如归零所有敏感信息。由于这些防护措施在研究和实践中的普及，攻击和反探测设计人员经常把精力集中在发现和改进渗透和防止有源防护被穿透的措施和对策上。

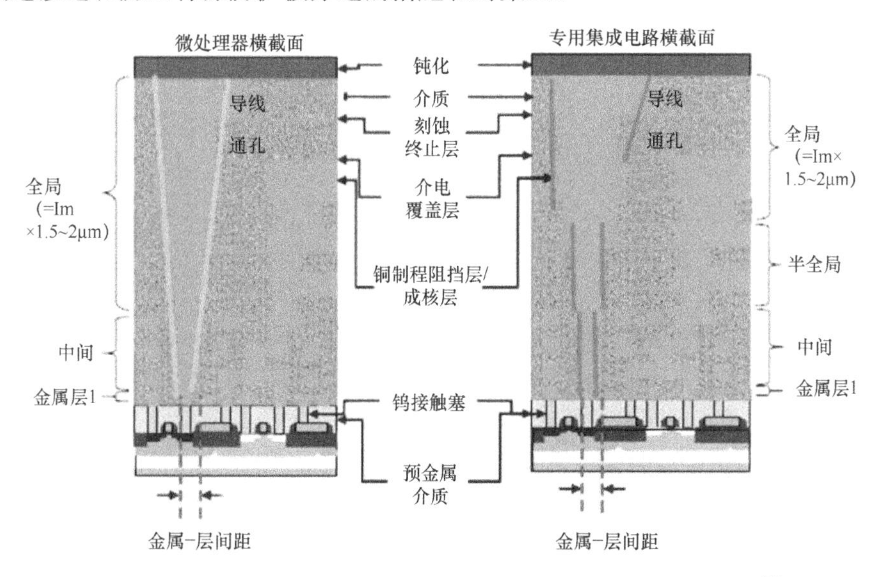

图 5.2 微处理器（MPU）和专用集成电路（ASIC）的典型剖面[9]

本章首先回顾了已有的用于探测攻击的技术，也包括为其他目的而开发的技术，如集成电路故障分析，特别是背面攻击等探测技术。这些将在 5.2 节中介绍。基于这些知识，将研究如何确保防止探测攻击的设计，俗称反探测设计。5.3 节中介绍了现有的抗探测攻击的安全技术，已知存在的问题和如何定位问题的研究。根据这两部分提供的背景知识，显而易见的是根据设计的漏洞来对设计进行评估，可能会对该领域做出宝贵的贡献。因此，在 5.4 节提出了一个版图驱动的框架来评估某设计在探测攻击时可能出现的漏洞，包括评估框架的规则、关于最先进的抗探测设计的一组假设以及定量评估暴露于探测攻击的设计算法。最后，5.5 节对本章做出总结。

5.2 微探测攻击技术

本节将介绍用于探测攻击的各种技术。所有探测攻击都将涉及铣削以暴露探测访问的目标。然而，同样重要的是，要认识到探测攻击是在各个阶段涉及不同技术的协同努力，除铣削外，许多其他技术也有助于形成探测攻击的威胁和局限性。在设计这些攻击时，了解这些技术对于理解原理至关重要。

5.2.1 探测攻击的基本步骤

在介绍探测攻击的具体技术之前，先对典型探测攻击的手法进行概述。在通过调查所报告的攻击中，探测攻击需要至少 4 个基本步骤[3]，每个步骤都完成，才能攻击成功（图 5.3 所示为不同的步骤）。

① 对试验装置进行反向工程，以获得其布局并找到微探测的目标导线。

② 用铣刀定位目标导线。

③ 到达目标导线而不损坏目标信息。

④ 提取目标信息。

每个步骤都可以有多种可选技术，只需要选择其中一种成功即可。例如，在布局中定位目标导线可以通过对设计进行逆向工程或借鉴相似设计信息来完成。在这一步，混淆可能会迫使攻击者花更多的时间。例如，通过在嵌入式内存上进行动态地址映射和块重定位[10]，或者通过使用修改内核功能进行网表混淆[11]。但是如果在另一种设计中重复使用相同的硬 IP 核，那么一旦 IP 核遭到破坏，两种设计都会变得有漏洞。这里的图表列出了已知的所有替代方案，并且可以轻松地整合出新的攻击。

图 5.3 是典型的探测攻击流程，其中每一行为一个攻击步骤，每个块显示一个可完成该步骤的替代技术。用阴影标注的技术表示启用该技术需要某种特定性能。

禁用防护技术显示为两个模块，每个模块具有两个模式以显示其可以通过电路编辑或故障注入来完成，但是在两个选项中都需要逆向工程。白盒中的技术没有模式化的替代方案，体现了一种可避免缺陷的设计，而不是缺乏保护的设计。例如，如果在功能路由时屏蔽线没有放置在 45°，“使用屏蔽有助于定位”是可能的[3]。如果没有使用内部时钟源，攻击者可以简单地“停止外部时钟”来提取所有信息，而不必使用多个探测。

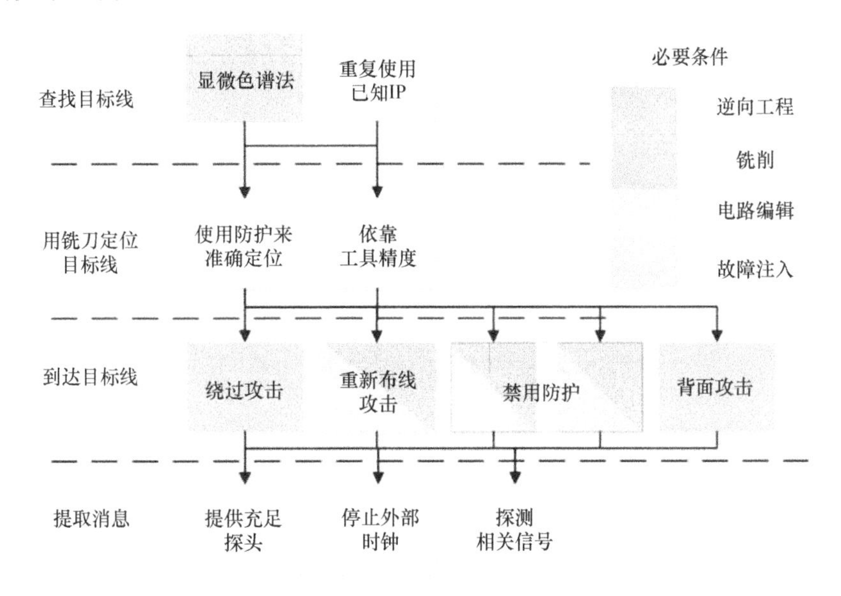

图 5.3　用于评估设计脆弱性的已知探测攻击技术的图表

5.2.2 通过铣削进行的微探测

在功能尺寸大于 0.35μm 的集成电路上，激光切割机可以用来去除这些层[1]。对于较小尺寸的，目前最先进的工具是一种称为聚焦离子束（Focused Ion Beam，FIB）[12]的技术。在 FIB 的帮助下，攻击者可以以亚微米甚至纳米级的精度进行打磨[13]。纵横比（图 5.4（b））是 FIB 性能的一个量度，定义为铣削深度 D 与直径 d 之比[14]。具有较高纵横比的 FIB 仪器可以在最上面暴露的层上磨出一个直径较小的孔，从而对攻击者不感兴趣的所有其他电路产生较小的影响。在纳米级铣削应用在集成电路上时，最先进的 FIB 系统的纵横比可以达到 8.3[15]。此外，FIB 还能够存储导电轨迹[16]，这增加了攻击者的电路编辑（Circuit Editing，CE）难度。

通过铣削暴露目标导线最直接方法是后道工序（Back End Of Line，BEOL），即从钝化层和顶部金属层朝向硅衬底（图 5.4（a））铣削，这被称为正面攻击。正面攻击的一个明显缺点是，目标导线可能被上面的其他导线所覆盖，如果没有对

IC 进行彻底的逆向工程，攻击者无法确切地知道切断这些导线是否会破坏他想要访问的信息。在实际的攻击中，攻击者通过关注总线线路来解决这个问题，并试图从目标导线的更多暴露部分（不被更高层上的其他线缆覆盖）进行探测[2]。可以通过对牺牲设备进行逆向工程来简化后者，在这种情况下，可以从牺牲设备的暴露布局中找到所需的铣削位置。攻击者仍然需要找到一种方法来定位到目标设备上的相同位置，这可能简单也可能复杂，具体取决于设计者是否对此步骤采取了特别的措施。

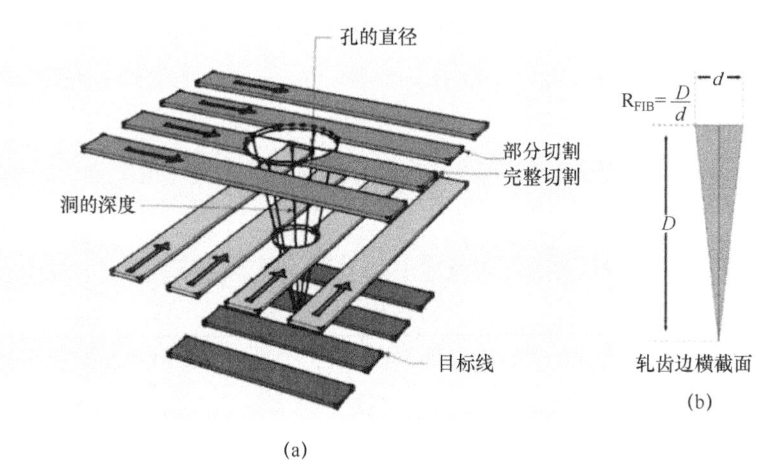

图 5.4　用聚焦离子束（FIB）技术铣削
（a）通过覆盖导线进行铣削以暴露目标导线；（b）FIB 纵横比的定义。

5.2.3　背面攻击技术

除了铣削路由层和在目标导线上插入金属探测外，还存在其他技术实现攻击，如背面攻击[17]，即通过硅衬底完成攻击。除了在线路上进行探测外，背面攻击还可以访问晶体管通道中的当前动作（图 5.2 中的底层）。这种手段来源于被称为光子发射（Photon Emission，PE）和基于激光的电光调制（Electro-Optical Modulation，EOFM）技术或激光电压技术（Laser Voltage Techniques，LVX）[18]。在两种方法之间，PE 可以在没有任何外部刺激下被动地观察，而 LVX 则需要有源器件的红外激光照射。另外，PE 主要活动在信号的上升和下降时间，LVX 响应与施加在器件上的电压线性相关。作为现代 IC 调试和诊断工具，这两种方法都非常可靠，而且它们的合理使用确保了工具将与半导体缩放保持同步。事实上，最近的报告显示，AES-128 的所有 16B 加密密钥都可以在 2h 内恢复[19]。

无源技术的一个限制因素是这两种方法都需要观察光子发射，这使得它们发射的光子的波长有所限制。例如，大多数仪器的 PE 检测在 2～4μm 之间[20]。根据开关动作的空间分布情况来看，这可能会导致使用深亚微米技术制造的器件出现问题。随着技术节点的进步和特征尺寸、响应值的减小，特别是来自更多设备的 LVX 响应将变得难以区分，从而使背面的探测攻击变得困难[18]。

背面攻击的另一种可能性是通过 FIB 启用的电路编辑。像正面一样，线路可以从背面切割。除了切割导线之外，还可以将导电材料沉积在晶体管的漏极和源极区域挖掘的孔中，用作金属探测，可将其插入任何位置而不必担心因为正面攻击而切断覆盖导线[21]。

由于传统的 IC 设计过程不在硅衬底下放置任何东西，所以背面攻击难以抵御。然而，下一代安全关键设计可以选择制造背靠背的三维 IC，以避免暴露硅衬底[22-23]，从而有效地消除背面攻击。因此，防止正面攻击仍然是抗探针攻击设计的重要课题。

5.2.4 其他相关技术

本章总结了可用于帮助进一步增强探测攻击或削弱 IC 防御安全的所有技术。有些技术对于此类攻击手段来说可能是非常重要的，如所有的探测攻击都必须包含一定数量的逆向工程。攻击者至少必须通过发现电路的哪个部分负责携带攻击者所寻找的敏感信息来定位目标导线（或者在背面攻击情况下的目标线路）。如果切断功能线路是不可避免的，则需要额外的逆向工程来确定切段哪些线不会导致信息被破坏。逆向工程的问题在于所涉及的工作量和时间成本，由于探测攻击的目标通常是寿命短的信息（如密钥和密码），因此有时可以采用延长破解时间的策略来对付攻击者。

其他一些技术是对主要攻击的补充，如电路编辑。这种技术的一个明显用途可以用来禁用安全功能，如切断报警位并将其重新连接到电源或地面。除了这种直接的方法外，电路编辑还可以用来补充其他要求。例如，时钟源可以重新连线到一个受控源，当线路数量相对于可用探测的数量太多时，这可能是非常有用的。

5.3 防探测攻击

本节概述了防探测攻击设计的最新研究。本节的重点是有源防护，这是一种受到学术界广泛关注的保护机制，并且其已在市场上的安全硬件上应用。许多研究旨在寻找防护漏洞并提供修复措施以阻止已知漏洞。除了对有源防护的攻防外，研究者还提出了有源防护的数学模型及其检测铣削的能力。本节还介绍了其他非有源防护的方法以及与有源防护互补的设计细节。

5.3.1 有源防护

保护集成电路免受探测攻击的最常用方法是有源防护，通过在顶部金属层上放置信号传输线来检测铣削[22,24-28]。该设计称为有源防护，其原因是顶层金属层上的导线会不断被监视以检测攻击。

图 5.5 是为了说明而构造的一个例子。该检测系统使用模式生成器生成数字模式，通过金属顶层的网线将其发送，然后将接收到的信号与下层的副本进行比较。如果攻击者通过顶层网格线铣削到达目标导线，它将会切断其中的一些信号从而导致比较器不匹配。这将触发警报，作出如停止生成或销毁敏感信息等行为。

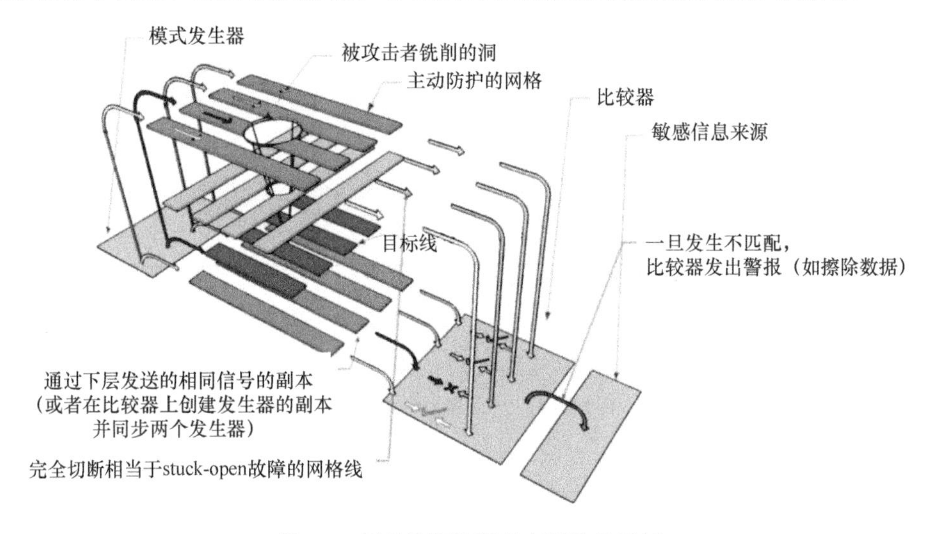

图 5.5　用于铣削检测的有源防护示例

图 5.5 所示的有源防护称为数字有源防护，因为它使用数字信号之间的比较来检测铣削活动。模拟有源防护同样存在。例如，文献[24]中的作者在顶层屏蔽线路上使用电容测量来检测对其造成的损害，从而检测篡改。类似的设计[29]利用电介质材料暴露于离子辐照而导致的电导率变化，这是 FIB 铣削中的关键步骤。另一种设计[25]使用延迟链作为参考来比较屏蔽线 RC 延迟，并在它们之间发现不匹配时发出警报。模拟防护设计的问题在于模拟传感器依赖于参数测量，许多问题（如带有特征缩放的进程的变化、引起较少干扰的铣削技术的改进等）使得模拟传感器变得更加困难[3]。这些问题导致较高的错误率，并使检测不可靠，从而使模拟有源防护成为较不受欢迎的方法。

5.3.2 攻击和安全有源防护技术

攻击和安全有源防护技术尽管受到欢迎，但主动式防护并非没有问题。这种方法主要有以下两个缺点。

（1）有源防护需要较大的路由开销，通常至少有一个完整的层。

（2）有源防护必须放置在顶层金属层上，这可能并不总是最合适的层。

本小节中就这两个问题进行详细的讨论。

1. 路由开销

为了实现彻底的保护，有源防护必须完全占据至少一个金属路由层。虽然这实现起来可能相当昂贵，但却是必要的，因为如果电路没有得到保护，而当攻击者能够进行大量探测，便可以从相关信号中重建所需的信号[30]。有源防护技术不适用于成本极低的设计，或者路由层数较少的设计。这种方法更适用于智能卡等设备，这些设备通常采用 350mm 或 600 nm 等更大尺寸的技术制造[2]。事实上，为安全关键应用而设计的 IC，如智能卡、移动设备中的微控制器和安全令牌[2,3,31]是这种攻击最常见的受害者之一。缺乏足够的成本余量或路由层使这些设备难以使用许多经常会占用面积或路由开销的防护设计。同时，这些相同的设备最需要评估以达到现实的保护标准。事实上，随着新的攻击被发现，所有的设计最终都会过时，而这些传统设备的安全评估也需要更新。

2. 顶层金属层故障

“整层”的要求也导致另一个问题，即有源防护层必须放在最顶层的金属层上。由于“整层”的要求，功能性路由不能在不留下开口的情况下穿透防护层，因此防护层之上的所有路由层将不能用于功能设计。将防护层放置在最顶层的金属层上可以节省功能设计的路由层数，但可能会降低防护性能。因为顶层可能不是作为防护层最好的层。实际上，已知顶层路由层具有更大的最小线位宽[32]，使得其防护性不如低层[33]。

由于有源防护方式的普及，攻击者也开发出技术来应对这种技术。一个特别方便的攻击就是侧信道攻击（图 5.6）。这种攻击采用高纵横比的 FIB 铣刀，使得攻击者可以将穿孔打磨得很小，不会完全切断任何网格线，从而逃避检测。侧信道攻击通常是攻击者的首选方法，因为它不需要额外的逆向工程或电路编辑就可以到达目标线，从而节省了时间和成本。由于其在速度上的优势，侧信道攻击是一个特别严峻的挑战，所有的有源防护必须针对其进行妥善处理。一种方法利用了有源防护功能，通过检查防护线末端接收到的信号检测。如果正确的信号可以复制，那么防护可能会被欺骗。这被称为重路由攻击，可以有几种方法来做到这一点。如图 5.7 所示，当防护线的路由方式允许重新路由时，即使用 FIB 创建一个快捷方式，以使一部分防护线变得冗余[2]，就可以使一种更简单的方法成为可能。然后可以移除防护线的该部分而不影响由有源防护接收的信号，从而有效地形成用于探测的开口。另一种可能的情况是攻击者可能会对模式发生器进行逆向工程，以便正确的信号可以从片外馈入。在这种情况下，整个防护线变得多余。

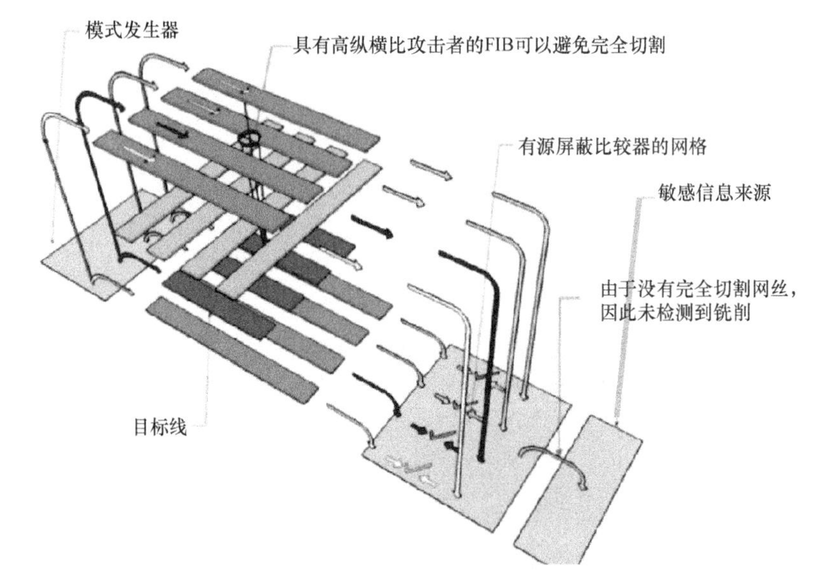

图 5.6　针对有源防护侧信道攻击的示例

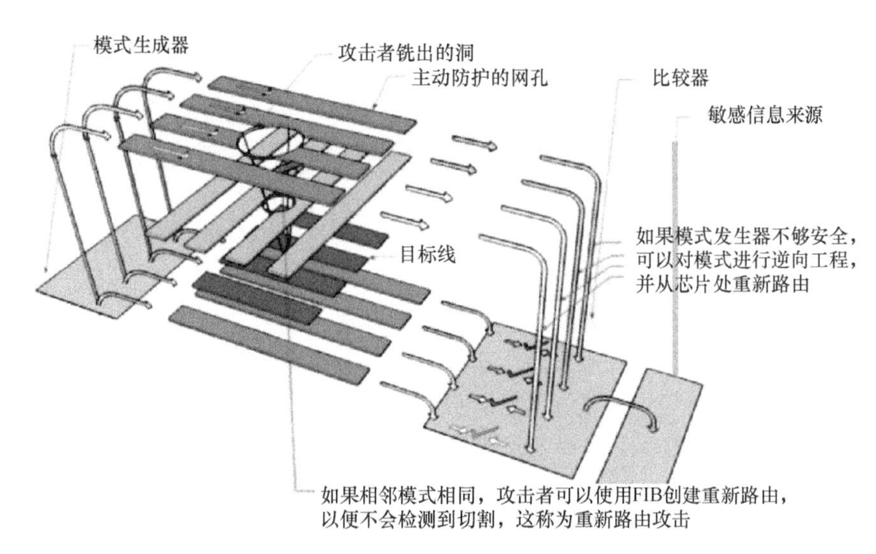

图 5.7　有源防护重新路由攻击的例子

已经提出了新的有源防护设计来防止这些漏洞。文献[22]的作者研究了如果随机向量生成不够安全，则攻击者可以预测正确信号的问题。作者提出了一种设计，其中密码分组链接（Cipher Block Chaining，CBC）中的分组密码用于生成安全随机向量，其种子来自内存并由软件馈送。另一项研究提出混淆有源防护的布局路由，以使攻击者无法弄清楚如何进行成功的重新路由攻击[27]。

有源防护的最严重威胁可能来自 FIB 技术本身的功能。沉积金属以及有效去除金属的能力允许进行电路编辑，这使攻击者可以通过编辑其控制电路或有效载荷（如果证明很难绕过）来直接禁用有源防护[3]。

5.3.3 其他反探测攻击设计

除了有源防护设计外，还存在其他方法。文献[34]的作者提出了一种设计，通过监视安全关键网络上的电容变化来检测探测行为，这是更为普遍也更为便宜的有源防护替代方案，因为它的面积和路由开销更小。但是，这种设计只能保护一定数量的指定网络免受使用金属探测器进行的探测攻击。此外，对某些特定网络的保护只能通过探测相关信号来规避[30]。加密技术同时被提出以解决探测攻击。一种称为 *t*-private 电路的密码方法[35]提出对安全关键电路进行修改，以使攻击者至少需要 t+1 个探测才能提取一位信息。这种方法隐秘可靠，不需要检测来阻止探测，从而消除了攻击者禁用保护设计本身的问题。所提出的解决方案也有助于消除侧信道攻击（Side-Channel Attacks，SCA)，并激发了该领域的进一步研究[36]。这种方法的缺点是会产生相当大的面积开销，并且依赖于安全的随机数生成，会在随机数生成器受到攻击时（如探测攻击）发生问题。文献[37]也已经表明这种方法在 CAD 优化过程中可能会受到危害。

在市场上的安全产品中经常会看到其他在学术文献中没有提及的一些方法。这些方法体现了研究人员的更广泛的思考与讨论，他们发表了针对市场上安全硬件的成功攻击。例如，该领域中的许多安全设备也使用存储器的加密，其常见问题是在存储用于加密的密钥时安全性不足[31]。一些使用可以光学读取的一次性可编程存储器（One-Time Programmable，OTP)，或使用紫外（Ultra-Violet，UV）光重新编程的带电可擦可编程只读存储器（Electrically Erasable Programmable Read-Only-Memories，EEPROM）[38]。其他的例子包括在布局中加扰总线以阻挠攻击者，对引导加载程序的密码进行保护，以及使用单个感应信号用于弯折并弯曲以覆盖布局的蛇形电线[31]。这些设计可能没有达到预期的效果（因为出于对它们的了解而失败)，但可以作为反探测设计中“不做”的示例。

另一类包括试图在探查攻击期间破坏特定步骤的单一问题补救措施。此类研究人员发表了若干成功攻击的案例[2,3,31]。这些建议包括破坏铣削 FIB 定位的方法，避免重复使用硬 IP 核来防止攻击者将已有的逆向工程知识复制到受损 IP 核上，使 IC 封装更耐受解封装的方法等。尽管这些建议本身不是解决方案，但它们提供了从问题另一侧面深入了解原则的重要见解。

5.3.4 反探测保护措施总结

基于已知的探测技术（图 5.3)，可以评估一些已发表设计的保护方法，如表 5.1 所列。

表 5.1　针对已发表设计的已知探测技术的性能

设计	防护					
	旁路防护	重新路由攻击	禁用防护	背面攻击	预测攻击	相关信号
模拟防护	弱[3]	否	否		N/A	是
随机有源防护[27]	是	是	否		否	是
加密安全防护[22]	是	是	否		是	是
PAD[34]	N/A	N/A	否	部分	N/A	否

注：PAD 适用于需要与目标导线接触的背面攻击，它并不防止被动的背面攻击，如 PE

5.4　基于版图的评估框架

本节首先提供了研究评估反探测设计方法的动机；然后基于审查探测攻击的方式，讨论反探测设计原理及其评估规则；最后介绍了一种基于主流版图编辑器的布局驱动算法，该算法可以定量评估设计中可通过查看其布局来进行探测攻击的漏洞。

5.4.1　动机

现有的有源防护设计研究侧重于防止探测，但这种方法存在一些问题。它消除了大规模生产和传统安全产品的保护评估需求，尽管安全性总是相对的，但却给使用者一种错误的安全感。如果设计人员将重点放在破解最新的防护设计上，这些固有的问题往往会被忽略。此外，FIB 的电路编辑能力实际上使得有源防护不可能具有绝对的安全性：攻击者总是可以选择编辑防护电路本身。尽管如此，如果有一种能够对抗所有已知漏洞的设计，会让人们危险地感到一种虚假的安全感，并忘记还有漏洞这一事实。现实是需要评估一个设计是否容易受到攻击。

现有的抗探测设计的评估流程如下（图 5.8）。

（1）评估工具可用于创建设计过程中的反馈，并帮助设计人员追求优化设计（图 5.8（a））。

（2）可以对某些代表性设计的安全性评估进行比较。通过仔细控制设计方法和参数，可以识别和研究抗探测设计中的设计原则（图 5.8（b））。

（3）除了确定设计原则外，评估还使研究者能够研究新的设计思想，并将其优化为新的设计策略，或者充分理解他们为什么不起作用（图 5.8（c））。

5.4.2　评估规则

在提出防止探测攻击的防护设计框架之前，必须确定防探测设计的原则；否则，研究可能会由于目标不必要或不充分而偏离主题，导致评估缺乏比较的标准。

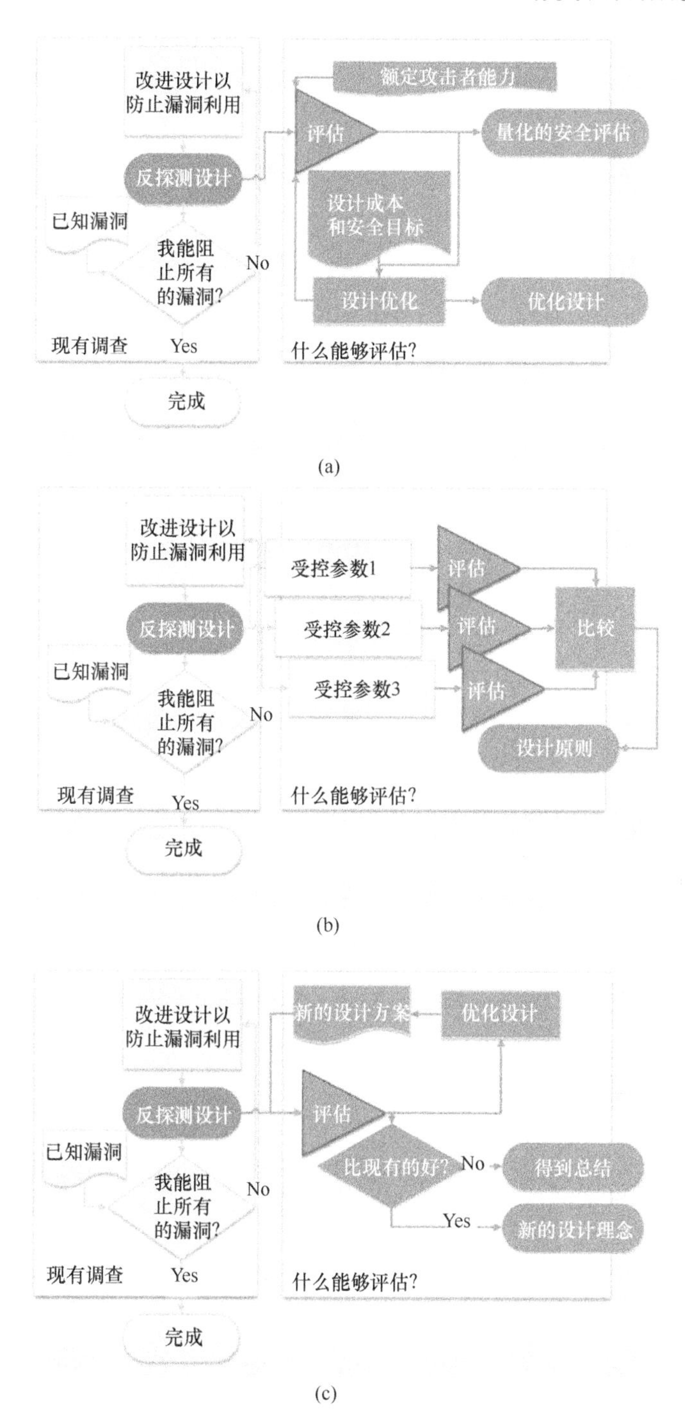

图 5.8　评估在抗探测设计中的应用

设计师可能会低估攻击者的能力。借助用于探测攻击的工具，能够进行纳米级铣削的攻击者不局限于探测；FIB 本身允许电路编辑，使攻击者可以通过将其检测位关闭来禁用整个防护功能。激光可以用来注入任意值来混淆保护机制。事实上，这两种技术都被报道有成功实现的案例[3]。因此，虽然可以击败所有已知攻击的设计可能是存在的，但对于大多数设备来说这是不切实际的。

同时，另一个错误就是低估探测攻击的难度。攻击者虽然可能找到破解方法，但并不意味着保护设计是徒劳的。探测攻击的目标是敏感信息，并且信息的灵敏性随时间衰减。信息会到期，密码会被更换，后门可以被更新修复，甚至功能性的设计也会被新一代技术淘汰出市场。因此，如果推迟了足够长的时间，即使是资源无穷的攻击者也有可能会攻击失败。

除了延迟装备最精良的攻击者外，阻止设计欠佳装备的攻击者也符合设计人员的意愿。对于低成本设备（如安全令牌和智能卡）尤其如此。可以根据能力或信息来进行这种威慑。易受大多数尖端工具攻击的对策可能仍会过滤掉无法使用此类功能的攻击者，并且使用自定义设计代替 IP 可以降低在成功攻击使用的 IP 时遭受漏洞的风险。

基于以上原则，提出以下规则来评估易受探测性攻击的设计。

① 对于探测攻击过程中的每个必要步骤，列举所有已知的替代技术，这种技术所需的条件、设计是否能够改变以及能在多大程度上改变每种技术的预期时间成本。

② 通过每个必要步骤中具有最低时间成本的所有技术来阻止具有无限资源的攻击者来保护设计。

③ 为了防止装备不佳的攻击者，重复相同的过程，而不需要不可用的技术。

根据这些规则，特定的探测技术对于特定的设计可能具有无限的时间成本，如有源屏蔽线太细、电流 FIB 无法绕过。然而，由于电路编辑等强大技术的存在，不太可能在整个步骤中出现无限的时间成本。在上述例子中，攻击者可以选择去除防护并通过防护控制中的故障注入或有效负载电路处的电路编辑来禁用它，这是一种被称为禁用防护的技术[3]。

从现有抗探测设计的评估中可以看到，布局策略在限制攻击者的选择和增加时间成本方面是至关重要的。如果能够方便地找到暴露于铣削区域，设计人员可以创建具有更好全方位弹性的抗探头设计。为此，提出一个算法来评估和发现目标导线的暴露面积。

5.4.3 最先进的有源防护模型

为了准确地评估布局中目标线的暴露面积，检测机制的数学模型是必要的。而要选择一个合适的数学模型，首先必须对检测系统建立一套合理的假设。完整的数学方程已经在文献[33]中进行了介绍。本节强调建立一套假设，根据已发表的研究结果，在所掌握知识的基础上，确定一个设计合理的有源防护。

在这项研究中，假设攻击者用 FIB 技术进行正面铣削，如图 5.4（a）所示。图中所示的挖空锥表示用 FIB 设备碾磨的孔。实际上，用于探测攻击目的的研磨孔可能会大于挖空的锥体，因为探测需要保持可靠的连接。在这里，将图 5.4（a）所示的圆锥视为攻击者的最佳情况，对设计者来说是最坏的情况，这样就可以为防护留下安全余量。

有源防护设计师对攻击者会犯错并完全切断（至少）一根屏蔽线的情况感兴趣。这个完整的切割事件是可取的，因为它会使检测变得简单和可靠，可能会以类似于模拟防护思想的方式检测到部分切割事件[24]。然而，设计师通常只考虑完整的裁剪，这是有充分理由的。

从电气工程的角度来看，部分切断的导线会在导线上产生高电阻率和电流密度点。对于与探测攻击及其与探测有关的时间范围来说，这主要表现为防护线时序电弧的延迟增加。片上定时测量可以通过频率计、游标延迟链、电流斜率和模/数（A/D）转换器或时间电压转换器来完成[39]。它们中的任何一个在面积开销低甚至接近每个导线的简单异或门的面积开销方面都不占优势。此外，考虑有源防护层覆盖整个功能布局的要求，或者至少所有可能泄露敏感信息的电线，如果探测到的话，面积开销问题会严重恶化。为了保持区域的可管理性，这种测量必须通过在所有屏蔽线之间切换的共享测量模块来处理，或者像探针型探测器（Probe Attempt Detector，PAD）[34]中那样只监视一些目标导线。PAD 方法的缺点在 5.3.3 小节已有讨论。对于切换的解决方案，每根导线必须与其自身的正常状态进行比较，并在存储器上产生天文数字的开销，或者使用恒定参考值，并由于环境和制造变化而导致误报和/或逃逸。必须留有余量以容纳虚假警报，然后同样的余量也可以被攻击者用来漏检。无论哪种情况，根据环境的变化，为了可能改善稍高的 FIB 纵横比和能够被检测到的概率，研究者都进行了大量考量。

总之，部分切割检测使得问题大大复杂化。实际上，出于猜测而做的少数（实际上只有一次）尝试[25]并不能令人信服，因为提案可以用研究者假设的“转换”解决方案的“不变参考”选项来完全适用，没有调查虚假警报和/或逃逸的相当明显的漏洞，只进行了验证预期功能的模拟，并忽略了其他设计缺陷，如在防护线中创建弯曲处以允许重新路由攻击。到目前为止，还没有看到健全的防护设计。因此，在这项研究中，研究者着重基于完全切割的检测方法。

正如前面在 5.3.2 小节中所讨论的那样，重新路由攻击是通过 FIB 电路编辑，在确定的等电位点之间建立重新路由，这样当导线断开时，网络不会打开[2]。这迫使有源防护设计只使用最小间距和宽度的平行导线[22]，而不是弯曲的部分。在这种情况下，攻击者的铣削中心的最佳位置（最不可能导致完全切断的线）是将其放置在任何两根线的中间。相反地，设计者需要确保在铣削中心的一定半径范围内，铣削孔至少足够深以切开两条最近的防护线。如果进一步假定 FIB-R_{FIB} 的纵横比，则这两个条件一起产生对铣削孔直径 d 的限制。由于 FIB R_{FIB} 的纵横比是铣孔直径 d 和深度 D 之间的比率（假设设计者知道他的可能的目标线在哪里，那么这是已知的变量），则这个要求转化为最大纵横比 FIB R_{FIB}，如果铣削是垂直于 IC 进行的，假想的有源防护可以检测到。

5.4.4 铣刀角度对侧信道攻击的影响

这里有一个有趣的问题是，攻击者是否会从垂直方向铣削半角，如图 5.9 所示。这个问题与评估绕行攻击的威胁有直接的关系：如果问题的答案是否定的，就意味着传统的立式铣削是攻击者绕过防护的最好情况。在这种情况下，任何给定的有源防护设计的防侧信道攻击的安全性可以简单地通过其能够检测到的 FIB 铣刀的纵横比推导出来；否则，防范绕行攻击的问题将变得更为复杂。假设攻击者能够相对于 IC 的表面以一定的角度 $\theta\leqslant\pi/2$ 进行铣削，那么他将在区域 d'_{eff} 内切断电线而不是 d_{eff}。首先可以计算 d'_{eff}；然后取 d'_{eff}/d_{eff} 的导数，使它等于零，得到最小的 d'_{eff} 和达到的角度。如果进一步假设防护线的高/宽比例$(A/R) = 2.5$，如文献[32]中所示（国际半导体技术路线图（ITRS）使用 2.34[9]），对于典型的 FIB 纵横比 R_{FIB}，从表 5.2 中可以得到。从表格中可以看到，通过在 68°～69° 的角度进行铣削，攻击者可以有效地将面积缩小 8%～12%，从而更容易绕过防护。

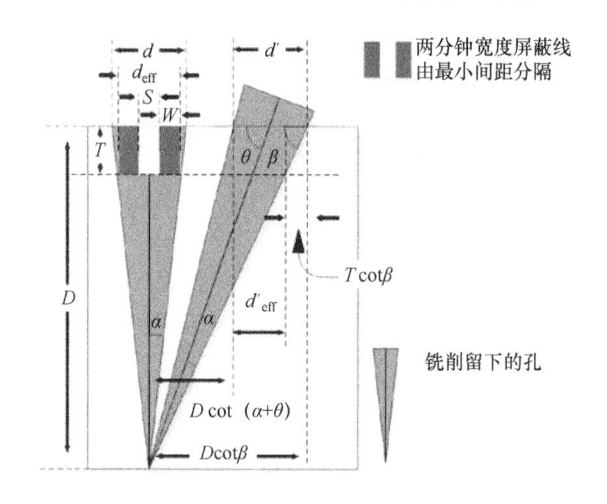

图 5.9 非垂直铣削方案的几何计算

表 5.2 通过在一个角度铣削最大可达到的 d_{eff} 减少

R_{FIB}	5	6	7	8	9	10
（d'_{eff}/d_{eff}）/%	92.12	90.58	89.47	88.63	87.98	87.45
θ_0/（°）	68.93	68.69	68.52	68.38	68.28	68.19

由于侧信道攻击被认为是一种方便和可行的方法[3]，表明它有可能变得更具破坏性。这个结果说明，侧信道攻击不是一个简单的一维问题，因为如果这个角度不符合前述的“两根线中间的铣削中心”规则，优化角度铣削的好处将会显著降低。是否可以实现铣削直径的减小将取决于防护线相对于目标导线的相对位置。换句话说，这个潜在的威胁必须通过对目标导线的优化定位来解决，以至于攻击者不能进一步减少在一个角度上巧妙地铣削完全切割的可能性。这将需要根据布局信息进行优化，最好通过与布局编辑器集成的工具进行处理。

5.4.5 查找暴露区域的算法

首先通过找到补充区域，即攻击者不愿意切割的区域，来解决在目标导线上发现暴露区域的问题。考虑布局中目标导线上的线路，如果攻击者完全切断了防护线，则有被发现的风险。即使仅仅只是功能线，攻击者仍可能会冒险破坏自己想要访问的信息，而无须通过广泛的逆向工程完全了解其功能。使用文献[33]中的数学模型，如果铣削的中心存在于距离焊丝远边的 d_{faredge} 中，则会发生完全切割，有

$$d_{\text{faredge}} = \frac{D-H}{2R_{\text{FIB}}}$$

$$d_{\text{faredge}} = \frac{(2W+S)D}{2(2W+S)R_{\text{FIB}} + (A/R)W} \tag{5.1}$$

式中：d_{faredge} 为从孔的中心到导线远侧的最大距离（图 5.10）；d 为孔的直径；W 和 S 为防护层的最小宽度和间距；D 为孔的深度；（A/R）为屏蔽线金属的纵横比；H 为相交线的厚度；R_{FIB} 为由攻击者使用的 FIB 技术给出的纵横比。长宽比代表防护将能够抵御的最好的 FIB。此外，应注意，d_{faredge} 代表铣削半径，在该半径内铣削足够深以完全切断开放的金属丝。因此 d_{faredge} 短于屏蔽层上留下的孔半径的半径（$d/2$）（图 5.10（a）和（b））。

式（5.1）显示了找到铣削中心不应该落入区域的可能性。这个区域称为铣削排除区域。所需的暴露面积将是其补集。图 5.10 显示了如何在给定的目标线材和较高层的线材上找到该铣削排除区域（以下称为相交线材）的情况下找到该区域（假设两者均为矩形）。

在两个可能的情况下，对于矩形相交线可以发现铣削排除区的边界，即相交线两侧的边界以及两端的边界。第一种非常直观，如图 5.10（a）所示，铣削的中心不能从交叉线的较远边缘落在 d_{faredge} 内，因此第一类的边界是两条直线，每条直线远离较远的边缘。末端的其他类型的边界有点复杂。如图 5.10（b）所示，考虑用虚线圆标记的铣削孔，为了精确地切断相交线的每个角处的交叉线，其中心必须在以该角为中心的另一个圆的边缘上，具有与其自身相同的半径。尽管不一定是另一

个角落，另一个圈内的任何一点仍然会切断那个角落。因此，以一端的两个角为中心的两个圆的交叉区域构成了完整的一组铣削中心位置，这将保证切断两个角，即完全切削。因此，任何矩形交叉线都会投影一个铣削排除区，其形状是图 5.10（a）和图 5.10（b）所示形状的联合。

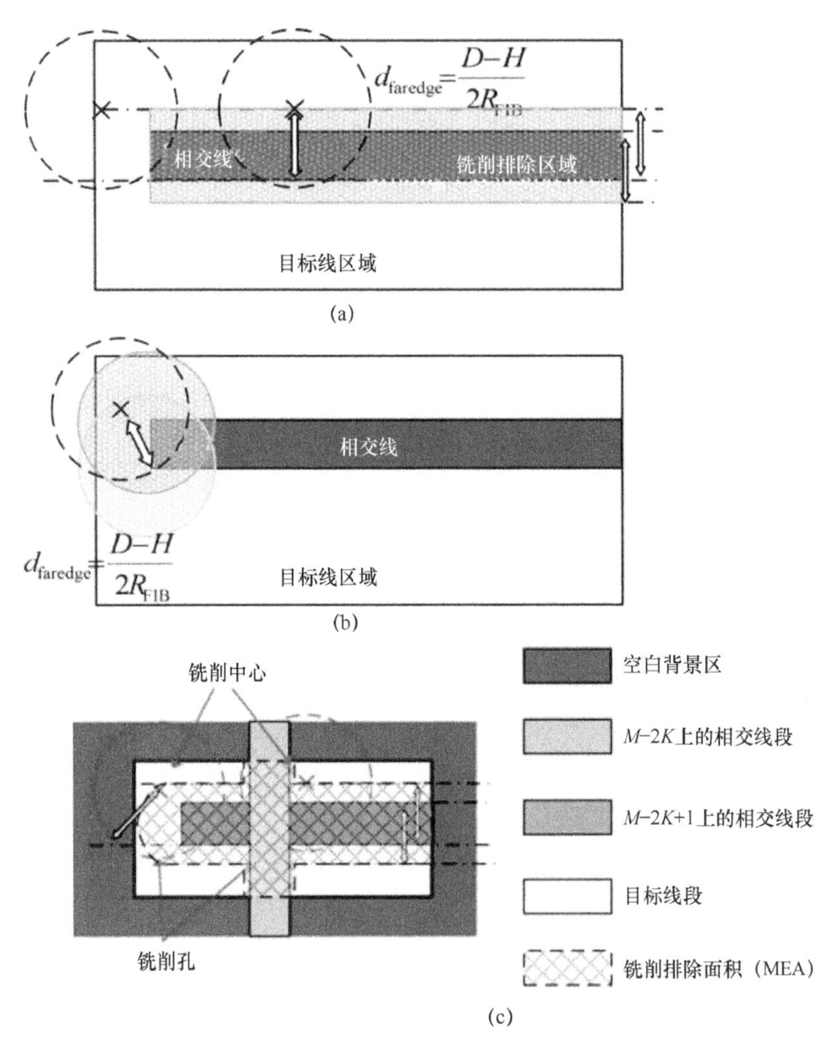

图 5.10　寻找铣削区域

（a）相交线两侧的铣削排除区域；（b）相交线末端的铣削排除区域；（c）在多条交叉线的情况下完成铣削−排除区域。

目前，布局设计中的电线很少是矩形的，但它们总是由许多矩形电线组成，通常被布局设计工具称为形状。如 Synopsys IC Compiler 等布局设计工具能够提供足够的信息来确定这些构成矩形导线的每个角坐标的形式，利用该布局设计工具可以容易地生成铣削排除区域的位图。通过迭代这些构成的矩形导线中的每一个，可以将来自每根相交导线的铣削排除区域投影到可能携带敏感信息并成为探测攻击目标的每根导线上。这个过程在算法 5.1 中给出了伪代码。

算法 5.1：针对暴露区域提出的定位算法

Input：*targeted_nets*，*precision*，*all_layers*

Output：*draw.script*

1 begin

2 *targeted_wire_shapes* □*get_net_shapes*（*targeted_nets*）

3 *N* □ *sizeof_collection*（*targeted_wire_shapes*）

4 for（$i = 1$：N） **do**

5 *targeted_wire_shapes* □ *targeted_wire_shapes*（*i*）

6 *canvas_size*□*get_sizes*（*get_bounding_box*（*targeted_wire_shapes*））**precision*

7 Print command in *draw.script* to create canvas in *draw.script* whose size equals to *canvas_size*

8 *layers_above*□ get_layers_above（*all_layers*，*get_layerof*（*targeted_wire_shape*））

9 *M*□ sizeof_collection（*layers_above*）

10 for （$j = 1$：M） **do**

11 *this_layer* □ *layers_above*（*j*）

12 *d_faredge_on_thislayer*□ $\dfrac{D-H}{2R_{\text{FIB}}}$

13 *intersecting_wire_shapes*□*get_net_shapes*（*targeted_nets*） in

get_bounding_box（*targeted_wire_shape*） on *this_layer*

14 *L*□ sizeof_collection（*intersecting_wire_shapes*）

15 for （$k = 1$：L） **do**

16 *intersecting_wire_shape*□ *intersecting_wire_shapes*（*k*）

17 Print command in *draw.script* to create projection in *draw.script* whose radius/widths

equals to *d_faredge_on_thislayer*

18 **end**

19 **end**

20 end

21 end

算法 5.1 所提出的方法从一组逻辑网络开始。算法首先在 targeted_wire_ shapes 中标识它们构成的导线形状。对于每个有针对性的导线形状，创建一个位图画布，一旦找到，投影除外区域将投影到该画布上。这些坐标也被提供给布局设计工具，以在上面的每一层上找到相交的导线形状。对于每个图层，计算不同的 d_{faredge}，然后将其用于该图层上所有相交线形状的投影。每个相交线形状的坐标也被检索以计算其铣削排除区域，然后投影到前述画布上（图 5.11）。投影是通过定位每个交叉线形状的端部和侧面，并打印相应的铣削排除区域投影来完成的。在投影完所有区域之后，运行生成的脚本 draw.script 可以很容易地确定曝光区域的存在和范围。

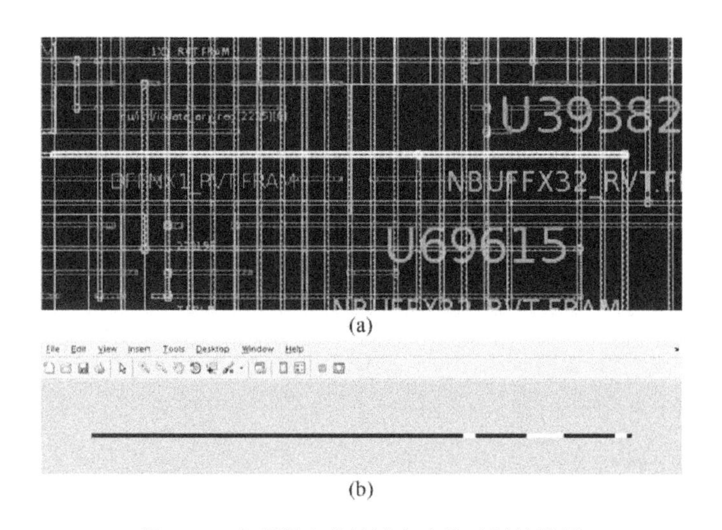

(a)

(b)

图 5.11　由所提出的算法产生的示例性结果

（a）布局中的示例性目标导线；（b）在同一条电线的画布上投影的铣削排除区域（黑色）。

为了提高处理效率和适应性，在 MATLAB 脚本的格式中，画布创建和投影步骤都由算法的布局设计工具部分存储。通过使用三角函数进行简单的修改，也可以考虑对非垂直角度的探测攻击。另一个可能的问题是位图方法的精度，所提出的算法在边界上向负无穷大转变，即面向误报的误差。然而，由于切除区域是凸的，所以切除区域的重叠不可能导致算法在没有易受攻击点的情况下声明出这个点。

5.4.6　暴露面积算法的应用讨论

图 5.12 显示了算法 5.1 的简化图，其中只显示算法的输入和输出。显而易见的

是，通过控制算法的输入，可以研究这些输入对目标导线的暴露区域的影响。例如，控制 R_{FIB} 可以促进针对攻击者复杂度提高的威胁的研究，控制目标网络促进针对重新排放这些电线带来的收益的研究等。

一个重要的问题是用户应该如何选择触发线网来防备猛烈的攻击。首先，可以假定设计师对于哪些线网能吸引最多的关注有粗略的认识；根据文献[30]，这些网络的线性组合也应该被考虑。但是，虽然安全总是比故障更好，但考虑列表中所有可能的选项可能并不现实，因为它可能太多而不能处理。幸运的是，定位目标导线在已发布的攻击中仍是一个问题[3]。由于在本研究中不考虑背面攻击，所以可以安全地假设攻击者的最小定位误差，并排除攻击者没有足够大面积的线网可靠定位。这样的假设和对攻击者的 R_{FIB} 的假设将构成在图 5.8（a）中显示的量化的攻击者能力模型。

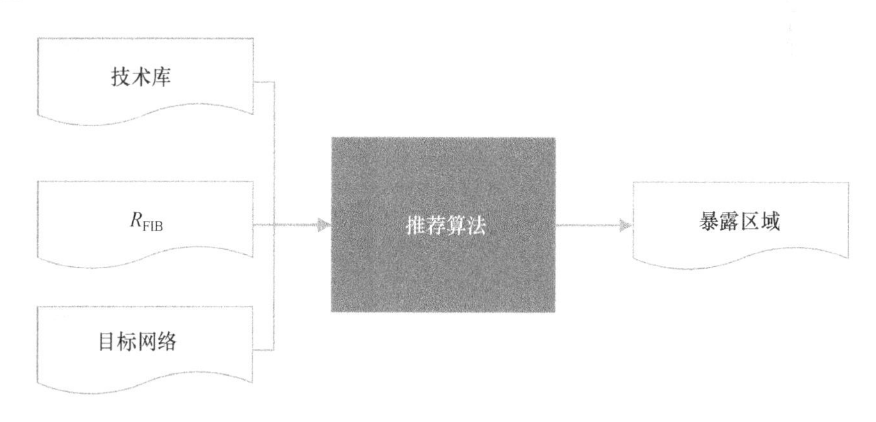

图 5.12　提出的算法的简化图以找到暴露的区域

5.5 小　结

探测攻击被定义为通过探测携带信息的物理导线直接访问敏感信息。访问这种电线需要铣削技术，这通常通过使用聚焦离子束铣削来实现。有源防护通过覆盖信号传输线（其信号被监控）的布局来检测铣削。尽管最近有诸如背面攻击的进展，但是它们自身的局限性和缺乏更好的选择却使有源防护成为保护 IC 免受探测攻击的最普遍方法。但是，主动式防护设计存在着可能被攻击者利用的缺点。到目前为止，现有的研究集中在确保设计抵御这些缺点，代价是硬件成本高昂，使得遭受针对诸如智能卡和安全令牌的探测攻击的普通受害者难以承担。本章回顾了现有的探测攻击和反探测研究，并提出了一个布局驱动的框架来评估针对探测攻击的漏洞设计。基于设计原则和评估规则，建立了如何考虑成功报告的探测攻击，提出了一个算法来分析布局设计潜在的探测攻击漏洞。研究者期望这里提出的工作可以作为未来方法学的基础，在更低的硬件成本和适用于更广泛的 IC 的条件下能防止更有效的探测攻击。

参 考 文 献

1. S. Skorobogatov, Physical attacks on tamper resistance: progress and lessons, in *Proceedings of 2nd ARO Special Workshop on Hardware Assurance*, Washington (2011)
2. C. Tarnovsky, Tarnovsky deconstruct processor, Youtube (2013) [Online]. Available: https://www.youtube.com/watch?v=w7PT0nrK2BE
3. V. Ray, Freud applications of fib: invasive fib attacks and countermeasures in hardware security devices, in *East-Coast Focused Ion Beam User Group Meeting* (2009)
4. R. Anderson, *Security Engineering: A Guide to Building Dependable Distributed Systems* (Wiley, New York, 2001)
5. WIRED, How to reverse-engineer a satellite tv smart card (2008) [Online]. Available: https://youtu.be/tnY7UVyaFiQ
6. K. Zetter, From the eye of a legal storm, murdoch's satellite-tv hacker tells all (2008) [Online]. Available: http://www.wired.com/2008/05/tarnovsky/
7. Invasive attacks (2014) [Online]. Available: https://www.sec.ei.tum.de/en/research/invasive-attacks/
8. I. Huber, F. Arthur, J.M. Scott, The role and nature of anti-tamper techniques in us defense acquisition, DTIC Document, Tech. Rep. (1999)
9. International Technology Roadmap for Semiconductors, 2013 edn., Interconnect (2013). [Online]. Available: http://www.itrs2.net/2013-itrs.html
10. X. Zhuang, T. Zhang, H.-H.S. Lee, S. Pande, Hardware assisted control flow obfuscation for embedded processors, in *Proceedings of the 2004 International Conference on Compilers, Architecture, and Synthesis for Embedded Systems*. Ser. CASES '04 (ACM, New York, 2004), pp. 292–302. [Online]. Available: http://doi.acm.org/10.1145/1023833.1023873
11. R.S. Chakraborty, S. Bhunia, Harpoon: an obfuscation-based soc design methodology for hardware protection. IEEE Trans. Comput. Aided Des. Integr. Circuits Syst. **28**(10), 1493–1502 (2009)
12. S.E. Quadir, J. Chen, D. Forte, N. Asadizanjani, S. Shahbazmohamadi, L. Wang, J. Chandy, M. Tehranipoor, A survey on chip to system reverse engineering. ACM J. Emerg. Technol. Comput. Syst. **13**(1), 6 (2016)
13. V. Sidorkin, E. van Veldhoven, E. van der Drift, P. Alkemade, H. Salemink, D. Maas, Sub-10-nm nanolithography with a scanning helium beam. J. Vac. Sci. Technol. B **27**(4), L18–L20 (2009)
14. Y. Fu, K.A.B. Ngoi, Investigation of aspect ratio of hole drilling from micro to nanoscale via focused ion beam fine milling, *Proceedings of The 5th Singapore-MIT Alliance Annual Symposium*. http://web.mit.edu/sma/about/overview/annualreports/AR-2004-2005/research/research06imst10.html
15. H. Wu, D. Ferranti, L. Stern, Precise nanofabrication with multiple ion beams for advanced circuit edit. Microelectron. Reliab. **54**(9), 1779–1784 (2014)

16. H. Wu, L. Stern, D. Xia, D. Ferranti, B. Thompson, K. Klein, C. Gonzalez, P. Rack, Focused helium ion beam deposited low resistivity cobalt metal lines with 10 nm resolution: implications for advanced circuit editing. J. Mater. Sci. Mater. Electron. **25**(2), 587–595 (2014)
17. C. Helfmeier, D. Nedospasov, C. Tarnovsky, J.S. Krissler, C. Boit, J.-P. Seifert, Breaking and entering through the silicon, in *Proceedings of the 2013 ACM SIGSAC conference on Computer & communications security* (ACM, New York, 2013), pp. 733–744
18. C. Boit, C. Helfmeier, U. Kerst, Security risks posed by modern ic debug and diagnosis tools, in *2013 Workshop on Fault Diagnosis and Tolerance in Cryptography (FDTC)* (IEEE, Washington, 2013), pp. 3–11
19. A. Schlösser, D. Nedospasov, J. Kramer, S. Orlic, J.-P. Seifert, Simple photonic emission analysis of aes, in *Cryptographic hardware and embedded systems–CHES 2012* (Springer, Heidelberg, 2012), pp. 41–57
20. C. Boit, Fundamentals of photon emission (PEM) in silicon - electroluminescence for analysis of electronics circuit and device functionality, in *Microelectronics Failure Analysis* (ASM International, New York, 2004), pp. 356–368
21. C. Boit, R. Schlangen, U. Kerst, T. Lundquist, Physical techniques for chip-backside ic debug in nanotechnologies. IEEE Des. Test Comput. **3**, 250–257 (2008)
22. J.-M. Cioranesco, J.-L. Danger, T. Graba, S. Guilley, Y. Mathieu, D. Naccache, X.T. Ngo, Cryptographically secure shields, in *2014 IEEE International Symposium on Hardware-Oriented Security and Trust (HOST)* (IEEE, Arlington, 2014), pp. 25–31
23. Y. Xie, C. Bao, C. Serafy, T. Lu, A. Srivastava, M. Tehranipoor, Security and vulnerability implications of 3D ICs. IEEE Trans. Multiscale Comput. Syst. **2**(2), 108–122 (2016)
24. P. Laackmann, H. Taddiken, Apparatus for protecting an integrated circuit formed in a substrate and method for protecting the circuit against reverse engineering, 28 September 2004, US Patent 6,798,234
25. M. Ling, L. Wu, X. Li, X. Zhang, J. Hou, Y. Wang, Design of monitor and protect circuits against fib attack on chip security, in *2012 Eighth International Conference on Computational Intelligence and Security (CIS)* (IEEE, Guangzhou, 2012), pp. 530–533
26. A. Beit-Grogger, J. Riegebauer, Integrated circuit having an active shield, 8 November 2005, US Patent 6,962,294. [Online]. Available: https://www.google.com/patents/US6962294
27. S. Briais, J.-M. Cioranesco, J.-L. Danger, S. Guilley, D. Naccache, T. Porteboeuf, Random active shield, in *2012 Workshop on Fault Diagnosis and Tolerance in Cryptography (FDTC)* (IEEE, Leuven, 2012), pp. 103–113
28. Invia., Active Shield IP (digital IP protecting System-on-Chip (SoC) against tampering through a metal mesh sensor) (2016) [Online]. Available: http://invia.fr/detectors/active-shield.aspx
29. F. Ungar, G. Schmid, Semiconductor chip with fib protection, 2 May 2006, US Patent 7,038,307. [Online]. Available: https://www.google.com/patents/US7038307
30. L. Wei, J. Zhang, F. Yuan, Y. Liu, J. Fan, Q. Xu, Vulnerability analysis for crypto devices against probing attack, in *2015 20th Asia and South Pacific Design Automation Conference (ASP-DAC)* (IEEE, Tokyo, 2015), pp. 827–832
31. C. Tarnovsky, Security failures in secure devices, in *Black Hat Briefings* (2008)
32. Freepdk45: Metal layers (2007) [Online]. Available: http://www.eda.ncsu.edu/wiki/FreePDK45:Metal_Layers
33. Q. Shi, N. Asadizanjani, D. Forte, M.M. Tehranipoor, A layout-driven framework to assess vulnerability of ics to microprobing attacks, in *2016 IEEE International Symposium on Hardware Oriented Security and Trust (HOST)* (2016)
34. S. Manich, M.S. Wamser, G. Sigl, Detection of probing attempts in secure ICs, in *2012 IEEE International Symposium on Hardware-Oriented Security and Trust (HOST)* (IEEE, San Francisco, 2012), pp. 134–139
35. Y. Ishai, A. Sahai, D. Wagner, Private circuits: securing hardware against probing attacks, in *Advances in Cryptology-CRYPTO 2003* (Springer, Heidelberg, 2003), pp. 463–481

36. M. Rivain, E. Prouff, Provably secure higher-order masking of aes, in *Cryptographic Hardware and Embedded Systems, CHES 2010* (Springer, Heidelberg, 2010), pp. 413–427
37. D.B. Roy, S. Bhasin, S. Guilley, J.-L. Danger, D. Mukhopadhyay, From theory to practice of private circuit: a cautionary note, in *2015 33rd IEEE International Conference on Computer Design (ICCD)* (IEEE, Washington, 2015), pp. 296–303
38. D. T. Ltd., Known attacks against smartcards (2015) [Online]. Available: http://www.infosecwriters.com/text_resources/pdf/Known_Attacks_Against_Smartcards.pdf
39. T. Xia, On-chip timing measurement. Ph.D. dissertation, University of Rhode Island (2003)

第 6 章　加密 IP 核的侧信道漏洞测试——指标和评估

6.1 引　言

半导体行业在以 IP 核为基础的商业模式下蓬勃发展，其中经过验证的 IP 核被广泛复用以满足复杂性和时间限制的要求。由于包括性能、面积和功耗的安全性正在成为最新的设计参数，因此必须加强这些 IP 核的安全性。但并不是每个经过验证的 IP 核都可以修改并添加安全功能。为了解决这个问题，系统层面通过将加密 IP 核嵌入到 SoC 中来达成所需的安全目标。这些加密 IP 核对在 SoC 上的各种 IP 核之间通信的所有敏感数据理想地加密和解密，从而保护它们免受潜在敌人的攻击。底层加密算法是针对任何理论上的弱点进行严格测试的，通常是标准化的。

由于使用的算法被证明是安全的，所以攻击者试图利用其他漏洞。一个常见的漏洞是侧信道攻击（Side-Channel Attack，SCA[1]）。SCA 利用半导体电路中的功耗、电磁辐射、声音、时序、温度等形式表现出的无意的物理漏洞。最常用的物理信道是功耗，它以基本 CMOS 单元的行为为基础。众所周知，只要输入端有一个跳转（$1\to0$ 或 $0\to1$），CMOS 门就会产生电流。当输入保持不变（$0\to0$ 或 $1\to1$）时，产生的电流可忽略不计或为零。因此，可以通过观察单个 CMOS 门的功耗，检索一些有关输入的信息。由于整个 SoC 的安全性依赖于嵌入式加密 IP 核，因此应该对 SCA 进行测试和保护。SCA 现在也在按照通用标准[2]或联邦信息处理标准（Federal Information Processing Standard，FIPS）[3]认证的试验室进行测试。

测试侧信道漏洞最简单和最常见的方法是进行攻击。攻击基于目标设备或 IP 核的漏洞模型的直观表现或特征。在所选择的漏洞模型下，实际功耗与一组关键假设进行统计学比较。攻击的效率可以用成功率和猜测熵等标准指标来衡量[4]。然而，攻击直接依赖于漏洞模型的正确性和所获得的侧信道测量的质量。为了克服这些依赖性，使用诸如漏洞监测和漏洞评估之类的替代技术。统计检验也可以影响攻击的效率，但之前已经表明所有应用的统计检验都是渐近等价的[5]。漏洞监测是 SCA 测试中的预处理步骤。它有两个基本目的。第一个也是最明显的，是所获得的侧信道测量的质量评估。换句话说，漏洞监测测试是为了检查测量是否携带任何相关信息。测量不同步并且对手不能捕获测量的良好部分这一点更为重要。漏洞监测的另一个重要应用是发现漏洞区或相关兴趣点（Point of Interest，PoI）。一个侧信道跟踪或测量可以很容易地获得数百万个样本，并且对于受保护的实现，测量的数量也可以增加至数百万。为了处理这样的数据量，需要巨大的计算能力。因此，选择相关 PoI 以提高攻击效率非常重要。

漏洞评估是一个通用的评价方法。正常的 SCA 测试高度依赖于攻击参数（漏洞模型、统计工具和测量）。对于评估和认证目的，随着参数数量的不断增加，这种方案并不理想，这阻碍了评估过程的全面性。为了克服这个问题，评估者依靠漏洞评估。这些漏洞评估技术是全局和参数独立的。它测试获取的测量中的任何潜在的侧信道漏洞，而不会实际进行攻击。如果发现最低程度的漏洞，则目标不安全。

本章重点介绍加密 IP 核侧信道测试的各个方面。旨在建立侧信道攻击、漏洞监测和漏洞评估的基本概念。侧信道攻击是用于测试加密 IC 的最简单、直接的技术。在这方面，提供 SCA 的正式描述及其评估指标，即成功率和猜测熵。此后，使用称为归一化类间方差（Normalized Inter Class Variance，NICV[6]）的特定漏洞监测工具来描述漏洞监测的概念。还讨论了 NICV 与信噪比（Signal to Noise Ratio，SNR）、相关性和其他检测技术等标准参数的关系。包括硬件和软件平台的实际案例研究，以帮助读者了解基本概念。最后，对漏洞评估进行了讨论，特别是测试矢量漏洞评估（Test Vector Leakage Assessment，TVLA[7]）。基于 TVLA 的基本概念，得出 TVLA 和 NICV 之间的关系。TVLA 也受到实际案例研究的支持，直接应用于 SCA 保护的实施。

本章的其余部分组织如下。6.2 节首先讨论统计测试和假设检验的一般背景，然后对侧信道攻击的正式描述，重点是评估指标，即第 6.3 节中的成功率和猜测熵。漏洞监测方法如 NICV 和 SNR 在 6.4 节以及 AES 实现的实际案例研究中进行了阐述。6.5 节描述漏洞评估方法，特别是 TVLA。NICV 和 TVLA 之间的关系是在 6.6 节中给出的，在 6.7 节中将其扩展到更高的统计指令。6.8 节给出实际案例研究。6.9 节最后得出结论。

6.2　统计检验和假设检验的预备知识

因为攻击次数一直在不断增加，基于攻击的评估策略在现实中是很困难的。因此，期望有一种黑盒方法，旨在通过设备的功耗量化任何侧信道的信息泄露。所以说，测试策略的目的是检测是否存在信息泄露，而不是精确量化多少信息泄露是可利用的。也就是说，目的是开发一种依靠统计假说理论和估计理论的评估技术。本节的目的是提供有关该主题的快速概述。

6.2.1 抽样估计

抽样表示选择一部分统计资料，以获得整体信息。调查相关所有成员所具有特定性质的统计资料总数称为总体。用于确定总体特征的选定部分称为样本。良好抽样的主要目标是以最小的成本获得关于总体的最大信息，并根据样本得出估计的准确性的极限。

基于样本观察值计算得到的任何统计量度称为统计量，如样本均值、样本方差。另外，基于整个群体的统计量度称为参数，如总体平均值、总体方差。样本有偶然性，因此统计量的值随样本而异，而参数保持不变。统计量的概率分布称为采样分布，采样分布的标准偏差称为标准误差（Standard Error，SE）。

下面假设简单的随机抽样，这意味着在选择样本的过程中，总体中的每个单位被选中的概率相同。此外，通常认为在整个抽样过程中选择特定成员的概率保持不变，而不考虑成员是否事先已被选中。这样的采样可以通过进行有放回的简单随机采样（Simple Random Sampling With Replacement，SRSWR）来获得，通常称为简单采样。当总体大小是无穷大时，即使进行无放回的简单随机采样（Simple Random Sampling Without Replacement，SRSWOR）也会成为简单采样。因此，在样本大小非常大的情况下（如在一个 128 位的分组密码的明文池），SRSWR 和 SRSWOR 均将导致简单采样。因此，可以假设每个样本成员具有与总体中的变量 x 相同的概率分布。因此，期望 $E[x_i]=\mu$，μ 为总体均差。同样，方差 $\mathrm{Var}[x_i]=E[(x_i-\mu)^2]=\sigma^2$，$\sigma$ 为总体方差。

可以证明，平均值的标准误差，$\mathrm{SE}((\bar{x}))=\dfrac{\sigma}{\sqrt{n}}$，$n$ 为样本容量。在此基础上得出其他推论，这将有助于理解随后的检测测试的讨论。

定理 6.1 考虑容量为 n_1 和 n_2 的两个独立的简单样本，平均值分别为 x_1 和 x_2，标准差分别为 σ_1 和 σ_2，则有

$$\mathrm{SE}(\bar{x}_1-\bar{x}_2)=\sqrt{\frac{\sigma_1^2}{n_1}+\frac{\sigma_2^2}{n_2}} \tag{6.1}$$

在抽样理论中使用不同的概率分布，均源自正态分布。它们是：标准正态分布；卡方（χ^2）分布；学生 t 分布；Snedecor-F 分布

下面提供了对标准正态分布和学生 t 分布的快速回顾，这将有助于理解后续的剩余部分和引入 T 检验。

6.2.2 统计分布

如果随机变量 x 服从平均值 μ 和标准偏差 σ 的正态分布，则变量 $z=\dfrac{x-\mu}{\sigma}$ 称为

标准正态变量。z 的概率分布称为标准正态分布，由概率密度函数（Probability Density Function，PDF）定义，$p(z)=(1/\sqrt{2\pi})\mathrm{e}^{-z^2/2}\ (-\infty<z<+\infty)$。

一个重要的结论是，如果 $\overline{x}$ 表示从平均值为 μ、标准差为 σ 的正态总体中抽取出来，大小为 n 的随机样本的平均值，$z=\dfrac{\overline{x}-\mu}{\sigma/\sqrt{n}}$ 遵循标准正态分布。同样，随机变量遵循 t 分布或简单的 t 分布，如果其 PDF 格式为 $f(t)=K\left(1+\dfrac{t^2}{n}\right)^{-(n+1)/1}$，其中，$K$ 是常数，而且 $-\infty<z<+\infty$。参数 n 称为自由度数（Number of Degrees of Freedom，NDF.）。

在统计数据中，自由度数是可以自由变化的统计量的最终计算中的值的数量。统计参数的估计可以基于不同数量的信息或数据。计入参数估计的独立信息数量称为自由度。通常，参数估计的自由度等于计入估计的独立分数的数量减去在参数本身的估计中用作中间步骤的参数的数量（样本方差具有 $N-1$ 自由度，因为它是从 N 个随机分数减去仅作为中间步骤估计的一个参数计算出的，那就是样本均值）。

6.2.3 估计和显著性检验

抽样的目的是在抽样观察的基础上推断总体的特征。统计推断有两种不同的方式，即点估计和间隔估计。在点估计中，估计值由单个数量给出，这是给定观测值的函数。在间隔估计中，通过使用基于样本值的两个量给出预期参数所在的间隔，称为置信区间，用于指定间隔的两个量称为置信限度。

令 x_1，x_2，…，x_n 是来自表示已知数学形式的总体的随机样本，其涉及未知参数 θ。置信区间基于样本观测指定两个函数 t_1 和 t_2，使得 θ 被包括在区间（t_1，t_2）中的概率具有给定值，如 c，即 $P(t_1\leqslant\theta\leqslant t_2)=c$。置信区间将包括参数的真实值的概率 c 称为间隔的置信水平。

下面用一个例子来说明。考虑正态群体 $N(\mu,\sigma^2)$ 中大小为 n 的随机样本，其中方差 σ^2 是已知的。需要找到平均值 μ 的置信区间。众所周知样本平均值 $\overline{x}$ 大致遵循平均值 μ 和方差 σ^2/n 的正态分布。因此，统计量 $z=\dfrac{\overline{x}-\mu}{\sigma/\sqrt{n}}$ 具有标准正态分布。从标准正态曲线的性质来看，标准正态曲线下面积的95%位于 $z=\pm1.96$ 的纵坐标之间。因此，有

$$P\left[1.96\leqslant\frac{(\overline{x}-\mu)}{\dfrac{\sigma}{\sqrt{n}}}\leqslant1.96\right]=0.95 \tag{6.2}$$

因此，间隔 $\left(\overline{x}-1.96\dfrac{\sigma}{\sqrt{n}},\overline{x}+1.96\dfrac{\sigma}{\sqrt{n}}\right)$ 称为 μ 的 95%置信区间。由于几乎处处

极限，将值 1.96 替换为值 3。

在某些情况下，总体可能不是真正的正态分布，而基于大样本的统计样本分布大致为正态。

6.2.4 显著性检验：统计假设检验

统计测试通常需要根据抽样观察对统计总体作出决定。例如，给定随机样本，可能需要确定获得样本的总体是否是具有特定平均值和标准偏差的正态分布。关于统计总体或其参数的任何陈述或断言称为统计假设，使我们能够确定某个假设是否为真的程序称为显著性检验或统计假设检验。

建立的统计学假设（假设），并且根据样本观察对其可能的拒绝进行有效性的测试称为空假设。将其表示为 H_0，并进行验收或拒绝测试。另外，另一种假设是与空假设不同的统计假设，表示为 H_1。这个假设没有被测试，它的接受（或拒绝）取决于空假设的拒绝（或接受）。例如，空假设可能是总体平均数为 40，表示为 $H_0(\mu=40)$。替代假设可以是 $H_1(\mu\neq 40)$。

然后分析样本以决定是否拒绝或接受空假设。为此，选择一个合适的统计量，称为检验统计量。假设空假设为真，其取样分布是确定的。由于抽样波动，统计量的观测值与预期值一般不同。然而，如果差异非常大，则空假设被拒绝，而如果差异小于可允许限制，则 H_0 不被拒绝。因此，有必要正式确定这些限制。

假设空假设是真的，计算得到的差等于或大于观测差异的概率。如果发现这个概率小于 0.05，则可得出结论观察到的统计值是不正常的，出现这样的结果是因为基本假设，即空假设不成立。我们认为观测差异在 5%的显著水平上是值得注意的，因此在 5%的显著水平上零假设被拒绝。显著性水平，也就是说 α 对应于 $a(1-\alpha)$ 的置信水平。然而，如果这个概率不是很小，也就是超过 0.05，观察到的差异不能被认为是不正常的，只能归因于抽样波动。现在的差异在 5%的显著性水平上并不显著。

概率是从统计量的抽样分布推断的。从统计量的抽样分布中可以看出，最大差异超过了 5%的情况。如果观测差异大于该值，则空假设被拒绝。如果小于该值，则没有理由拒绝空假设。

下面以一个例子来说明这一点。假设统计量的抽样分布是正态分布。由于在均值 ±1.96（标准偏差）下的正态曲线下面积仅为 5%，统计值的观测值与期望值相差 1.96 倍以上的概率（统计量的抽样分布的标准偏差）为 0.05。较大差异的概率仍然较小。

因此，如果统计量 $z=\dfrac{\text{(Observed Value)}-\text{(Expected Value)}}{\text{Standard Error (SE)}}$ 大于+1.96 或小于 −1.96，则空假设 H_0 以 5%的显著性水平被拒绝。值域 $z\geqslant +1.96$ 或 $z\leqslant -1.96$ 的组合构成了测试的临界区域。

因此，显著性测试的步骤可以归纳如下。

（1）设置空假设 H_0 和替代假设 H_1。空假设通常指定总体的一些参数：$H_0(\theta=\theta_0)$。

（2）当空假设为真时，给出适当的检验统计量 T 及其抽样分布。在大样本检验中，经常使用标准正态分布的统计量$z=(T-\theta_0)/\mathrm{SE}(T)$，在小样本试验中，假设总体是正常的，并且使用各种检验统计量，它们遵循标准正态分布、卡方分布、t分布。

（3）选择显著性水平，测试α，或等效$1-\alpha$作为置信水平。

（4）确定所选择的显著性水平的测试临界区域。

（5）根据样本数据和空假设计算检验统计量z的值。

（6）检查测试统计量的计算值是否在关键区域，如果不在，则拒绝 H_0；否则 H_0 不会被拒绝。

有了这个背景，最终得到前文提出的测试向量漏洞评估测试，这个测试本质上是对两个总体中独立随机抽取的两个时刻进行平等的测试。起点是第一时刻，两个样本中两均值的相等性进行相等性检验。因此，选择统计量$T=\overline{x}_1-\overline{x}_2$和统计量$z=\dfrac{\overline{x}_1-\overline{x}_2}{\mathrm{SE}(\overline{x}_1-\overline{x}_2)}$用于测试空假设：$H_0(\mu_1=\mu_2)$，$\mu_1$ 和 μ_2 是两个独立样本的均值。如所讨论的，均值的差异$\overline{x}_1-\overline{x}_2$的标准误差为$\mathrm{SE}(\overline{x}_1-\overline{x}_2)=\sqrt{\dfrac{\sigma_1^{\ 2}}{n_1}+\dfrac{\sigma_2^{\ 2}}{n_2}}$。

对于大的分布，测试统计量$z=\dfrac{\overline{x}_1-\overline{x}_2}{\sqrt{\dfrac{\sigma_1^{\ 2}}{n_1}+\dfrac{\sigma_2^{\ 2}}{n_2}}}$遵循标准正态分布。然而，对于任何样本量的测试，$z$的更精确的采样分布是$t$分布，由此引出 Welch 的$t$检验。统计$z$遵循按照 Welch-Satterthwaite 计算的自由度的t分布，为$v=\dfrac{\mathrm{SE}(\overline{x}_1-\overline{x}_2)}{\dfrac{(\sigma_1^{\ 2}/n_1)}{n_1-1}-\dfrac{(\sigma_2^{\ 2}/n_2)}{n_2-1}}$。当测试统计量$|z|$超过 4.5 的阈值时，两个相等均值的空假设被拒绝，这确保了自由度大于 1000，$P\left[|z|>4.5\right]<0.00001$，这个阈值具有 0.99999 的置信度。

6.3 正规化 SCA 和侧信道对抗的成功率：猜测熵

为了评价几种攻击方法并比较几种加密设计，关于这些攻击一些正式的指标已被开发。了解这些基于正规化侧信道分析技术的安全性度量是非常重要的。本节提供了一些基本指标的概述。

6.3.1 侧信道对抗的成功率

侧信道对抗的运作策略是划分和控制，其中的关键空间分为几个等效类。攻击通常无法区分属于同一个类或分区的密钥，但能区分落在不同分区中的两个密钥。因此，可以将对手形式化为针对加密算法的给定实现的算法，表示为 E_K，其中 K 表示密钥空间。对手还假定用 L 表示的密钥漏洞模型。漏洞模型提供了一些密钥信息或其他一些所需信息。此外，对手在计算资源方面是有局限的，因此对手 $A_{E_K,L}$ 是具有时间复杂度 τ、存储器复杂度 m 的算法，对加密算法的目标实现进行 q 次查询。注意，漏洞功能不能区分某些密钥，因此在整个密钥空间 K 上引起分区 S。从 K 到 S 的映射可以由功能 γ 捕获。例如，$s=\gamma(k)$，其中 $s \in S, k \in K, |S| \ll |K|$。攻击者的目标是确定所选择的关键字 k 所属的相应等价类别以不可忽略的概率表示为 $s=\gamma(k)$。

作为类比，考虑将汉明权或汉明距离漏洞模型（将整个密钥空间）划分为等价类或分区，攻击者试图区分它们。攻击方的输出基于密文（黑箱信息），漏洞（侧信道信息）输出猜测向量，其为按可能候选者的降序排列的密钥类别。因此，当对手产生猜测向量为 $\boldsymbol{g}=[g_1,\cdots,g_0]$ 时，定义了一个顺序 $o(o \leqslant |S|)$ 攻击，其中 g_1 是最可能的候选者，依此类推。现在已经定义了攻击，让我们尝试用侧信道实验来定义指标。

更准确地说，侧信道攻击被定义为试验 $\text{Exp}_{A_{E_K,L}}$，其中，$A_{E_K,L}$ 为具有时间复杂度 τ 的对手，存储器复杂度 m，并且对密码算法的目标实现进行 q 个查询的对手。对试验中从 K 中随机选择的任何 k，当对手 $A_{E_K,L}$ 输出猜测向量 $\boldsymbol{g}$ 时，如果表示为 $s=\gamma(k)$ 的对应密钥类别为 $s \in \boldsymbol{g}$，则攻击被认为是成功的。更正式地，order-o 的侧信道攻击试验与 6.1 算法一样。试验返回 0 或 1 表示攻击的成功或失败。

算法 6.1：侧信道攻击成功率的正式定义
Input：K，L，E_K **Output**：0(failure)，1(success) **1** $k \in_R K$ **2** $s=\gamma(k)$ **3** $g=[g_1,\cdots,g_o] \leftarrow A_{Ek,L}$ **4 if** $s \in g$**then** **5** **return**0 **6** **else** **7 return**1

侧信道攻击 $A_{E_K,L}$ 对关键类或分区 S 的次级成功率定义为

$$\mathbf{Succ}^{\mathbf{o}}_{A_{E_K,L}}(\tau,m,k)=\Pr[\text{Exp}_{A_{E_K,L}}=1]$$

6.3.2 猜测对手的熵

上述次级攻击的度量意味着攻击的成功率，其余的工作负载是 o 密钥类。因此，攻击者具有所需 k 可能属于的最大 o 密钥类。虽然关于其余工作负载的给定顺序的上述定义是固定的，但下面的猜测熵的定义为其余工作负载提供了更灵活的定义。它测量攻击后测试的主要候选人的平均数量。根据算法 6.2 中的对手试验正式声明了定义。

对手 $A_{E_K,L}$ 对抗关键类变量 S 的猜测熵定义为

$$\mathbf{GE}_{A_{E_K,L}}(\tau,m,k)=E[\mathrm{Exp}_{A_{E_K,L}}]$$

算法 6.2：猜测熵的正式定义
Input：K，L，E_K **Output**：Key class i **1** $k\in_R K$ **2** $s=\gamma(k)$ **3** $\boldsymbol{g}=[g_1,\cdots,g_o]\leftarrow A_{E_{k'},L}$ **4 return** I such that $g_i=s$

6.4 SCA 跟踪中的漏洞监测：NICV 和 SNR

6.3 节讨论了侧信道分析的正式框架和评估其成功的方法。有效的 SCA 有 3 个参数，即测量值、漏洞模型和识别器。如果这些参数中的任何一个都是次优的，那么它直接影响到 SCA 及其成功。SCA 对策也按照相同的原则进行设计，因此很难估计最佳漏洞模型、识别器或获取质量测量值。本节着重评估侧信道测量的质量。SCA 的一个实际问题是，通过数百万个采样点，测量的轨迹可能是巨大的。这种尺寸的处理轨迹需要时间和计算能力。为了优化攻击，重要的是识别一组所谓的漏洞区域或相关兴趣点（PoI）。发现 PoI 的过程称为漏洞监测。此外，作为第一测试，漏洞监测还通知跟踪是否携带任何相关信息，从而有助于评估测量的质量。下文提供了作为漏洞监测工具的标准化类间方差（NICV）的理论背景和理论依据。还讨论了 NICV 与 SNR 的关系，随后对 AES 的实际实现进行了案例研究。

6.4.1 归一化的类间方差

标准化类间方差（NICV）是一种被设计为检测 SCA 跟踪中相关 PoI 的技术[6]。PoI 的检测用于压缩导致 SCA 加速的轨迹 NICV 可以基于诸如纯文本或密文之类的

公共参数来计算，并且不需要对目标设备进行分析或预先描述。此外，NICV 是漏洞模型不可知的，这意味着它可以应用在没有目标实现的知识的情况下。这些属性使 NICV 成为访问测量质量的理想候选者。NICV 的技术背景如下。

侧信道对手获取对应于公共参数 X 的漏洞测量 $Y \in \mathbb{R}$（假设为明文或密文的字节，即 $\chi = \mathbb{F}_2^8$）。一般来说，Y 可以是连续的，但 X 必须是离散的（χ 必须是有限的基数）。那么，对于所有漏洞预测函数 L，知道 x 取 X 的值（如文献[8]中的命题 5），于是有

$$\rho^2[L(X);Y] = \underbrace{\rho^2[L(X);\ \ [Y|X]]}_{0\leqslant\cdot\leqslant 1} \times \rho^2[\ \ [Y|X];Y] \tag{6.3}$$

式中，$\mathbb{E}$ 为期望值；ρ 为相关性。文献[8]的推论 8 进一步简化了式（6.3），即

$$\rho^2[\mathbb{E}[Y|X];Y] = \frac{\mathrm{Var}[\mathbb{E}[Y|X]]}{\mathrm{Var}[Y]} \tag{6.4}$$

式中：Var 为方差。式（6.4）中的术语进一步称为标准化类间方差（NICV），它是一种方差分析 ANOVA（ANalysis of VAriance）F 检验，作为解释方差与总方差之间的比率。

从式（6.3）和式（6.4）可以推导出所有预测函数 $L: \mathbb{F}_2^8 \to \mathbb{R}$，有

$$0 \leqslant \rho^2[L(X);Y] \leqslant \frac{\mathrm{Var}[\mathbb{E}[Y|X]]}{\mathrm{Var}[Y]} = \mathrm{NICV} \leqslant 1 \tag{6.5}$$

因此，NICV 是从 X 可计算的所有可能相关的包络或最大值，Y 或 NICV 表示最佳情况结果。然而，虽然式（6.5）含有等号，但在实际情况下几乎是不可能实现的。当且仅当 $L(x) = \mathbb{E}[Y \mid X = x]$，即 L 是最佳预测函数，才可能相等。差异可以来自各种实际原因。

（1）对手知道确切的预测函数，但不知道正确的密钥。例如，假设轨迹可以写为 $Y = w_{\mathrm{H}}(S(X \oplus k^*)) + N$，其中 $k^* = \mathbb{F}_2^8$ 是正确的密钥，$S: \mathbb{F}_2^8 \to \mathbb{F}_2^8$ 是一个替代框，w_{H} 是汉明权重函数，N 是一些测量噪声，通常遵循中心正态分布 $N \sim N(0,\sigma^2)$。在这种情况下，最优预测函数 $L(x) = \mathbb{E}[Y \mid X = x]$ 为 $L(x) = w_{\mathrm{H}}(S(X \oplus k^*))$（噪声的唯一假设是它与中心并且与敏感变量相加混合）。这个论据是 CPA 健全的基础：$\forall k \neq k^*$，$\rho[w_{\mathrm{H}}(S(X \oplus k));Y] \leqslant \rho[w_{\mathrm{H}}(S(X \oplus k^*));Y] \leqslant \sqrt{\mathrm{Var}[\mathbb{E}[Y \mid X]] / \mathrm{Var}[Y]}$。

（2）漏洞模型不正确。例如，当 $Y = w_{\mathrm{H}}(S(X \oplus k^*)) + N$ 时，$L(x) = w_{\mathrm{H}}(S(X \oplus k^*))$。

（3）漏洞模型是实际漏洞模型的近似值，如 $L(x) = w_{\mathrm{H}}(S(X \oplus k^*))$，而实际上是 $Y = \sum_{i=1}^{8} \beta_i \cdot S_i(x \oplus k^*) + N$，其中 $\beta_i \approx 1$，但是稍微偏离 1。

CPA 和 NICV 之间的距离在非信息理论攻击（比例/顺序尺度的攻击，而不是

名义尺度[9]）上与感知信息（PI）和互信息（MI）之间的距离相似[10]。

实际上，由于噪声和其他缺陷，CPA（的平方）值未达到NICV值，如图6.1所示。

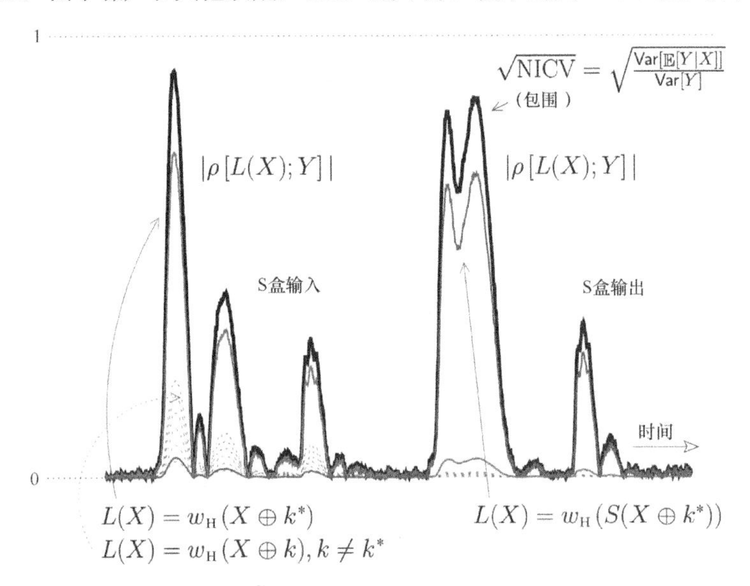

图 6.1　NICV 度量为 $Y=\sum_{i=1}^{8}\beta_i\cdot S_i(x\oplus k^*)+N$ 时基于一些预测功能的攻击结果

6.4.2 NICV 和 SNR

可以扩展 NICV 以建立与 SNR 的关系，这是跨域的广泛使用的度量。在 SCA 的情况下，信号是指与敏感数据操纵直接相关的部分测量。当考虑功耗测量时，信号是用于敏感数据计算的电流。例如，度量 $Y=w_{\mathrm{H}}(S(X\oplus k^*))+N$。这里的信号仅指与敏感键 k^* 相关的计算。需注意，典型的加密算法将具有独立操作的几个关键字节（AES 有 16 个）。与除 k^* 之外的其他关键字节相关的计算描绘的电流被认为是噪声，称为算法噪声。噪声 N 是算法噪声和测量噪声之和。

现在得出 NICV 和 SNR 之间的关系。应该注意的是，只考虑一个具有 2^8 个可能值的密文的字节。如果公共参数 X 是均匀分布的，则 NICV 本身不是一个识别器。的确，如果假设 $Y=L(x)+N=w_{\mathrm{H}}(S(X\oplus k^*))+N$，那么有

$$
\begin{aligned}
\mathrm{Var}[\ [Y|X]] &= \sum_{x\in}\ \mathrm{P}[X=x]\ \ [Y|X=x^2]^2-\ \ [Y]^2\\
&=\frac{1}{2^8}\sum_{x\in}\ \ [w_{\mathrm{H}}(S(X\oplus k^*))+N]^2-\left(\sum_{x\in}\ \ [w_{\mathrm{H}}(S(X\oplus k^*))+N]\right)^2\\
&=\frac{1}{2^8}\sum_{x'=x\oplus k^*\in}\ \ [w_{\mathrm{H}}(S(x'))]^2-(\sum_{x'=x\oplus k^*\in}\ \ [w_{\mathrm{H}}(S(x'))])^2\\
&=\mathrm{Var}[w_{\mathrm{H}}(S(X))]
\end{aligned}
$$

进一步阐述 NICV 的分母，$\mathrm{Var}[Y]=\mathrm{Var}[w_{\mathrm{H}}(S(X))]+\mathrm{Var}[N]$。

将两个方程组合在一起，得到

$$\mathrm{NICV}=\frac{\mathrm{Var}[\mathbb{E}[Y \mid X]]}{\mathrm{Var}[Y]}=\frac{1}{1+\frac{1}{\mathrm{SNR}}} \tag{6.6}$$

其中 SNR 是信号与噪声之间的比率。

（1）信号，即信息部分的方差，即 $\mathrm{Var}[w_{\mathrm{H}}(S(X \oplus k^*))]$。

（2）噪声，被认为是方差$\mathrm{Var}[N]$，噪声的近似估计是类内方差，即$\mathbb{E}[\mathrm{Var}[Y \mid X]]$。

显然，等式（6.6）不依赖于秘密密钥 k^*，因为 Y 和 X 都是攻击者已知的公共参数。此外，该表达式不存在漏洞模型 $L(X)$，这意味着 NICV 不依赖于实现。因此，NICV 搜索公共参数 X 的所有线性依赖性，并且具有独立于实现的可用漏洞路径 Y。

与 SNR 相比，计算 NICV 有几个优点。使用 NICV 超过 SNR 的主要原因是 NICV 是有限数量的。如式（6.5）所示，NICV 的值在[0，1]范围内。因此，跟踪的质量直接作为百分比进行测量。由于该属性，可以直接比较测量的质量。

接下来，SNR 的计算需要比 NICV 更多的轨迹。SNR 的噪声分量 $\mathrm{Var}[N]$ 主要由类内方差 $[\mathrm{Var}[Y \mid X]]$ 组成。为了恰当估计 $[\mathrm{Var}[Y \mid X]]$，对手必须至少获得每个等级的两个测量值来计算方差。当然，我们希望每个类具有更多的追踪来计算 SNR 的噪声分量。由于 NICV 取决于测量的全局方差，所以需要较少的踪迹来估计。

6.4.3 漏洞监测相关工作

漏洞监测的初步方法是基于模板[11]。在这种方法中，PoI 是对于 N 个子键值的 T 模板使 $\sum_{i,j=1}^{n}(T_i-T_j)$ 最大化的一些点。T_i 是当敏感变量属于 i 类时的轨迹的平均值。其可以改进为平方对数差（Sum Of Squared pairwise Differences，SOSD[12]）求和，即 $\sum_{i,j=1}^{n}(T_i-T_j)^2$，以避免消除相反极性的漏洞。然后通过将方差归一化为 $\sum_{i,j=1}^{n}\left(\frac{T_i-T_j}{\sqrt{\frac{\sigma_i^2}{m_i}+\frac{\sigma_j^2}{m_j}}}\right)^2$，将 SOSD 扩展为平方成对 T 差（Sum Of Squared pairwise T-differences，SOST[12]）。其中，σ_i 是 i 类中 T 的方差，m_i 是 i 类中的样本数。但是，基于模板的方法需要访问设备的克隆。

6.4.4 案例研究：应用 AES

NICV 的主要应用是找到加速 SCA 的时间样本。SCA 跟踪可以轻松获得数百万个点，但只有少数点符合 PoI。对手或评估者感兴趣的是检测这些 PoI 并压缩最终测量。

首先通过在 ATMEL AVR 微控制器上运行的 AES-256 的软件实现对 NICV 度量进行测试。该实现的标准跟踪包含 700 万个点，并且以最压缩格式存储时需要大约 5.3 MB 的磁盘空间。这些细节涉及带宽为 1 GHz 的 LeCroy6100A 示波器。然后将 NICV 应用于识别与敏感密钥 $k_0^* - k_{15}^*$ 的每个字节有关的操作。图 6.2 显示了第一轮 NICV 的计算。对于第 1 轮，计算 k_0^* 只需要大约 1000 个时间样本。由于每个 k^* 都与不同的替换框（Sbox）相关联，所以字节标记为 Sbox 号，即 Sbox0～Sbox15。一旦与每次执行的操作相对应的有趣的时间样本是已知的，则跟踪大小从 7000000 个压缩到 1000，即大约 7000 倍。NICV 还能够对底层软件实现进行逆向工程。我们为 16 个字节计算了 NICV，并绘制了图 6.2 中的 16 条 NICV 曲线（以不同的颜色描绘）。通过仔细观察图 6.2，可以区分各个操作与字节执行的顺序。每个 NICV 曲线（每种颜色）都显示与该特定字节相关的所有敏感漏洞。此外，只要对算法有一点了解，就可以很容易地理解算法的执行。例如，特定序列中所有字节的执行指示字节替换或轮密钥加操作。按照{1，5，9，13}{2，6，10，14}和{3，7，11，15}顺序处理字节表示行移位操作。AES 的行移位操作以不同的常数循环移位 4 行中的 3 行。这可以在图 6.2 中清楚地看出，在这段时间内，仅使用 3 行，并且第 1 行中的字节，即{0，4，8，12}不被使用。同样，列混淆也可以通过查看一起处理的字节来识别。

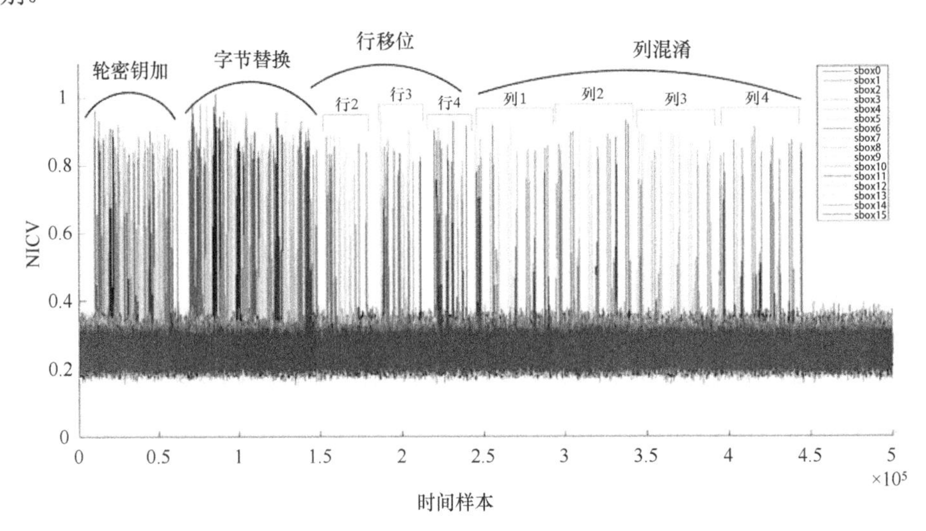

图 6.2　针对 AES-128 软件实现计算出的 NICV 来检测每轮操作

SCA 的另一个常见问题是直接影响攻击效率的漏洞模型的选择。如 6.4.1 小节所示，建模漏洞（$L(X K)$）和迹线 $(Y = L(X,K^*) + N)$ 之间的相关的不大于 NICV，

其中 N 表示噪声。只有当模拟漏洞与轨迹相同时，才能存在相等性。一个真正的实现可以在不同的时间点有不同的有效分量。例如，与 Sbox 输入计算相对应的活动将与 Sbox 输出计算不同。如果根据这两个模型测试实现，则在不同时间的测量中，对应于每个模型的漏洞应该是可见的。

使用 FPGA 上的两种不同的漏洞模型对 AES-128 硬件实现了模型测试，并获得了 SCA 跟踪。第一漏洞模型对应于在 AES 的 Sbox 操作之前存在的状态寄存器，即 $w_{\mathrm{H}}(\mathrm{val}_i \oplus \mathrm{val}_{\mathrm{f}}) \in [\![0,8]\!]$（模型 1）和 $\mathrm{val}_i \oplus \mathrm{val}_{\mathrm{f}} \in [\![0,255]\!]$（模型 2）。$w_{\mathrm{H}}$ 是汉明权重函数。在 Sbox 的输出端即（$w_{\mathrm{H}}(S(\mathrm{val}_i) \oplus S(\mathrm{val}_{\mathrm{f}})) \in [\![0,8]\!]$（模型 3）和 $S(\mathrm{val}_i) \oplus S(\mathrm{val}_{\mathrm{f}}) \in [\![0,255]\!]$（模型 4），有意为另一个寄存器构造引入了类似的模型。图 6.3 显示了 4 种不同漏洞模型与轨迹对 NICV 曲线的相关平方。可以从图 6.3 中简单推断出，模型 4 最好，而模型 2 是最差的。由于 6.4.1 小节提到的原因，NICV 与 $\rho(\text{模型4})^2$ 之间的差距非常大。因此，NICV 描绘了对应于测量中的几个漏洞模型。

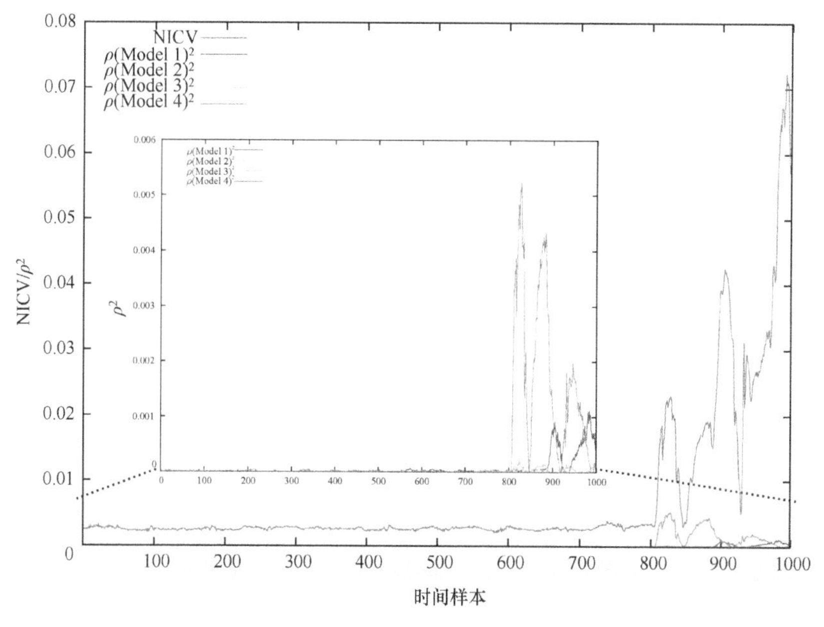

图 6.3 NICV 与 ρ^2 的 4 种不同模型

6.5 基于测试量的漏洞评估方法

6.4 节讨论了作为漏洞监测的 NICV 技术。漏洞监测是侧信道分析中的预处理步骤，有助于定位 PoI，从而提高攻击效率。但是，它并没有提供有关 IP 核安全性的确定性输出。为了评估安全性，必须依靠漏洞评估。

当 IP 核必须通过安全评估认证时，认证试验室必须对被测试的 IP 核进行一系列 SCA。该列表必须定期更新，以跟踪最先进的漏洞。这些攻击可能涉及应用不同的识别器，如相关器、互信息或线性回归[13]等。此外，必须测试多个漏洞模型。攻击和漏洞模式的范围使认证成为一项耗时且非全面的工作。此外，它也可能是错误的，因为它高度依赖于识别器和模型的选择。

上述情况激发了对有效评估 IP 核安全性的通用测试方法的需求。漏洞评估是一种方法，用于检查目标中潜在的侧信道漏洞，而不会实际进行攻击。该方法是基于 SCA 利用敏感中间值与侧信道信息一致的事实。可以使用假设检验来统计检测这种侧信道信息的存在。提出这种方法的开创性工作称为测试矢量漏洞评估（Test Vector Leakage Assessment，TVLA[7]）。

TVLA 在明文的基础上划分了轨迹 Y 的侧信道测量。为了计算 TVLA，必须获得两套轨迹。一组对应于固定密钥和固定明文作为密码 IP 核的输入，第二组收集对应于固定密钥和随机明文的轨迹。此后，通过假设两组轨迹具有相同的均值和方差的零假设进行假设检验。前文在 6.2 节中讨论了假设检验的背景。如果零假设被接受，则表示该跟踪不携带敏感信息。相反，拒绝的零假设表明存在可利用的漏洞。在文献[7]中，Welch 的 t 检验用于统计检验，该技术称为非特异性 t 检验。可以表示为

$$\text{TVLA}=\frac{\mathbb{E}[Y_{\mathrm{r}}]-\mathbb{E}[Y_{\mathrm{f}}]}{\sqrt{\dfrac{\operatorname{Var}[Y_{\mathrm{r}}]}{m_{\mathrm{r}}}+\dfrac{\operatorname{Var}[Y_{\mathrm{f}}]}{m_{\mathrm{f}}}}}=\frac{\mu_{\mathrm{r}}-\mu_{\mathrm{f}}}{\sqrt{\dfrac{\sigma_{\mathrm{r}}^{2}}{m_{\mathrm{r}}}+\dfrac{\sigma_{\mathrm{f}}^{2}}{m_{\mathrm{f}}}}} \tag{6.7}$$

式中：Y_{r} 和 Y_{f} 分别为具有随机和固定明文的轨迹集合；m_{r} 和 m_{f} 分别为集合 Y_{r} 和 Y_{f} 中的轨迹数。集合 Y_{r} 的平均值和标准偏差用 μ_{r} 和 σ_{r} 表示。

类似地，μ_{f} 和 σ_{f} 是指 Y_{f} 的平均值和标准差。TVLA 值必须包含在范围 $\pm R$ 内，以接受零假设。如果 TVLA 值超过任一极性的绝对阈值 R，则认为该设备漏洞敏感侧信道信息。对于大的 m（大于 5000），接受或拒绝置信度为 99.9999%的零假设，通常使用的值是 $R = 4.5$。所以在任何时候，如果目标 IP 核的 TVLA 值小于–4.5 或大于 4.5，则可以将其作为漏洞的侧信道信息。

非特异性 t 检验评估目标 IP 核中的漏洞，而不执行攻击，对底层实现没有任何假设。它最终给出了目标泄露利用的信任等级，但没有提供信息泄露来源和利用漏洞的方法。此外，作者提出了特定的 t 检验测试，它是基于敏感中间值而不是公共明文进行划分，以潜在地发现漏洞源。

TVLA 最初是在单变量设置下首次提出的[7]。这项工作进一步扩展到文献[14]中的多变量设置，同时提高了 TVLA 的有效计算性能。在文献[15]中研究了基于 T

检验的评估的另一个方面。虽然文献[7，14]中使用非配对 T 检验，但在文献[15]中提出了使用配对 T 检验。改用配对 T 检验（TVLA_p）的主要论据是它对环境噪声和逐渐的温度变化较不敏感。它可以表示为

$$\text{TVLA}_P = \frac{\mu_{\text{d}}}{\sqrt{\dfrac{\sigma_{\text{d}}^2}{m}}} \tag{6.8}$$

式中：μ_{d} 和 σ_{d} 为 Y_{r} 和 Y_{f} 配对差异的平均值和标准差。配对 T 检验也与波动均值计算结合，使多变量设置结果更好。然而，波动均值改进也可以应用于不成对的 T 检验。

6.6 NICV 和 TVLA 的等价性

前面已经详细讨论过 TVLA 和 NICV。本节得出这两个指标之间的关系，这使得通过另一个度量来估计。TVLA 是一个简单的 T 检验。实际上，如果仔细观察，NICV 与统计 F 检验类似。现在，在统计 T 检验的情况下，仅考虑两个不同的类别，而在统计 F 检验的情况下，考虑多个不同的类别。在两类统计 F 检验的情况下，统计 F 检验的结果与统计 T 检验结果的平方成比例。这显示了 NICV 和 TVLA 之间的明确关系。此外，这也显示了从 NICV 的 TVLA 和 SNR 之间的关系，可以很容易地计算出底层攻击设置的 SNR。下面将尝试获得 NICV 与 TVLA 之间的确切关系。

假设有一些属于两类不同类别的侧信道轨迹，即类 1 和类 2。两类都具有相同的基数 N。类 1 的均值为 μ_1，类 2 的平均值为 μ_2。现在，NICV 的计算为

$$\text{NICV}=\frac{\dfrac{1}{2}\sum_{i=1}^{2}(\mu_i-\mu)^2}{\dfrac{1}{2N}\sum_{i=1}^{2N}(x_i-\mu)^2} \tag{6.9}$$

同样，可以按以下公式计算 TVLA^2，即

$$\text{TVLA}^2 = \frac{(\mu_1-\mu_2)^2}{\dfrac{V_1}{N}+\dfrac{V_2}{N}} = \frac{K}{\dfrac{V_1}{N}+\dfrac{V_2}{N}} \tag{6.10}$$

式中：V_1 和 V_2 分别为类 1 和类 2 的方差；$K=(\mu_1-\mu_2)^2$；μ 为所有侧信道的均值，$\mu=\dfrac{\mu_1+\mu_2}{2}$。现在考虑 NICV 公式的分子部分，即

$$\begin{aligned}\frac{1}{2}\sum_{i=1}^{2}(\mu_i-\mu)^2&=\frac{1}{2}((\mu_1-\mu)^2+(\mu_2-\mu)^2)\\&=\frac{1}{2}\left(\left(\mu_1-\frac{\mu_1+\mu_2}{2}\right)^2+\left(\mu_2-\frac{\mu_1+\mu_2}{2}\right)^2\right)\\&=\frac{1}{4}(\mu_1-\mu_2)^2=\frac{K}{4}\end{aligned} \tag{6.11}$$

接下来，考虑 NICV 公式的分母部分，即

$$\begin{aligned}\frac{1}{2N}\sum_{i=1}^{2N}(x_i-\mu)^2&=\frac{1}{2N}\sum_{i=1}^{2N}(x_i-\frac{\mu_1+\mu_2}{2})^2=\frac{1}{2N}\left(\sum_{i=1}^{2N}x_i^2-x_i(\mu_1+\mu_2)+\frac{(\mu_1+\mu_2)^2}{4}\right)\\&=\frac{1}{2N}\sum_{i=1}^{2N}(x_i^2-x_i(\mu_1+\mu_2))+\frac{(\mu_1+\mu_2)^2}{4}\\&=\frac{1}{2N}\sum_{x_i\in\text{class1}}(x_i^2-x_i(\mu_1+\mu_2))+\frac{1}{2N}\sum_{x_i\in\text{class2}}(x_i^2-x_i(\mu_1+\mu_2))+\frac{(\mu_1+\mu_2)^2}{4}\\&=\frac{1}{2N}\sum_{x_i\in\text{class1}}((x_i-\mu_1)^2-\mu_1^2+\mu_1x_i-\mu_2x_i)+\\&\quad\frac{1}{2N}\sum_{x_i\in\text{class2}}((x_i-\mu_2)^2-\mu_2^2+\mu_2x_i-\mu_1x_i)+\frac{(\mu_1+\mu_2)^2}{4}\\&=\frac{1}{2N}\sum_{x_i\in\text{class1}}(x_i-\mu_1)^2+\frac{1}{2N}\sum_{x_i\in\text{class2}}(x_i-\mu_2)^2+\frac{1}{2N}\sum_{x_i\in\text{class1}}x_i(\mu_1-\mu_2)+\\&\quad\frac{1}{2N}\sum_{x_i\in\text{class2}}x_i(\mu_2-\mu_1)+\frac{(\mu_1+\mu_2)^2}{4}-\frac{\mu_1^2}{2}-\frac{\mu_2^2}{2}\\&=\frac{V_1}{2}+\frac{V_2}{2}+\frac{1}{2}(\mu_1-\mu_2)\mu_1+\frac{1}{2}(\mu_2-\mu_1)\mu_2+\frac{(\mu_1+\mu_2)^2}{4}-\frac{\mu_1^2}{2}-\frac{\mu_2^2}{2}\\&=\frac{V_1}{2}+\frac{V_2}{2}+\frac{K}{4}\end{aligned} \tag{6.12}$$

因此式（6.9）可以被重写为

$$\begin{aligned}\text{NICV}&=\frac{\frac{K}{4}}{\frac{V_1}{2}+\frac{V_2}{2}+\frac{K}{4}}=\frac{1}{\frac{2(V_1+V_2)}{K}+1}\\&=\frac{1}{\frac{2N}{\text{TVLA}^2}+1}\\&\propto\text{TVLA}^2\end{aligned} \tag{6.13}$$

这表明 NICV 值与 TVLA 值的平方成正比。

6.7 TVLA 在分析高阶侧信道攻击中的应用

本节将重点介绍 TVLA 在分析高阶侧信道中的应用。前面讨论过的 TVLA 方法适用于允许对手只利用一个中间值漏洞的一阶侧信道分析。使用这种方法，可以分析加密系统的一阶侧信道漏洞。此外，还可以验证抵御一阶攻击对策的侧信道安全。但是，防止一阶攻击的对策可能容易受到较高阶的攻击。因此，分析这些针对高阶攻击的对策是必要的，为此还需要更新 TVLA 度量计算的公式。在文献[14]中，作者提出了如何为更高阶攻击修改 TVLA 度量的详细描述。本节将简要介绍这个表述。现在，一阶和较高阶侧信道分析的区别在于，在较高阶分析的情况下，需要预处理侧信道分析。例如，在二阶侧信道分析的情况下，需要将轨迹转换为平均自由平方的轨迹。为了计算更高阶的 TVLA，需要估计这些预处理的侧信道迹线的均值和方差。

6.7.1 平均值的估计

本小节首先描述高阶分析的 TVLA 的第一个参数的估计，这是一阶分析的平均值。对于更高阶的分析，需要预处理侧信道迹线，然后需要计算预处理的侧信道迹线的平均值。目标是估算预处理侧信道轨迹的平均值以进行更高阶的分析。

d 阶的侧信道攻击利用 d 个不同中间变量的漏洞并试图访问密钥。为了制定用于第 d 阶侧信道分析的相应 TVLA 度量，引入以下符号。

（1）$M_d = d$ 阶随机变量 X 的原始统计矩。M_d 计算式为

$$M_d = \mathbb{E}[X^d] \tag{6.14}$$

式中：$[\cdot]$ 为期望算符。当 $d = 1$ 时，$M_1 = \mu(\text{mean})$。

（2）随机变量 X 的 $\text{CM}_d = d$ 阶中心矩（$d>1$）。CM_d 计算式为

$$\text{CM}_d = \mathbb{E}[(X-\mu)^d] \tag{6.15}$$

当 $d = 2$ 时，CM_2 为分布方差。

（3）随机变量 X 的 $\text{SM}_d = d$ 阶标准化矩（$d>2$）。SM_d 计算式为

$$\text{SM}_d = \mathbb{E}\left[\left(\frac{X-\mu}{\sigma}\right)^d\right] \tag{6.16}$$

式中：σ 为分布的标准差。

在一阶测试的情况下，使用两个不同类的均值，这两个类实际上是它们的原始

统计矩。在二阶测试情况下，使用CM_d，这实际上是侧信道迹线的方差。对于三阶和更高阶的分析，需要SM_d的侧信道轨迹。现在，计算这些统计度量的最有效方法是使用在线单信道算法来计算每个新迹线的度量值，并将其添加到分布中。这实际上允许在采集侧信道迹线时计算这些度量，节省存储及后处理时间。用户可以用多种方式计算所讨论的信道种类。但是应该小心避免数字不稳定的步骤，因为这会在计算中引入错误。在文献[14]中提出了一种稳定的递增单信道算法，下面详细介绍。

假设$M_{1,Q}$表示给定集合 Q 的原始统计矩。此外，令 y 为新获得的添加到集合 Q 的侧信道轨迹。令$M_{1,Q'}$为扩大集Q'的新的原始统计矩，则

$$M_{1,Q'}=M_{1,Q}+\frac{\Delta}{n} \tag{6.17}$$

式中：$\Delta=y-M_{1,Q}$；n 为放大集合Q'中的侧信道迹线的数量。

类似地，可以使用一个单信道算法来估计中心矩CM_d。但是要做到这一点，需要估计另一个度量中心和CS_d，则

$$\mathrm{CS}_d=\sum(x_i-\mu)^d \tag{6.18}$$

由CS_d可以计算CM_d为

$$\mathrm{CM}_d=\frac{\mathrm{CS}_d}{n} \tag{6.19}$$

CS_d的一次增量计算式为

$$\mathrm{CS}_{d,Q'}=\mathrm{CS}_{d,Q}+\sum_{k=1}^{d-2}\binom{d}{k}\ \mathrm{CS}_{d-k,Q}\left(\frac{-}{n}\right)^k+\left(\frac{n-1\times}{n}\right)^d\left[1-\left(\frac{-1}{n-1}\right)^{d-1}\right] \tag{6.20}$$

最后，可以用下面的公式来计算SM_d，即

$$\mathrm{SM}_d=\frac{\mathrm{CM}_d}{\left(\sqrt{\mathrm{CM}_2}\right)^d} \tag{6.21}$$

使用上面描述的方程，现在具有用于计算单信道CM_d和SM_d的公式。这使得能够估算预处理的侧信道轨迹的平均值，以便进行更高阶的分析。对于二阶，这是侧信道轨迹的方差。为了得到更高的阶数，需要计算SM_d，它将作为预处理的侧信道迹线的平均值。

6.7.2 差异估计

本小节的重点将放在对预处理侧信道轨迹方差的估计上。在二阶分析的情况下，侧信道轨迹集合 Y 需要被转换成平均自由平方，即$(Y-\mu)^2$。这个平均自由平方轨迹的方差可以计算为

$$\begin{aligned}\mathrm{Var}(Y-\mu)^2 &= \frac{1}{n}\sum\left((y-\mu)^2-\frac{1}{n}\sum(y-\mu)^2\right)^2\\ &= \frac{1}{n}\sum((y-\mu)^2-\mathrm{CM}_2)^2\\ &= \frac{1}{n}\sum(y-\mu)^4-\frac{2}{n}\mathrm{CM}_2\sum(x-\mu)^2+\mathrm{CM}_2^2\\ &= \mathrm{CM}_4-\mathrm{CM}_2^2\end{aligned} \tag{6.22}$$

对于高阶分析（如 d 阶），需要对轨迹进行标准化，首先计算 $Z=\left(\frac{Y-\mu}{\sigma}\right)^d$，$Z$ 的方差计算式为

$$\begin{aligned}\mathrm{Var}[Z^2] &= \mathrm{SM}_{2d}-\mathrm{SM}_d^2\\ &= \frac{\mathrm{CM}_{2d}-\mathrm{CM}_d^2}{\mathrm{CM}_2^d}\end{aligned} \tag{6.23}$$

现在，通过这个公式可以估计一个任意阶侧信道分析的预处理侧信道轨迹的均值和方差，一旦有了它们，就可以非常容易地计算出 TVLA。这些增量单信道计算不仅有利于节省存储和计算时间，而且还可以用于片上 TVLA 的有效计算[16]。有关将 TVLA 应用于高阶侧信道分析的更详细分析读者可阅读文献[14]。

6.8 案例研究：专用电路

在前面的章节中，已经讨论了用于评估侧信道漏洞的不同度量，还强调了 TVLA 和 NICV 两个这样的度量是如何等价的，并且可以互换使用。本节将提供一个案例研究，在这个案例中，使用 TVLA 来评估侧信道安全加密实现的侧信道安全。我们的案例研究是以 Ishai、Sahai 和 Wagner 的开创性工作为基础[17]，他们提出了针对探针攻击的理论对策，这是 SCA 最强的形式。尽管所提出的对策[17]，在下面称为 ISW 方案或 t 专用电路，适合于探针攻击，但它可以用于防止功耗或电磁 SCA。探针攻击认为，一个强大的对手能够观察电路的一个或多个内部网络的精确值，包括含有敏感信息的网络。在 SCA 的情况下，攻击者不能观测到敏感信息（Keybits 或 Key-dependent net）的确切值，而是敏感值的线性或非线性变换，如汉明权重或汉明距离。因此，这种防止更强的探针攻击的对策也可以用来防止被动的侧信道攻击，如基于 EM 漏电的攻击。专用电路也构成了称为掩蔽的 SCA 的许多研究对策的基础[18]。特别是，Rivain 和 Prouff [18]提出了 AES 的 d 阶可证明的掩蔽方案。该掩蔽方案是通过优化用于软件实现的面向硬件的 t 专用电路来获得的。对

于一个能够在任意给定时刻观察电路的任意网络的对手来说，t 专用电路是安全的。t 专用电路的构造涉及电路的每个输入位的 $2t$ 个随机位。而且，对于电路中存在的每个 2 输入“与”门，它需要 $2t+1$ 个随机位。设计的总体复杂度为 $O(nt^2)$，其中 n 是电路中门的数量。

在文献[17]中提出的对策是基于可靠的理论证明，但有一些固有的假设，在实际情况下可能是无效的。在这个案例研究中，将尝试确定专用电路可能无法提供所需安全性的实际情况。也就是，我们并没有对专用电路的安全性提出任何要求，但是我们正在指出预期安全性可能受到损害的危险情况。为此，在 SASEBO-GII 板上使用专用电路方法实现了一个轻量级分组密码 SIMON[19]。当在纯粹的硬件设置中评估专用电路时，选择使用文献[17]中提出的原始 ISW 方案，以合理地反映出各种不同的方案。而且，文献[20]中的实现主要是针对 FPGA 目标提出的。但是，我们打算研究一般专用电路的安全性。分组密码的选择是基于紧凑的设计和使用与门（AND）和异或门（XOR）等基本门的简单构造。

在实际情况下，专用电路的侧信道安全的详细案例研究可以在文献[21]中找到。采用 EM 轨迹和相关功耗分析[22]对 SCA 进行分析。主要使用专用电路在 FPGA 上实现了 3 种不同的 SIMON 版本。

（1）优化的 SIMON。在这种情况下，SIMON 是根据 ISW 方案[17]实现的，但是设计工具可以自由地对电路进行优化。由于实现平台是具有 6 输入查找表（Lookup Table，LUT）的 Virtex-5 FPGA，设计工具（在本案例中使用赛灵思 ISE）将优化电路以减少设计的资源需求。这是一个懒散的工程方法的例子，设计者允许工具在设计上进行修改，而不需要考虑它可能对专用电路的安全性产生影响。

（2）基于 2 输入 LUT 的 SIMON。这里，为了模拟 FPGA 上的专用电路方法，限制了设计工具将每个双输入门映射到单个 LUT。换句话说，尽管 LUT 有 6 个输入，但它被建模为双输入门，门级优化被最小化。

（3）基于同步 2 输入 LUT 的 SIMON。这与以前的方法相似。唯一的区别是每个门或 LUT 前后都有触发器，这样门的每个输入都被同步，并且毛刺被最小化（如果不被抑制，参见文献[23]）。

下面展示在这 3 个版本之中，优化的 SIMON 可以使用 CPA 来分解，而基于 2 输入 LUT 的 SIMON 可以抵抗 CPA，但不能通过 TVLA 测试。最后，展示基于同步 2 输入 LUT 的 SIMON 不仅能抵抗 CPA，但能通过 TVLA 测试[24,25]。

可以将我们的研究基于 AES 或 PRESENT 等更受欢迎的密码学原理，但考虑到 FPGA，在使用约束 LOCK_PINS 和 KEEP 时不可能适合受保护的设计。实际上，必须从 SIMON64 / 96 切换到 SIMON32 / 64，以便能够适应 FPGA 上的所有设计。

本节通过对块密码 SIMON 执行 SCA 来进行专用电路的实际评估。从试验装置开始，然后分析各种私有电路实现所得到的结果。

为了执行 SCA，使用来自 Langer 的 HZ-15 套件的 EM 天线，将之放置在电源去耦电容上获取侧信道轨迹。在 54855 Infiniium Agilent 示波器上以 2GSample / s 的采样率捕获这些迹线。在下面的内容中，将讨论 SCA 在 t 专用电路实现 SIMON 的不同变体上的结果。

1. 优化 SIMON

在这种情况下，用 $t = 1$ 的专用电路方法来实现 SIMON。在这个阶段，FPGA 工具不受限制，如果可能的话，能够进行所有优化。我们收集了 100 000 个电磁轨迹，并与 CPA 一起进行了 TVLA 测试。在 SIMON 的每一位明文的第一轮输出都进行 TVLA 测试。基本上，根据循环输出的相关位的值（1 或 0）将轨迹分成 2 组。然后，计算 2 组的均值(μ_1,μ_2)和标准差(σ_1,σ_2)计算相应的 TVLA 值。结果如图 6.4（c）所示。

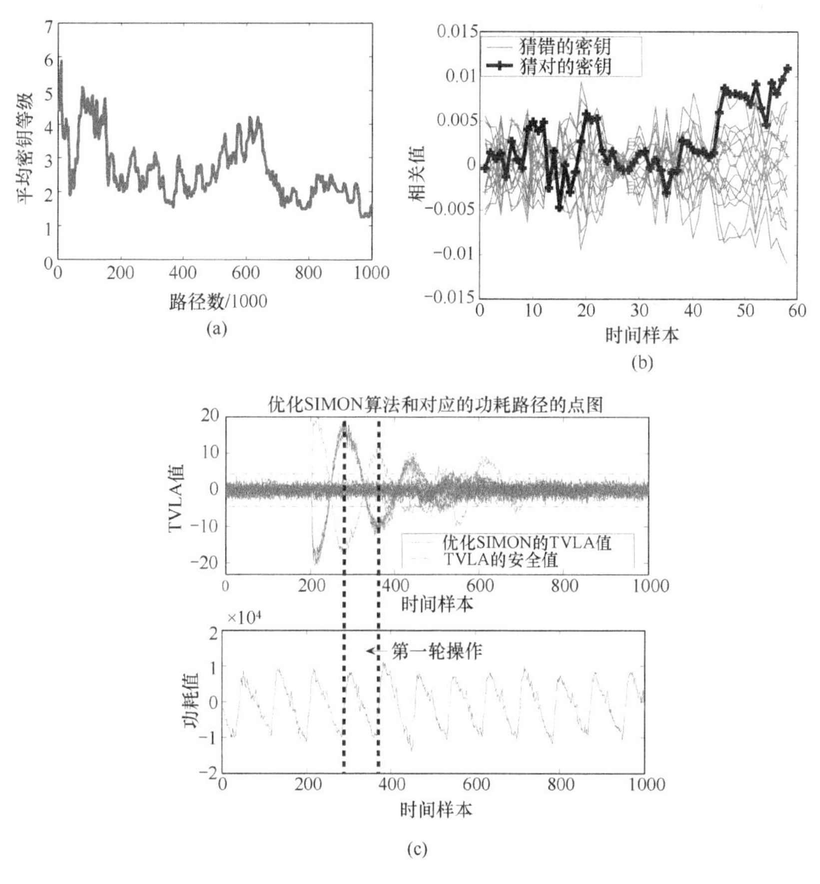

图 6.4 优化的 SIMON 的侧信道分析

（a）平均密钥等级；（b）密钥猜测的相关值；（c）TVLA。

图 6.4 中的前几个峰值是由于明文加载引起的，然而在此之后可以看出，对于某些位，TVLA 的值远大于 TVLA 的安全值，对于安全系统是±4.5 [24,25]。因此，SIMON 的这种实现虽然是由专用电路设计的，但却易受 SCA 的影响。漏洞是由于 CAD 工具的优化造成的。为了进一步验证我们的主张，在观察 TVLA 峰值扫描的采样点周围进行了 CPA。我们选择了汉明距离作为攻击模型，并且瞄准了第一轮 SIMON32 / 64。漏洞模型可以写为

$$L_{\mathrm{HD}} = w_{\mathrm{H}}(R(x_{i+1}, x_i) \oplus \mathrm{key}_i \oplus x_{i+1})$$

式中：x_{i+1} 和 x_i 为明文的一部分；i 为轮密钥；R 为轮回函数。

SIMON32/64 的第一轮操作涉及 16 位密钥，试图通过蚕食来恢复密钥。一般来说，密钥空间是 16；然而，由于 SIMON 在第一轮中对密钥没有非线性操作，对于每个密钥猜测，存在具有相反极性相同值的另一密钥候选。由于这种对称性，总的密钥空间从 16 个减少到 8 个。为了测量成功率，计算了 1000 个功耗线间隔内的所有半字节的平均密钥排序（或相当于可以计算猜测熵），相应的结果如图 6.4（a）所示。在 100000 条记录的末尾，已经能够恢复两个半字节的正确密钥，剩下的两个半字节，正确密钥的等级是 2，这清楚地显示了成功的攻击。

图 6.4（b）显示了不同密钥猜测的相关值。虽然正确的密钥和错误的密钥猜测之间的差距是临界的，但它与图 6.4（b）所示曲线是一致的，这提供了足够的证据来证明攻击成功。这种最接近的竞争距离的原因是没有包含专用电路随机化的汉明距离攻击模型。密钥排名曲线不是很平滑。理论上追加轨迹应该会降低密钥排名，但在实际情况下会出现逆向现象，因为它取决于所采集的轨迹质量。CPA 是一个统计分析，这个现象是统计假象。此外，平均密钥排名取决于所有 4 个半字节的组合进度。不过，由于 CAD 工具的优化，可以成功地从专用电路中获取秘密信息（图 6.5）。

2. 基于 2 输入 LUT 的 SIMON

在前面的讨论中，提供了 CAD 工具优化对私有电路的灾难性影响的试验验证。设计者可以使用各种属性和约束来禁用 CAD 工具的优化属性，因此可以更有效地模仿专用电路（当输入的 HDL 文件在结构上用 LUT 描述时）。在这个实现中，限制了 Xilinx ISE 工具，使用 KEEP 和 LOCK_PIN 属性将每个 LUT 当作 2 输入门。然后使用这个 2 输入 LUT 门设计 SIMON 32/64，以便 CAD 工具不能应用优化。对于这种实现也进行了类似的 SCA，相应的结果如图 6.6 所示。正如所看到的，TVLA 图仍然显示信息泄露发生，尽管与优化的 SIMON 观察到的信息泄露相比并不那么显著。平均密钥排名图（图 6.6（b））也显示出对 SCA 的抵抗力增强。但是，由于信息泄露仍然存在，如 TVLA 图所示，系统有可能被更好的模型攻击破坏。换句话说，不能完全确信实施的侧信道阻力。

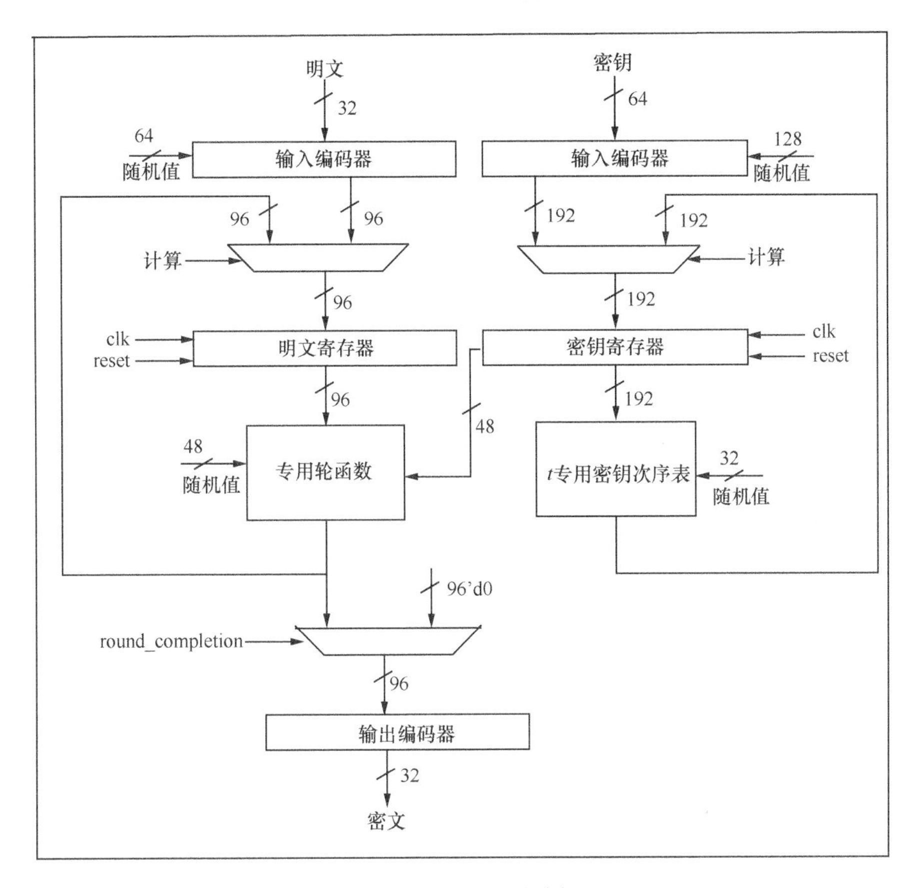

图 6.5　SIMON 的结构概述

3. 基于同步 2 输入 LUT 的 SIMON

在前面的讨论中，已经展示了如何通过 2 个基于 2 输入 LUT 的 SIMON 来抵抗侧信道攻击。然而，基于 2 输入 LUT 的 SIMON 的 TVLA 图仍然显示出一些信息泄露。下面就来解决这个问题。

在文献[21]中显示了随机变量的延迟如何破坏专用电路的安全。在我们的实现中，使用最大长度的线性反馈特位寄存器（Linear Feedback Shift Register，LFSR）生成随机变量，并且我们怀疑异步随机变量是信息泄露的原因。为了分析这一点，做了一个新的尝试，每个 2 输入 LUT 后面跟着一个触发器 1，这样如果随机变量有任何延迟或毛刺，它将在本地处理，而不会在电路中传播。对这个实现进行了类似的侧信道分析，结果如图 6.7 所示。在分析结果之前，想要说明的是，由于在每个 2 输入 LUT 之后存在触发器，所以与前两种实现相比，该实现具有更多的时钟周期要求。例如，在前面的两个实现中，第一轮操作在加密开始之后发生，而在该实现中，在加密开始之后的第 9 个时钟周期中获得第一轮输出。当在 SIMON 的第一轮输出中进行 TVLA 测试时，TVLA 峰值应该出现在获得第一轮输出的时钟周期附近。正如所看到的，在 TVLA（图 6.7（a））中，在加密开始附近有几个峰值表示明文加载，但在第一轮操作中没有高峰。

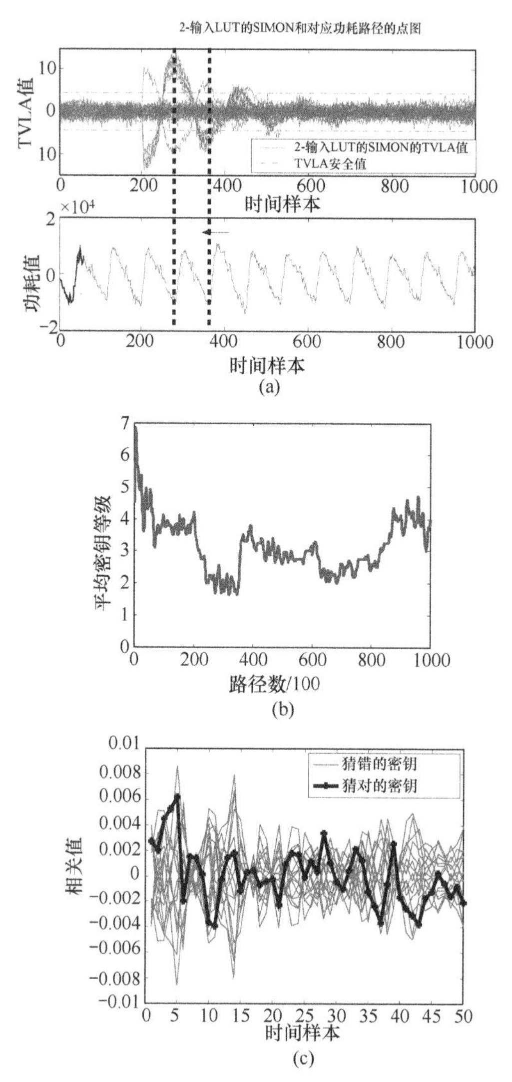

图 6.6　基于 2-输出 LUT 的 SIMON 电路的侧信道分析

（a）TVLA 图；（b）平均密钥排序；（c）密钥猜测的相关值。

但是，为了消除歧义，在第一轮操作和 TVLA 峰值都进行了 CPA。结果表明，在这两种情况下，侧信道攻击都不起作用，被攻击的实现可以被认为是对侧信道攻击安全。因此，在这种情况下，理论上安全的专用电路被转化为实际上安全的专用电路实现，分析如表 6.1 所列。

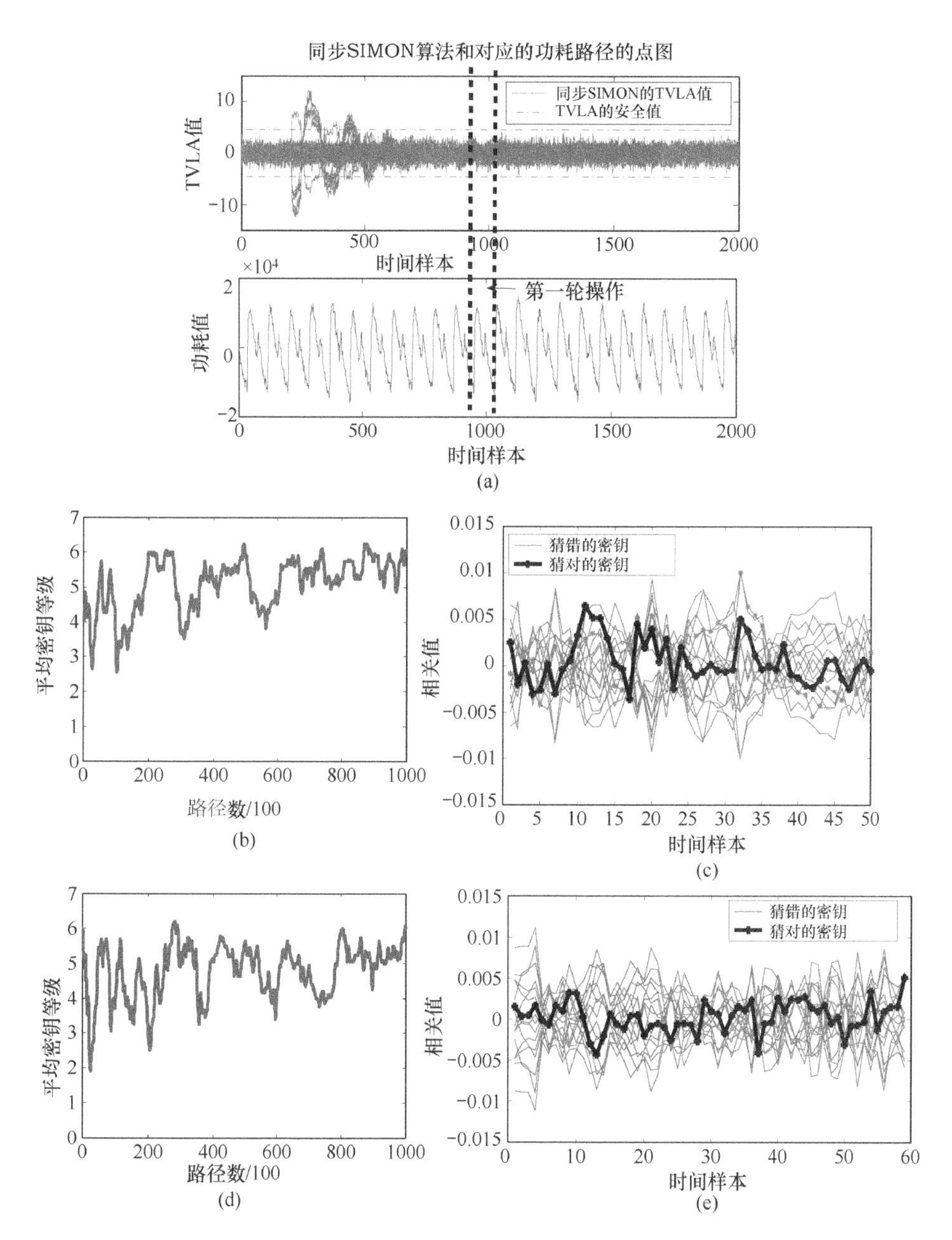

图 6.7 基于同步 2 输入 LUT 的 SIMON 电路的侧信道分析

（a）TVLA 图；（b）平均密钥排序（TVLA 峰值）；（c）TVLA 峰值的相关值；

（d）平均密钥排名（第一轮）；（e）第一轮的相关值。

表 6.1 侧信道分析摘要

设计名称	TVLA 测试	最大 TVLA 泄露	平均密钥评分	备注
优化的 SIMON	失败，大量信息泄露	18	密钥评分低，攻击成功	不安全
基于 2 输入 LUT 的 SIMON	失败，但是只有少量信息泄露	12	密钥评分高，攻击失败	HD 模型下对 CPA 攻击安全
基于同步 2 输入 LUT 的 SIMON	成功，第一轮无泄露	3.5	密钥评分高，攻击失败	安全

6.9 小　结

本章着重介绍了加密 IP 核的侧信道漏洞评估的基本概念。提出了 3 种不同的度量，即猜测熵、NICV 和 TVLA。对于每个度量标准，首先描述了基本的数学背景，然后是实例研究；还强调了 TVLA 和 NICV 两个不同的指标是如何相互关联的，以及如何修改 TVLA 公式来解决更高阶的侧信道分析。本书还提出了一个深入研究流行的侧信道对抗专用电路的方法，分析了使用 TVLA 的专用电路的 3 种不同实现策略的侧信道安全性。

致谢：我们要感谢 TelecomParistech 公司的 Sylvain Guilley 教授在侧信道上提出的宝贵意见，这大大改进了本章内容。

参考文献

1. P. Kocher, J. Jaffe, B. Jun, Differential power analysis, in *Annual International Cryptology Conference* (Springer, Berlin, 1999), pp. 388–397
2. Common Criteria consortium, Application of Attack Potential to Smartcards — v2.7, March (2009)
3. NIST FIPS (Federal Information Processing Standards) publication 140–3, Security requirements for cryptographic modules (Draft, Revised). 09/11 (2009), p. 63
4. F.-X. Standaert, T.G. Malkin, M. Yung, A unified framework for the analysis of side-channel key recovery attacks, in *Annual International Conference on the Theory and Applications of Cryptographic Techniques* (Springer, Berlin, 2009), pp. 443–461
5. S. Mangard, E. Oswald, F.-X. Standaert, One for all; all for one: unifying standard differential power analysis attacks. IET Inf. Secur. **5**(2), 100–110 (2011)
6. S. Bhasin, J.-L. Danger, S. Guilley, Z. Najm, Side-channel leakage and trace compression using normalized inter-class variance, in *Proceedings of the Third Workshop on Hardware and Architectural Support for Security and Privacy* (ACM, New York, 2014), p. 7
7. B.J.G. Goodwill, J. Jaffe, P. Rohatgi, et al, A testing methodology for side-channel resistance validation. NIST Non-invasive Attack Testing Workshop (2011)
8. E. Prouff, M. Rivain, R. Bevan, Statistical analysis of second order differential power analysis. IEEE Trans. Comput. **58**(6), 799–811 (2009)
9. C. Whitnall, E. Oswald, F.-X. Standaert, The myth of generic DPA and the magic of learning,

in *Cryptographers Track at the RSA Conference* (Springer, Berlin, 2014), pp. 183–205
10. M. Renauld, F.-X. Standaert, N. Veyrat-Charvillon, D. Kamel, D. Flandre, A formal study of power variability issues and side-channel attacks for nanoscale devices, in *Annual International Conference on the Theory and Applications of Cryptographic Techniques* (Springer, Berlin, 2011), pp. 109–128
11. S. Chari, J.R Rao, P. Rohatgi, Template attacks. In *International Workshop on Cryptographic Hardware and Embedded Systems* (Springer, Berlin, 2002), pp. 13–28
12. B. Gierlichs, K. Lemke-Rust, C. Paar, Templates vs. stochastic methods, in *International Workshop on Cryptographic Hardware and Embedded Systems* (Springer, Berlin, 2006), pp. 15–29
13. J. Doget, E. Prouff, M. Rivain, F.-X. Standaert, Univariate side channel attacks and leakage modeling. J. Cryptogr. Eng. **1**(2), 123–144 (2011)
14. T. Schneider, A. Moradi, Leakage assessment methodology. in *International Workshop on Cryptographic Hardware and Embedded Systems* (Springer, Berlin, 2015), pp. 495–513
15. A.A. Ding, C. Chen, T. Eisenbarth, Simpler, faster, and more robust t-test based leakage detection, 2016
16. S. Sonar, D.B. Roy, R.S. Chakraborty, D. Mukhopadhyay. Side-channel watchdog: run-time evaluation of side-channel vulnerability in FPGA-based crypto-systems. IACR Cryptology ePrint Archive, 2016:182 (2016)
17. Y. Ishai, A. Sahai, D. Wagner, Private circuits: securing hardware against probing attacks, in *In Proceedings of CRYPTO 2003* (Springer, Berlin, 2003). pp. 463–481
18. M. Rivain, E. Prouff, Provably secure higher-order masking of AES. in *12th International Workshop Cryptographic Hardware and Embedded Systems, CHES 2010*, ed. by S. Mangard, F.-X. Standaert , Santa Barbara, CA, Aug 17–20, 2010. Proceedings. Lecture Notes in Computer Science, vol. 6225 (Springer, Berlin, 2010), pp. 413–427
19. R. Beaulieu, D. Shors, J. Smith, S. Treatman-Clark, B. Weeks, L. Wingers, The SIMON and SPECK families of lightweight block ciphers. Cryptology ePrint Archive, Report 2013/404 (2013)
20. J. Park, A. Tyagi, *t*-Private logic synthesis on FPGAs. in *2012 IEEE International Symposium on Hardware-Oriented Security and Trust (HOST)*, pp. 63–68, June 2012
21. D.B. Roy, S. Bhasin, S. Guilley, J. Danger, D. Mukhopadhyay, From theory to practice of private circuit: a cautionary note, in *33rd IEEE International Conference on Computer Design, ICCD 2015*, pp. 296–303. New York City, NY, Oct 18–21, 2015. [21]
22. É. Brier, C. Clavier, F. Olivier, Correlation power analysis with a leakage model, in *Cryptographic Hardware and Embedded Systems*. Lecture Notes in Computer Science, vol. 3156 (Springer, Berlin, 2004), pp. 16–29, Aug 11–13, Cambridge, MA
23. A. Moradi, Oliver Mischke. Glitch-free implementation of masking in modern FPGAs, in *HOST* (IEEE Computer Society, New York, 2012), pp. 89–95, June 2–3 2012. Moscone Center, San Francisco, CA. doi:10.1109/HST.2012.6224326
24. G. Goodwill, B. Jun, J. Jaffe, P. Rohatgi, A testing methodology for side-channel resistance validation. NIST Non-Invasive Attack Testing Workshop, Sept 2011
25. J. Cooper, G. Goodwill, J. Jaffe, G. Kenworthy, P. Rohatgi. Test vector leakage assessment (TVLA) methodology in practice, in *International Cryptographic Module Conference*, Holiday Inn Gaithersburg, MD, Sept 24–26, 2013

第三部分

有 效 对 策

第7章 基于防伪、加密和混淆的硬件安全加固方法

7.1 概 述

在目前的全球商业模式下，集成电路（Integrated Circuit，IC）供应链通常涉及多个国家和公司，而这些国家和公司使用不同的监管规则。尽管降低了制造、组装和测试的成本，但是全球化的 IC 供应链导致了严重的安全问题。知识产权（Intellectual Property，IP）盗版、IC 过度构建、逆向工程、物理攻击、假冒芯片和硬件木马被视为维护 IC 完整性和可信的关键安全威胁[6,7,14,24,27,29-32,38,45,47,48,63]。这些威胁可能会导致企业损失利润，并危害国家安全[1]。硬件假冒和 IP 盗版每年在国防和军事相关芯片上给美国经济造成的损失超过 2000 亿美元[33]。日益增长的硬件 IP 核盗版和逆向工程攻击对传统的芯片设计和制造提出了巨大的挑战[24,29,32,47-48,50]。因此，迫切需要制定应对这些攻击的对策。

IP 核盗版是指非法的或未经授权的 IP 核使用。攻击者可以从寄存器传输级（Register-Transfer-Level，RTL）（“软核”），直接在硬件中实现的门级设计（“固核”）或 GDSII 设计数据库（“硬核”）中窃取有价值的硬件 IP 核，并将这些窃取的 IP 核作为真正的 IP 核销售[10]。SoC 设计中的硬件 IP 重用是芯片行业的普遍做法，因为它可以大大缩短设计时间并降低成本[8]。IP 核盗版攻击可能发生在 IC 供应链的各个阶段。如图 7.1 所示，在设计、综合和验证阶段，潜在的 IP 盗版攻击者可能是设计者、第三方 IP（Third-Party IP，3PIP）供应商和 SoC 集成商。在制造阶段，不受信任的代工厂可能会过度构建 IP 内核，并以其他品牌出售它们以获利。

IC 的逆向工程是识别电路结构、设计和功能的过程[43]。逆向工程包括产品拆解、系统级分析、工艺分析和电路提取[53]。使用逆向工程可以识别设备技术[29]、提取门级网表[53]及推断芯片功能[24]。已经开发了多种技术和工具来促进逆向工程[15,37,53]。传统上，根据美国半导体芯片保护法案，用于教学、分析和评估掩模工作中的逆向工程技术是合法的[25]。同时，逆向工程是一把双刃剑，人们可以使用逆向工程技术来盗版集成电路；攻击者也可以根据目标在供应链的各个层面完成逆向工程攻击。

本章的重点是审查硬件加固技术，以抵御 IP 核盗版和逆向工程攻击。更具体

地说，专门针对伪装、逻辑加密、混淆等主动对策研究。7.2 节总结了本章中使用的不同术语。最新的硬件设计强化方法在 7.3 节中进行了介绍。7.4 节提出了一种基于动态偏转的设计混淆方法。此外，在 7.5 节中介绍三维 IC 的设计混淆。最后，7.6 节总结了本章内容。

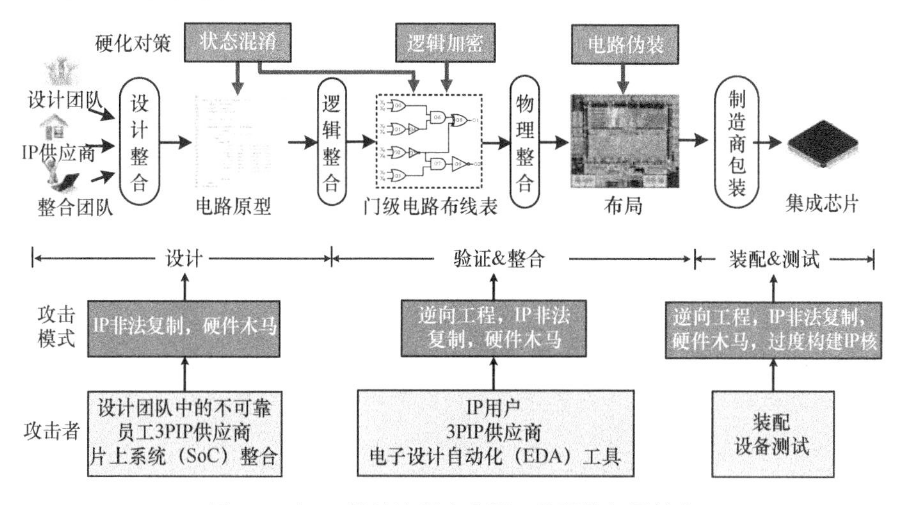

图 7.1　在 IC 设计流程中应用 3 种硬件加固技术

7.2 术　　语

在开始引入不同层次的硬件加固对策之前，首先定义本章其余部分要使用的术语。由于在这个领域发表的文献中相似的概念存在不同的表述，因此将硬件强化方法分为 3 类。

（1）伪装（Camouflaging）。伪装是在布局层面掩盖设计原有表现的一种方式。这是针对基于图像分析的逆向工程攻击的一种对策。

（2）逻辑加密（Logic Encryption）。逻辑锁定、逻辑混淆和逻辑加密是 3 个紧密的概念，用于抵制组合逻辑电路的盗版和逆向工程攻击。逻辑锁定/混淆/加密的主要原理是将密钥控制逻辑门插入原始逻辑网表，以使修改的网表在没有正确的密钥的情况下不能正常工作。此后，使用逻辑加密来引用这个类别。理想情况下，密钥控制逻辑门与原始逻辑门混合，只有对策设计师才能区分保护逻辑门和原始逻辑门。

（3）状态混淆（State Obfuscation）。通常使用混淆来模糊时序电路。类似于逻辑加密，密钥序列控制正确的状态转换。状态混淆通常保留原始状态转换，并在上电状态之前添加几个密钥认证状态。从理论上讲，如果攻击者用暴力方法找到密钥，IP 核盗版或逆向工程攻击的成功率是非常低的。

7.3 目前技术

本节总结了可抵御逆向工程和IP核盗版攻击的三大类硬件加固方法。

7.3.1 伪装

电路伪装是一种在逻辑单元的物理布局中进行细微的改变，以混淆其实际的逻辑功能的技术[18-19,43]。电路伪装的主要目的是通过对电路进行伪装来对抗逆向工程师利用扫描电子显微镜（Scanning Electron Microscopy，SEM）图片恢复原始芯片设计。例如，从SEM图像分析，伪装的逻辑单元以2输入“与非”门形式出现。然而，这个逻辑单元实际上是一个2输入的“或非”门。这种误导可以通过金属接触的微妙变化来实现。如图7.2所示，金属1（M1）和电介质之间的接触完全连接在左侧单元中，但在右侧单元中的薄层接触材料之后断开。M1（和多晶硅）用于掩蔽门的俯视图是相同的。该工作[19]表明，传统的和伪装的2输入“与门”具有相同的SEM图像，如图7.3所示。因此，如果攻击者依靠SEM图像分析，很容易提取到错误的网表。并且，由于网表提取错误，攻击者无法精确地修改网表来插入硬件木马。

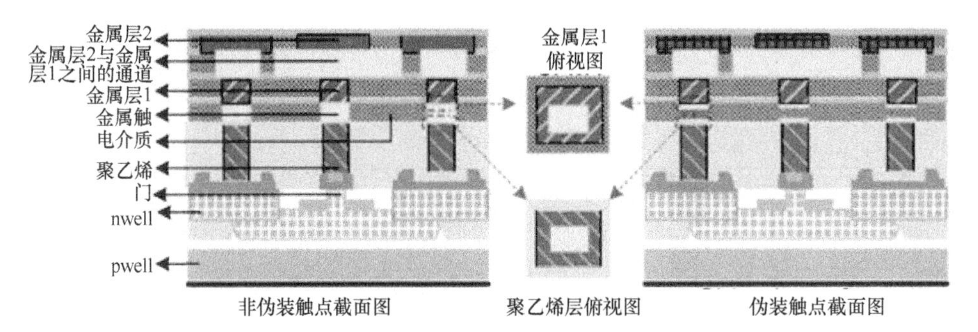

图7.2 非伪装触点（左）和伪装触点（右）的截面图[43]

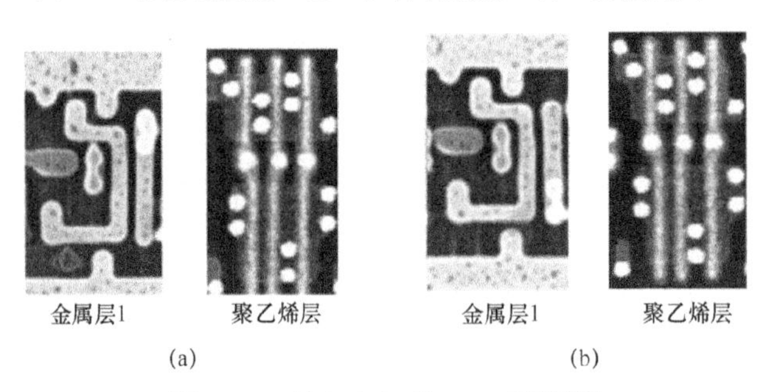

图7.3 2输入与门的SEM图像[19]

（a）常规；（b）迷彩。

伪装的一般原则是使连接的节点看上去是孤立的或使孤立的节点看上去是连接起来的。在实际应用中，可以使用强大的定制单元伪装库[16-17,19]或通用伪装单元布局[43]来部分伪装电路。在伪装库[19]中，每个掩模层的每个单元看起来都是相同的，以防止自动布局识别[16,17]。然而，使每个单元在尺寸和与其他单元的间隔方面相同将限制区域优化以改善单元性能。通用伪装单元[43]可以执行异或门、与非门或者或非门的功能，取决于在单元布局中是使用真触点还是伪触点。Rajendran 等[44]分析随机选择节点的隐蔽性。他们的工作表明，如果攻击者利用电路输出和 SEM 图像，伪装电路的逆向工程仍然可以揭示逻辑功能。Rajendran 等[43]进一步提出了一个聪明的伪装算法，以增加逆向工程的难度。伪装的标准单元也可以应用于每个逻辑门[19]。如上所述，为了伪装单元，设计不同的逻辑门，使每个单元具有与其相邻单元相同的大小和间隔。但这违背了晶体管大小优化延迟的原则。因此，尽管对逆向工程和盗版攻击的抵抗力增加了，但完全伪装整个芯片将牺牲系统性能。为了解决这个限制，Cocchi 等[17]提出了从每个逻辑门布局派生的基本块伪装库，并且可以在制造过程之后进行编程。

除了伪装外，逻辑单元、金属、活性层和器件层中的触点都可以用伪装的智能填充来填充，这会消耗处理层中的所有硅片面积[19]。图 7.4 显示了使用伪装智能填充之前和之后的示例。因此没有硬件木马插入的空间。与此同时，智能填充还为攻击者增加了一个任务，需要在真正的连接跟踪与虚拟连接之间进行区分，然后才能在一个逻辑单元内识别真正的联系。

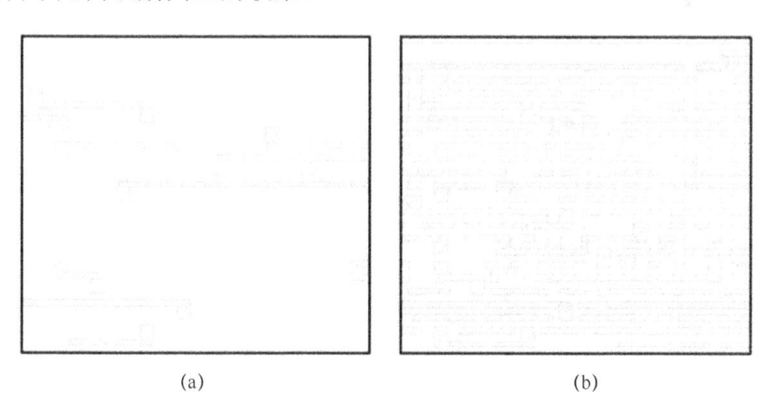

(a) (b)

图 7.4 使用伪装智能填充进行布局前和之后[19]

7.3.2 逻辑加密

逻辑加密方法将额外的逻辑门插入原始的逻辑网表，其中附加的逻辑门由密钥控制。不正确的密钥会导致网表与原始网表相比不匹配，并产生与原始网表不同的功能输出。早期的工作[48]介绍了图 7.5 所示的逻辑加密的概念。其中，物理不可克隆函数（Physical Unclonable Function，PUF）电路产生一个特有的激励信号，而用户密钥存储在防篡改存储器中。从 RSA [49]解密单元中得出用于解锁加密设计模块的正确设计者密钥，其中用户密钥和 PUF 响应分别用作密文和密码密钥。

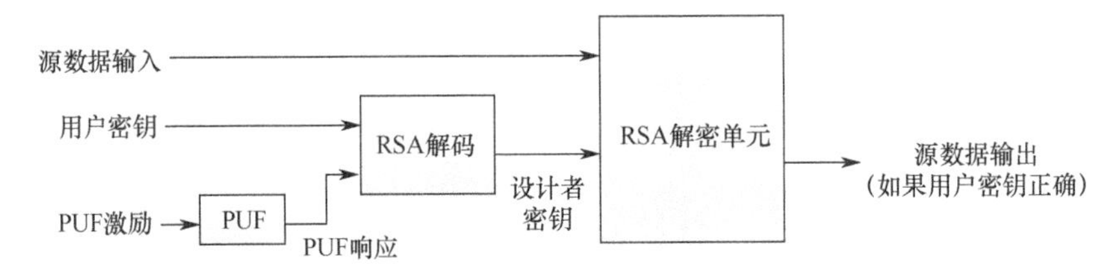

图 7.5　逻辑加密结构的例子

由于 RSA 解密单元[49]在其 ASIC 实现中占用 10000 个门[48]，研究人员建议使用轻量逻辑加密单元（如异或/同或[40,51]）来代替 RSA。另外，多路复用器（MUX）[39,46,56]也可以用来加密逻辑。图 7.6 显示了简化逻辑加密的例子。在基于异或的加密[40-41,46,48,51,60]中，不正确的密钥位可能会翻转主输出。在基于 MUX 的加密[39,46,56]中，添加了一个任意的内部网络作为密钥门的输入。如果没有正确的密钥，则密钥门可能会选择任意内部网络用于主输出计算。

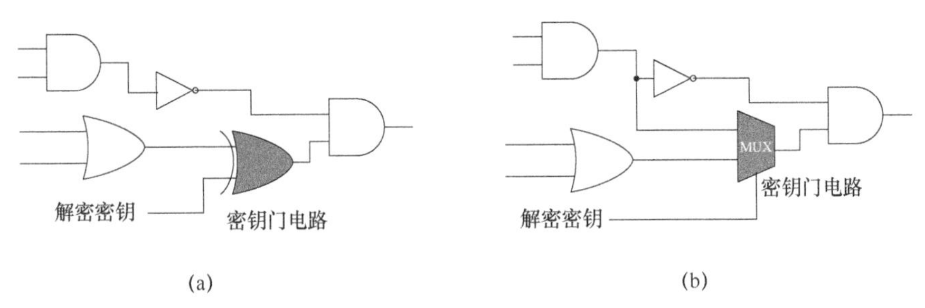

图 7.6　基于（a）XOR 和（b）MUX 密钥门的轻量级逻辑加密的例子
（固定门是密钥门，非固定门属于原始网表）

1. 针对逻辑加密的攻击

尽管组合逻辑可以通过上面提到的逻辑加密方法加以强化，但还是有几种特定的攻击可以通过减少暴力破解尝试密钥的次数来应对这种类型的策略。现有的攻击模式假设攻击者拥有一个锁定的逻辑网表，并且他有来自公开市场的被激活的芯片（作为黑盒）的副本，或者能够以给定的测试模式来测量正确的芯片输出。

文献[41]展示了一种敏感攻击，它会产生导致密钥泄露的输入模式，然后将这些密钥传递给具有这些输入模式的主要输出。Lee 和 Touba [35]提出对具有最少密钥位的逻辑锥执行暴力攻击；在检索到密钥向量的子集之后，迭代地对其他逻辑锥继续相同的攻击，直至找到所有的密钥位。Subramanyan 等[52]提出了一个更强的可满足性检查攻击，可以通过故障分析攻击来破解加密电路[41,46,61]。SAT 攻击是基于这样一个原理：无论使用什么样的输入模式，使用正确密钥的加密网表都应该产生与激活芯片相同的输出。SAT 攻击不是搜索正确的密钥，而是寻找等效类的成员，为所有输入模式生成正确的输出。SAT 攻击迭代地搜索会导致使用错误的密钥与解锁的网表输出之间产生不一致的输入识别（Distinguishing Inputs，DIP）。当没有更多的 DIP 可以被找到时，就得到了等价类的密钥。在爬山攻击[39]中，随机翻转密钥位以检查具有新密钥的网表的输出是否与解锁网表的输出相匹配，输出不一致会逐位显示正确的密钥。

2. 逻辑加密算法

逻辑加密的最初协议是 EPIC[48]，其中异或/同或门随机布置在电路中。故障分析技术和工具[34]被用来执行更强的逻辑加密[41,46]，通过该算法，在应用有效密钥和错误密钥之后，输出之间的汉明距离最大接近 50%。与门和或门也可以用来加密设计[23]。在异或/同或门锁定方案中，密钥门是反相器或缓冲器。不正确的密钥会将密钥门变成反相器。具有正确密钥的密钥门用作缓冲器或延迟单元。Baumgarten 等[5]没有选择插入异或/同或门，而是建议将整个 IP 核划分为固定的和可配置的部分。可配置部分用于实现密钥控制查询表（Lookup Table，LUT）。不可信的代工厂能够观察到固定电路部分的几何形状，但是没有可配置部分的清晰图像。这是因为可配置电路部分的几何结构是由通用存储器布局组成的，在芯片制造之后由 IP 核创建者编程。在文献[36]中也讨论了使用可配置逻辑的加密，其中逻辑类型可以在制造之后被改变。

借助最先进的 SAT 求解器，SAT 攻击能够在几个小时内破坏大多数加密逻辑。利用 AES 模块来保护密钥输入，从而增加求解 SAT 公式[61]的时间。为了降低 AES 的硬件成本，在文献[58]中提出了一个为无效（有效）密钥输出 0（1）的轻量级 Anti-SAT 单元，以减轻对逻辑加密的 SAT 攻击。同时，文献[62]将密钥加扰和逻辑屏蔽技术与早期的逻辑加密工作[41]相结合。

7.3.3 状态混淆

状态混淆是时序电路保护的一个对策。混淆的主要目的是防止攻击者获得清晰的状态转换图。远程激活方案[2]是利用混淆的概念来解决 IP 核盗版的早期方法之一。连续状态转换由 PUF 唯一生成的密钥授予。这种方法使现有状态之一增加了 2 倍；只有 3 种状态中一个用正确密钥保护的状态才可以进一步驱动状态转换。研究者将此方法称为 DUP。文献[48]中的盗版感知 IC 设计流程利用片上真随机数发生器和公钥密码引擎丰富了 RTL 描述。在文献[32]中，作者进一步扩展了他们的工作，其中增加了一个从正常状态转换到非正常状态的通道，以防止状态恢复正常运行。文献[10]针对 IP 核保护提出了一种基于混淆网表的硬件防护（HARdware

Protection through Obfuscation Of Netlist，HARPOON）的 SoC 设计方法。该方法的主要原理是在有限状态机（Finite State Machine，FSM）进入正常模式之前添加密钥控制混淆模式。从理论上讲，如果没有正确的密钥序列，攻击者就无法达到正常模式。这种方法不能基于以下假设来保护正常模式状态：密钥的搜索空间太大，攻击者无法达到真正的上电状态。此类混淆概念在文献[11]扩展到了寄存器传输级别。将 RTL 硬件描述转换为控制和数据流图，然后添加虚拟状态以使用启用的密钥序列对设计进行混淆。在门级混淆工作[9]中，FSM 在混淆模式下的输出也翻转了几个选定的逻辑节点。研究者的后续工作[13]增加了混淆模式的不可达状态的数量，以阻止硬件木马插入。

文献[20]建议使用混淆来阻止硬件篡改。与文献[10]中使用外部密钥序列不同的是，这项工作使用内部生成的代码字（Code-Word 类似于密钥序列）来锁定设计，该设计基于特定的状态转换路径。这种方法针对的是文献[10,11,13]中的密钥泄露问题。虽然不正确的密钥会导致 FSM 暂时偏离正确的转换路径，但正常状态转换将在一个或多个状态转换后恢复。

以前的基于密钥的混淆工作[2,9,11,12,41]提供了一个强大的防线，在没有正确密钥的情况下防止在制作的芯片上进行逆向工程攻击。这个防线是有效的，因为可能的组合密钥的数量对于蛮力破解而言过于庞大，这导致攻击者难以选中正确的密钥。由于设计公司的 IP 核在 SoC 集成中非常流行，因此 IP 核供应商应该意识到高级攻击者可能使用电子设计自动化 EDA 工具来分析网表并获取代码覆盖率、网络切换活动和热活动等信息以加速逆向工程的过程。因此，在 EDA 工具可能揭示混淆细节的假设下，重新评估以前的混淆方法是非常必要的。

7.4 基于状态偏移的动态混淆方法

本节提出了一种新的状态混淆方法[21]，充分考虑了通过 EDA 工具进行的逆向工程攻击的影响。

7.4.1 DSD 混淆概述

如图 7.7（b）所示，文献[21]中的动态状态偏转（Dynamic State-Deflection，DSD）方法用黑洞状态簇 B_x 保护每个正常状态 ST_x。如果在 FSM 上应用了错误的密钥 KS，则正常状态将偏转到它自己的黑洞群集。一旦进入黑洞集群，FSM 不会回到正常状态。每个黑洞簇由多个状态组成（图 7.7（b）中只显示了 3 个），而不是单个状态。这是因为每个黑洞状态映射到一个唯一的不正确的密钥（为了节省硬件成本，多个不正确的密钥可以共享一个黑洞状态）。由于无法预测攻击者会使用哪些不正确的密钥，因此建议使用 Mapfunc 函数将一个黑洞状态动态分配给不正确的密钥。黑洞群内的状态不会保持不变。相反，它不断切换到其他黑洞状态。7.4.2 小节和 7.4.3 小节提供了黑洞状态创建和动态转换的更多细节。

考虑到门级网表没有提供使用状态和未使用状态的清晰图像，因此使用状态翻转向量 FlipBit 来选择性地使用图 7.7（a）所示的电路反转状态位。由于固有的反馈环路，FSM 状态位将在没有预定转换规范的情况下随时间自然切换。状态转换图上的修改可以用马尔可夫链转换矩阵来描述，该矩阵表示状态转换到另一状态的概率。使用 S_0，…，S_{i-1} 来表示认证/混淆/黑洞集群的状态，并用 S_i，…，S_n 来表示正常的操作状态。混淆方法的马尔可夫链矩阵如图 7.7（c）所示。非零值 $g_{i(n-1)}$ 表示从混淆模式到正常操作模式的单一转换路径。矩阵中的非零子矩阵 $\boldsymbol{H}$（由 h_{ij} 组成）意味着该方法为每个正常状态创建一个进入黑洞状态的通道。

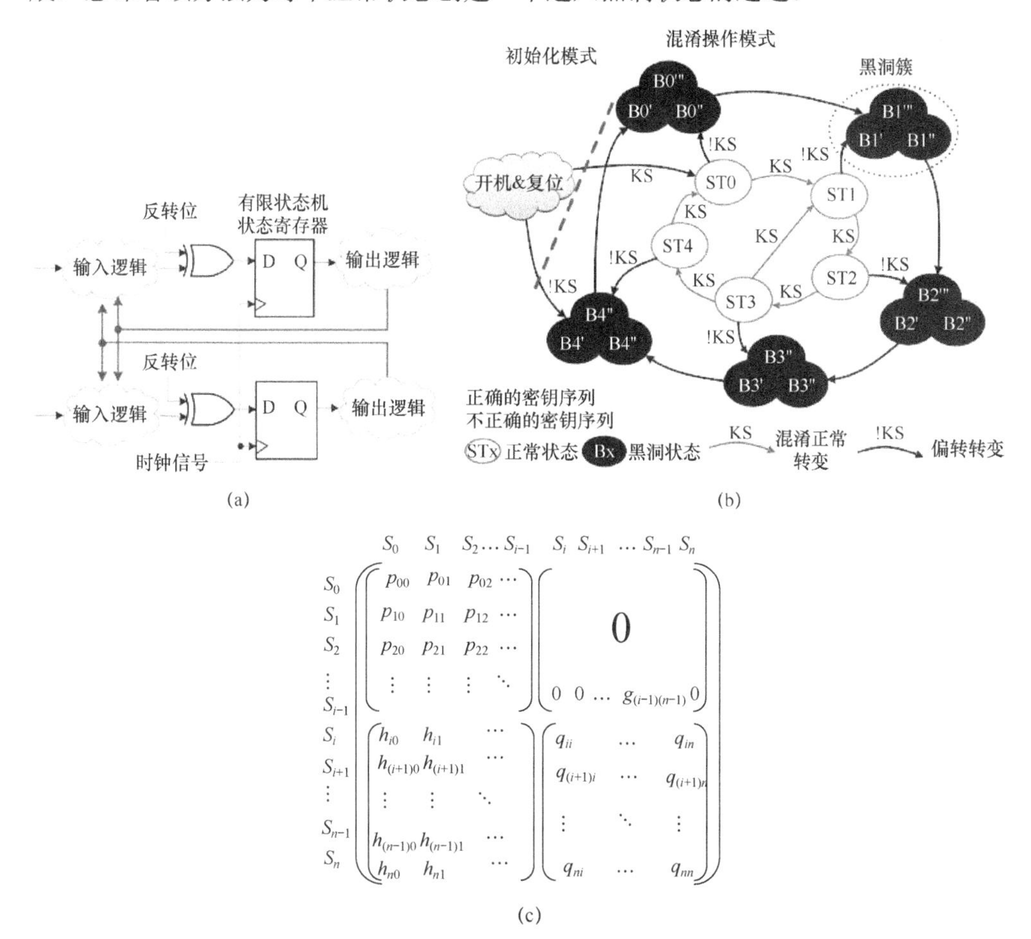

$$
\begin{array}{c|cccc|cccc}
 & S_0 & S_1 & S_2\cdots & S_{i-1} & S_i & S_{i+1} & \cdots S_{n-1} & S_n \\
S_0 & p_{00} & p_{01} & p_{02} & \cdots & & & & \\
S_1 & p_{10} & p_{11} & p_{12} & \cdots & & 0 & & \\
S_2 & p_{20} & p_{21} & p_{22} & \cdots & & & & \\
\vdots & \vdots & \vdots & \vdots & \ddots & & & & \\
S_{i-1} & & & & & 0 & 0\ \cdots & g_{(i-1)(n-1)} & 0 \\
S_i & h_{i0} & h_{i1} & & \cdots & q_{ii} & \cdots & & q_{in} \\
S_{i+1} & h_{(i+1)0} & h_{(i+1)1} & & \cdots & q_{(i+1)i} & \cdots & & q_{(i+1)n} \\
\vdots & \vdots & \vdots & \ddots & & \vdots & \ddots & & \vdots \\
S_{n-1} & h_{(n-1)0} & h_{(n-1)1} & & \cdots & & & & \\
S_n & h_{n0} & h_{n1} & & \cdots & q_{ni} & \cdots & & q_{nn}
\end{array}
$$

(c)

图 7.7　提出了网表混淆的动态状态偏转方法

（a）状态转换图；（b）此方法的电路示例；（c）由马尔可夫链矩阵表示的提出的状态转换路径。

其他方法的转换矩阵如图 7.8 所示。根据图 7.8（a），DUP 方法[2]显著增加了一个自我转移概率（如 p_{ii}），并减少了同一行上的其他概率。没有任何转换路径严格地被密钥序列阻挡。如果攻击者进行了足够多的模拟，他/她将观察到高概率的 p_{ii}。从理论上讲，当状态长时间保持相同值时，重写状态寄存器可能是一种有效的篡改技术。图 7.8（b）所示的 HARPOON [10]转换矩阵的两个零子矩阵阻碍了混淆状态和功能模式中除了复位状态之外的真实功能状态之间的转换（因此 $q_{(i-1)i}$ 是单一非零概率）。$\boldsymbol{P}$（元素 p_{ij}）和 $\boldsymbol{Q}$（元素 q_{ij}）矩阵严格限制在其自己的子矩阵中。如果攻击者覆写原始状态，则可以绕过密钥混淆步骤。图 7.8（c）所示的矩阵是基于代码字的混淆方法[20]，其中混淆状态是多个特定状态，因此允许 FSM 稍后返回到正常状态。

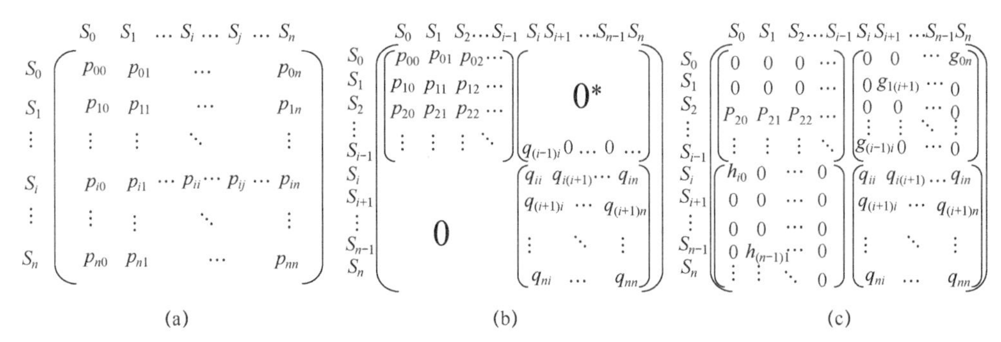

图 7.8　转换马尔可夫链矩阵

（a）DUP [2]；（b）HARPOON [10]；（c）Code-Word [20]。

可以看出，此方法是 HARPOON 和 DUP 的扩展版本。主要区别在于此方法的 $\boldsymbol{H}$ 矩阵不是零矩阵，这意味着如果使用不正确的密钥或者检测到篡改，则正常状态将转换到混淆状态。直观地说，即使攻击者使 FSM 以正常状态之一启动，此方法也可以保护 FSM。这是因为 FSM 在下一个状态转换之前可能由于密钥认证而离开正常模式。由此产生的结果是逆向工程的工作量比上述的其他任何方法都大很多。

7.4.2　门级混淆黑洞状态的创建

在 RTL 混淆方法中，将虚拟状态添加到混淆模式（即混淆机制提供者）的团队需要清楚地知道①在正常操作模式中使用了什么状态；②确切的信号驱动状态转换。因此，混淆机制提供者被假定为对原始设计有足够的了解。本小节的方法目标是消除这个假设。建议在不事先了解使用状态和触发状态转换信号的情况下混淆门级网表。因为本节所述的方法可以从原始设计中设计混淆过程，所以一般认为门级混淆比 RTL 混淆更具吸引力和灵活性。

假设混淆提供者能够通过读取门级网表知道表示状态二进制位的寄存器的数

目。因为可以从网表的组合逻辑门中区分触发器设备，所以认为这种假设合理。使用下面的步骤形成图 7.7（b）所示的黑洞状态[21]。首先，新 FSM 中的每个状态（如 S3、S2、S1、S0、B3、B2、B1、B0）由所有原始状态位（S3、S2、S1、S0）和几个新添加的触发器位（B3、B2、B1、B0）组成。当应用正确的密钥顺序时，新增加的触发器（B3、B2、B1、B0）被设置为零，因此新状态与状态扩展之前的 FSM 状态保持一致。这种安排保证了如果密钥是正确的，新添加的触发器不会改变原来的功能。如果（B3、B2、B1、B0）由于一个无效密钥而变为非零状态，那么可以肯定新的状态（S3、S2、S1、S0、B3、B2、B1、B0）属于群集中的黑洞状态之一。正确的密钥可以在网表中硬连接或保存在防篡改的存储器中。前者在一定程度上不如后者安全（但硬件效率更高）。需要注意的是，为新状态添加更多的触发器不仅增加了硬件篡改的难度，而且还导致了更大的硬件成本。

7.4.3 黑洞群中的动态转换

为了提高逆向工程的难度，可以通过在黑洞状态集群内创建动态转换来进一步强化 FSM。不同于现有的工作[2,10,13]，黑洞状态之间的转换不是静态或预定义的。图 7.9 显示了状态转换的一个例子。如果使用错误的密钥序列（Key Sequence，KS），则将新的状态位预置为非零向量（如 4'b0001），并且不管原始状态位在原始设计中被定义为什么，它们都保持原状态。在循环 0 之后，新添加的状态位由 Rotatefunc 算法修改，该算法改变向量 B3、B2、B1、B0 到一个新的非零向量。每个错误的密钥序列将具有在 Rotatefunc 算法中定义的唯一模式。在图 7.9 所示的例子中，Rotatefunc 是一个循环左移函数。与黑洞状态位切换过程并行的是，Mapfunc 算法将原始状态位从正确的状态中转换出来。Mapfunc 算法将新添加的状态位作为输入来确定如何修改原始状态位的内容。例如，当 B3、B2、B1、B0 为 4'b0001，S3 原始状态位反转。需要注意的是，该方法有选择地反转状态位，而不是将原始状态位设置为固定向量。因此，黑洞状态在设计时间内是不确定的。它取决于使用哪个错误的密钥以及 Mapfunc 算法中指定的相应映射语句。如图 7.9 所示，新添加的状态位中的 4'b0010 的向量导致反转原来状态的 S2 和 S0 位。

7.4.4 试验结果

1. 试验设置

为了评估逆向工程攻击的能力，将 3 种可表示的模糊处理方法（DUP[2]、ISO[12]和 HARPOON[10]）和本节所提出的方法应用于 ISCAS'89 基准电路的通用门级网表（http://www.pld.ttu.ee/~maksim/benchmarks/iscas89/verilog/）。混淆的 Verilog 代码是在 Synopsys Design Vision 中用 TSMC 65 nm CMOS 技术综合的。TetraMax

生成综合网表的测试平台。Verilog 仿真在 Cadence NClaunch 中进行，代码覆盖率分析使用 Cadence ICCR 工具进行。

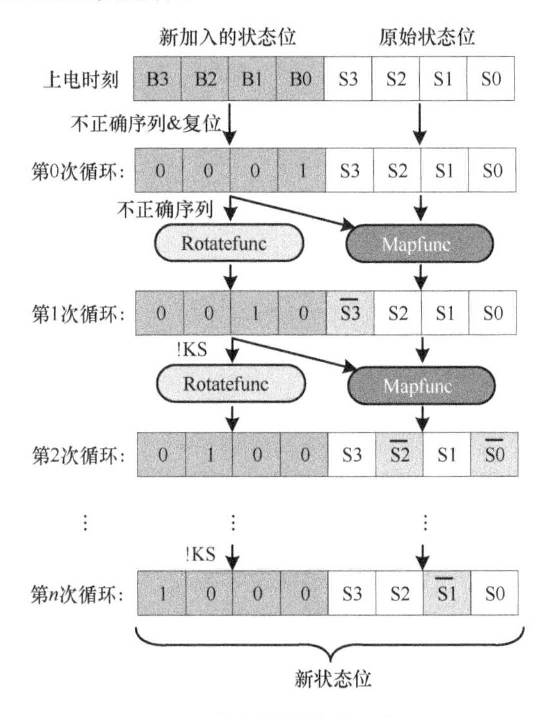

图 7.9　状态转换修改的流程

2. 针对电路切换活动分析攻击的强化能力

状态混淆的目标是阻止逆向工程师恢复用于正常操作模式的电路。在现有工作中，研究人员在攻击者可以利用 EDA 工具恢复原始电路的情况下，还没有广泛讨论不同方法的硬件加固效率。在这项工作中，通过研究使用不同混淆方法加固电路的切换活动和代码覆盖来填补这个空白。

1）互补网络切换活动

在现有的方法中，使用无效密钥将导致 FSM 在指定的混淆模式下陷入混淆状态或内部循环。因此，受保护的大部分真正的电路将不会切换。如果攻击者比较使用不同密钥的情况下的网络切换活动，则他可以对未切换的网络进行分类，并识别出这些网络可能是真正的操作电路。因此，研究者希望设计一种混淆方式不会导致在使用正确密钥和错误密钥的场景之间产生互补的网络切换行为。

图 7.10（a）显示了使用 DUP 混淆方法保护的 S298 电路的网络触发活动。可以看出，如果应用了不正确的密钥序列，则由于阻塞的状态转换，来自 DUP 网表的大多数网络不会切换；相反，如果使用正确的密钥序列，那些未切换的网络确实

会切换。因此，具有/不具有正确密钥序列情况下的网络切换活动几乎是互补的。如图 7.10（b）和图 7.10（c）所示，由于混淆模式的转换，来自 ISO 和 HARPOON 网表的切换网络的数量多于 DUP 网表的数量。然而，大量的网络与具有正确的密钥序列的混淆网表存在补充切换活动。所提出的混淆方法检查每个状态转换中的密钥序列并将状态偏转到黑洞状态。在本节的方法中，当不正确的密钥应用于 FSM 时，FSM 不会保持在小的内部循环中。相反，FSM 随着时间在黑洞状态簇内进一步变化，并触发其他状态寄存器和输出端口开始切换。因此，如图 7.10（d）所示，本节的方法在使用/不使用正确密钥的情况下获得几乎相同的网络切换活动。需要注意的是，由于 TetraMax 生成的测试平台没有达到 100%的测试覆盖率，因此设计模块中的某些逻辑输出不会针对错误和正确的密钥情况进行切换。

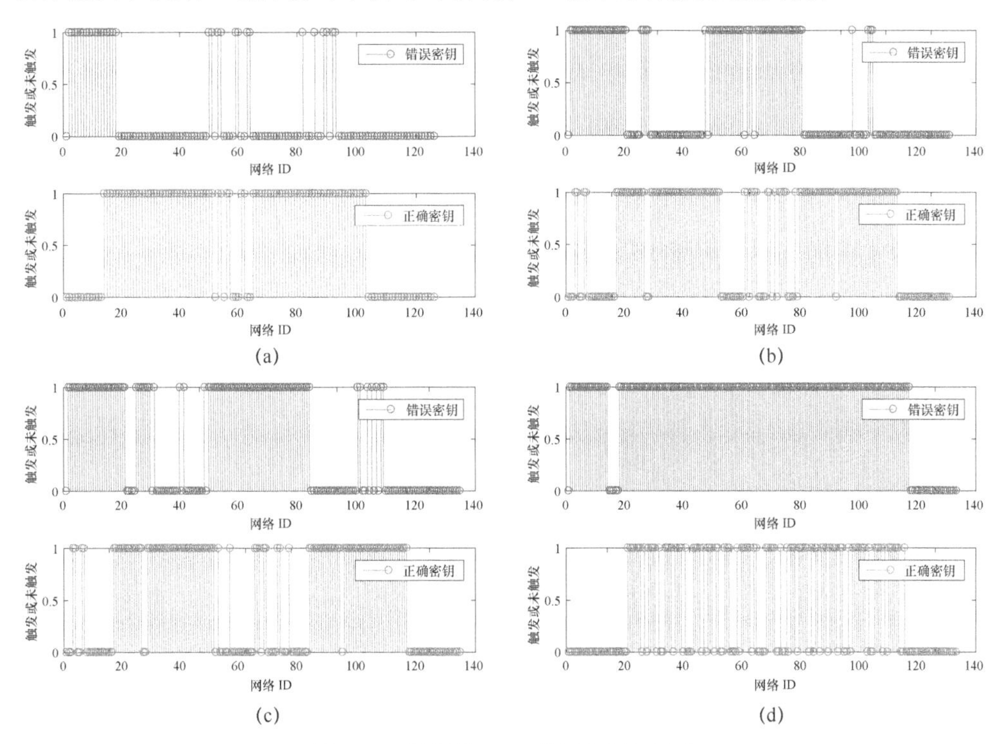

图 7.10 混淆的 S298 的网络切换活动

（a）DUP；（b）ISO；（c）HARPOON；（d）提出的方法。

为了比较不同方法所达到的混淆效率，式（7.1）中定义了比较度量，表示正确和不正确的密钥的网络切换活动的互补程度，即

$$P_{\text{complement}} = \frac{N_{\text{different\_toggled\_nets}}}{N_{\text{total\_nets\_in\_netlist}}} \tag{7.1}$$

较低的互补程度意味着通过代码分析将获得较少的信息。如图 7.11 所示，所

提出方法在其他方法中产生最低的互补百分比。基于在给定基准电路上进行的试验，该方法比 DUP、ISO 和 HARPOON 方法分别降低了高达 77%、85%和 90%的互补百分比。

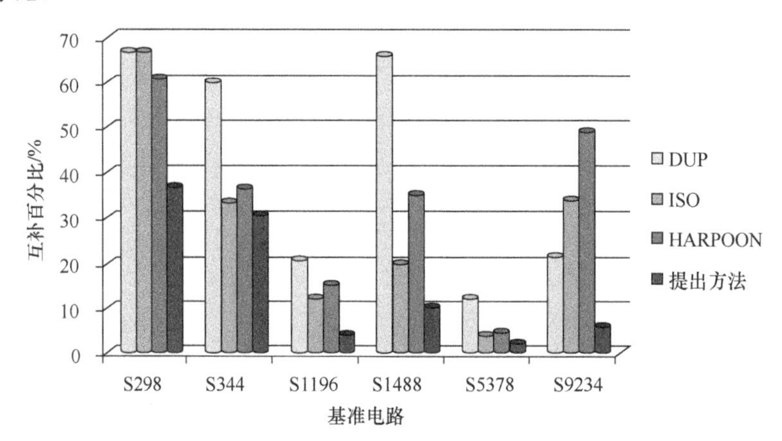

图 7.11　不同基准电路的不正确和正确的关键情况下的净触发活动的互补百分比

2）代码覆盖率

使用代码覆盖率作为另一个度量来比较不同混淆方法的加固程度。如果密钥序列不正确的混淆网表获得更高的代码覆盖率，则等同地表明混淆方法将产生较低的网络切换补偿百分比。本节的方法将虚拟状态与原始状态紧密结合，以便攻击者不能通过使用 Cadence ICCR 等工具进行代码覆盖分析来确定虚拟状态。由于受攻击的网表是门级网表，因此只能测量触发覆盖率。分支和 FSM 覆盖在代码覆盖率分析工具中不符合条件。在方法[12]中，错误的密钥序列会导致 FSM 最终进入隔离模式，从而 FSM 将冻结，代码覆盖将受到限制。同样的推理适用于方法[10]。黑洞状态的使用将锁定芯片操作。但是，如果攻击者在代码分析工具中运行软 IP 核或第三方公司硬 IP 核，则未切换的语句将显示与黑洞状态有关的信息。如图 7.12 所示，所提出方法相比于其他方法总是达到最高的代码覆盖率。由于本节的方法始终保持状态转换，如果应用了错误的密钥序列，本节提出方法将现有方法的代码覆盖率提高了近 56%。其他的方法，要么进入错误状态，要么进入一个小的内部混淆状态，因此代码覆盖率较低。代码覆盖率证明，与其他混淆方法相比，所提出方法利用不正确的密钥显示的信息更少。

3. 混淆模式中唯一的状态寄存器模式的数量

在之前的工作[10,11,13]中，如果应用了不正确的密钥序列，则状态寄存器保持不变或者在不同模式的循环内切换。这两种情况都将有助于攻击者在混淆模式下识别状态。然后，攻击者可以添加新的逻辑来覆写状态寄存器，从而跳过混淆状态转换的活锁。相反，所提出方法利用 Mapfunc 函数来“伪随机地”改变状态寄存器的值。即使攻击者可能知道 Mapfunc 函数在混淆模式中被应用，但他们并不知道正在使用的 Mapfunc 的确切信息，这将导致其难以执行一个将寄存器覆写到特定值的攻击。如图 7.13 所示，与其他方法相比，本节提出方法生成最多的唯一状态模式。平均而言，所提出的方法在 DUP、ISO 和 HARPOON 上分别产生 81、75 和 75 个唯一的混淆状态模式。这一观察证实，本节提出方法不仅混淆了状态转换，而且还能够抵抗寄存器模式分析，从而阻止通过重写状态寄存器的攻击。

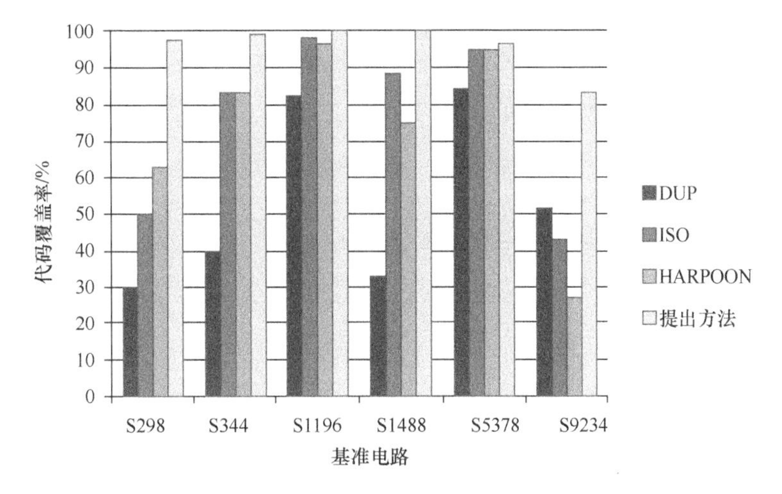

图 7.12　不正确的关键方案的代码覆盖率

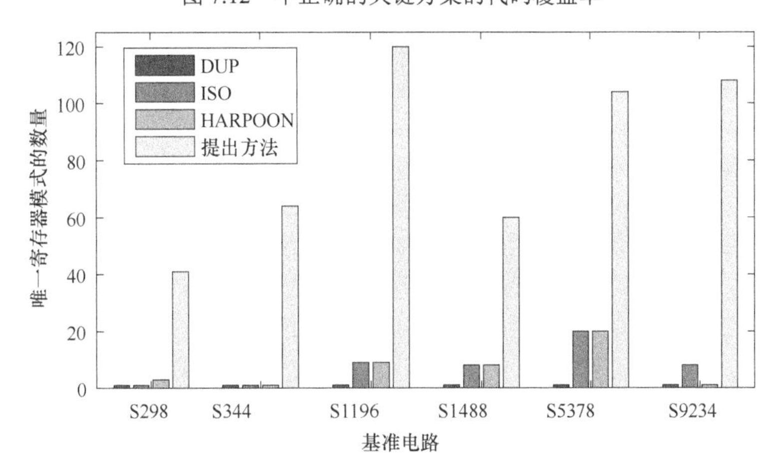

图 7.13　不同基准电路中唯一寄存器模式的数量

4. 面积和功耗开销

表 7.1 比较了不同混淆方法的基准电路的芯片面积成本。所有方法都使用相同的 12 位密钥。由于所提出方法使用简单的逻辑进行状态偏转和动态黑洞状态转换，因此

比 ISO 和 HARPOON 减少了 12%的面积开销。与 DUP 相比，所提出的方法虽然会消耗更多的面积，但提供了更好的 IP 核加固性能，正如在本小节前面所讨论的那样。

表 7.1 采用 65nm 技术的面积成本 （单位：μm^2）

基准	DUP	ISO	HARPOON	提出方法
S298	283.32	392.04	403.92	345.96
S344	316.08	432.72	445.32	386.64
S1196	737.28	861.12	873.72	825.12
S1488	657.72	826.56	939.16	779.36
S5378	2599.55	3282.48	3298.68	2892.6
S9234	3080.16	2826.72	2840.76	2395.8

表 7.2 比较了不同方法间的功耗。设置所有方法的时钟周期为 1ns。由于所提出方法在每个状态转换周期中检查密钥序列并偏移 FSM 状态，因此平均分别比 ISO 和 HARPOON 多消耗 9.5%和 7.8%的功耗。同样，DUP 比所提出方法低 19%，但是 DUP 方法与所提出方法相比混淆程度不足。

表 7.2 65nm 技术的总功耗 （单位：mW）

基准	DUP	ISO	HARPOON	提出方法
S298	0.1135	0.1565	0.1597	0.1851
S344	0.1268	0.1704	0.1748	0.1865
S1196	0.1883	0.2341	0.2374	0.2299
S1488	0.063	0.1116	0.1140	0.1139
S5378	1.6886	1.4693	1.4736	1.7650
S9234	1.6713	1.2287	1.2384	1.3355

7.4.5 讨论

基于密钥的设计混淆方法已经变得很有吸引力，可以抵抗反向工程和 IP 盗版攻击。现有的 RTL 混淆方法要求事先知道所有使用和未使用的状态，并且对正常操作状态缺乏保护。为了解决上述限制，本节提出了一个门级网表的动态状态偏转方法。本节对代码覆盖率和网络切换活动的分析表明，所提出方法在攻击者利用混淆网表及进行状态寄存器重写攻击的条件下泄露了最少的信息。仿真结果表明，如果应用了不正确的密钥序列，所提出方法比现有方法实现高达 56%的代码覆盖率。因此，针对利用蛮力攻击和 EDA 代码分析功能来恢复原始设计的攻击者，所提出方法提供了一个更好的硬件加固解决方案。由于动态偏转特性，如果使用不正确的密钥，所提出方法平均产生比 HARPOON 方法多 75 个独特的状态寄存器模式，代价是功耗增加 7.8%。

7.5 三维IC的混淆

本节将回顾如何利用三维结构来解决二维IC中的安全威胁以及使用三维IC的潜在风险。接下来，本节介绍将混淆概念扩展到三维IC的方法[22]。

7.5.1 利用三维增强安全性

在过去的20年中，三维集成已经引起了人们的广泛关注，以开发各种计算平台，如高性能处理器、低功耗SoC以及FPGA等可重构平台。现有的大部分工作都利用独特的三维特性来增强二维IC的安全性，而不是在独立的三维IC内部研究硬件安全性[4]。正如领先的三维制造代工厂[3]所指出的那样，三维IC的堆叠过程隐藏了电路设计的细节，因此阻止了逆向工程攻击。其次，三维IC促进分割制造，其中整个IC分布在多个管芯/平面中。因此，由于每个平面的不完整性，功能块的设计细节并未被揭示。

现有的三维分割制造方法分为两个主要类别。第一类，正如Valamehr等[54,55]所研究的那样。整个设计分为两层，一层平面专用于主计算平面，另一层平面是可选控制平面，应该由可信代工厂提供。该控制平面用于监视计算平面内的可能恶意行为，并在必要时覆写恶意信号。由Imeson等[28]研究的第二类方法，依赖于互连一个可信的芯片来混淆整个三维电路。因此，不可信层中的电路不能被逆向设计，因为互连关系是未知的。类似的研究已经开展，以进一步提高分割制造所达到的混乱程度[42,57,59]。以这些研究为例，现有方法主要依赖于可信平面的存在。尽管有效地增强了安全性，但这些现有技术并没有研究三维IC固有的潜在安全弱点。

7.5.2 垂直通信的可信度

三维IC内部的一个重大的安全弱点是垂直通信的可靠性。在一个以不同供应商的裸片组成的异构三维堆栈中，任意一个裸片可以尝试提取秘密信息，如加密密钥、认证码或某些IP核特性。因此，三维堆栈中的裸片不仅要受到外部攻击（如传统二维IC中的情况），而且还要防止来自同一三维堆栈内附近裸片的攻击。而且，由于每个裸片的认证级别不同，整个三维IC的安全性依赖于最弱的裸片。一旦攻击者成功地访问该裸片，整个三维IC（包括具有强认证级别的裸片）可能会受到威胁。需要注意的是，由于高带宽的芯片间垂直通信，攻击者拥有更多接入点来危及安全性，从而产生二维IC中不存在的额外安全威胁。

另一个潜在的弱点是来自不可信三维集成代工厂的连接信息泄露。依赖于分离制造的现有方法，通常假定现有的垂直通信本质上是安全的。不幸的是，这个假设并不总是如此。例如，制造垂直互连的代工厂可能会泄露这种连接信息，导致设计的混淆程度比分离制造所假设的要弱。

7.5.3 建议的三维IC混淆方法

文献[22]中提出了三维 IC 的新对策，这与分离制造方法有本质区别。在现有的制造方法中，裸片和垂直连接中的一个必须由可信代工厂制造。如果没有这个假设，拆分制造不能确保三维 SoC 与不同厂商的裸片的可靠性。据预测，在不久的将来，商业化的裸片，而不是定制的裸片，将在垂直维度整合用以开发三维 IC。由于商用裸片的 I/O 定义和某些规范是公开的，所以攻击者可以逆向设计三维 SoC，特别是如果三维 IC 的每个裸片可以使用剥离技术从堆叠中分离出来的话。

1. 建议的三维混淆方法概述

为了消除三维 IC 对至少一个可信代工厂的需求，文献[22]提出一个安全的跨平面通信网络。该方法基于在两个商业裸片之间插入基于片上网络（Network-on-Chip，NoC）的屏蔽平面来阻止垂直维度上的逆向工程攻击。如图 7.14 所示，所提出的 NoC 屏蔽平面（NoC Shielding Plane，NoC-SIP）混淆了相邻裸片之间的通信。与分离制造相比，此方法在开发更安全的三维 IC 时具有更高的灵活性和可扩展性。这一特性是由于 NoC 与以总线为中心的通信网络相比具有更高程度的模块化和可扩展性。分离 IC 函数的特定算法不适用于大规模系统。此外，由于分离制造产生的附加线缆提升导致更多数量的硅通孔（Through-Silicon-Vias，TSV），从而导致更大的面积开销和 TSV 电容（以及因此的功耗）。

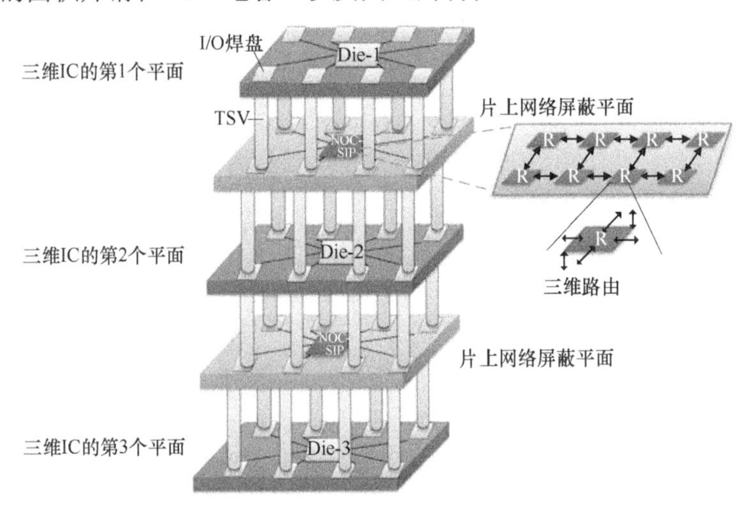

图 7.14 对三维 IC 安全性提出对策的概念表示

提议的 NoC-SIP 的本质是在两个承载商业裸片平面之间提供一个混淆的通信

渠道。所提出的方法使逆向工程三维 IC 系统显得更具挑战性。如果建议的防护层足够强大，那么三维系统就可以更灵活地使用低端芯片，而不会牺牲整个系统的安全保证。假定每个商用芯片都有一个常规的 I/O 焊盘（底板）图，这些 I/O 焊盘通过一个规则的节点阵列连接到设计的 NoC-SIP，如图 7.14 所示。因此，裸片的特定 I/O 连接信息隐藏在三维代工厂。因此，近距离攻击[42]不太可能有助于揭示分离裸片的设计细节。

图 7.15 描述了该方法的一个例子。如果没有提出的 NoC-SIP 芯片，平面 2 中的节点 *A* 将直接用 TSV 连接到平面 1 中的节点 *B*。如果一个攻击者有能力对剥离的平面 1 和平面 2 进行逆向工程，三维 IC 将会受到威胁；或者 NoC-SIP 平面在信号真正到达节点 *B* 上的 TSV-B 之前将来自节点 *A* 上的 TSV-A 的信号重定向到若干路由跳跃。因此，从节点 *A* 到节点 *B* 的直接连接被移除。由于以下 3 个原因，所提出的 NoC-SIP 增强了安全性：①即使对手成功地将平面 1 和平面 2 分开，垂直连接的 SEM 照片也不会给逆向工程师揭示任何有用的信息用以完整的系统设计；②插入的 NoC-SIP 有助于使用二维安全对策来解决三维安全威胁；③NoC-SIP 的内在可扩展性克服了现有分离式制造算法中有限的灵活性和可扩展性问题。

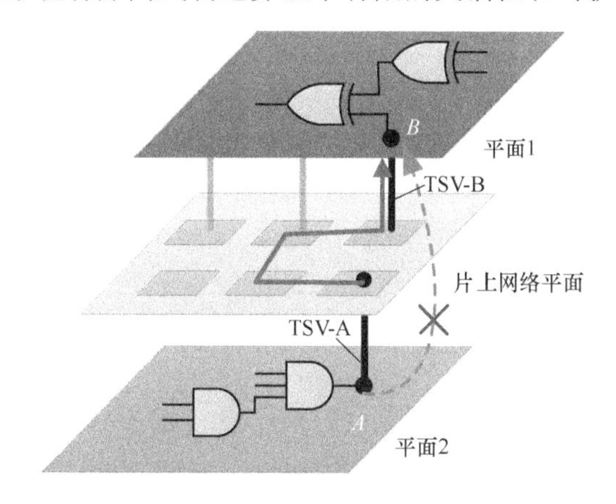

图 7.15　通过 NOC-SIP 进行垂直通信的一个例子

2. 建议的三维路由模块设计

本节提出的三维路由模块如图 7.16 所示。单面端口（the Single Plane Port，SPP）PT_{North}，PT_{East}，PT_{South} 和 PT_{West} 执行 NOC-SIP 内的通信功能。两个跨面端口（CPP）PT_{UP} 和 PT_{DOWN} 负责跨平面通信。相比之下，典型的二维路由模块有 5 对输入和输出端口。图 7.17（a）显示了二维路由模块的一个输入端口和一个输出端口的示意图。相比于传统的二维 NoC 中的路由模块，本节所提出的 NoC-SIP 中的三维路由模块有所不同。如图 7.17（b）所示，三维路由模块的输入和输出端口的逻辑比二维路由模块的逻辑简单得多，只需要单深度的输入和输出 FIFO 列队，不需要 FIFO 控制器；路由计算单元替换为简单的路由路径请求单元（内部不计算）；完成路由仲裁的仲裁器也更简单。在二维路由模块的 5 个端口中，一个端口与网络接口（Network Interface，NI）连接以到达处理元件（如微处理器或存储器核心）。但是，在 NoC-SIP 中没有处理元件连接到三维路由模块的任何端口。在二维 NoC 的 NI 中执行的打包功能是垂直路由模块功能的一部分。

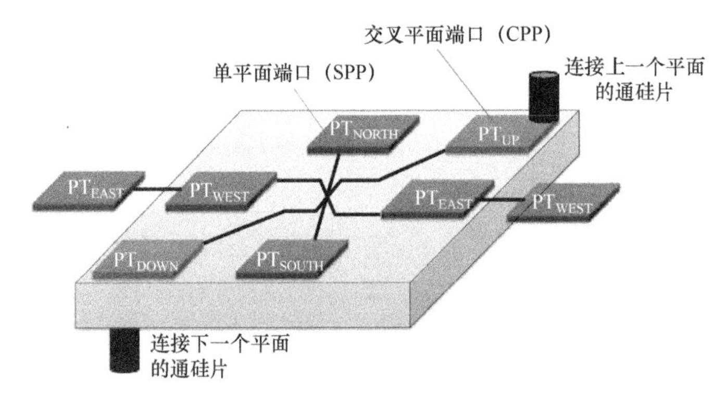

图 7.16　建议的三维路由器体系结构

在三维路由模块中，跨平面端口 PT_{UP} 和 PT_{DOWN} 用于其他平面的垂直连接。这两个端口的主要功能包括：①将来自/去往另一个平面的比特流打包/去封装；②为每个数据分组分配源路由路径；③如果之前的数据包没有可用的带宽就对比特流进行缓冲。

如图 7.17（c）所示，来自平面 1 的 k 位数据在打包之前被存储在缓冲器中。离开跨面端口的数据包的格式是以标题信息开始的，然后是详细的路由跳转，并以真实数据结束。这个跨平台端口的独特之处体现在三维芯片设计者通过一次性只读存储器（Read-Only Memory，ROM）编程设备提供的路由模块标识符（在制造后可编程）和源路由表。由于路由模块标识符和路由表在制造后初始化，因此在设计阶段将恶意硬件放置在 NoC-SIP 中不能保证系统受损。同样，三维路由模块设计的结构对逆向工程师没有帮助，因为路由模块标识符和源路由表在部署之前是未知的。一旦路由模块 ID 或源路由表发生变化，攻击所探测的秘密信息就不会有用。

源路由为有意将硬件木马插入 NoC-SIP 的对手引入了不可预测性。由于没有事先准备用于路由路径的计算单元，攻击者不能在不知道路由模块标识符分配的情况下成功执行有意义的攻击。源路由的另一个优点是手动平衡平面 1 和平面 2 上对 I/O 焊盘之间传输的延迟不同，如图 7.14 所示。为了防止基于延迟的侧信道攻击，三维路由模块中的源路由设计进一步促进了动态路由，这改变了 NoC-SIP 内的源端口和目的端口之间通信的等待时间。

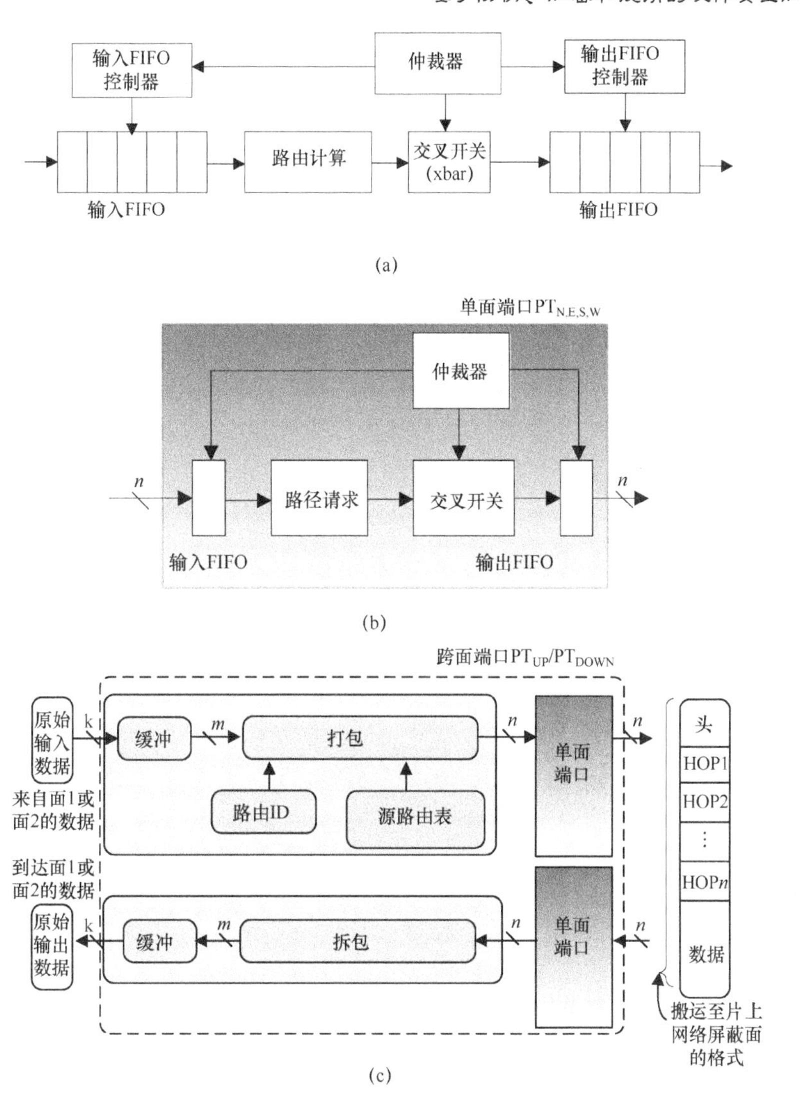

图 7.17 （a）三维路由模块中的一对输入和输出端口；（b）三维路由模块中的单面端口；（c）三维路由模块中的跨面端口。

3. 三维混淆方法的评估

本节在 Verilog HDL 中实现了所提议的 NoC-SIP，并采用 65nm TSMC 技术在 Synopsys Design Compiler 中综合了 HDL 代码。来自平面（NoC-SIP 除外）的原始数据的宽度设置为 5 位，并且 NoC-SIP 的分组宽度是 32 位。输入和输出 FIFO 是 32 位单深度缓冲区。*XY* 路由算法应用于二维 NoC 设计。循环仲裁用于二维 NoC 和 NoC-SIP。用于二维网格 NoC 的 NI 是兼容 OCP-IP[26]。所使用的 NoC-SIP 的硬件成本相当于两个典型的 4×4 网络的 NoC。

使用 NoC-SIP 的路由模块切换活动作为评估通过逆向工程识别垂直连接的难度的度量。比较 3 种跨平面通信方法，即直接 TSV、带有 *XY* 路由的 NoC-SIP 以及带有源路由的 NoC-SIP。直接 TSV 是指在三维 IC 集成过程中来自不同芯片的 I/O 焊盘静态连接的情况。具有 *XY* 和源路由的 NoC-SIP 分别使用 *XY* 分组路由和动态源路由来代表所提出的防护层。

首先，从两个平面随机选择一对 I/O 焊盘进行垂直通信。每个三维路由模块的切换转换次数以 5000 个节点周期记录。如图 7.18（a）所示，直接连接到两个 I/O 焊盘的 TSV 的活动表明，TSV 节点 4 和节点 9 用于跨平面通信。需要注意的是，颜色条表示 5000 个周期中的节点转换的数量，并且具有 *XY* 路由的 NoC-SIP 的路由模块活动图（图 7.18（b））表明在跨平面通信中使用了路由模块 4、8、9、10、11 和 12。然而，逆向工程师无法知道路由模块中的哪两个 TSV 实际用于跨平面通信。如图 7.18（c）所示，源路由的使用进一步将涉及的路由模块的数量增加到了 10，从而增加了混淆的程度。

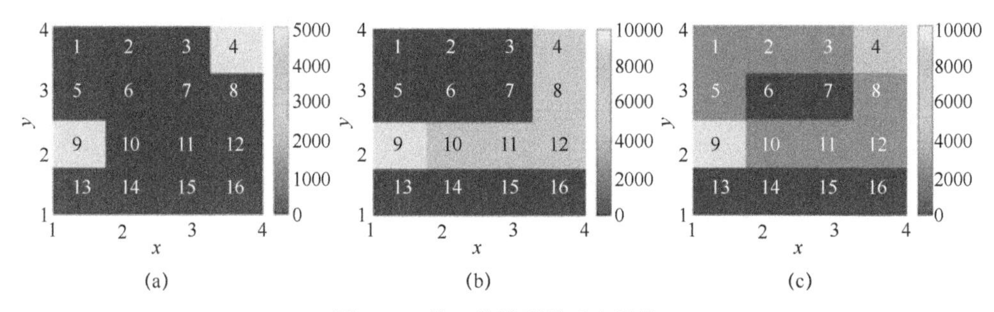

图 7.18　单一的端到端垂直通信

（a）直接 TSV；（b）带有 *XY* 路由的 NoC-SIP；（c）带有源路由的 NoC-SIP。

如果使用两对垂直通信，则 NoC-SIP 增强了混淆的性能。如图 7.19 所示，NoC-SIP 中活动路由模块的数量总是大于直接 TSV 方法。NoC-SIP 的源路由具有在整个 NoC-SIP 中分散数据传输的能力。因此，所提出方法使得逆向工程显得更加困难。

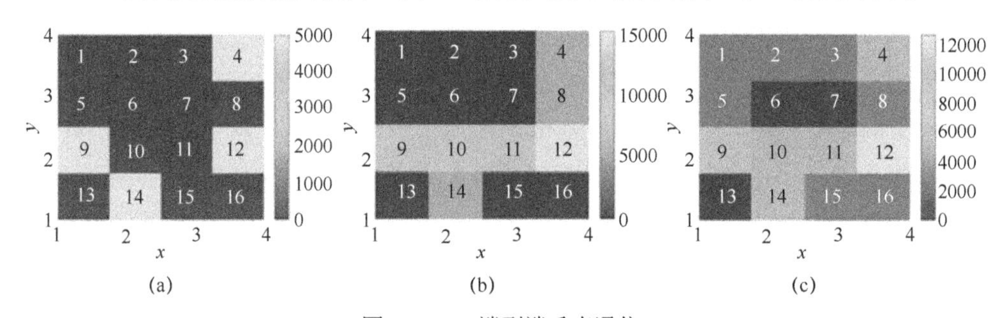

图 7.19　双端到端垂直通信

（a）直接 TSV；（b）具有 *XY* 路由的 NoC-SIP；（c）具有源路由的 NoC-SIP。

图 7.18 和图 7.19 显示了通过将通信焊盘对的数量增加到 10 的试验。如图 7.20 所示，具有源路由的 NoC-SIP 使用 12 个路由模块与两对焊盘。相反，直接 TSV 方法涉及 12 个路由模块和 10 对焊盘。这种行为表明，与使用直接 TSV 连接相比，NoC-SIP 方法通过增加逆向工程时间来有效地混淆了跨平面通信。直接 TSV 是针对垂直连接进行逆向工程最脆弱的方法。

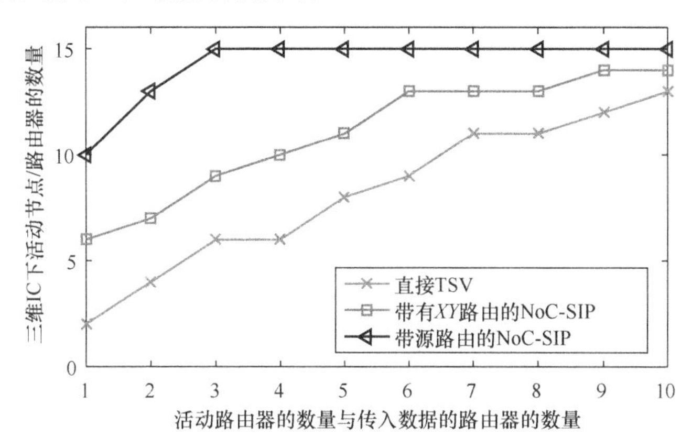

图 7.20　活动路由器的数量与传入数据的路由器的数量

7.5.4 讨论

现有的工作已经证明，三维集成提供了额外的安全防御，以阻止二维 IC 中的硬件攻击。然而，真正的三维 IC 所固有的安全威胁尚未受到重视。为了防止在跨平面通信（即垂直通信信道）上的逆向工程攻击，提出了 NoC-SIP 层，用以混淆三维堆栈内的垂直通信。仿真结果表明，只要使用来自不同平面的两对以上的 I/O 焊盘，所提出的 NoC-SIP 就可以连接所有的路由模块。并且，直接 TSV 连接方法需要来自两个平面的 10 对 I/O 焊盘来达到与所提出方法相同的混淆等级。因此，建议的 NoC-SIP 方法使得逆向工程师检索垂直连接信息更具挑战性。

7.6 小　结

由于外包设计倾向于海外代工厂的趋势，IC 设计人员和用户需要重新评估硬件的可信程度。逆向工程、IP 核盗版、芯片过度生产和硬件木马插入等硬件威胁是硬件安全的主要关注点。基于密钥的混淆是阻止诸如逆向工程和 IP 核盗版之类的硬件攻击的有效对策之一。本章总结了在布局、门控和寄存器传输级别上的最新硬件加固方法。伪装、逻辑加密和状态混淆是硬件加固对抗恶意逆向工程和 IP 核盗版攻击的 3 个代表类别。为了解决三维 IC 中潜在的安全威胁，本章还引入了一种混淆方法来保护三维 IC 中的垂直通信通道。由于攻击者可能会使用新的方法和工具来进行逆向工程和 IP 核盗版攻击，因此研究新的硬件高效强化方法来对付现有的硬件攻击势在必行。

参考文献

1. S. Adee, The hunt for the kill switch. IEEE Spectr. **45**, 34–39 (2008)
2. Y. Alkabani, F. Koushanfar, M. Potkonjak, Remote activation of ICs for piracy prevention and digital right management, in *Proceedings of IEEE/ACM International Conference on Computer-Aided Design (ICCAD)* (2007), pp. 674–677
3. S. Bansal, 3D IC Design. EETimes (2011). http://www.eetimes.com/document.asp?doc_id=1279081
4. C. Bao, A. Srivastava, 3D Integration: new opportunities in defense against cache-timing side-channel attacks, in *Proceedings of Computer Design (ICCD)* (2015), pp. 273–280
5. A. Baumgarten, A. Tyagi, J. Zambreno, Preventing IC piracy using reconfigurable logic barriers. IEEE Des. Test Comput. **27**(1), 66–75 (2010)
6. D.J. Bernstein, Cache-timing attacks on AES. Technical Report (2005)
7. S. Bhunia, M.S. Hsiao, M. Banga, S. Narasimhan, Hardware trojan attacks: threat analysis and countermeasures. Proc. IEEE **102**(8), 1229–1247 (2014)
8. E. Castillo, U. Meyer-Baese, A. Garcia, L. Parrilla, A. Lloris, IPP@HDL: efficient intellectual property protection scheme for IP cores. IEEE Trans. Very Large Scale Integr. VLSI Syst. **15**(5), 578–591 (2007)
9. R.S. Chakraborty, S. Bhunia, Hardware protection and authentication through netlist level obfuscation, in *Proceedings of IEEE/ACM International Conference on Computer-Aided Design (ICCAD)* (2008), pp. 674–677
10. R. Chakraborty, S. Bhunia, HARPOON: an obfuscation-based soc design methodology for hardware protection. IEEE Trans. Comput. Aided Des. Integr. Circuits Syst. **28**(10), 1493–1502 (2009)
11. R.S. Chakraborty, S. Bhunia, Security through obscurity: an approach for protecting register transfer level hardware IP, in *Proceedings of Hardware Oriented Security and Trust (HOST)* (2009), pp. 96–99
12. R. Chakraborty, S. Bhunia, RTL Hardware IP protection using key-based control and data flow obfuscation, in *Proceedings of International Conference on VLSI Design (VLSID)* (2010), pp. 405–410
13. R.S. Chakraborty, S. Bhunia, Security against hardware trojan attacks using key-based design obfuscation. J. Electron. Test. **27**(6), 767–785 (2011)
14. R.S. Chakraborty, S. Narasimhan, S. Bhunia, Hardware trojan: threats and emerging solutions, in *Proceedings of High Level Design Validation and Test Workshop (HLDVT'09)* (2009), pp. 166–171
15. Chipworks (2012). http://www.chipworks.com/en/technical-competitive-analysis/
16. Circuit camouflage technology (2012). http://www.smi.tv/SMI_SypherMedia_Library_Intro.pdf
17. R. Cocchi, J. Baukus, B. Wang, L. Chow, P. Ouyang, Building block for a secure CMOS logic cell library. US Patent App. 12/786,205 (2010)
18. R. Cocchi, L. Chow, J. Baukus, B. Wang, Method and apparatus for camouflaging a standard cell based integrated circuit with micro circuits and post processing. US Patent 8,510,700 (2013)
19. R. Cocchi, J.P. Baukus, L.W. Chow, B.J. Wang, Circuit camouflage integration for hardware IP protection, in *Proceedings of Design Automation Conference (DAC)* (2014), pp. 1–5

20. A.R. Desai, M.S. Hsiao, C. Wang, L. Nazhandali, S. Hall, Interlocking obfuscation for anti-tamper hardware, in *Proceedings of Cyber Security and Information Intelligence Research Workshop (CSIIRW)* (2013), pp. 8:1–8:4
21. J. Dofe, Y. Zhang, Q. Yu, DSD: a dynamic state-deflection method for gate-level netlist obfuscation, in *Proceedings of IEEE Computer Society Annual Symposium on VLSI (ISVLSI)* (2016), pp. 565–570
22. J. Dofe, Q. Yu, H. Wang, E. Salman, Hardware security threats and potential countermeasures in emerging 3D ICS, in *Proceedings of Great Lakes Symposium on VLSI (GLSVLSI)* (ACM, New York, 2016), pp. 69–74
23. S. Dupuis, P.S. Ba, G.D. Natale, M.L. Flottes, B. Rouzeyre, A novel hardware logic encryption technique for thwarting illegal overproduction and hardware trojans, in *Proceedings of International On-Line Testing Symposium (IOLTS)* (2014), pp. 49–54
24. ExtremeTech, iphone 5 A6 SoC reverse engineered, reveals rare hand-made custom CPU, and tri-core GPU (2012)
25. Federal statutory protection for mask works (1996). http://www.copyright.gov/circs/circ100.pdf
26. J. Frey, Q. Yu, Exploiting state obfuscation to detect hardware trojans in NoC network interfaces, in *Proceedings of Midwest Symposium on Circuits and Systems (MWSCAS)* (2015), pp. 1–4
27. U. Guin, K. Huang, D. DiMase, J.M. Carulli, M. Tehranipoor, Y. Makris, Counterfeit integrated circuits: a rising threat in the global semiconductor supply chain. Proc. IEEE **102**(8), 1207–1228 (2014)
28. F. Imeson, A. Emtenan, S. Garg, M.V. Tripunitara, Securing computer hardware using 3D integrated circuit (ic) technology and split manufacturing for obfuscation. USENIX Security, 13 (2013)
29. Intel's 22-nm tri-gate transistors exposed (2012). http://www.chipworks.com/blog/technologyblog/2012/04/23/intels-22-nm-tri-gate-transistors-exposed
30. P.C. Kocher, Timing attacks on implementations of diffie-Hellman, RSA, DSS, and Other Systems, in *Proceedings of the 16th Annual International Cryptology Conference on Advances in Cryptology*. CRYPTO '96 (Springer, London, 1996), pp. 104–113. [Online]. Available: http://dl.acm.org/citation.cfm?id=646761.706156
31. P. Kocher, J. Jaffe, B. Jun, Differential power analysis, in *Advances in Cryptology—CRYPTO'99* (Springer, Berlin, 1999), pp. 388–397
32. F. Koushanfar, Provably secure active IC metering techniques for piracy avoidance and digital rights management. IEEE Trans. Inf. Forensics Secur. **7**(1), 51–63 (2012)
33. L. Frontier Economics Ltd, Estimating the global economic and social impacts of counterfeiting and piracy (2011)
34. H.K. Lee, D.S. Ha, HOPE: an efficient parallel fault simulator for synchronous sequential circuits. IEEE Trans. Comput. Aided Des. Integr. Circuits Syst. **15**(9), 1048–1058 (1996)
35. Y.W. Lee, N.A. Touba, Improving logic obfuscation via logic cone analysis, in *Proceedings of Latin-American Test Symposium (LATS)* (2015), pp. 1–6
36. B. Liu, B. Wang, Reconfiguration-based VLSI design for security. IEEE J. Emerging Sel. Top. Circuits Syst. **5**(1), 98–108 (2015)
37. T. Meade, S. Zhang, Y. Jin, Netlist reverse engineering for high-level functionality reconstruction, in *Proceedings of Asia and South Pacific Design Automation Conference (ASP-DAC)* (2016), pp. 655–660
38. A. Moradi, M.T.M. Shalmani, M. Salmasizadeh, A generalized method of differential fault attack against AES cryptosystem, *Proceedings of Workshop on Cryptographic Hardware and Embedded Systems (CHES)* (Springer, Berlin, Heidelberg, 2006), pp. 91–100
39. S.M. Plaza, I.L. Markov, Solving the third-shift problem in ic piracy with test-aware logic locking. IEEE Trans. Comput. Aided Des. Integr. Circuits Syst. **34**(6), 961–971 (2015)
40. J. Rajendran, Y. Pino, O. Sinanoglu, R. Karri, Logic encryption: a fault analysis perspective, in *Proceedings of Design, Automation and Test in Europe (DATE)*. EDA Consortium (2012), pp. 953–958

41. J. Rajendran, Y. Pino, O. Sinanoglu, R. Karri, Security analysis of logic obfuscation, in *Proceedings of Design Automation Conference (DAC), ACM/EDAC/IEEE* (2012), pp. 83–89
42. J. Rajendran, O. Sinanoglu, R. Karri, Is manufacturing secure? in *Proceedings of Design, Automation & Test in Europe Conference & Exhibition (DATE)* (2013), pp. 1259–1264
43. J. Rajendran, M. Sam, O. Sinanoglu, R. Karri, Security analysis of integrated circuit camouflaging, in *Proceedings of ACM SIGSAC Conference on Computer Communications Security*, CCS '13 (ACM, New York, 2013), pp. 709–720
44. J. Rajendran, O. Sinanoglu, R. Karri, VLSI testing based security metric for IC camouflaging, in *Proceedings of IEEE International Test Conference (ITC)* (2013), pp. 1–4
45. J. Rajendran, A. Ali, O. Sinanoglu, R. Karri, Belling the CAD: toward security-centric electronic system design. IEEE Trans. Comput. Aided Des. Integr. Circuits Syst. **34**(11), 1756–1769 (2015)
46. J. Rajendran, H. Zhang, C. Zhang, G.S. Rose, Y. Pino, O. Sinanoglu, R. Karri, Fault analysis-based logic encryption. IEEE Trans. Comput. **64**(2), 410–424 (2015)
47. M. Rostami, F. Koushanfar, R. Karri, A primer on hardware security: models, methods, and metrics. Proc. IEEE **102**(8), 1283–1295 (2014)
48. J. Roy, F. Koushanfar, I. Markov, EPIC: ending piracy of integrated circuits, in *Proceedings of Design, Automation and Test in Europe (DATE)* (2008), pp. 1069–1074
49. B. Schneier, *Applied Cryptography: Protocols, Algorithms, and Source Code in C*, 2nd edn. (Wiley, New York, 1995)
50. SEMI, Innovation is at risk as semiconductor equipment and materials industry loses up to $4 billion annually due to ip infringement (2008). www.semi.org/en/Press/P043775/
51. O. Sinanoglu, Y. Pino, J. Rajendran, R. Karri, Systems, processes and computer-accessible medium for providing logic encryption utilizing fault analysis. US Patent App. 13/735,642 (2014)
52. P. Subramanyan, S. Ray, S. Malik, Evaluating the security of logic encryption algorithms, in *Proceedings of Hardware Oriented Security and Trust (HOST)* (2015), pp. 137–143
53. R. Torrance, D. James, The state-of-the-art in IC reverse engineering, in *Proceedings of Workshop on Cryptographic Hardware and Embedded Systems* (CHES) (Springer, Berlin, Heidelberg, 2009), pp. 363–381
54. J. Valamehr et al., A qualitative security analysis of a new class of 3-D integrated crypto co-processors. in *Cryptography and Security*, ed. by D. Naccache (Springer, Berlin, Heidelberg, 2012), pp. 364–382
55. J. Valamehr et al., A 3-D split manufacturing approach to trustworthy system development. IEEE Trans. Comput. Aided Des. Integr. Circuits Syst. **32**(4), 611–615 (2013)
56. J.B. Wendt, M. Potkonjak, Hardware obfuscation using puf-based logic, in *2014 IEEE/ACM International Conference on Computer-Aided Design (ICCAD)* (2014), pp. 270–271
57. K. Xiao, D. Forte, M.M. Tehranipoor, Efficient and secure split manufacturing via obfuscated built-in self-authentication, in *Proceedings of Hardware Oriented Security and Trust (HOST)* (2015), pp. 14–19
58. Y. Xie, A. Srivastava, Mitigating sat attack on logic locking. Cryptology ePrint Archive, Report 2016/590 (2016). http://eprint.iacr.org/
59. Y. Xie, C. Bao, A. Srivastava, Security-aware design flow for 2.5 D IC technology, in *Proceedings of the 5th International Workshop on Trustworthy Embedded Devices(TrustED)*. (ACM, New York, 2015), pp. 31–38
60. M. Yasin, O. Sinanoglu, Transforming between logic locking and IC camouflaging, in *Proceedings of International Design Test Symposium (IDT)* (2015), pp. 1–4
61. M. Yasin, J. Rajendranand, O. Sinanoglu, R. Karri, On improving the security of logic locking. IEEE Trans. Comput. Aided Des. Integr. Circuits Syst. **35**(9), 1411–1424 (2015)
62. M. Yasin, B. Mazumdar, J. Rajendranand, O. Sinanoglu, SARlock: SAT attack resistant logic locking, in *Proceedings of Hardware Oriented Security and Trust (HOST)* (2016), pp. 236–241
63. J. Zhang, H. Yu, Q. Xu, HTOutlier: hardware trojan detection with side-channel signature outlier identification, in *Proceedings of Hardware Oriented Security and Trust (HOST)* (2012), pp. 55–58

第8章　一种对抗侧信道攻击的面向多重对策的突变运行时架构

8.1 概　　述

在现代通信技术社会，嵌入式电子设备越来越多地融入到日常生活中。虽然这些嵌入式系统的功能有很大不同，但是其中大多数需要在设备内的组件或各种设备之间传输数据。至少部分传输的信息是敏感的，必须加以保护，以避免被窃听和滥用。原则上，这个问题可以通过用软件实现的加密算法来解决。但是，却需要认真考虑附加功耗等相关开销。实现所需计算性能更合适的解决方案是引入专用微电子模块以有效加速这些操作。一种选择是使用基于 FPGA 的密码模块来提高系统性能，同时保证类似于软件的灵活性。

1999 年，简单功耗攻击（Simple Power Attack，SPA）和差分功耗分析（Differential Power Analysis，DPA）等新的攻击方法[9]的引入，显著改变了人们对安全敏感应用设计需求的看法。攻击者只需要观察在正常模式下运行的加密模块的物理行为，然后分析执行时间、功耗或电磁辐射等与密钥相关的属性并记录数据，再利用这些数据就可破解芯片。这种被动的、非侵入性的特征使得 SCA 相当危险，因为它们高效、易于操作，并且不留下任何攻击企图的证据。尤其是功耗分析攻击是被动 SCA 策略中最受欢迎的类别之一，在学术界以及产业界正进行彻底的研究。

同时许多对策已被提出，旨在实现加强抵御这些攻击的加密模块。通过引入反制措施来强化设计的主要目标是尽可能最小化可利用的物理信息的数量。因此，在修改加密算法之后，需要相应地调整预想的技术平台以及模块的架构。

针对功耗分析攻击的对策主要应用于算法或者实现平台的单元级。这样做的原因是对策被直接绑定到设想的平台上。这意味着，在软件实现的情况下，对策只能作为密码算法的一部分，即在算法级别上映射到软件。伪装是这种对策的一个很好的例子。在使用定制芯片作为平台的情况下，设计者可以在单元级别上应用电路相关的对策，如双轨逻辑。应注意，在这两种情况下，实现的物理架构都没有被修改。相比之下，FPGA 平台的概念提供了更多的灵活性。这是因为在 FPGA 上，功能块及其互连关系都具有固有的可重构功能，即使在运行时也是如此。

然而，在已有对策中，目前只有一种方法是通过利用修改平台物理结构的概念来直接解决体系结构的问题。Mentens 等[14]提出的所谓时间抖动方法利用了数据通路的重构能力，以便自由定位电路中的寄存器和组合逻辑。这样，每个时钟周期的运行模式被修改，类似于在算法层面上的洗牌，攻击者不能直接从记录的功耗轨迹中推导出正在处理的具体操作。因此，在本章中讨论的运行时突变体系结构中，平台重新配置是适应所有抽象层次高度变化的关键方法。

本章结构如下。8.2 节介绍基本概念，量身定制的数字系统设计方法所产生的多种对策，以及主张的架构。8.3 节总结突变运行时结构的设计流程。在 8.4 节中详细介绍各种设计决策，并通过强化 AES 分组密码来演示所提出方法的优点。最后，8.5 节总结本章。

8.2　运行时体系结构的变化

不断发展的计算机辅助工程（Computer Aided Engineering，CAE）领域的研究，促进了各种技术将形式化表示的算法映射到集成电路设计。高层次综合是这种设计流程的核心概念之一。它由以下基本设计活动组成，以便在硬件中实现算法分配、绑定和调度。

首先，在分配期间识别执行该算法所需的基本操作。然后将每个此类操作映射到一个或两个合适的硬件计算单元。这种特定任务明确地分配给计算单元的过程称为绑定。最后，通过给任务安排执行时间来构成调度。通过执行以上过程，设计者决定要并行执行的操作数量，或者决定与数据无关的操作顺序。所得到的电路结构特性直接依赖于上述 CAE 过程的基本活动，参见文献[6]，所实施算法的物理特性可能受到显著影响。应注意，上述某一项活动的设计决策，一般也会影响到其他项的决策。

8.2.1　设计的属性

突变运行时架构（Mutating Runtime Architecture，MRA）的概念利用了上述设计活动对体系结构的固有影响，从而实现灵活的设计空间探索。这种探索导致了相同加密算法的各种可行的实现，但具有完全不同的物理属性。这种方法所带来的挑战是确定可以通过相应的设计活动单独控制的基本设计特性。

配置的结果决定了算法需要的计算单元类型，即第一个设计属性，计算单元的类型参数继承自配置过程，而且几乎独立于绑定和调度过程。因此，可以通过在线配置（Online Allocation）的新方法在运行时替换单个计算单元。第二个属性是并行度，它从绑定过程继承了它的设计参数。独立于配置计算单元的类型，并行度可以根据可用单元的数量而变化。但是，只有在后续详细介绍的动态绑定（Dynamic Binding）的赋值函数方法不违反任务依赖关系的情况下，才能对其进行修改。最后一个属性与调度过程有关，解决任务的进度问题，这些任务将按照数据相关的顺序依次执行。从功能角度来看，数据流独立于所使用的计算单元。因此，灵活调度方法（Flexible Scheduling）功能负责处理任务进度，而整体任务管理应通过中间件方法处理。图 8.1 显示了设计活动、属性和专用对策构建方法之间的关系。

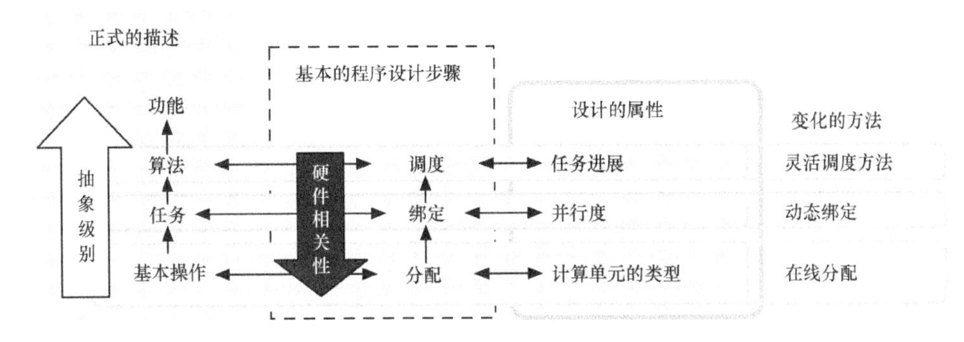

图 8.1　设计活动、属性和突变方法的图层模型

根据上述讨论，硬件/软件协同设计似乎是一种可行的基本方法。对于选定的并行度，任务进程管理和动态绑定在软件中更容易处理。只有不同类型的计算单元的在线配置，由于其固有的硬件依赖性，而不能被分配给软件分区，从而导致在所设想的 FPGA 实现平台之上定制硬件/软件（（Hardware，HW）/（Software，SW））HW/SW 体系结构。

8.2.2 在线配置方法

CMOS 电路的整体功耗在很大程度上取决于电路的开关活动。更具体地说，FPGA 平台的 LUT 各种内部模块、互连和重构设置是特性控制的瞬态效应或毛刺的起源。因此，密码算法中相同基本操作的不同实现显著地影响可利用的功耗签名因为它们也是不同的切换活动。依赖于数据功耗的平均值和方差的统计特性，因此受到电路毛刺信号特性的强烈影响。在静态设计情况下，这个属性较易受到被动的侧信道攻击，参见文献[5，11，12，21]。这些攻击利用了功耗签名的独特分配。比较具有相同功能的不同设计变体的功耗特征，如图 8.2 所示。

在图 8.2 中，可以看到 SBox 操作的 4 种不同设计的功耗。每个电路由一个 8 位寄存器和 4 个不同的 8 位 AES SBox 设计组成，分别称为 COMP、PPRM1、PPMR3 和 TBL。在 x 轴上显示 SBox 设计 A 在时间点 t 的功耗值。y 轴表示 SBox 设计 B 的相关值。这个例子清楚地表明了不同设计的可利用功耗签名的区别。相同 FPGA 设计的不同 LUT 配置方式和 LUT 的互连方式都可导致功耗差异，而功耗完全依赖于开关活动。因为具有相同功能但实现不同的计算单元有助于减少功耗特征的探测范围，所以这种行为很可能被用作攻击措施。因此，要求设计的各类实现间具有低的总体相关性值，其方法是通过随机选择不同类型的独立计算单元的独立功耗分布，而后生成复杂整体分布，但这种要求只是一个避免攻击的非充分的必要条件。更合适的度量是文献[19]中提出的相同计算单元的不同设计变体之间的汉明距离等级的总相关值。

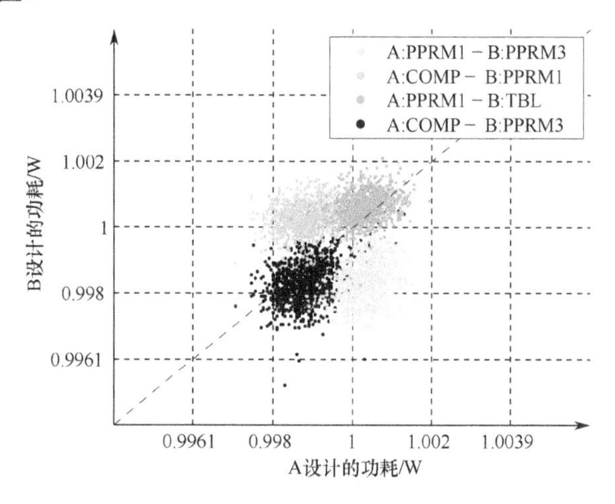

图 8.2 对不同方法设计的变体的功耗散点图

FPGA 技术提供了许多将在线配置的概念实践的技巧。所以，计算单元类型的变换可以应用在各个地方。首先，可以在交换网络内完成随机化。其次，可以利用 FPGA 的部分重构特性，将其应用于平台层面。由于产生的设备复杂性和可用的工具支持，这些技术在所需的资源消耗量和总功耗以及设计时间方面不同。第一种方法在文献[1,2]中有介绍，Benini 等提出通过替换活动单元来操控整体功耗，利用计算单元的两种实现方式，通过多路复用器在它们之间随机地进行切换。与这项工作相比，这些作者没有量化统计特性方面的功耗特性。

交换网络 在运行时直接重构数据路径的方法是利用基于多路复用器的交换网络，由此带来的优势是就动态功耗而言，改变数据路径行为所需的时间很少，其缺点是数据路径深度的增大及吞吐量的减少。资源消耗和吞吐量方面的重大改进在文献[10]中提出，作者提出不在两个完整的计算单元之间切换网络以改变数据路径行为，而是直接地随机组织计算单元的基本组件，即共享 FPGA 平台原语层上的各类资源，以更好地控制增加的数据路径深度。为了达到这个目标，Madlener 等[10]提出了一种针对公钥 ECC 应用的 GF（2^n）的新型强化乘法器，称为“增强多段 Karatsuba”（enhanced Multi-Segment-Karatsuba，eMSK），这是在文献[4]中介绍的对多段 Karatsuba（Multi-Segment Karatsuba，MSK）乘法器的改进。eMSK 方案的主要优点是将递归 Karatsuba 的效率与 MSK 方案的灵活性相结合。由于时域和幅度域的随机化，序列中操作顺序会对功耗造成强烈影响，从而实现有效的对策。因此，基本乘法的变化阶数对组合乘法器逻辑中的毛刺和累加器中的位翻转有很大的影响。在文献[7]中提出了一种类似的应用于 AES 分组密码的对策，其中采用了基于复合场的 SBox 的技术以在不同的变体之间切换。这个概念首先在文献[3]中被研究。与诸如文献[17]中许多其他掩模方案相比，文献[7]中的数据路径不需要加倍，因此即使对于资源受限的设计该对策也依然适用。

部分重构 Xilinx Virtex 5 等一些基于 RAM 的 FPGA 平台支持动态部分可重构，这一特性也可用于改变数据路径。部分可重构可以用来节省资源，而不是为并行的计算单元提供更多的主动可重配置资源。与交换网络相比，数据路径深度增加不多，并且所导致的总功耗较低。

8.2.3 动态绑定方法

并行度属性会影响并行运行计算单元的时间相关的噪声量。因此，在某个时间点的功耗变化会被操控。方差操控强烈地削弱了模板攻击的学习阶段难度，攻击者可以尝试为噪声分布建立多变量高斯模型。另外，并行工作的多个计算单元的动态激活也影响所测量功耗的噪声特性。提供资源动态绑定的一种有效方法源于硬件组件虚拟化的概念。虚拟化可以被看作一个抽象层，在运行时，计算单元和分配的任务之间的链接会发生变化。因此，绑定到一个或两个多资源的不同任务可以被共享或重新排序。计算单元上的这种环境切换可以被透明地处理，并且不需要在密码算法内对调度的任务序列做任何修改。

算法 8.1：RanParExec 算法

Require： a given set of n processing units of m different types PU_{set} = $\{PU_1^{types}, PU_2^{types}, \cdots, PU_n^{types}\}$ with $PU_k^{types} = \{PU^1, PU^2, \cdots, PU^m\}$, $1 \leqslant k \leqslant n$ and two equal distributed random variables $R_1 = \{1, 2, \cdots, m\}$, $R_2 = \{1, 2, \cdots, n\}$

1 **for** $1 \leqslant w \leqslant u$ **do**
2 select a realization of the randon variable $r_{1,w} \leftarrow R_1$
3 　　assign each $op_{PU,w}$ to the processing unit type $PU^{r_{1,w}}$
4 **end for**
5 **repeat**
6 **repeat**
7 　　select a realization of the random variable $r_{2,w} \leftarrow R_2$
8 **until** $r_{(2,w)} \leqslant$ number of currently in parallel executing $op_{PU,w+}$
9 *Execute the following k operations in parallel*
10 **for** $1 \leqslant k \leqslant r_{(2,w)}$ **do**
11 　　execute $op_{PU,k}$ with the assigned processing Unit PU
12 **end for**
13 $w = w + r_{(2,w)}$
14 **until** $w > u$
15 **return**

随机并行结合 在这种方法中，并行运行的单元数量，以及与特定单元绑定的计算都会变化。因此，根据并行度和绑定方法，可以为在线分配提供的几种单位类型端随机组合。命名为RanParExec的算法8.1，列出了用伪代码表示的随机化技术。

虚拟化 硬件虚拟化是将执行的硬件平台与分配的算法进行抽象和分离的一种方法。文献[20]提出的虚拟化技术基于底层 FPGA 平台的硬件资源。虚拟化的组件可以由计算过程，甚至完整的算法任务共享。该组件通过可利用的任务集单独实现。任务集在分配硬件资源时并不知道它是否与不相交的一组任务共享。

中间件的概念 基于控制数据流的执行计算单元与任务序列之间的虚拟化应用可以通过中间件来建立。它具有与所谓的中间件（Middleware）几乎相同的功能，中间件是分布式计算领域中常用的概念。因此，这个概念可以被看作一个额外的执行层，将虚拟化的方法应用于概述的动态绑定方法，并且具有管理任务和执行资源之间所需链接的管理责任。图 8.3 显示了应用于 ECC 密码体系结构的概述组合硬件虚拟化和中间件方法。

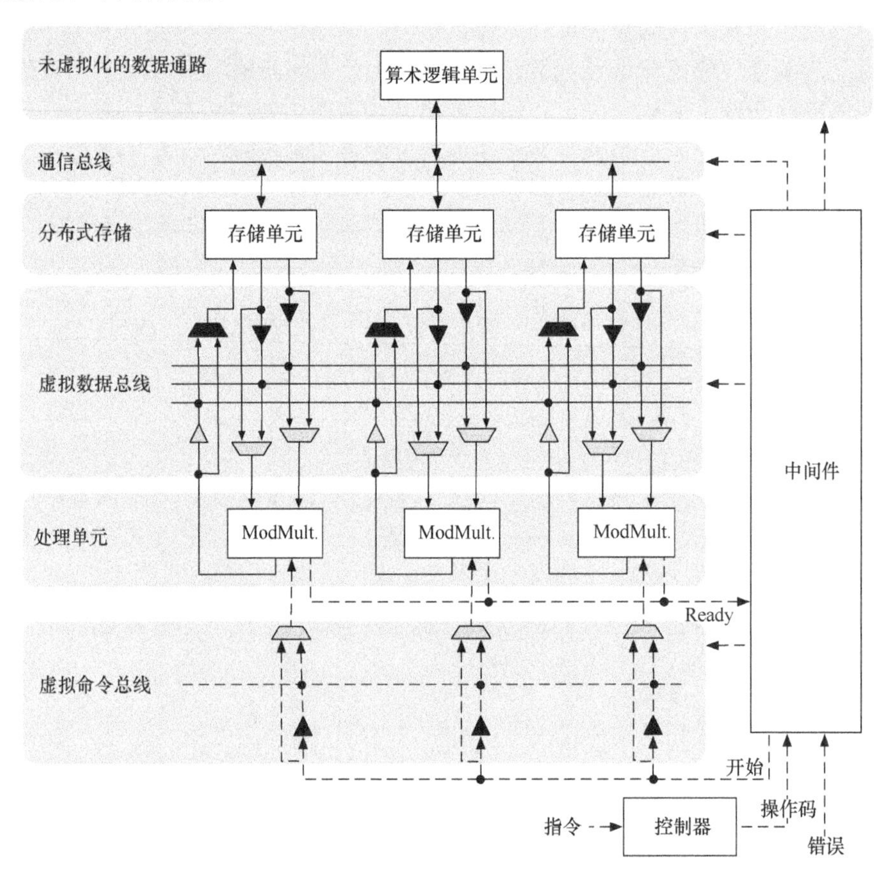

图 8.3 虚拟化公钥密码体制[20]

8.2.4 灵活调度方法

图 8.2 所示的最后一个名为任务进度的设计属性是通过灵活调度方法来解决的，这是经由附加对策来进一步增强 MRA 的最终方法。因此，灵活调度方法旨在运行时直接改变密码算法内任务的执行行为以大大影响所实现的算法的物理行为。如果每个时钟周期进行的计算粒度没有改变，则运行的任务功耗与密码算法中常用的重组织独立运算方法相当。因此，灵活调度方法会分解例程，使得例程中只有与数据无关的基本操作序列可以被操控。众所周知，为攻击密码模块增加的分析工作会重组其数据无关的操作[13]。图 8.4 说明了灵活调度方法的一些有趣效果。

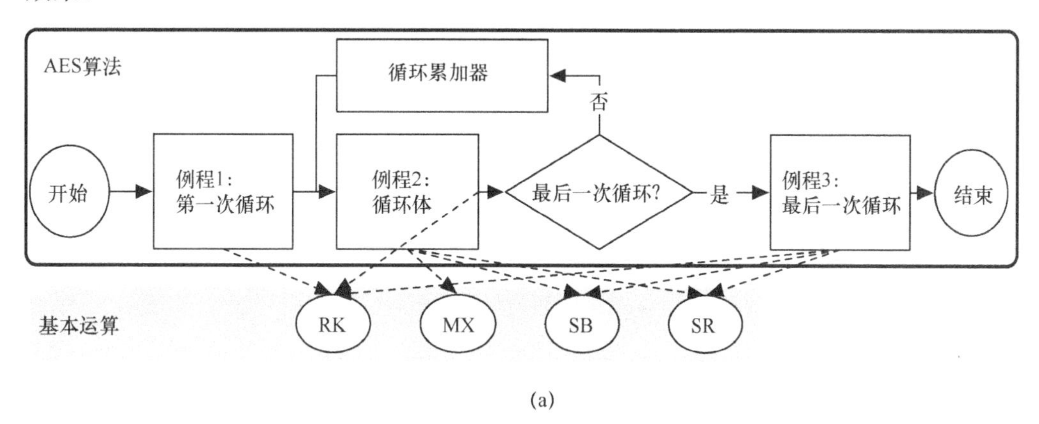

(a)

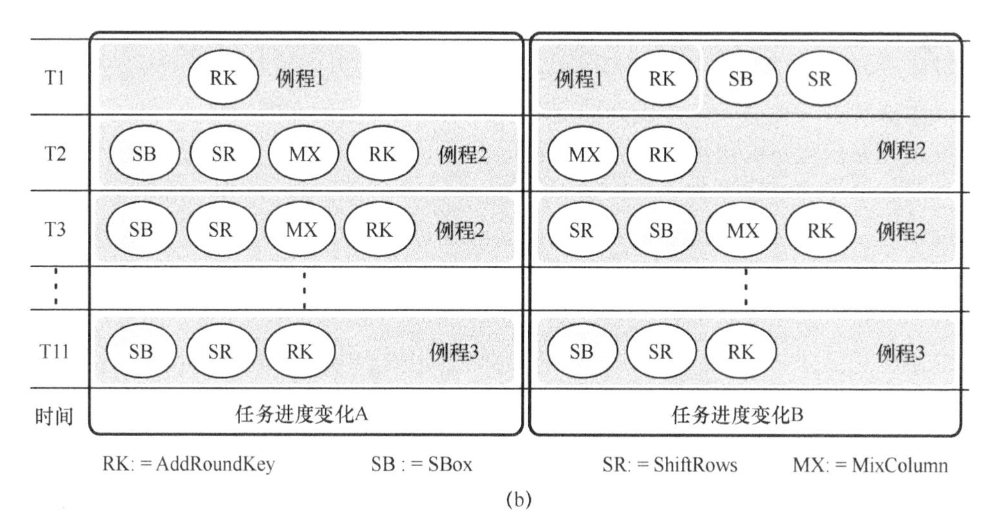

(b)

图 8.4 通过在 AES 内进行例程（重新）整形来重新排列操作
（a）控制流量 AES 算法；（b）例程中重新安排的基本操作的例子。

大多数密码算法由基本运算或利用由这些基本运算组成的其他密码函数构成。例如，大多数分组密码算法，如 AES 或 PRESENT，都是面向循环的方案。如图 8.4（a）所示，AES 的每个循环次数计算函数都可以在其内部的例程中实现，该例程使用一组基本运算。通过在一个时钟周期内执行的不同基本运算，可以对 3 个例程中的任意一个进行操控，而不必改变并行处理的位数，也不需要改变这些运算的电路级实现。在这个例子中，SBox 的基本运算是由一个可变的计算单元处理的，可以在设备处于活动状态时在线重新分配。另外，并行操作的 SBox 数量可以通过动态绑定来修改。正如图 8.4（b）中的重排例子所表明的那样，作为功耗分析攻击的两个最常见目标之一的第一个 AES 的循环次数计算函数，可以与第二个的基础运算合并。因此，在一个时钟周期内执行操作的次数从图 8.4（b）的左侧所示的基本场景改变到右侧所示的重分配的例程。功耗特征会受到一个时钟周期内操作激活的高斯分布总和的影响，而这个总和是以观察到的一系列不同操控活动的实验为基础的。由此，结合动态绑定产生的多种操控，以及在线分配所产生的单元类型交换，可以产生复杂的分配组合方案以作为额外的对抗策略。

8.3 设计流程

突变运行时架构的总体设计流程来自概述的设计策略，如图 8.5 所示。从给定的加密算法开始，HW/SW 分区需要首先完成，这样支配算法的控制流程的过程被分配给软件分区，并且基本操作被分组以形成硬件分区。主要由基本操作组成的任务也应映射到软件上，以便更好地利用数据通路中的硬件资源。

聚类在软件分区中的信息构成了利用灵活调度方法建立各种进度表的基础。这个方法可以用来分解例程或者重新安排例程内的程序。相比之下，在线分配和动态绑定解决了硬件分区问题。首先，需要识别具有最大可利用功耗的计算单元上执行的基本操作。运行其他基本操作的单元可以直接在目标 FPGA 上实现，如图 8.5 下半部分所示。然后分析生成的进度表，以便识别 op_{PU} 使用量。在这一步之后，动态绑定产生虚拟化方案。它们被用于后续构建相关的虚拟化模块。在线分配、灵活调度方法和动态绑定方案的处理可以同时进行。

最后，在这些构造方法共同产生多种对策后，所有需要的组件都被组装到具有虚拟化模块和各种计算单元的 MRA 中。活动计算单元的随机化直接由中间件，即虚拟化模块，经由交换网络来处理，或者如果适用的话，也能通过利用目标 FPGA 平台的部分可重构来处理。

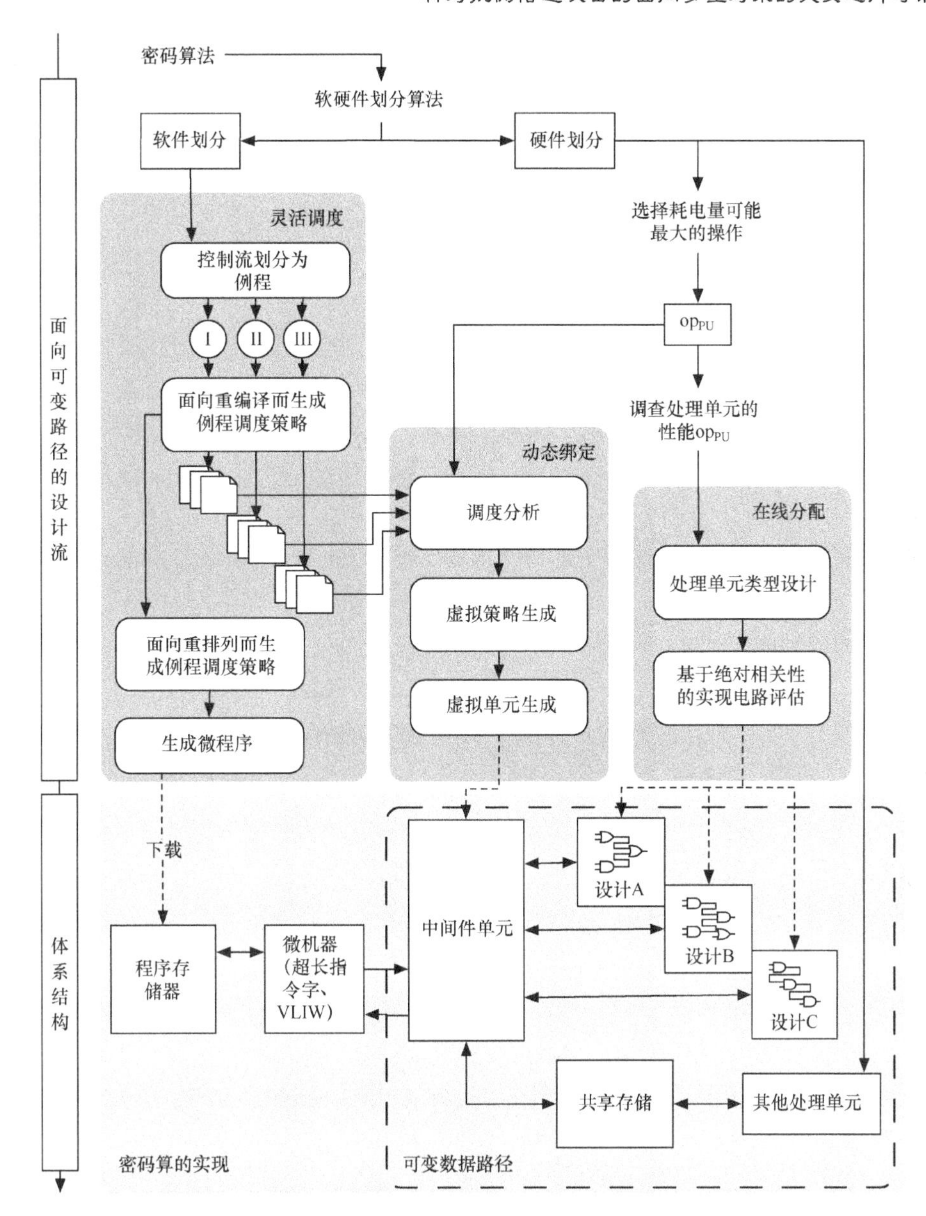

图 8.5　面向运行时可变体系结构的设计流

8.4　案例研究：128 位分组密码 AES

本节将提出的概念应用于众所周知的对称密钥 AES 算法。从现在起强化的设计将被称为改进的 AES。前述 MRA 的一个特性是对并行处理数据的操控，因此改进的 AES 的设想架构应该支持基于循环及非循环的实现样式，所以 AES 的 4 个基本操作需要被模块化为高效的硬件组件，以支持 128 位以及一些较小的字宽处理。因此，密钥调度器必须能够在每个时钟周期产生一个完整的新的循环次数密钥，而且还需要额外的端口来连接熵源以便能够随机地改变密码处理模块。

8.4.1 分割 AES 模块

现在需要根据改进 AES 的要求对图 8.5 中的通用 MRA 进行改进和优化。改进的 AES 的 HW/SW 分割和构建方法的作用概述如图 8.6 所示。从该图可以看出，位于左侧的软件分区控制着密码模块内部的数据流和密码模块的配置。因此，从控制的角度来看，重新配置系统和执行加密任务很容易适配。用于配置数据路径的超大指令字（VLIW）操作码以及用于控制加密的基本操作的操作码在硬件中实现并存储在程序存储器中。FPGA 平台的随机存取存储器（Random Access Memory，RAM）模块可用于此目的。然后，一个极小处理器按照预定的程序来访问内存。中间件的功能分为软件部分、嵌入式微处理器和硬件部分。

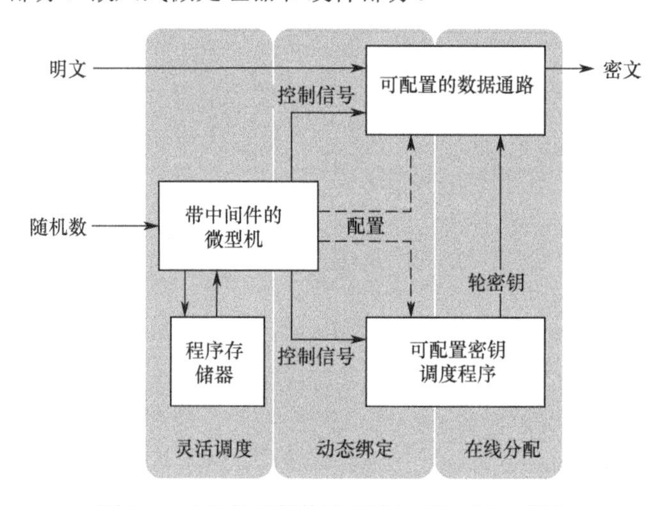

图 8.6　AES 的对策构造方法与 HW / SW 划分

在绑定更改时，中间件的软件部分管理控制流和执行顺序。硬件部分由可重构的数据路径组成，而用于执行循环次数计算的基本运算由硬件实现。根据循环次数密钥扩展私钥所需的运算也被分组到硬件分区中。位于图 8.6 右下角的密钥调度器的硬件分区也是可重构的，所以根据并行处理的中间值或执行长度而变的循环次数计算，不会影响计算结果的正确性。

用这种方法来划分具体设计功能的原因可以从图 8.6 中直接看到。灵活调度方法和在线分配之间的接口提供了动态绑定功能。这个功能又由处理器组件与数据路径和密钥调度器架构中的实体共同实现。更具体地说，在设计流程中，中间件在实现动态绑定过程中具有核心地位，如图 8.5 所示。

8.4.2 实现

接下来详细介绍密码模块的实现过程。首先，讨论针对 AES 的攻击威胁，以确定哪些基本操作由于其功耗特征而最脆弱，因此必须得到保护。基于这个讨论，推理出突变体系结构的不同属性，以便识别必须可重构的数据路径部分，来增加功耗分析攻击的难度。密码模块遵循通用的设计流程，并采用所有提出的构造方法，通过多种对策来强化设计。

1. 设计要求

密码模块的突变体系结构应满足以下要求和特征。

（1）在完全不同的实现上执行 SBox 操作。

（2）动态改变 SBox 单元的并行处理程度。

（3）将循环次数计算合并为一个时钟周期。

（4）在一个时钟周期内处理的字宽。

（5）随机化共享内存中的状态表示。

因为 SBox 包含了 3 个循环计算中的两个最脆弱的计算，所以它被选为在线分配和动态绑定的目标。在文献[19]研究的攻击场景中，SBox 运算是确定整个密码模块的可估计、可利用功耗的中心因素。这是一个高扩散量的双射操作，正如文献[15]所叙述的那样，它是 AES 所有基本操作中功耗最高的。文献叙述了 SBox 单元的不同实现具有不同的设计特征[15,18]，这可能被利用来篡改操作的功耗。

由于并行处理 SBox 的功耗较高，功耗特征的方差被放大。因此，所捕获的功耗轨迹内可提取信息的 SNR 将降低，从而攻击力度将会增加。改变每个时钟周期的操作次数，同时合并循环计算（AES 的例程，参见图 8.4）是隐藏同时处于活动态的 SBox 数量的手段。在这种情况下，灵活调度方法可以看作重组织[13]和时间抖动对策[14]的组合。上面设计要求的第（5）点是为了防止通过随机寄存器预充电和重组织的方式来利用 XOR 操作。

2. 数据通路的结构

图 8.7 概述了数据路径的结构。如前所述，用于将明文转换为密文（上部电路部分）的数据路径和用于密钥扩展（下部电路部分）的数据路径必须是可变的。每个时钟周期所需处理的并行数据可以从 8bit 到 128bit 按字节顺序进行扩展。密钥调度器电路使用多路复用器扩展，以便在循环密钥值的更新字节或循环密钥的前字节之间切换。因此，密钥调度器可以在 128bit 或 96bit、64bit 或 32bit 宽的块中并行处理下一循环密钥。

我们选择了一组具有不同物理特性和功耗特征的 AES SBox 实现，用于图 8.7 的 P 单元。对于 SBox 类型的选择方法，遵循文献[19]中提出的成熟的评估和选择建议。为了节省 FPGA 平台上的空间，一个 SBox 管理器并发地按照 AES 的字节选择 SBox 类型：除了部分重构外，上面讨论的虚拟化方法用于改变状态寄存器和 SBox 实现之间的绑定。因此，并不是数据路径中的每个 SBox 都需要部分重构，如图 8.5 所示。这个设计决定有助于节省资源和执行时间。

通过 SBox 单元改变并行处理数据的程度的挑战源于 AES 循环状态矩阵的列和行之间的数据依赖性。SBox 嵌入在 P 单元中，该单元还提供 AES 特定基本操作 MixColumn 和 AddRoundkeyaswell 的功能作为侧信道操作。P 单元工作在矩阵的列上，它们通过可重构列位移（Reconfigurable Shift Rows，RSR）函数互连，以便处理完整的状态矩阵。RSR 可以将行的每个字节向右移动到左边的两个字节，并绕过移位操作，保持行中 4 个字节的字位置。这个单元也可以用来随时重组织状态表示或者改变绑定到一个特定的 SBox 实例。在重组织状态的情况下，子密钥也必须以相同的顺序重组织。因此，附加的 RSR 单元位于 P 单元和密钥调度器之间。因此，状态随机化可以在循环操作中插入，而不需要任何额外的时钟周期来重建状态寄存器位置的原始值。

AddRoundkey 函数与 MixColumn 函数合并到 MXOR 中，MXOR 可以被配置为执行 MixColumn 操作，然后执行 AddRoundkey 功能的 XOR 操作，或者执行 XOR 操作。因此，P 单元提供 3 个功能，可以在任何级别组合执行，也可以单独执行[①]，还可以实现旁路功能。为了能在资源和执行时间上以适中的成本在 Virtex 5 平台上进行部分重新配置，可重构的 P 单元（rP 单元）被添加到该数据路径而不是第四 P 单元（见图 8.7）。rP 单元具有额外的多路复用器层，用于在 SBox 的部分可重构区域之间充当数据路径。当一个可重构区域被重新配置时，另一个继续执行 SBox 操作。

3. 虚拟化方案

如 8.4.1 小节所述，中间件的数据流路由功能嵌入在数据路径中。这种设计的虚拟化可以通过利用 RSR 单元来重新路由或重组织寄存器状态的内容来进行。因此，在每个 P 单元/ rP 单元实例具有 SBox 实现变型特征的情况下，可以对 AES 状态矩阵的每个字节宽度条目使用不同的 SBox 实现。P 单元/rP 单元的重构设置是支持虚拟化的第二个控制元素，以实现动态绑定方法。由于这些设置，每个时钟周期内并行工作 SBox 的数量是可以控制的。

从图 8.6 可以看出，微处理器是 AES 变型的一部分，其执行定制的 VLIW 操作码命令集来控制 P 单元/rP 单元以及 RSR 单元的重构设置。由于灵活的 VLIW 编

① S 盒，列混淆，轮密钥加。

程环境以及中间件的相关硬件架构，该功能被嵌入到数据路径中。这种虚拟化提供了动态绑定和灵活调度方法之间合适的接口。另外，还可以使用 P 单元/rP 单元的重构设置来修改并行工作硬件组件的数量。例如，多个 XOR 操作的执行可以通过并行工作 XOR 的程度以及在一个时钟周期内执行的基本 AES 操作的数量来操控。

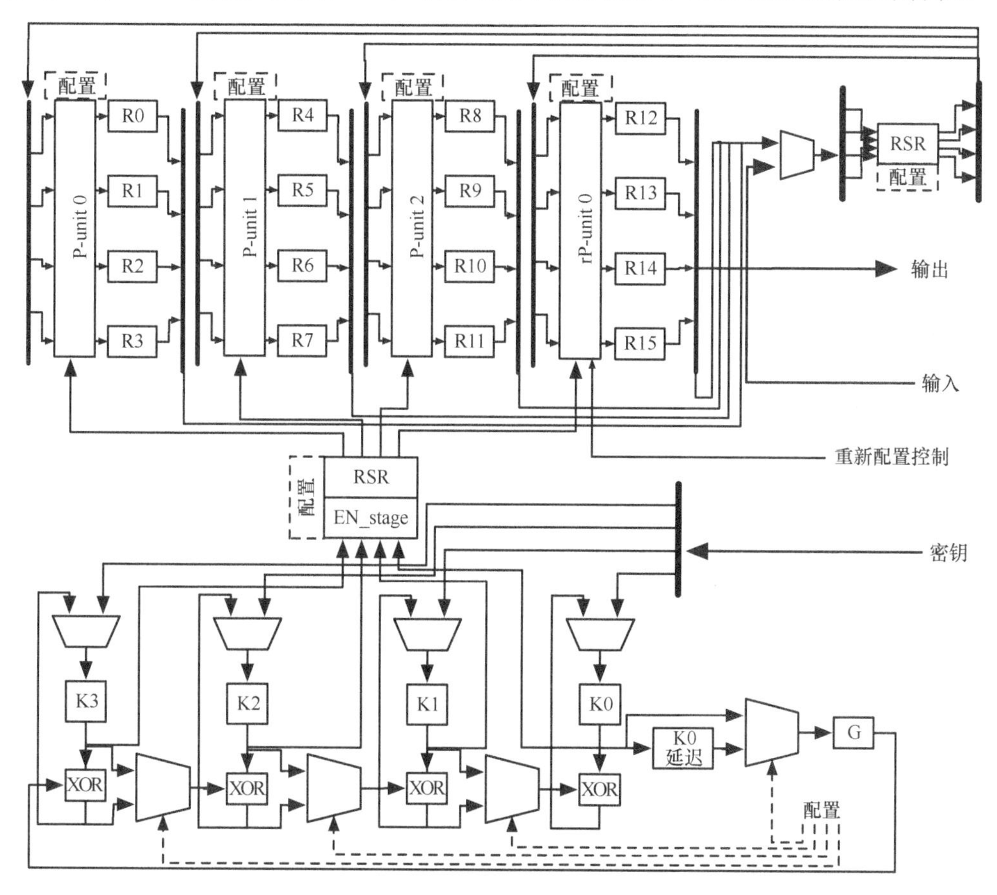

图 8.7　AES Mutate 数据路径的原理图

4. 合并循环和例程

AES Mutate 的模块化、灵活和可重构的硬件/软件结构能够随机执行每个基本的 AES 操作，因为灵活调度的应用程序能够修改所有基本 AES 操作的并行工作计算单元。数据路径的宽度适用于分别在一个时钟周期内处理 32 位、64 位、96 位和 128 位的所有操作。微处理器结合数据路径中的嵌入式中间件的布局，通过 VLIW 运算提供了一个灵活的重新调度功能，它独立于当前的数据路径处理宽度。因此，在一个时钟周期内处理的数据相关运输的数量是可随机化的，可以合并不同的 AES 循环操作的基本操作。

AES 加密的重新调度来自于使用小型微程序，其仅包含一个或几个 36bit 宽的 VLIW 操作码命令。每一轮或合并循环操作都由这样一个微程序表示。在一个时钟周期内，操作码控制基本 AES 操作的计算单元，并设置数据路径的配置。因此，数据路径的可变字宽仅由操作码命令来定义。

操作码的最高位（Most Signiticant Bit，MSB）用作分隔符以标识一个舍入操作的结束。因此，对于 AES 算法的每个循环操作，可以随机选择不同的微程序来构成完整的 AES 加密。操作码的低 32bit 用于在运行时重新配置数据路径，以随机化整体功耗。因此，这些微程序或多或少的重构设置旨在动态改变数据路径的体系结构。之所以选择这种基于上下文的重新配置方法，是因为赛灵思公司设计流程提供的部分重构配置方案需要花费太多的时间才能完成。因此，我们决定通过使用 3 个 P 单元旁边的一个 rP 单元和一个模块化的微型编程方法来实现合理的平衡。

8.4.3 侧信道分析结果

将强化加密的结果与无保护实现的结果进行比较，以强调通过被动功耗分析攻击某安全设计的额外代价，不受保护的实现是应用 COMP SBox 并基于循环运算的 AES 方案实现，并被表示为 AES COMP。密码模块每个时钟周期处理 128 位。这次评估从 SASEBO-GII 板上总共获得了 50 万个功耗轨迹。在分析 AES 变型设计的情况下，引入了一个额外的 trivium 流密码[16]，用于产生随机输入数据。

为了比较 AES 变型和 AES COMP 的侧信道电阻特性，分析了第一轮的 SBox 计算的泄露。我们选择了随机方法[8]作为分析方法，因为它是一种强大的采用自学习线性回归模型的方法，可以充分利用系统漏洞。在分析阶段用随机明文分析了 45 万个功耗轨迹，以建立线性模型。然后，从正在受攻击的同一设备中捕获了 5 万个额外的轨迹。对基于模板的分析和攻击阶段使用相同的设备可以代表攻击者的最佳情况，因此应该以评估结果的方式得出安全性的侧信道阻力的下限。作为检测可利用漏洞的识别和评估指标，应用了文献[19]中介绍的 SNR-metric 技术。

图 8.8 描述了 Xilinx Virtex 5 平台上实现的侧信道分析结果。该图形象化了在攻击阶段正确显示的密钥字节数量与所需追踪数量的关系。从图中可以很容易地推导出从未保护的 AES COMP 设计中提取的第一个正确的子密钥在仅几百个轨迹之后就暴露了，在总共使用了 17780 个轨迹之后，所有的秘密子密钥被恢复。相反，AES 变型设计的攻击结果通过多种对策进行强化，16 个子密钥中仅有一个被提取。因此，密钥在整个应用轨迹的攻击阶段保持了强度。分析结果很好地表明，提出的突变密码体系结构非常有效，产生出较宽的噪声分布，可以保护真正的密钥特征分布。

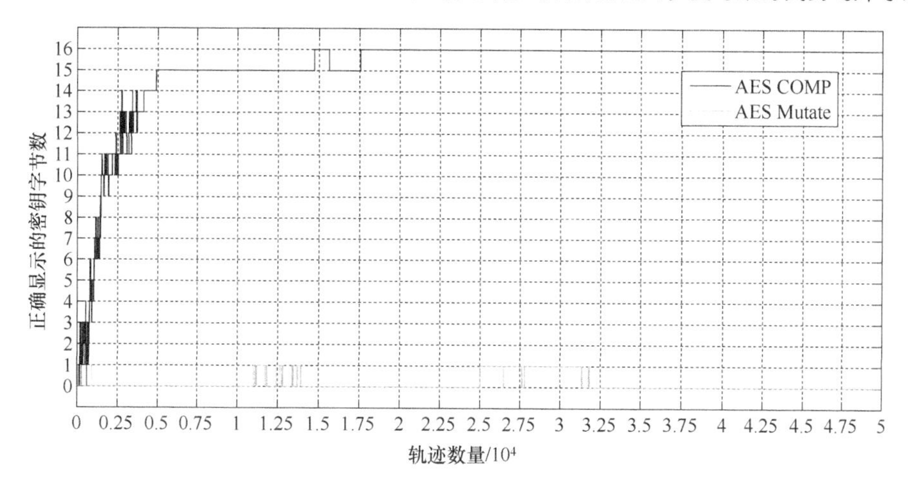

图 8.8 AES COMP 和 AES Mutate 密码分析结果比较

8.5 小 结

本章介绍了一种新颖的技术来保护嵌入式系统的加密模块免受功耗分析攻击，这种攻击形成了一类最受有效的被动、非侵入式 SCA 策略。以 FPGA 的固有重构特性和计算系统的通用设计方法为基础，首先介绍了多种对策的构造方法，并提出了一种突变运行的结构，该结构非常适合于强化不同的密码类型。然后，详细介绍了一个案例的验证，旨在确保 AES 算法的 FPGA 实现，并强调了自动生成多种对策的优势。

参考文献

1. L. Benini, A. Macii, E. Macii, E. Omerbegovic, M. Poncino, F. Pro, A novel architecture for power maskable arithmetic units, in *GLSVLSI* (ACM, New York, 2003), pp. 136–140
2. L. Benini, A. Macii, E. Macii, E. Omerbegovic, F. Pro, M. Poncino, Energy-aware design techniques for differential power analysis protection, in *DAC* (ACM, New York, 2003), pp. 36–41
3. D. Canright, A very compact Rijndael S-Box. Technical Report, Naval Postgraduate School (2005)
4. M. Ernst, M. Jung, F. Madlener, S.A. Huss, R. Blümel, A reconfigurable system on chip implementation for elliptic curve cryptography over GF(2^n), in *CHES*. Lecture Notes in Computer Science, vol. 2523 (Springer, Berlin, 2002), pp. 381–399
5. W. Fischer, B.M. Gammel, Masking at gate level in the presence of glitches. in *CHES*, ed. by J.R. Rao, B. Sunar. Lecture Notes in Computer Science, vol. 3659 (Springer, Berlin, 2005), pp. 187–200

6. D.D. Gajski, S. Abdi, A. Gerstlauer, G. Schirner, *Embedded System Design: Modeling, Synthesis and Verification*, 1st edn. (Springer, Berlin, 2009)
7. B. Jungk, M. Stöttinger, J. Gampe, S. Reith, S.A. Huss, Side-channel resistant AES architecture utilizing randomized composite-field representations, in *FPT* (IEEE, New York, 2012), pp. 125–128
8. M. Kasper, W. Schindler, M. Stöttinger, A stochastic method for security evaluation of cryptographic FPGA implementations, in *FPT* ed. by J. Bian, Q. Zhou, P. Athanas, Y. Ha, K. Zhao (IEEE, New York, 2010), pp. 146–153
9. P.C. Kocher, J. Jaffe, B. Jun, Differential power analysis, in *CRYPTO 99*, ed. by M.J. Wiener. Lecture Notes in Computer Science, vol. 1666 (Springer, Berlin, 1999), pp. 388–397
10. F. Madlener, M. Stöttinger, S.A. Huss, Novel hardening techniques against differential power analysis for multiplication in GF(2^n), in *FPT* (IEEE, New York, 2009)
11. S. Mangard, T. Popp, B.M. Gammel, Side-channel leakage of masked CMOS gates, in *CT-RSA*, ed. by A. Menezes. Lecture Notes in Computer Science, vol. 3376 (Springer, Berlin, 2005), pp. 351–365
12. S. Mangard, N. Pramstaller, E. Oswald, Successfully attacking masked AES hardware implementations, in *CHES*, ed. by J.R. Rao, B. Sunar. Lecture Notes in Computer Science, vol. 3659 (Springer, Berlin, 2005), pp. 157–171
13. S. Mangard, T. Popp, M.E. Oswald, *Power Analysis Attacks - Revealing the Secrets of Smart Cards* (Springer, Berlin, 2007)
14. N. Mentens, B. Gierlichs, I. Verbauwhede, Power and fault analysis resistance in hardware through dynamic reconfiguration, in *CHES*, ed. by E. Oswald, P. Rohatgi. Lecture Notes in Computer Science, vol. 5154 (Springer, Berlin, 2008), pp. 346–362
15. S. Morioka, A. Satoh, An optimized S-box circuit architecture for low power AES design, in *CHES*, ed. by B.S.K. Çetin Kaya Koç Jr., C. Paar. Lecture Notes in Computer Science, vol. 2523 (2002), pp. 172–186
16. C. Paar, J. Pelzl, *Understanding Cryptography - A Textbook for Students and Practitioners* (Springer, Berlin, 2010)
17. F. Regazzoni, W. Yi, F.X. Standaert, FPGA implementations of the AES masked against power analysis attacks, in *COSADE* (2011), pp. 55–66
18. A. Satoh, S. Morioka, K. Takano, S. Munetoh, A compact Rijndael hardware architecture with S-Box optimization, in *ASIACRYPT*, ed. by C. Boyd. Lecture Notes in Computer Science, vol. 2248 (Springer, Berlin, 2001), pp. 239–254
19. M. Stöttinger, Mutating runtime architectures as a countermeasure against power analysis attacks. PhD thesis, Technische Universität Darmstadt (2012)
20. M. Stöttinger, A. Biedermann, S.A. Huss, Virtualization within a parallel array of homogeneous processing units, in *ARC*, ed. by P. Sirisuk, F. Morgan, T.A. El-Ghazawi, H. Amano. Lecture Notes in Computer Science, vol. 5992 (Springer, Berlin, 2010), pp. 17–28
21. T. Sugawara, N. Homma, T. Aoki, A. Satoh, Differential power analysis of AES ASIC implementations with various S-box circuits, in *ECCTD* (IEEE, New York, 2009), pp. 395–398

第四部分

安全与可信确认

第9章 IP核安全与可信确认

9.1 概　　述

硬件木马是添加到电路中的小型恶意组件，在大多数运行时间内都处于非活动状态，但是它们会在触发时泄露信息，从而改变设计的功能或破坏设计的可信度。硬件木马可以分为两种架构类型，即组合和时序。组合式木马的激活是基于内部信号或触发器的部分特定条件和赋值。而时序木马是小型有限状态机，它们根据特定的时序被激活。每个硬件木马都由触发器和有效负载部分组成。触发器负责生成（激活）一组特定条件以激活不需要的功能。有效负载部分负责将恶意活动的影响传播到可观察的输出。

木马种类繁多，可以在不同的阶段注入。例如，在设计规范阶段通过改变时间特征，在设计阶段复用不可信第三方 IP 核，或在制造阶段改动掩模。然而，在设计阶段注入木马的可能性大于制造阶段，因为攻击者对设计有更好的理解，并可以将触发条件设计为非常罕见的事件。

构造一个故障模型来描述木马的行为是很困难的。而且木马的设计方式使得它们可以在非常罕见的情况下被激活，而很难被发现。因此，现有的测试方法对于检测硬件木马是不切实际的。有几种运行时的补救措施，包括禁用后门触发器[27,29]、未使用的组件识别[28]以及针对设计的某些恶意属性的运行时监视器。

从外部来源（第三方 IP 核）获得的硬件 IP 核主要风险是，它们可能会出现人为的恶意植入，将不需要的功能、未做记录的测试/调试接口作为隐藏的后门或其他完整性问题。因此，识别不可信 IP 核的安全验证是数字电路设计过程的关键部分。图 9.1 显示了安全验证应该在 SoC 设计的不同阶段完成，以识别可能来自不可信第三方供应商的恶意功能。

有几种方法专注于逻辑测试和芯片预验证，以检测和激活潜在的硬件木马。这些方法在 9.2 节中介绍。在 9.3 节中回顾基于等同性检查的可信验证技术。最后，在 9.4 节中概述了基于模型检查的可信验证。

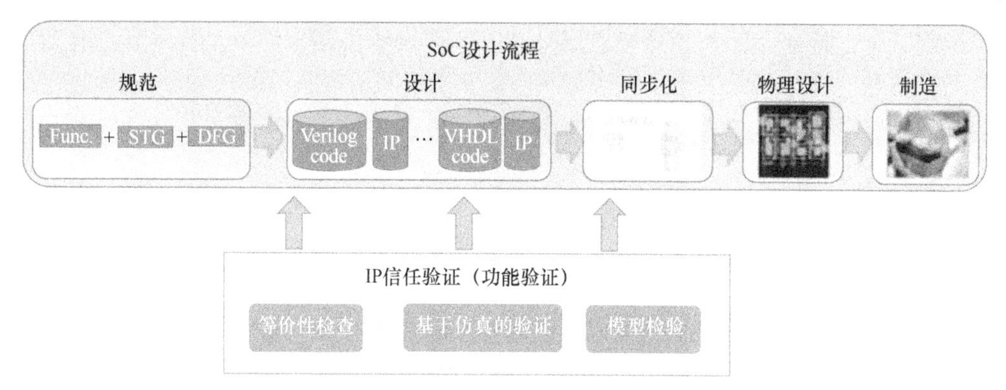

图 9.1 安全验证流程。在 SoC 设计中使用的 IP 核应该使用不同的方法（例如等价性检查，基于仿真的验证和模型检查）来针对功能性度量进行验证，以确保安全性

9.2 逻辑测试木马检测

几种方法专注于引导测试矢量的生成，并比较产生的主要输出与黄金/预期的输出，以检测和激活硬件木马。因为木马的设计方式考虑了非常罕见的条件，所以传统的测试生成技术一般无效。本节将回顾基于仿真的验证方法，包括稀有节点激活、冗余电路检测、N-detect ATPG 和代码覆盖技术，如图 9.2 所示。

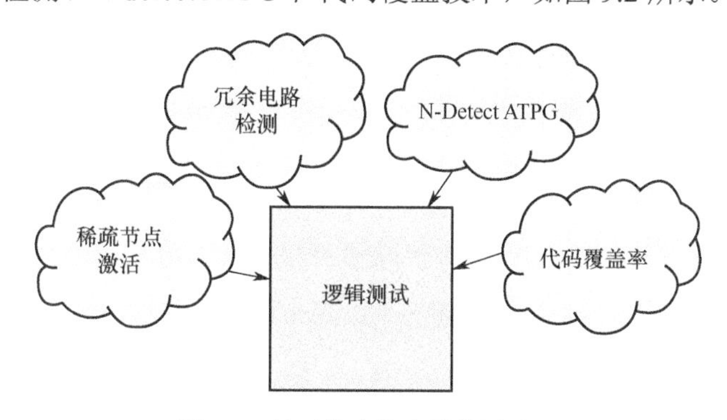

图 9.2 基于仿真的木马检测验证

9.2.1 使用不常用组件进行木马检测

未用电路识别（Unused Circuit Identification，UCI）算法由 Hicks 等[15]提出，利用设计中数据流依赖性报告硅前验证阶段的冗余组件。作者认为，攻击者可以使用这些组件来注入恶意功能，因为他们希望确保在硅前验证期间注入的木马不会暴露。为了检测硬件木马，UCI 算法首先识别具有相同来源和终点的一对信号。然后，它使用验证测试来模拟 HDL 网表，以查找不影响主输出的未使用电路，并停

用这些未使用电路。然而，作者在后来的工作中表明，还有许多其他类型的恶意电路不具备这种隐藏行为，UCI算法无法检测到[25]。

运行时解决方案增加了电路的复杂性，设计人员尝试提出有效的片外验证方法来衡量设计的可信度。Waksman 等[28]提出了一种预制方法，基于布尔函数及其控制值来标记几乎未使用的逻辑组件。作者认为，因为稀有节点很少影响设计输出的功能，几乎未使用的逻辑（稀有节点）将成为攻击者注入难以检测的木马的目标。他们为每个内部信号构建一个近似的真值表（也可以映射到向量），以确定它们对主输出的影响。作者使用不同的启发法从控制值向量中识别后门。然而，这种方法报告设计总节点的 1%～8%为潜在的恶意逻辑，它可能会错误地标记许多安全门（误报）。此外，即使设计是完全可信的，这种方法仍然报告许多节点为可疑逻辑。

FANCI 为触发条件设置概率阈值，并将每个激活概率低于预定值的信号标记为可疑信号。例如，假设阈值被定义为 2^{-32}。如果在特定时钟周期木马的触发是一个 32bit 的特定值，触发激活的概率是 2^{-32}，它就会被标记为恶意信号。Detrust [32]介绍了一种跨多时钟周期触发的木马，它们被激活的可能性被计算得更高，FANCI 会将它们误报为安全门。例如，如果 32bit 触发器通过 4 个连续的时钟周期以 8bit 块的形式到达，FANCI 计算触发器激活概率为 2^{-8}，因为它高于阈值（2^{-32}），所以标记为安全门。

VeriTrust 是由 Zhang 等[33]提出的试图找出在验证测试过程中保持未激活状态的 UCI。该方法将触发条件分为两类，即基于错误的木马和基于寄生的硬件木马。基于错误的木马使电路的功能偏移。基于寄生的木马通过引入新的输入给正常设计添加额外的功能。为了找到基于寄生的触发输入，首先通过现有的验证测试来验证电路，然后查找验证期间未涉及的设计功能条目（如卡诺图的条目），接着设置未覆盖的条目，因为不需要识别无关输入。DeTrust[32]介绍了一种木马，每个门都由主输入的子集驱动。因此，VeriTrust 无法检测到这种类型的木马。

9.2.2 基于 ATPG 的测试生成木马检测

在最近的一个案例研究[31]中，采用代码覆盖率分析和自动测试向量生成（Automatic Test Pattern Generation，ATPG）从没有木马的电路识别有木马注入的电路。这种方法首先利用测试向量进行形式验证和代码覆盖率分析。如果此步骤无法检测到硬件木马的存在，则会检查一些规则以查找未使用的冗余电路。下一步，用 ATPG 工具寻找一些模式来激活冗余/休眠的木马。代码覆盖率分析是通过 RTL（HDL）第三方 IP 核完成的，以确保在设计中不存在难以激活的事件或边界情况，这可能成为设计的后门并泄露秘密信息[1,31]。但是，木马仍然可能存在于代码覆盖率为 100%的设计中。

当使用能够满足木马触发条件的有效测试向量并将激活效果传播到可观察点（如主输出）时，逻辑测试将是有效的。因此，测试可以揭示恶意功能的存在。但是这些测试很难创建，因为触发条件在长时间运行后才会得到满足，而且通常触发的概率被设计得很低。因此，采用传统方法使用类似于 ATPG 的现有测试生成工具，不可能产生激活触发条件的模式。Chakraborty 等[6]提出了一种技术（称为 MERO）可多次生成激活稀有节点的测试。他们的目标是增加触发满足条件来激活木马的概率。然而，MERO 测试激活触发条件的影响可能会被掩盖，因为它在产生测试时不考虑有效载荷。Saha 等[23]提出了一种基于基因算法的技术来指导 ATPG 工具，产生测试以激活木马的触发器，且使用载荷节点传播激活影响。他们的目标是从主要输出中观察木马电路的影响。

文献[1]中介绍一种木马定位方法。这种方法由 4 个步骤组成。

（1）使用随机测试向量或由时序 ATPG 工具生成的测试来模拟设计识别易探测的信号。

（2）全扫描 N-detectATPG 用来检测稀有节点。

（3）利用 SAT 求解器对可疑网表进行等价检查，对可疑信号的搜索空间进行缩减。

（4）使用区域隔离方法对未覆盖的门进行聚类，以找到隐藏恶意功能的门。

然而，由于这种方法是使用 SAT 求解器，因此对于大型和复杂的电路是不可行的。该方法还需要一个通常很难得到的黄金网表。

文献[20]中提出一种预定义的模板用于检测 Oya 等的 Trust-HUB 基准（https://www.trust-hub.org/）。首先，根据现有的木马类型及其特点构建结构化的模板库。然后，根据模板的结构以及这些结构是否仅在木马电路中观察到，对这些模板进行评分。然后定义一个评分阈值来区别来自无木马电路的木马注入电路。但是，当攻击者注入新的木马时，这种方法可能会失效。

9.3 使用等价性检查的木马检测

等价性检查用于验证两种表现形式的电路设计呈现完全相同的行为。从安全角度来看，只有功能的正确验证是不够的。验证工程师必须确保除了电路的正常运行之外不存在额外的活动。换句话说，有必要确保 IP 核正在执行比预期不多也不少的功能[13]。等价性检查是衡量设计可信度的有效方法。

图 9.3 显示了使用 SAT 求解器进行等价性检查的传统方法。规范和实现的主输出被馈送到“异或”门电路，同时整个设计（设计规范、实现和额外的 XOR 门）被建模为布尔公式（CNF 条款）。如果规范和实现是等价的，那么异或门的输出应该总是为零（假）。如果任何输入序列的输出为真，则意味着规范和实现对于相同的输入序列产生不同的输出。因此，将构造的“O”逻辑锥对应的 CNF 子句作为

SAT 求解器的输入以进行等价性检查。如果 SAT 求解器找到可满足的赋值，则规范和实现不等效。基于 SAT 求解器的等价性检查技术在涉及大量不同规范和实现的大型 IP 核时可能会导致状态空间爆炸。类似地，由于算术电路的位爆炸，对较大位宽的复杂算术电路进行基于 SAT 求解器的等价检查方法是不可行的。

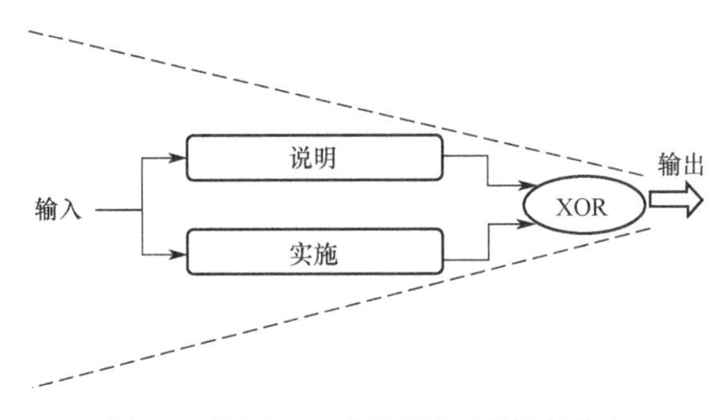

图 9.3 使用 SAT 求解器进行等价性检查

9.3.1 算术电路等价性检查的 Gröbner 基理论

解决硬件设计等价性检查中的状态空间爆炸问题的一个方向是使用计算机符号代数。符号代数运算是指运用数学表达式和算法操作方法来解决各类问题。符号代数特别是 Gröbner 基理论形式化地检查设计的两个级别并搜索导致不匹配或改变功能的组件（硬件木马），可用于等价性检查和硬件木马识别。

计算机符号代数被用于算术电路的等价性检查。主要目标是检查规范多项式 f_{spec} 和门级实现 C 之间的等价性，以发现潜在的恶意功能。算术电路和实现的规范被构造为多项式。算术电路在信号处理、密码学、多媒体应用、错误源代码等应用中是构成数据通路的重要部分。其中大部分算术电路具有定制的结构，并且规模可以非常大，因此潜在故障的可能性高。这些漏洞可能会导致不必要的操作及安全问题，如密钥泄露[3]。因此，算术电路的验证是非常重要的。

使用符号代数，验证问题被映射为测试理想的成员[10,12,24]。这些方法可以应用到使用 Gröbner 基理论[8]的组合[18]和时序[26] Galois 归档 $\mathbb{F}_{2^k}$算术电路以及有符号/无符号整数 $\mathbb{Z}_{2^k}$算术电路[10,13,30]。另一类技术基于功能重写[7]。算术电路和实现的规范被转换成多项式，构成系数为 $\mathbb{F}_{2^k}$的多元环。这些方法使用 Gröbner 基和 Galois 场上的 Strong Nullstellent 将验证问题表述为在电路多项式构造的理想情况下（理想 I）规范多项式 f_{spec} 的理想隶属度测试。理想 I 可以有多个生成元，其中之一被称为 Gröbner 基。后续内容首先简要描述 Gröbner 基理论[8]。然后介绍 Gröbner 基理论在整数算术电路安全性验证中的应用。

令单项式 $M = x_1^{a_1} x_2^{a_2} \cdots x_n^{a_n}$，多项式 $f = C_1M_1+C_2M_2+\cdots+C_tM_t$，其中 $\{c_1,c_2,\cdots,c_t\}$ 为系数，$M_1>M_2>\cdots>M_t$。单项式 $\mathrm{lm}(f) = M_1$ 称为前导单项式，$\mathrm{lt}(f) = C_1M_1$ 是多项

式 f 的前导项。设 $\mathbb{K}$ 是一可计算域，$\mathbb{K}[x_1,x_2,\cdots,x_n]$是 n 个变量中的一个多项式环。$<f_1,f_2,\cdots,f_s>=\left\{\sum_{i=1}^{n}h_i f_i : h_1,h_2,\cdots,h_s\in\mathbb{K}[x_1,x_2,\cdots,x_n]\right\}$是理想 I。集合$\{f_1,f_2,\cdots,f_s\}$是理想 I 的生成基。如果 $V(I)$代表理想 I 的所有仿射簇（$f_1=f_2=\cdots=f_s=0$ 的解的集合），$I(V)=\{f_i\in\mathbb{K}[x_1,x_2,\cdots,x_n]$：$\forall v\in V(I)$，$f_i(v)=0\}$。如果 f_i 在 $V(I)$可消除，则多项式 f_i 是 $I(V)$的成员。Gröbner 基是任意理想 I（当 I 不是零时）的生成元，它用于判断在理想 I 中的任意多项式的归属问题。如果$\forall f_i\in I$，$\exists g_j\in G$：$\mathrm{lm}(g_j)|\mathrm{lm}(f_i)$，那么集合 $G=\{g_1,g_2,\cdots,g_t\}$被称为理想 I 的 Gröbner 基。

Gröbner 基解决了使用一系列除法或约简方法进行理想的成员测试问题。约简操作可以表述如下。如果 $\mathrm{lt}(f_i)=C_1M_1$（非零）可以被 $\mathrm{lt}(g_i)$整除，余式为 $r=f_i-g_i\times[\mathrm{lt}(f_i)/\mathrm{lt}(g_i)]$，多项式 f_i 可以被多项式 g_i 简化。可以用 $f_i\xrightarrow{g_i}r$ 来表示。同理，f_i 可以相对于集合 G 来简化，表示为 $f_i\xrightarrow{G}_+r$。

仅当 $\forall f_i\in I, f_i\xrightarrow{G}_+0$ 时，集合 G 是 Gröbner 基理想 I。Gröbner 基可以用 Buchberger 算法计算[4]。Buchberger 算法如算法 9.1 所示。它使用了一个名为 S-多项式的化简算法。

算法 9.1：Buchberger's algorithm [4]

```
1: procedure GRÖBNER BASIS FINDER
2:     Input：ideal I =<f1, f2,···, fs >≠{0}，initial basis F = {f1, f2,···, fs}
3:     Output: Gröbner Basis G = {g1, g2,···, gt} for ideal I
4:     G = F
5:     V = G×G
6:     while V ≠ 0 do
7:         for each pair (f, g)∈ V do do
8:             V = V −(f, g)
9:             Spoly (f, g) →G r
10:            if r ≠ 0 then
11:                G = G∪r
12:                V = V∪(G× r)
       return G
```

定义 9.1（S-多项式） 假设 $f,g\in K[x_1,x_2,\cdots,x_n]$为非零多项式。$f$ 和 g 的 S-多项式（f 和 g 的线性运算）被定义为

$$\mathrm{Spoly}(f,g)=\frac{\mathrm{LCM}(\mathrm{LM}(f),\mathrm{LM}(g))}{\mathrm{LT}(f)\cdot f}-\frac{\mathrm{LCM}(\mathrm{LM}(f),\mathrm{LM}(g))}{\mathrm{LT}(g)\cdot g}$$

式中：$\mathrm{LCM}(a,b)$为 a 和 b 的最小公倍数。

[例 9.1] 令 $f=6x_1^4x^{52}+24x_1^2-x_2$，$g=2x_1^2x_2^7+4x_2^3+2x_3$，有 $x_1>x_2>x_3$。f 和 g 的 S-多

项式为：

$$\mathrm{LM}(f)=x_1^4\cdot x_2^5$$

$$\mathrm{LM}(g)=x_1^2\cdot x_2^7$$

$$\mathrm{LCM}(x_1^4\cdot x_2^5,x_1^2\cdot x_2^7)=x_1^4\cdot x_2^7$$

$$S\text{-多项式}(f,g)=\frac{x_1^4\cdot x_2^7}{6\cdot x_1^4\cdot x_2^5}\cdot f-\frac{x_1^4\cdot x_2^7}{2\cdot x_1^2\cdot x_2^7}\cdot g=4x_1^2\cdot x_2^2-\frac{1}{6}\cdot x_2^3-2\cdot x_1^2\cdot x_2^3-x_1^2\cdot x_3$$

易知，*S*-多项式计算统一了多项式的首项。如算法 9.1 所示，Buchberger 算法首先计算所有 *S*-多项式（算法 9.1 的第 7～9 行），然后将非零的 *S*-多项式加到 *G* 的基上（第 11 行）。重复这个过程，直到所有计算的 *S*-多项式相对于 *G* 变成零。显然，Gröebner 基可以是非常大的，因此它的计算可能需要很长的时间，因此也可能需要大存储器。这个算法的时间和空间复杂度是指 *F* 中多项式总和加上 *F* 中多项式长度之和的指数函数[4]。当 *F* 增大时，验证过程可能非常缓慢，在最坏的情况下可能是不可验证的。

Buchberger 算法的计算量很大，可能会大幅度影响性能。在文献[5]中已经表明属于集合 $F=\{f_1,f_2,\cdots,f_s\}$（理想 *I* 的生成元）的每一对（f_i,f_j），都有一个互素的主单项式 $\mathrm{lm}(f_i)$。$\mathrm{lm}(f_j)=\mathrm{LCM}(\mathrm{lm}(f_i).\mathrm{lm}(f_j))$，集合 *F* 也是理想的 Gröbner 基 *I*。

基于这些观察结果，可以进行算术电路规范与其实现之间的有效等价检验，如图 9.4 所示。图 9.4 中的主要计算步骤概述如下。

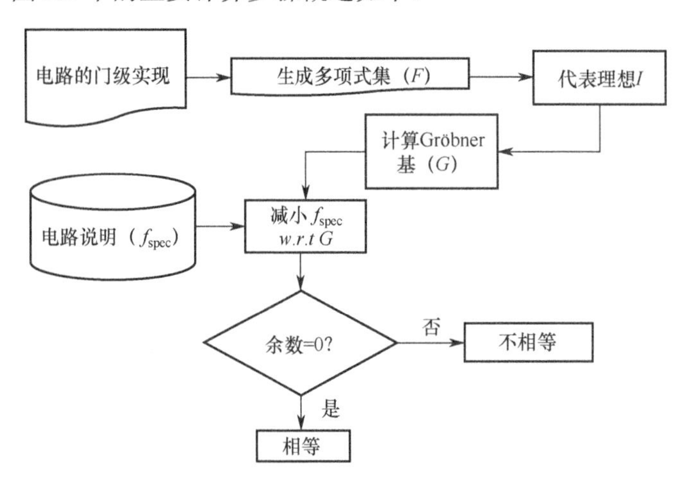

图 9.4　等价性检查流程

① 假设一个计算域 $\mathbb{K}$ 和一个多项式环 $\mathbb{K}[x_1,x_2,\cdots,x_n]$（注意，变量$[x_1,x_2,\cdots,x_n]$是门级实现中的信号的子集），可以导出表示算术电路规格的多项式 $f_{\mathrm{spec}}\in\mathbb{K}[x_1,x_2,\cdots,x_n]$。

② 将算术电路的实现映射到一组属于 $\mathbb{K}[x_1,x_2,\cdots,x_n]$的多项式。集合 *F* 生成理想 *I*。注意，根据域 $\mathbb{K}$，也可以考虑构造理想 I_0 的一些消元多项式。

③ 得出定义>序，每一对（f_i,f_j）的首单项式都是互素的。因此，集合 F 也是 Gröbner 基 $G=F$。

由于组合算术电路是非循环的，因此可以使用门级实现中的信号的拓扑顺序。

④ 最后一步就是相对于 Gröbner 基 G 和大于的顺序降低 f_{spec}。换句话说，验证问题可表示为 $f_i \xrightarrow{G}_+ r$。如果余式 r 等于 0，则门级电路 C 正确地实现了规范 f_{spec}。非零余式意味着实现中存在错误或木马。

Galois 域计算的 Barrett 约简[16]、Mastrovito 乘法和 Montgomery 约简[17]是密码系统的关键算法。为了将图 9.4 所示的方法应用于 Galios 域算术电路的验证，使用 Galois 域上的强零点定理。因为 Galois 域不是一个代数封闭场，所以应该用其封闭场。强零点定理用于构建一个基本的假设，即 $I(V_{\mathbb{F}_{2^k}})=I+I_0$，假设 I_0 可由 $\forall x_i^{2^k}\in\mathbb{F}_{2^k}: x_i^{2^k}-x_i=0$ 消去多项式 $x_i^{2^k}-x_i$ 构造。因此，Gröbner 基理论可以应用于 Galois 域算术电路。文献[18]中提出将每个门转换为多项式来提取电路多项式，而文献[9]中介绍了采用 SINGULAR 计算 $f_{\text{spec}} \xrightarrow{G}_+ r$，可以在几个小时内完成高达 163bit 的 Mastrovito 乘法器的 Galois 域算术电路的验证。在文献[19]中提出了将计算映射到表示验证问题的矩阵，并且使用高斯消元来执行计算，以减少 $f_{\text{spec}} \xrightarrow{G}_+ r$ 的计算成本。

Gröbner 基本理论已经被用来在环 $\mathbb{Z}[x_1,x_2,\cdots,x_n]/2^N$[12]中验证算术电路。无需将每个门表示为多项式，而是提取电路的重复成分，并用一个多项式表示整个重复电路（因为环 $\mathbb{Z}[x_1,x_2,\cdots,x_n]/2^N$ 上的算术电路包含进位链，多项式的数目可能非常大）。因此，电路多项式的数目减少了。为了加速 $f_{\text{spec}} \xrightarrow{G}_+ r$ 计算，多项式由霍纳展开图表示，并通过顺序划分来减少计算量。使用这种方法可以高效地执行对高达 128 位的环 $\mathbb{Z}[x_1,x_2,\cdots,x_n]/2^N$ 上的算术电路的验证。文献[10]中提出了这种方法的扩展，通过查找无扇出域并通过单个多项式表示整个域来显著减少多项式的数量。文献[19]提出了一种基于 Gröbner 基理论，通过高斯消除法减少规范多项式的方法，将其验证时间缩短为几分钟。在所有这些方法中，当余式 r 非零时，表明规范与门级实现不完全等价。因此，可以通过分析非零余式来识别系统中隐藏的故障或木马。本节介绍了在 $\mathbb{Z}_{2^n}$ 上使用这些方法进行整数算术电路的等价检查。尽管针对各种 Galios 域算术电路的验证细节不同，但它们的主要步骤是相似的。

9.3.2 基于余式的功能性木马的自动化调试方法

前面章节已经描述如果有潜在的木马或漏洞的情况，将会产生一个非零的余式。本小节介绍如何使用非零余式来调试木马。为了进行验证，电路设计将用代数表示。换句话说，设计中的每个门都被建模为具有整数系数和来自 $\mathbb{Z}_2$（$x\in$

$\mathbb{Z}_2 \to x^2 = x$）的变量的多项式。可以从主输入输出以及实现中的内部信号中选择变量。这些多项式以逻辑门功能的方式组合在一起。式（9.1）显示了 NOT、AND、OR、XOR 门的相应多项式。应注意，任何复杂的门都可以建模为这些门的组合，并且它的多项式可以通过组合式（9.1）表达，即

$$\begin{cases} z_1 = \text{NOT}(a) \to z_1 = 1 - a \\ z_2 = \text{AND}(a,b) \to z_2 = ab \\ z_3 = \text{OR}(a,b) \to z_3 = a + b - ab \\ z_4 = \text{XOR}(a,b) \to z_4 = a + b - 2ab \end{cases} \tag{9.1}$$

要发现潜在的木马，首先需要进行功能验证。验证方法基于使用直接从门级实现中提取的信息（多项式）变换得来的规范多项式（f_{spec}）。然后，检查变换后的规范多项式是否有零点。为了实现项代换，需要考虑电路的拓扑顺序（主输出具有最高的优先级，主输入具有最低的优先级）。通过考虑导出的变量排序，基于相应设计的多项式，将存在于 f_{spec} 中的每个非主输入变量替换为其等效表达式。然后，计算 f_{spec_i} 而后再处理 $f_{\text{spec}_{i+1}}$，直到计算出零点或得出仅包含主输入（余式）的多项式。应注意，使用一个固定的变量（项）序来替换 f_{spec_i} 中的项将得到唯一的余式[8]。以下示例显示了具有缺陷的 2bit 乘法器的验证过程。

[例 9.2] 假设需要验证图 9.5 所示的具有门级网表的 2 位乘法器，以检查该实现中除设计的主要功能外有无附加功能。假设在设计中存在一个功能性硬件木马，通过放置输入为（A_1，B_0）的或门代替与门，如图 9.5 所示。2 位乘法器的规格由 f_{spec_0} 表示。验证过程从 f_{spec_0} 开始，并使用来自式（9.2）的实现多项式逐个替换它的项。例如，来自 f_{spec_0} 的项 $4Z_2$ 被表达式（$R+O-2RO$）替换。拓扑顺序$\{Z_3,Z_2\}>\{Z_1,R\}>\{Z_0,M,N,O\}>\{A_0,A_1,B_0,B_1\}$被视为执行术语重写。验证结果显示在式（9.2）中。显然，余数是一个非零的多项式，它揭示了设计有漏洞的事实。

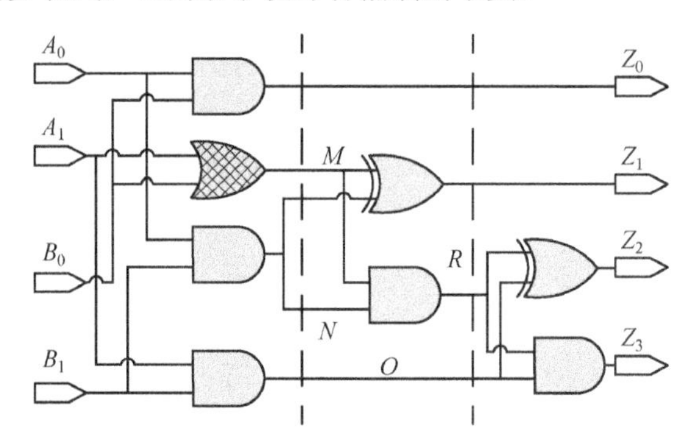

图 9.5　2 位乘法器的木马注入门级网表（一个与门是错误的，它被阴影处的或门取代）

$$
\begin{cases}
f_{\text{spec}_0}: 8Z_3 + 4Z_2 + 2Z_1 + Z_0 - 4A_1B_1 - 2A_1B_0 - 2A_0B_1 - A_0B_0 \\
f_{\text{spec}_1}: 4R + 4O + 2z_1 + Z_0 - 4A_1B_1 - 2A_1B_0 - 2A_0B_1 - A_0B_0 \\
f_{\text{spec}_2}: 42O + 2M + 2N + Z_0 - 4A_1B_1 - 2A_1B_0 - 2A_0B_1 - A_0B_0 \\
f_{\text{spec}_3}(\text{余数}): 2A_1 + 2B_0 - 4A_1B_0
\end{cases}
\tag{9.2}
$$

1. 木马检测的测试生成

研究已经表明，如果最后的余式为零，那么在该实现设计中没有恶意功能，并且设计是无漏洞的[30]。因此，当有一个非零的多项式作为余式时，任何使得余式的十进制值是非零的变量赋值即为制造漏洞的路径。余式用于生成测试用例以激活未知错误或注入的木马[11]。测试确保了可以激活设计中现有的恶意功能。余式是一个具有布尔/整数系数的多项式。它将主输入的一个子集作为其变量。在文献[11]中提出的方法将余式作为输入，并找到所有赋值给它的变量，使得余式的值非零。余式可能不包含所有的主输入。因此，该方法可以使用主输入的一个子集（出现在余式中的）来产生具有自有值的定向测试用例。

将布尔变量定义为有符号/无符号整数值作为余式（$i \neq 0 \in \mathbb{Z}$，检查（$R = i$））值后，可以使用满意度模理论（Satistiability Modulo Theories，SMT）求解器来找到这类赋值。使用 SMT 解算器的问题是，对于每个余式 i，如果可能的话，其最多只找到一个赋值给余式变量来产生 i 的值。

算法 9.2 找到所有可能的赋值，这些赋值产生余数的非零十进制值。它得到余数 R 多项式，主输入（PI）作为输入存在于余数中，并将二进制值馈入 PIs（s_i），并计算项的总值（T_j）。T_j 的值是 1 或 0，因为它仅仅包含二进制变量的乘法（4～5 行）。整个项的值或者是零，或者等于项系数（C_{T_j}）。然后计算所有项的值的和，以找出余式的相应值。如果所有项的和（值）不为零，则将相应的主输入赋值添加到该组测试（第 8～9 行）。

算法 9.2：Directed Test Generation Algorithm
1:　**procedure** TEST–GENERATION
2:　　Input：Remainder，R
3:　　Output：Directed Tests，Tests
4:　　**for** different assignments s_i of PIs in R **do**
5:　　　**for** each term $T_j \in R$ **do**
6:　　　　**if** ($T_j(s_i)$) **then**
7:　　　　　Sum+ = CT_j
8:　　　**if** (Sum ! = 0) **then**
9:　　　　Tests = Tests $\cup\, s_i$
return Tests

[例 9.3] 考虑图 9.5 所示的故障电路和余式 $R = 2 \cdot (A_1+B_0-2 \cdot A_1B_0)$，($A_1 = 1$，$B_0 = 0$）和（$A_1 = 0$，$B_0 = 1$），是使 R 有非零十进制值（$R = 2$）的唯一赋值，这是与门和或门功能之间唯一的区别；否则，该错误将被掩盖。严谨的定向测试用例见表 9.1。

表 9.1 定向测试激活如图 9.5 所示的功能木马

A_1	A_0	B_1	B_0
1	X	X	0
0	X	X	1

余式生成的过程是一次性的，可以通过使用它产生多个定向测试。而且，如果执行中有多个错误，余式将会受到所有错误的影响。因此，每个使余式非零的赋值至少会激活一个现有的错误情况。因此，当设计中存在多个故障时，也可以应用所提出的测试生成方法。

[例 9.4] 假设在图 9.5 所示的电路中，输入（A_0, B_1）的与门被或门错误地替换（因此，在实现 2 位乘法器中有两个功能木马），余式 $R = 6A_1+4B_1+2B_0-12A_1B_1-4A_1B_0$。可以看出，赋值（$A_1 = 1$，$A_0 = 0$，$B_1 = 0$，$B_0 = 0$）显示了 Z_1 中第一个故障的影响，而赋值（$A_1 = 1$，$A_0 = 0$，$B_1 = 0$，$B_0 = 1$）激活了 Z_2 中的第二个故障。

2．木马定位

到目前为止，可以知道实现是不正确的，并且已经拥有用来激活恶意行为的所有必要测试用例。下一个目标是减少状态空间，以便通过使用上面生成的测试用例来定位木马。通过观察输出可能会受到现有木马影响的事实，可以跟踪木马的位置。所提出方法是基于测试用例的模拟。

模拟测试并将输出与黄金输出（黄金输出可从规范多项式中找到）进行比较以追踪集合 $E = \{e_1,e_2,\cdots,e_n\}$ 中的错误（不匹配）输出。每个 e_i 表示一个错误的输出。为了定位错误/硬件木马，门级网表被划分为逻辑锥，而后从中查找无扇出锥（直接连接在一起的门）。算法 9.3 给出了电路的门级网表的划分过程。

如果逻辑门的输出分叉连接到多个逻辑门，那么此门被选为扇出。一般来说，产生主输出的门也被认为是扇出。算法 9.3 将电路的门级网表（Imp）和扇出列表（L_{fo}）作为输入，并返回无扇出锥作为其输出。算法 9.3 从 L_{fo} 中选择一个扇出门，并从该扇出开始向后回溯，直至它到达门 g_i，门 g_i 的输入来自 L_{fo} 或主输入的扇出，该算法将所有访问到的门标记为锥。

算法 9.4 显示了木马定位过程。给定一个错误电路和一组错误的（不匹配的）输出 E，自动定位漏洞的目标是识别所有可能导致恶意功能的锥。首先，从集合 E

中找出构成每个 e_i 的值的逻辑锥集 $C_{ei}=\{c_1,c_2,\cdots,c_n\}$（第 4～5 行）。这些锥包含可疑的门。所有的可疑锥都被做交集，以压缩搜索空间，提高木马定位算法的效率。这些圆锥的交点存储在 C_S（7～8 行）。

算法 9.3：Fanout free cone finder algorithm

```
1： procedure FANOUT–FREE–CONE–FINDER
2：   forEach fanout gate gi∈Lfo  do
3：     C.add(g)
4：     for All inputs gj of gi do
5：       if !(gj∈Lfo∪PI) then
6：         C.add(gj)
7：         Call recursive for all inputs of gj over Imp
8：         Add found gates to C
9：       Cones = Cones∪C
```

算法 9.4：Bug Localization Algorithm

```
1： procedure BUG-LOCALIZATION
2：   Input：Partitioned Netlist，Faulty Outputs E
3：   Output：Suspected Regions CS
4：   for each faulty output ei ∈ E   do
5：     find cones that construct ei and put in Cei
6：   CS =  Cco
7：   for ei ∈ E do
8：       CS  =  CS ∩ Cei
      return CS
```

如果模拟所有的测试值，其结果都表明其中一个输出存在恶意行为，则可以得出结论，错误的位置在产生该输出的锥体中；否则，在其他输出中应该可以检测到错误的影响。另外，当在所有输出中都能观察到错误的影响时，这意味着错误已经在所有电路中传播，所以错误位置更接近主输入。因此，错误的位置在构成错误输出的逻辑锥的交叉处。

[例 9.5] 考虑图 9.6 所示的错误的 2 位乘法器。假设具有输入（M，N）的与门被错误地替换为或门。所以，余式 $R=4A_1B_0+4A_0B_1-8A_0A_1B_0B_1$。激活木马的赋值是基于算法 9.2 计算的模拟测试得到错误的输出为 $E=\{Z_2，Z_3\}$。然后，网表被划分以找到无扇出锥。参与构造错误输出的锥是 $C_{Z_2}=\{2,3,4,6,7\}$ 和 $C_{Z_3}=\{2,3,4,6,8\}$。产生错误输出的逻辑锥交集是 $C_S=\{2,3,4,6\}$。结果，门$\{2,3,4,6\}$可能是引起错误的原因。

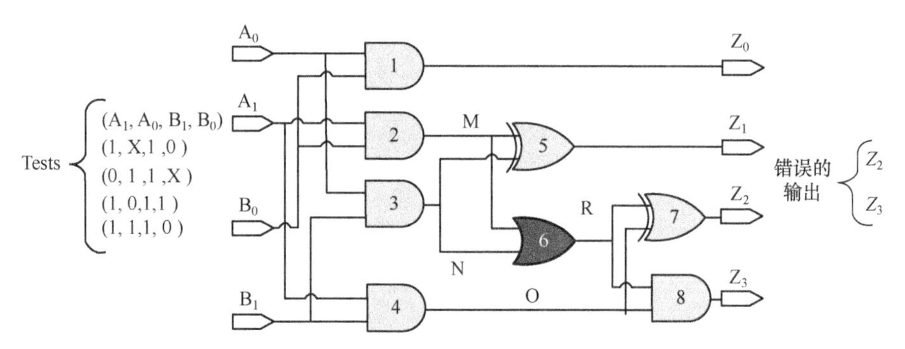

图 9.6　注入木马的 2 位乘法器的门级网表通过相关的测试来激活木马

9.4　使用模型检查的木马检测

模型检查器根据其规范属性（断言）检查设计。设计与属性（功能性行为写成线性时序逻辑公式）一起进行形式化检查，得出设计实现的所有可能状态是否满足属性的结论。模型检查器功能的抽象描述如图 9.7 所示。设计规范可以表示为一组线性时间逻辑（Linear Time Temporal Logic，LTL）属性[21]。每个属性描述设计的一个预期行为。例 9.6 显示了与路由设计相关的属性。

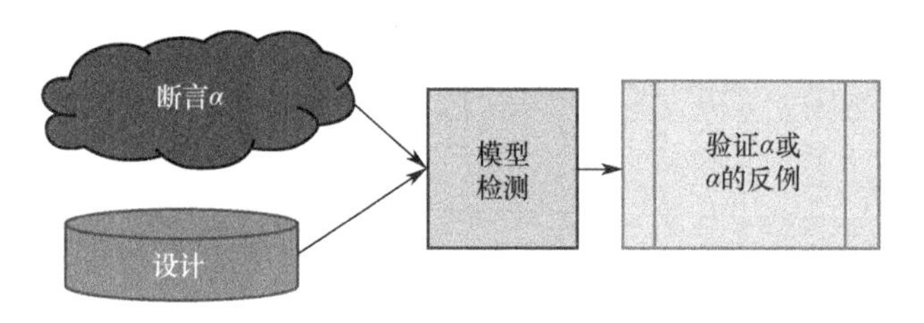

图 9.7　模型检查器功能

[例 9.6] 图 9.8 显示了从其输入通道接收数据包的路由设计。路由模块分析收到的数据包，并根据数据包的地址发送到 3 个通道中的一个通道。F1、F2 和 F3 分别接收地址为 1、2 和 3 的数据包。输入数据由三部分组成：奇偶校验（data_in[0]）；有效载荷（data_in[7..3]）；地址（data_in[2..1]）。RTL 设计实现包括一个连接到其输入端口的 FIFO 和 3 个连接到输出的 FIFO。FIFO 由 FSM 控制。路由模块读取输入数据包并决定相应的目标 FIFO 的写入信号（write1，write2 和 write3）。

假设设计人员要确保每当路由模块收到地址为 1（data_in[2..1] = 2'b01）的数据包时，此数据包最终保存在负责接收地址为 1 的数据的 FIFO 模块 F_1 中（相应的 F_1 FIFO 模块的写入信号将写为断言）。可以将该属性定义为

assert P1: always ((F_0.data_in[2] = 0 ∧ F_0.data_in[1] = 1)→eventually(write1 = 1))

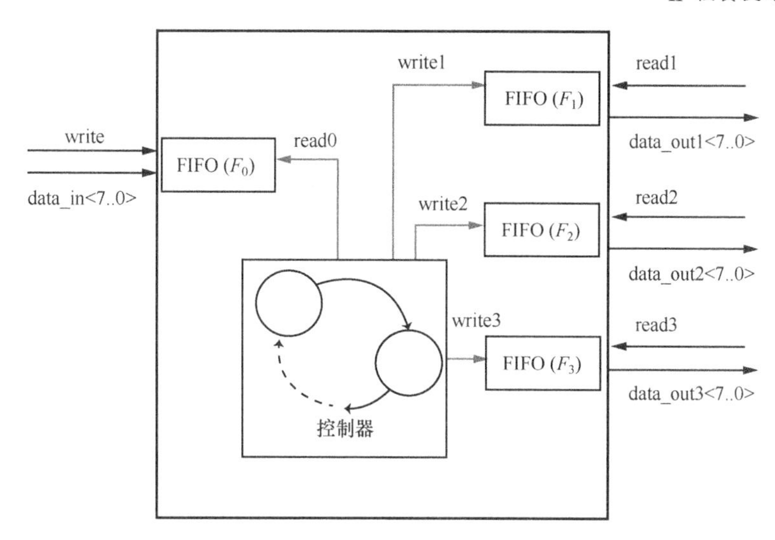

图 9.8　路由器设计的框图

对设计进行形式化验证，模型检查人员检查设计的所有可能状态。例如，如果设计有一个 5 位输入，那么输入会为设计引入 2^5 个不同的状态。因此，模型检查器在应用于大型复杂设计时具有状态空间约束。有界模型检查用于克服模型检查器的空间限制。它仅检查一定数量的设计变化，如果发现违规，则会为目标属性[2]生成一个反例。有界模型检查器将电路展开一定数量的时钟周期，并提取展开设计的布尔可满足性赋值，向 SAT 求解器提供布尔可满足性赋值，以搜索导致断言失败的赋值。只要模型检查器在执行属性时面临违规，就会生成一个反例。有限模型检查器抽象概述如图 9.9 所示。由于有界模型检查器不检查所有状态，因此无法形式化验证给定的属性。在有限的模型检查中，假设设计者知道一个属性应该保持多少个周期。周期数（N）被馈送给 SAT 求解器引擎，以在 N 个状态序列转换（在 N 个时钟周期内）内找到反例。

Karri 等[22]提出了一种使用有界模型检查器来检测设计中的恶意功能的方法。他们考虑的威胁模型是，攻击者是否可以破坏驻留在 N 位数据关键寄存器中的数据，如包含密码设计的密钥、处理器的堆栈指针或路由模块地址。一组属性用于描述关键寄存器数据是否被安全访问。然后将属性输入到与设计相关的有界模型检查器中。有界检查尝试找到未经授权访问并违反给定属性的关键记录。

例如，需要确保处理器的堆栈指针只能有以下 3 种访问方式：增加一条指令（I_1）；递减一个指令（I_2）；使用复位信号（I_3）。堆栈指针只能通过以上 3 种方式访问，如果以不同的方式访问堆栈指针，则应该将其视为故障和安全威胁。该属性可以写成

$$\text{PC\_safe\_access：assert always } (I_{\text{trigger}} \notin I = \{I_1, I_2, I_3\} \rightarrow \text{PC}_t = \text{PC}_{t-1})$$

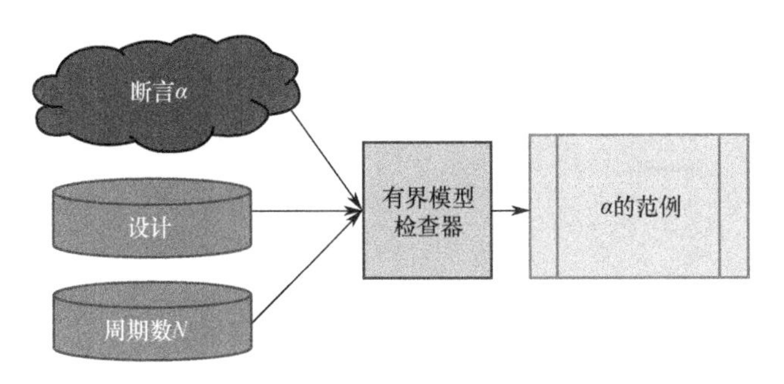

图 9.9　有界模型检查功能

属性被送到有界模型检查器，只要模型检查器找到给定属性的反例，就会检测到故障。但是，这种方法需要事先知道所有重要数据的安全访问方式，人们很难做到这一点。而且，将安全访问方式转换为 LTL 公式也并不简单。因为模型检查器需要设计遵从特定语言/格式，RTL 设计难以翻译成这些语言，故而难以应对大型和复杂的设计。而且，木马被数千甚至数百万次触发后，将面临状态空间的爆炸。

模型检验器和定理证明器在文献[14]中结合在一起，以解决验证安全属性时两种方法的延伸性和开销问题。在这种方法中，安全属性被转化为形式定理。下一步，将定理转换为关于设计子模块的不相交的引理。接下来，将引理建模为属性规范语言（Property Specification Language，PSL）声明，然后调用模型检查器来检查设计中是否存在木马。

参考文献

1. M. Banga, M. Hsiao, Trusted RTL: trojan detection methodology in pre-silicon designs, in *Proceedings of 2010 IEEE Internationl Symposium on Hardware-Oriented Security and Trust (HOST)* (2010), pp. 56–59
2. A. Biere, A. Cimatti, E. Clarke, Y. Zhu, Symbolic model checking without bdds, in *International Conference on Tools and Algorithms for the Construction and Analysis of Systems* (Springer, Berlin, 1999), pp. 193–207
3. E. Biham, Y. Carmeli, A. Shamir, Bug attacks, in *CRYPTO 2008*, ed. by Wagner, D. LNCS, vol. 5157 (Springer, Heidelberg, 2008), pp. 221–240
4. B. Buchberger, Some properties of gröbner-bases for polynomial ideals. ACM SIGSAM Bull. **10**(4), 19–24 (1976)
5. B. Buchberger, A criterion for detecting unnecessary reductions in the construction of a groebner bases, in *EUROSAM* (1979)
6. R.S. Chakraborty, F. Wolf, C. Papachristou, S. Bhunia, Mero: a statistical approach for hardware trojan detection, in *International Workshop on Cryptographic Hardware and Embedded Systems (CHES'09)* (2009), pp. 369–410
7. M.J. Ciesielski, C. Yu, W. Brown, D. Liu, A. Rossi, Verification of gate-level arithmetic circuits by function extraction, in *IEEE/ACM International Conference on Computer Design Automation (DAC)* (2015), pp. 1–6
8. D. Cox, J. Little, D. O'shea, Ideal, Varieties and Algorithm: An Introduction to Computational Algebraic Geometry and Commutative Algebra (Springer, Berlin, 2007)

9. W. Decker, G.-M. Greuel, G. Pfister, H. Schönemann, SINGULAR 3.1.3 A Computer Algebra System for Polynomial Computations. Centre for Computer Algebra (2012). http://www.singular.uni-kl.de
10. F. Farahmandi, B. Alizadeh, Groebner basis based formal verification of large arithmetic circuits using gaussian elimination and cone-based polynomial extraction, in *Microprocessors and Microsystems - Embedded Hardware Design* (2015), pp. 83–96
11. F. Farahmandi, P. Mishra, Automated test generation for debugging arithmetic circuits, in *2016 Design, Automation & Test in Europe Conference & Exhibition (DATE)* (IEEE, New York, 2016), pp. 1351–1356
12. F. Farahmandi, B. Alizadeh, Z. Navabi, Effective combination of algebraic techniques and decision diagrams to formally verify large arithmetic circuits, in *2014 IEEE Computer Society Annual Symposium on VLSI* (IEEE, New York, 2014), pp. 338–343
13. X. Guo, R.G. Dutta, Y. Jin, F. Farahmandi, P. Mishra, Pre-silicon security verification and validation: a formal perspective, in *ACM/IEEE Design Automation Conference (DAC)* (2015)
14. X. Guo, R.G. Dutta, P. Mishra, Y. Jin, Scalable soc trust verification using integrated theorem proving and model checking, in *IEEE International Symposium on Hardware Oriented Security and Trust (HOST)* (2016)
15. M. Hicks, M. Finnicum, S. King, M. Martin, J. Smith, Overcoming an untrusted computing base: detecting and removing malicious hardware automatically, in *IEEE Symposium on Security and Privacy (SP)* (2010), pp. 159–172
16. M. Knežević, K. Sakiyama, J. Fan, I. Verbauwhede, Modular reduction in gf (2 n) without pre-computational phase, in *International Workshop on the Arithmetic of Finite Fields* (Springer, Berlin, 2008), pp. 77–87
17. C. Koc, T. Acar, Montgomery multiplication in $GF(2^k)$, Des. Codes Crypt. **14**(1), 57–69 (1998)
18. J. Lv, P. Kalla, F. Enescu, Efficient groebner basis reductions for formal verification of galois field multipliers, in *Proceedings Design, Automation and Test in Europe Conference (DATE)* (2012), pp. 899–904
19. J. Lv, P. Kalla, F. Enescu, Efficient groebner basis reductions for formal verification of galois field arithmetic circuits. IEEE Trans. CAD **32**, 1409–1420 (2013)
20. M. Oya, Y. Shi, M. Yanagisawa, N. Togawa, A score-based classification method for identifying hardware-trojans at gate-level netlists, in *Design Automation and Test in Europe (DATE)* (2015), pp. 465–470
21. A. Pnueli, The temporal semantics of concurrent programs, in *Semantics of Concurrent Computation* (Springer, Berlin, 1979), pp. 1–20
22. J. Rajendran, V. Vedula, R. Karri, Detecting malicious modifications of data in third-party intellectual property cores, in *Proceedings of the 52nd Annual Design Automation Conference* (ACM, New York, 2015), p. 112
23. S. Saha, R. Chakraborty, S. Nuthakki, Anshul, D. Mukhopadhyay, Improved test pattern generation for hardware trojan detection using genetic algorithm and boolean satisfiability, in *Cryptographic Hardware and Embedded Systems (CHES)* (2015), pp. 577–596
24. N. Shekhar, P. Kalla, F. Enescu, Equivalence verification of polynomial datapaths using ideal membership testing. IEEE Trans. Comput. Aided Des. Integr. Circuits Syst. **26**(7), 1320–1330 (2007)
25. C. Sturton, M. Hicks, D. Wagner, S. King, Defeating uci: building stealthy and malicious hardware, in *IEEE Symposium on Security and Privacy (SP)* (2011), pp. 64–77
26. X. Sun, P. Kalla, T. Pruss, F. Enescu, Formal verification of sequential galois field arithmetic circuits using algebraic geometry, in *Design Automation and Test in Europe (DATE)* (2015), pp. 1623–1628
27. A. Waksman, S. Sethumadhavan, Silencing hardware backdoors, in *2011 IEEE Symposium on Security and Privacy* (IEEE, New York, 2011), pp. 49–63
28. A. Waksman, M. Suozzo, S. Sethumadhavan, Fanci: identification of stealthy malicious logic using boolean functional analysis, in *ACM SIGSAC Conference on Computer & Communications Security* (2013), pp. 697–708
29. A. Waksman, S. Sethumadhavan, J. Eum, Practical, lightweight secure inclusion of third-party

intellectual property. IEEE Des. Test Comput. **30**(2), 8–16 (2013)

30. O. Wienand, M. Welder, D. Stoffel, W. Kunz, G.M. Greuel, An algebraic approach for proving data correctness in arithmetic data paths, in *Computer Aided Verification (CAV)* (2008), pp. 473–486
31. X. Zhang, M. Tehranipoor, Case study: detecting hardware trojans in third-party digital ip cores, in *2011 IEEE International Symposium on Hardware-Oriented Security and Trust (HOST)* (IEEE, New York, 2011), pp. 67–70
32. J. Zhang, F. Yuan, Q. Xu, Detrust: defeating hardware trust verification with stealthy implicitly-triggered hardware trojans, in *Proceedings of the 2014 ACM SIGSAC Conference on Computer and Communications Security* (ACM, New York, 2014), pp. 153–166
33. J. Zhang, F. Yuan, L. Wei, Y. Liu, Q. Xu, Veritrust: verification for hardware trust. IEEE Trans. Comput. Aided Des. Integr. Circuits Syst. **34**(7), 1148–1161 (2015)

第 10 章　基于可证明硬件的 IP 核可信确认

10.1 概　　述

快速增长的第三方知识产权（IP 核）市场为 IP 核的消费者在设计电子系统时提供了高度的灵活性，这一特点使针对利润敏感的市场的开发时间和专业知识大大减少。然而，被忽视的一个关键问题是基于第三方 IP 核的硬件设计的安全性。从历史上看，相比于安全，IP 核的消费者更注重 IP 核的功能和性能，IP 核设计流程（图 10.1）反映了对强健安全策略开发的疏忽，IP 核规范通常只包含功能和性能测试。

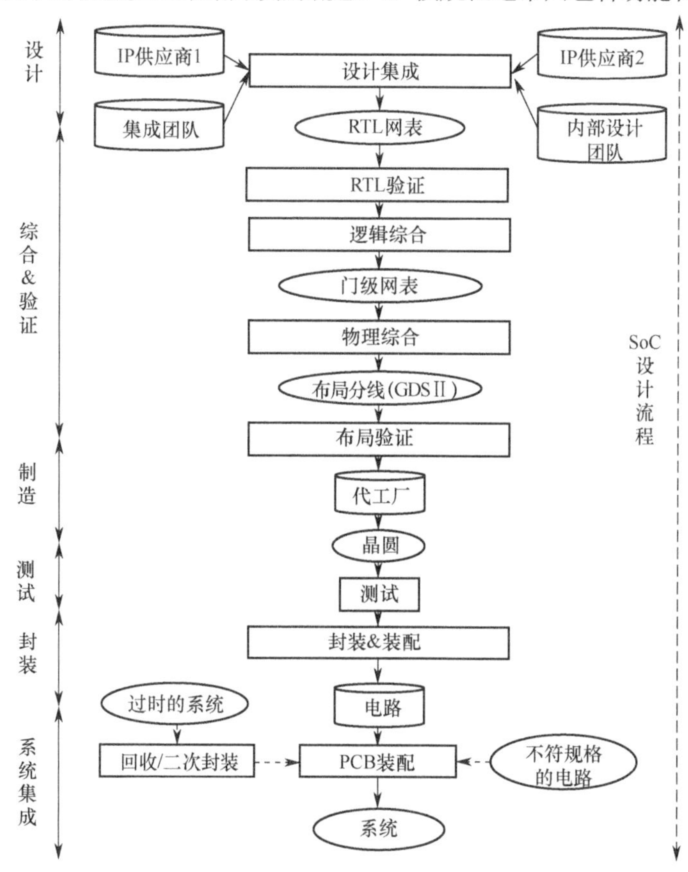

图 10.1　供应链内的 IC 设计流程

SoC 设计中第三方软 IP 核的普遍使用引发了安全问题，因为当前的 IP 核的核心验证方法注重的是 IP 核功能而不是可信度。此外，IP 核交易市场缺乏监管，加重了 SoC 设计人员的困境，迫使他们自行对 IP 核进行验证。为了帮助 SoC 设计人员进行 IP 核验证，开发了各种方法，利用增强的功能测试或对内部节点进行概率分析，用于 IP 核可信评估和恶意逻辑检测[1-2]。然而，这些方法很容易被精心设计的硬件木马[3-5]绕过。IP 核的核心可信评估也引入了形式化方法[1,6-10]，在所有提出的形式化方法中，源自随码证明（Proof-Carrying Code，PCC）和可证明硬件（Proof-Carrying Hardware，PCH）成为证明软 IP 核和可重构逻辑中不存在恶意逻辑的是最普遍的方法之一[6-10]。在 PCH 方法中，IP 核的可综合寄存器传输级（RTL）代码和非形式化安全属性首先在 Gallina 中（Coq 证明器的内部函数式编程语言[11]）表示出来。然后，使用 Hoare 逻辑推理方法来验证 Coq 平台中 RTL 代码的正确性。

本章的其余部分安排如下：在 10.2 节中回顾了现有的知识产权保护方法，介绍了威胁模型，并提供了两种不同的形式化验证方法的相关背景。10.3 节提供了确保 IP 核可靠性的 PCH 方法的详细解释。最后，10.4 节总结了本章。

10.2 知识产权保护的形式化验证方法回顾

为了应对不可靠的第三方资源的威胁，最近提出了硅前的可信评估方法[1,12-13]。这些方法大多数试图采用额外测试向量增强功能测试来触发恶意逻辑。文献[12]中提出了一种将“木马矢量”生成测试模式的方法，尝试在功能测试过程中激活硬件木马。为识别可疑的电路，UCI[13]方法分析了 RTL 代码以找到从未使用的代码行。然而，这些方法假定攻击者使用罕见事件作为木马触发器，使用“较不罕见”事件作为触发器将使 UCI 失效。这在文献[14]中得到了证明，其中硬件木马针对 UCI 而设计。

考虑到增强的功能测试方法的局限性，研究人员开始寻求形式化的解决方案。尽管在早期阶段，形式化方法在详尽的安全性验证中已经显示出其优于测试方法的优势[8-9,15-16]。文献[15]采用了包括基于断言的验证、代码覆盖率分析、冗余电路去除、等价性分析以及使用时序自动测试模式生成（ATPG）的多阶段方法来识别用于检测硬件木马的可疑信号。这种方法在 RS232 电路上得到了验证，其检测木马信号的效率在 67.7%～100%之间。在文献[8-9，16]中，使用 PCH 框架来验证软 IP 核的安全属性。在 Coq 证明器[11]的支持下，安全属性被形式化描述并被证明以确保 IP 核的可信性。在 10.3 节中，将更详细地解释用于软 IP 核验证的 PCH 方法。该方法使用交互式定理证明器和模型检查器来验证设计。

10.2.1 威胁模型

本章中的 IP 核保护方法是基于供应链设计阶段对手注入恶意逻辑的威胁模型。假设第三方 IP 核设计机构的流氓代理可以访问硬件描述语言（HDL）代码，并注入硬件木马或后门来操纵设计的关键寄存器。这种木马要么在预定的时间通过计数器，要么通过输入矢量或在特定的物理条件下触发。激活以后，它会泄露来自芯片的敏感信息、修改功能或导致硬件拒绝服务。本章仅考虑可以由特定“数据”输入向量激活的木马程序。

同时，假设在所有方法中使用的验证工具（如 Coq）产生正确的结果。安全定理的可证明表明了设计的真实性；相反则表明存在恶意逻辑。然而，如果 IP 核被注入的木马行为未被该框架安全属性捕获，则该框架不能保护该 IP 核。此外，还有一个假设，即攻击者具有错综复杂的硬件知识，能识别关键的寄存器并修改它们用以进行攻击。

10.2.2 形式验证方法

形式化方法已被广泛用于硅前、后阶段的安全属性的验证和认可[8-9,15-20]。这些以前的方法利用以下两种技术之一，即模型检查和交互/自动定理证明，来进行设计验证。

1. 定理证明

定理证明是用来证明或反证明按逻辑语句所表达的系统性质[21-28]。多年来，已开发了多种定理证明器（交互式和自动式）用于证明硬件和软件系统的特性。但是，使用定理证明在大型复杂系统上进行验证需要消耗太多的精力和时间。不考虑这些限制，定理证明器目前已经广泛应用于硬件上的安全属性验证。在所有的形式化方法中，定理证明已经成为验证大规模设计的最显著的解决方案。

一个具有代表性的交互式定理证明器的例子是被称为 Coq 证明器的开源工具[11]。Coq 是一个交互式的定理证明器或证明助手，它可以验证软件和硬件程序的规范[25]。在 Coq 中，程序、属性和证明表示为 Gallina 规范语言的项。通过使用 Curry-Howard 同构、交互式定理证明器以其依赖类型语言（称为归纳构造演算（Calculus of Inductive Construction，CIC））形式化了程序和证明，使用 Coq 的内置式检查器自动检查程序证明的正确性。为了加快建立证明的过程，Coq 提供了一个由策略组成的程序库。然而，现有的 Coq 策略不能捕获硬件设计的属性，因此无法显著减少大规模硬件 IP 核认证所需的时间[6-8]。

2. 模型检查器

模型检查[29]是一个自动化的验证和确认软、硬件应用模型的方法[30-42]。在该方法中，具有初始状态s_0的模型（硬件 Verilog/VHDL 代码），$\mathcal{M}$表示转换系统，其行为规范（断言）φ表示时序逻辑。这种技术的底层算法通过搜索模型的状态空间，以确定其是否满足规范。这可以形式化表示为：$\mathcal{M}$，$s_0 \models \varphi$。如果模型不满足规范，模型检查器会产生一个表示为路径的反例[43-44]。最近，模型检查器已被用于检测第三方 IP 核中的恶意信号[15,20]，即采用包括简约的有序二叉决策图（Reduced Order Binary Decision Diagrams，ROBDD）和可满足性（Satisfiability，SAT）求解的符号化方法的模型检查方法，对 SoC 应用验证时出现的状态空间爆炸问题[45]只取得了有限的成功。例如，具有 n 个布尔变量的模型可以具有多达2^n个状态，具有 1000 个 32bit 整数变量的典型软 IP 核具有数十亿个状态。

使用 ROBDD 进行符号模型检查是用于硬件系统验证的最初方法之一[46-48]。不同于明确的状态模型检查，其中系统的所有状态都被明确地枚举，该技术模型使用 ROBDD 表示转换系统（以符号表示）。ROBDD 是系统布尔表达式的唯一标准表示，随后，使用时序逻辑来表示要检查的规范。然后用模型检查算法检查规范是否对系统的一组状态为真。尽管 ROBDD 是一个流行的符号化表示系统状态的数据结构，但它需要找到状态变量的最优排序，这是一个 NP 难题。如果没有正确的排序，ROBDD 的大小会显著增加。此外，存储和操作具有大状态空间的系统二叉决策图（Binary Decision Diagrams，BDD）是内存密集型的。

另一种称为有界模型检查（Bounded Model Checking，BMC）的技术用 SAT 解决方案代替 BDD 进行符号检查[49-51]。在这种方法中，首先使用系统模型，时序逻辑规范和边界来构建命题公式。然后将该公式提供给 SAT 求解器，以获得满足的赋值或证明不存在这种赋值。虽然 BMC 在某些情况下胜过基于 BDD 的模型检查，但当边界很大或无法确定时，该方法不能用于测试属性（规范）。

10.3 支持 IP 核保护的可证明硬件框架

软件领域已经提出了各种方法来验证软件程序的可靠性和真实性。这些方法保护计算机系统免受不可信软件程序的侵害。这些方法中的大多数都会让软件消费者对代码进行验证。然而，随码证明（PCC）将验证转换给软件提供者（软件供应商/开发商）。图 10.2 概括了 PCC 框架的基本工作过程。

在 PCC 进程的源代码认证阶段，软件提供者根据软件使用者设计的安全属性验证代码，并用 PCC 二进制文件中的可执行代码对安全属性的形式证明进行编码。在证明验证阶段，软件使用者通过使用证明检查器验证 PCC 二进制文件来确定来自不可信软件提供者的代码是否可以安全执行[52]。

在硬件领域使用了一种类似的机制，称为可证明硬件（Proof Carrying

Hardware，PCH），用于保护第三方软 IP 核[8-10]。PCH 框架通过验证一组精心设计的安全属性来确保软 IP 核的可信性。PCH 框架的工作流程如图 10.3 所示，IP 核消费者向 IP 核供应商提供设计规范和非形式化的（自然语言编写的）安全属性。在接收到请求后，IP 核供应商使用硬件描述语言（HDL）开发 RTL 设计。然后，将 HDL 代码和非形式化安全属性的语义翻译执行到 Gallina。随后，Hoare 逻辑风格的推理用于证明 RTL 代码相对于 Coq 中形式化刻画的安全属性的正确性。由于 Coq 支持自动证明检查，因此可以帮助 IP 核客户以最小的投入验证安全属性。此外，IP 核供应商和 IP 核消费者使用 Coq 平台确保相同的演绎规则被用于验证证明。验证之后，IP 核供应商向 IP 核消费者提供 HDL 代码（原始版本和翻译版本）、安全属性的形式化安全定理以及这些安全定理的证明。随后，IP 核消费者使用 Coq 中的证明检查器快速验证翻译后代码的安全性。证明检查过程快速、自动化，不需要大量的计算资源。

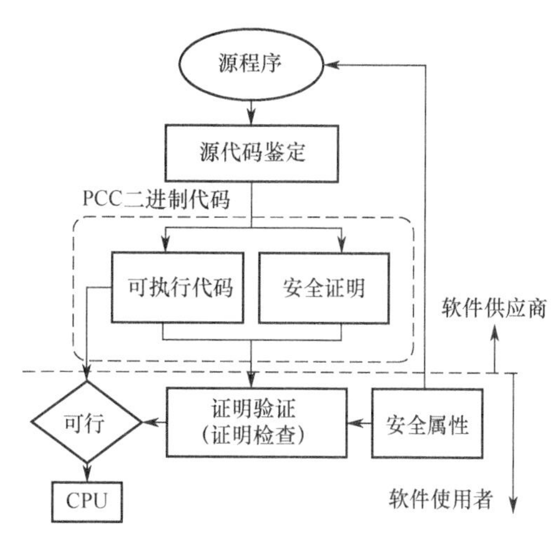

图 10.2　PCC 框架的工作程序[52]

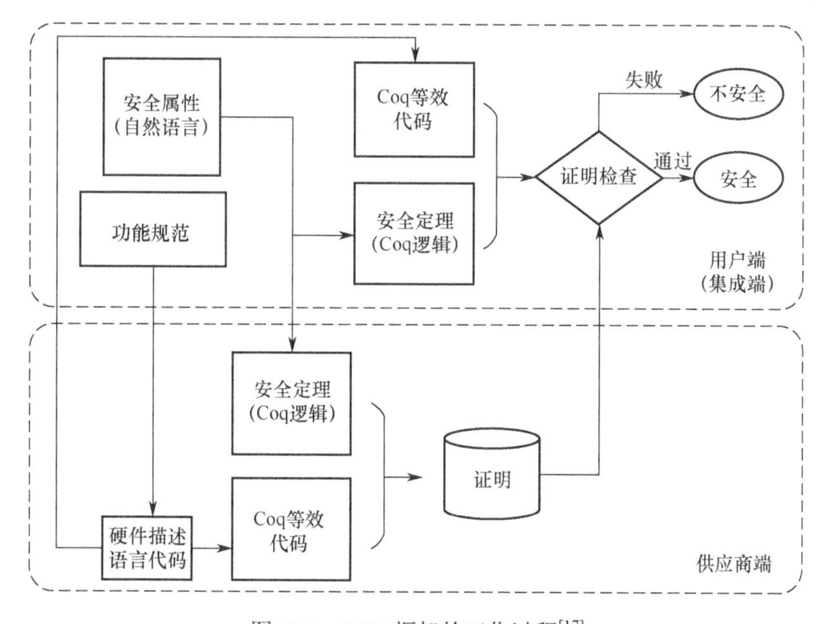

图 10.3　PCH 框架的工作过程[17]

10.3.1 语义翻译

基于PCH的IP核保护方法需要将HDL中的电路设计语义转换为Coq的规范语言Gallina。因此，在文献[10]中开发了一个形式化的HDL，其中包括一套规则来实现这个翻译。这些规则有助于表示基本的电路单元、组合逻辑、时序逻辑和模块实例。在文献[53]中进一步扩展了形式化HDL支持层次化设计方法，用于表示SoC等大型电路。下面给出了形式化HDL的简要描述。

（1）基本电路单元。在形式化HDL中，基本电路单元是最重要的组件，它们包括信号和总线。在翻译过程中，3个数字值用于信号，表示高、低和不定值。为了表示时序逻辑，总线类型被定义为一个函数，该函数采用时序变量 t 并返回一个信号值列表，如代码清单10.1所示。所有电路信号都是总线类型的，它们的值可以通过阻塞赋值或非阻塞赋值来修改。而且，输入和输出也被定义为总线类型。

清单10.1　语义模型中的基本电路单元

```
Inductivevalue := lo|hi|x.
Definitionbus_value := list value.
Definitionbus := nat ->bus_value.
Definitioninput := bus.
Definitionoutput := bus.
Definitionwire := bus.
Definitionreg := bus.
```

（2）信号操作。逻辑运算，如或非、异或以及总线比较操作。例如，检查Gallina中的总线相等和小于：bus_eq和bus_lt；条件语句：if ... else ...检查信号是打开还是关闭。要将此功能并入Coq，还需要添加一个特殊函数bus_eq_0，将总线值与hi或lo进行比较，见代码清单10.2。

清单10.2　语义模型中的信号操作

```
Fixpoint bv_bit_and  (a b :bus_value) {struct a} :bus_value :=
   match a with
   |nil  = > nil
   |la ::a'  = >
      match b with
      | nil  = > nil
      |lb ::b'  = >(v_and la lb)::(bv_bit_and a' b')
```

```
        end
    end
  Definition bus_bit_and (a b :bus) :bus :=
    fun t :nat  = >bv_bit_and (a t) (b t).
  Fixpoint bv_eq_0 (a :bus_value) {struct a} :value :=
    match a with
      |hi ::lt  = >lo
      |lo ::lt  = > bv_eq_0 lt
      | nil  = > hi
    end
  Definition bus_eq_0 (a :bus) (t :nat) :value := bv_eq_0 (a t).
```

（3）组合和时序逻辑。语义、信号及表达式的定义为将 RTL 电路转换为 Coq 语句铺平了道路。组合和时序逻辑是在总线上构建的更高级逻辑描述。形式化 HDL 的关键字 assign 用于阻塞赋值；update 主要用于非阻塞赋值。在阻塞赋值期间，总线值将在当前时钟周期更新，在非阻塞赋值中，总线值将在下一个时钟周期更新，见清单 10.3。

清单 10.3 语义模型中的信号操作

```
  Fixpoint assign (a: assignblock) (t: nat) {struct a}:=
      (* Blocking assignment *)
  match a with
  |expr_assignbus_one e = >bus_one t = eval e t
  |assign_useless = > True
  |assign_cons a1 a2 = > (assign a1 t) ∧ (assign a2 t)
  end
  Fixpoint update (u: updateblock) (t: nat) {struct u} :=
     (* Nonblocking assignment *)
  match u with
  |(upd_expr bus exp) = > (bus (S t)) = (eval exp t)
  |(updcons  block1  block2) = >  (update  block1  t)  ∧   (update
block2 t)
  |upd_useless = > True
  end
```

（4）模块定义。在处理分层电路结构时，Verilog（和 VHDL）的模块定义/实例化至关重要，但只要模块的接口信号及其时序正确定义，就不会有问题。然而，就安全属性验证的任务而言，忽略其内部结构将子模块视为功能单元可能会导致问题。分别证明顶层模块及所有子模块的安全性属性，并不能保证相同的属性适用于整个层次化设计，攻击者可以轻易地注入硬件木马恶意修改接口，而不会违反所有模块单独证明的安全属性。因此，模块定义/实例化的操作应该确保可以从顶层模块访问子模块的细节，以便保持任何安全属性（如果证明）在整个设计中有效。所以，在 PCH 中，将层次化设计扁平化，使得子模块及其接口对顶层模块是透明的。module 和 module-inst 是模块定义和实例的关键词。在文献[53]中，Coq 中引入了表示模块的新语法，保留了层次结构，不需要设计扁平化。

Coq 证明器的形式化语言 Gallina 的基本形式是依赖于类型的 lambda 演算，它在相同的语法结构中定义了类型和术语。在翻译过程中，使用形式化 HDL 将 HDL 的语法和语义翻译成 Gallina。

10.3.2 通过信息流跟踪的数据保护

在所有潜在的 RTL 恶意修改中，几十年来敏感信息保护一直是网络安全领域的一个研究课题。当下已开发了各种方法，依靠安全的语言和软件级别的动态检查来检测缓冲区溢出攻击和格式化字符串漏洞。这些方法要么具有高误报率，要么会导致性能显著降低。考虑到这些限制，研究人员发明了基于软、硬件协同设计的新的信息保护方案，其中基础硬件也将积极参与动态信息流跟踪。这一新趋势已经证明在提高检测准确性和降低性能开销方面取得了成功，但要以硬件级别修改为代价。例如，文献[54]中的作者提出了一个动态信息流跟踪框架，所有的内部存储元件都配有一个安全标签。

文献[55]中的作者关注指针污染以防止控制数据和非控制数据攻击。除了信息流跟踪外，还增强了硬件，有利于防止信息泄露。例如，InfoShield 体系结构[56]，该体系结构对敏感数据的操作施加限制。同样，RIFLE 体系结构是在信息流安全（Information Flow Security，IFS）指令集体系架构（Instruction Set Architecture，ISA）的基础上开发的，其中所有由基本 ISA 定义的状态都被标签扩充[57]。最近，开发了一种新的软、硬件架构来支持更灵活的安全策略，既可以保护敏感数据[58]，也可以防止来自不可信第三方操作系统内核扩展[59]的恶意操作。

目前也提出了两种形式化的信息流跟踪方法，即静态信息流跟踪[60]和动态信息保证[9]，以解决硬件木马带来的挑战，防止敏感信息泄露。这两个方案遵循可证明硬件 IP 核（PCHIP）[8]的概念，以提高第三方 IP 核的可信度。

这两种形式化的方法特别针对秘密信息保护，抵御硬件软 IP 核中的 RTL 硬件木马攻击及意料之外的设计后门。这两种方法的复杂性不同，它们在设计中跟踪信息的方法也不同。静态信息流跟踪方案适用于小型设计，在证明开发中需要较少的投入，而动态信息保证方案不仅考虑了更复杂和流水线化设计的需求，并且需要更多投入来构造安全性定理的证明。设计人员可以根据他们的要求采用这两种方法。

静态信息流跟踪方案和动态信息保证方案与 PCH IP 核保护框架相结合，容纳数据保密属性作为安全属性。此外，由于目标数据保密属性与电路功能规格无关，因此 IP 核供应商可以将属性从自然语言翻译成形式定理，而不需要指定目标电路，并且可以将翻译后的形式定理存储在类似设计的属性库中。Coq 属性库的开发以及定理内容的重用降低了 IP 核供应商的负担，并促进了对所提出的基于证明的硬件 IP 核保护方法的广泛认可。两个方案的产权形式化和证明生成都使用 Coq 证明助理平台[11]进行。

1. 静态信息流跟踪方案

对于静态信息流跟踪方案[60]，IP 核供应商首先以 HDL 代码的形式基于 IP 核消费者提供的功能规范来设计电路。利用形式化的语义模型和静态信息流跟踪规则，IP 核供应商将电路从 HDL 代码转换成形式逻辑。与此同时，IP 核供应商使用属性形式化约束将商定的保密性质从自然语言转化为形式化定理，然后尝试在目标电路的上下文中为翻译定理构造证明。即使 IP 核供应商同时负责电路设计和定理证明，给定一套明确的定理，也不可能用包含禁止信息泄露路径的感染木马的电路来证明定理。形式化的定理和证明都是交给 IP 核消费者的最终成果的一部分。

在接收到包含 HDL 代码和数据保密属性定理对的硬件包后，IP 核消费者根据相同的形式语义模型和静态信息流跟踪规则，重新生成原始电路的形式逻辑。IP 核消费者还检查安全定理（以形式化语言）是否准确表示数据保密属性（用自然语言），然后通过一个自动校验器将安全定理和相关证明与再生的形式逻辑相结合。如果没有例外情况发生，就可断言交付的 IP 核的核心符合商定的数据保密性质。一旦在校验过程中出现的任何错误都会提醒用户，IP 核中可能存在恶意电路（或设计缺陷），从而违反了数据保密特性。

2. 动态信息保证方案

静态方案可以有效检测硬件木马或设计错误导致的数据泄露，只需少量的精力即可构建证明过程。但静态方案受限于只能检查电路的静态可信度。为了克服静态方案的这个缺点，并实现高层次的硬件木马检测能力，提出了动态信息保证方案[9]。

动态的方案支持各种级别的电路架构，从低复杂度的单级设计到大规模的深度流水线电路。与静态方案类似，动态方案也侧重于处理敏感信息的电路，如密码设计，因为它将数据保密性设置为主要目标，并试图防止来自 IP 核的非法信息泄露。在动态方案中，所有的信号都被赋值指示其灵敏度级别。这些值将在每个时钟周期后根据其原始值和由信号灵敏度转换模型定义的更新规则来更新。由于所有电路信号的灵敏度都在灵敏度列表中进行管理，所以设置两个灵敏度列表（初始灵敏度列表和稳定灵敏度列表）对于数据保密保护是有利的。初始灵敏度列表反映初始化或者加电后，当某些输入信号包含明文和加密密钥等敏感信息时的系统状态。另外，稳定的灵敏度列表指示所有内部/输出信号具有固定灵敏度级别时的电路状态。

与静态方案类似，IP 核供应商也会将商定的数据保密属性从自然语言翻译成属性生成函数，这些属性生成函数稍后可以帮助生成形式化定理。同时，与静态方案不同，IP 核用户将首先检查初始信号灵敏度列表和稳定信号灵敏度列表的内容，分别代表电路的初始保密状态和稳定状态。检查初始列表的有效性，以确保灵敏度级别适当地分配给所有输入/输出/内部信号。该电路的稳定灵敏度状态包含整个电路中敏感信息分布的完整信息，因此需要仔细评估稳定列表以检测任何可能泄露敏感信息的后门。在两个信号灵敏度列表通过初始检查后，IP 核消费者继续进行下一步的检验。自动证明检查器的“PASS”输出提供证据，表明 HDL 代码不包含任何恶意通道来泄露信息。但是，“FAIL”则表示在交付的 IP 核中违反了某些数据保密属性的警告。

10.3.3 基于层次化的验证

上述 PCH 框架将整个电路设计作为一个模块来处理，并证明了它们的安全特性[8-10,60]。也就是说，在将设计的 HDL 代码翻译成形式语言之前整个设计首先被扁平化，而后根据形式化的安全定理来证明。设计扁平化增加了将 HDL 代码翻译成 Gallina 的复杂性，这也增加了在代码转换过程中引入错误的风险。由于扁平化，验证专家必须通过整个设计来构造安全性定理的证明，这显著增加了设计验证的工作量。此外，对 HDL 代码的任何更新都将显著改变对同一安全属性的证明。另外，PCH 框架防止证明重用，即便使用相同的 IP 核，针对一种设计构造的证明也不能用于另一种设计。所有这些都限制了在现代 SoC 设计中广泛使用 PCH 框架。

为了克服这些限制，在文献[53]中开发了用于验证 SoC 设计安全属性的层次化形式验证（Hierarchy-preserving Formal Verification，HiFV）框架。HiFV 框架是 PCH 框架的延伸。在 HiFV 框架中，SoC 的设计层次被保留，采用分布式方法构建安全属性的证明。在分布式方法中，安全属性被分成子属性，使得每个子属性对应于 SoC 的 IP 核。然后为这些子属性构建出证明流程，并通过集成来自子属性的所有证明验证 SoC 设计的安全属性。与 PCH 类似，HiFV 框架需要将 HDL 代码和非形式化安全属性语义翻译为 Gallina。为了证明 SoC 的 HDL 代码的可靠性，使用 Hoare 逻辑。类似于其他 PCH 方法，HiFV 框架在 Coq 中执行。

如前所述，在构建 SoC 系统的形式化模型之前，需要定义语法和语义，然后由需要设计或检查证明的各方共享。另外，接口和模块被包含在形式化 HDL 中以保持 SoC 的设计层次结构。也就是说，为了使分布式证明的构造适用于分层设计，在 HiFV 框架中开发了一个接口，使得规约的验证过程变得灵活和高效。为了定义接口，需要每个 IP 核及其对应 I/O 的信息，如名称、编号和数据类型。通过使用这个接口，验证软件方面对大量形式化模块的管理将变得容易得多。界面结构如图 10.4 所示。通过该接口，SoC 中的 IP 核可以访问其他模块，如图中的 1 号 IP 核形式模块或 2 号 IP 核形式模块。ip_ipv_one、ip_ipv_two 和 SoC_ttp 是相应接口的名称。

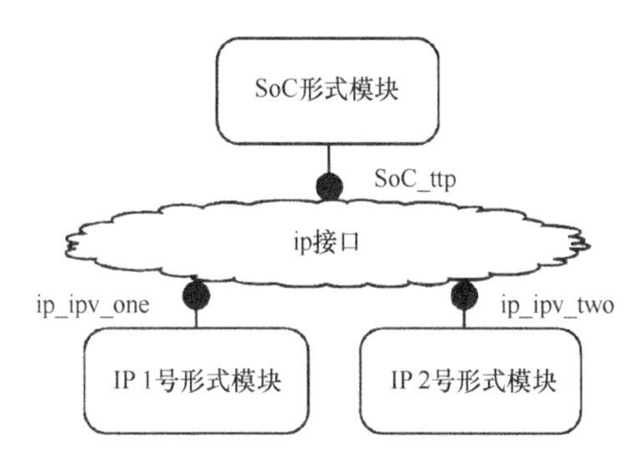

图 10.4　带接口的 SoC 结构

分布式证明构建过程使用 Hoare 逻辑，其中 SoC 的形式化 HDL 代码的可信性通过确认代码遵循前置条件和后置条件的约束来保证。形式化 HDL 代码的前置条件是设计的初始配置，后置条件是安全性定理。同时，为了克服可扩展性问题，开发了一种分布式证明构造方法，专门用于具有分层结构的 SoC 设计。这种方法使得 HiFV 框架可以通过缩短证明构建、证明校正和证明修改所需的时间来扩展。

在 HiFV 框架中，SoC 对应的 HDL 代码，形式安全定理以及设计的初始配置被表示为 Hoare 三元组，即

$$(\phi)\text{CoqEquivalentCode\_SoC}(\psi) \quad (10.1)$$

式中：ϕ 为对应于设计的初始配置的前提条件。CoqEquivalentCode_SoC 将层次化的 SoC 的 HDL 设计代码翻译成 Gallina 代码。在翻译的过程中，对应于不同厂商 IP 核的 SoC HDL 代码中的模块也被翻译。后置条件由表示形式安全定理的 ψ 给出。

安全性定理分解为多个引理（式（10.2）），是各个 IP 核的后置条件。在式（10.2）中，IP 核（引理）的后置条件表示为 $\psi_i(1 \leqslant i \leqslant n)$，$n$ 是证明安全定理所需的 IP 核的最大值，ψ 是安全定理。这些引理对应于那些满足安全定理所需的 IP 核。

$$\psi \coloneqq \psi_1 \wedge \psi_2 \cdots \wedge \psi_n \quad (10.2)$$

类似地，根据式（10.3）和式（10.4）划分 SoC 设计的前提条件 (ψ) 和 SoC 设计的翻译的 HDL 代码（CoqEquivalentCode_SoC）。这里，(ψ_i) 和（CoqEquivalentCode_IPmodule_i）$(1 \leqslant i \leqslant n)$ 分别表示 SoC 的每个 IP 核的前提条件和翻译的 HDL 码。

$$\phi \coloneqq \phi_1 \wedge \phi_2 \cdots \wedge \phi_n \quad (10.3)$$

$$
\begin{aligned}
\text{CoqEquivalentCode\_SoC} := \text{CoqEquivalentCode\_IPmodule\_1} \\
\wedge \text{CoqEquivalentCode\_IPmodule\_2...} \\
\wedge \text{CoqEquivalentCode\_IPmodule\_}n
\end{aligned}
\tag{10.4}
$$

只有满足前提条件和后置条件，IP 核的 HDL 代码才被认可是可信的。当 IP 核的所有模块满足后置条件（引理句）时，可以证明 SoC 设计满足了安全性定理。

$$
(\phi_i)\text{CoqEquivalentCode\_IPmodule\_}i(\psi_i) \tag{10.5}
$$

证明构造的分布式方法也可以证明复用。在证实了 SoC 的每个 IP 核的可信度之后，可以将证据存储在库中，并由可信第三方（Trusted Third Party，TTP）验证机构访问，以验证其中使用了相同 IP 核且应用了类似安全属性的其他 SoC 设计。通过这种方式，HiFV 框架进一步减少了验证复杂设计的时间。

总之，在这种方法中，先前开发的 PCH 框架被扩展到 SoC 设计流程中，在很大程度上这种方法通过分层证明构建方式简化了证明安全属性的过程。为了减少电路验证的工作量，可以封装各个 IP 核的安全属性证明，并在 SoC 级别验证安全属性时重复使用。此外，在分层框架中，当 SoC 设计被修改时，对重新进行证明的工作量显著减少。可以说，开发的 HiFV 框架为大规模电路设计安全验证铺平了道路。

10.3.4 定理证明和模型检查器集成

尽管 HiFV 分层方法提高了以前的 PCH 方法的可扩展性，但仍然面临着构建证据的挑战。同时，由于空间爆炸问题，Cadence IFV 等模型检查器不能用于检验状态空间较大的系统。随着系统中状态变量数量（n）的增加，系统所需的空间量和检查系统所需的时间量呈指数增长$T(n)=2^{O(n)}$（图 10.5）。

为了进一步克服可扩展性问题并验证计算机系统，在文献[61]中引入了一个集成的形式化验证框架（图 10.6），在这个框架中针对 SoC 设计检查其安全属性，定理证明器与模型检查器相结合来证明形式化的安全属性（规范）。此外，还可利用 SoC 的层次结构来减少验证工作。

目前已有一些努力将定理证明与模型检查器结合起来，用于硬件和软件系统的验证[62-63]。这些方法试图克服这两种技术的可伸缩性问题。也就是说，模型检查器和定理证明器都不能很好地满足形式化验证大规模电路设计的需求，所以将模型检查器集成到高阶逻辑（Higher Order Logic，HOL Light）和原型验证系统中进行硬件系统的功能验证。这种组合技术也被应用到验证第三方 IP 核和 SoC 的安全特性[61]。

在集成框架中，以 HDL 表示的硬件设计和易受攻击的程序的汇编级指令首先被翻译成 Gallina，这与其他 PCH 方法类似。安全规范在 Coq 中被定义为形式化的定理。在后续的步骤中，这个定理被分解成基于子模块的不相交的引理（图 10.5）。然后这些引理以 PSL 表示，并被称为子规范。随后，这些具有较小状态变量规模的子模块被连接到设计的主输出，其功能来自 SoC 的底层，所以彼此之间有着很少的依赖关系，最后 Cadence IFV 根据相应的子规格验证子模块。

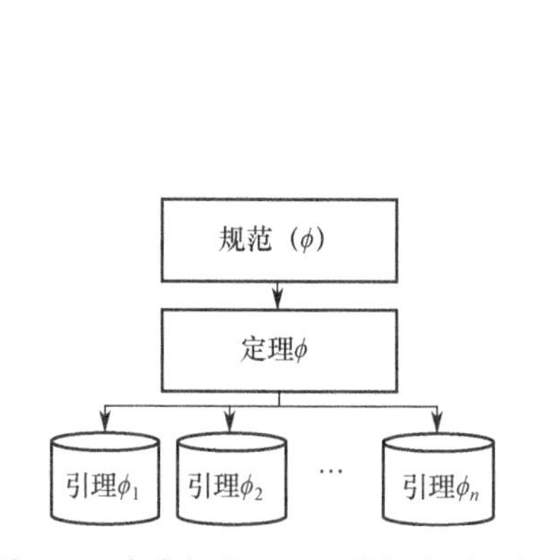

图 10.5　安全规范（ϕ）分解成引理句

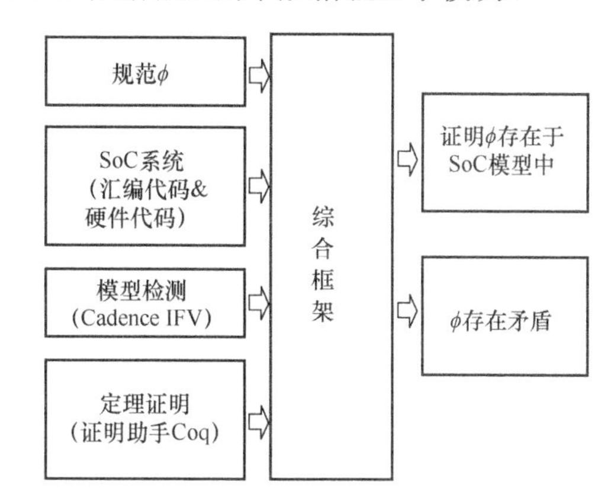

图 10.6　整合的形式验证框架

大型设计的 HDL 代码由许多这样的子模块组成。如果子模块满足子规范，则认为引理是被证明的。使用模型检查器检查子规范，省去了证明引理和将子模块转换为 Coq 所需的工作量。在证明这些子模块后，Hoare 逻辑根据这些引理的证明，来检验整个系统的安全性定理。

集成的形式验证框架有助于保护大规模 SoC 设计免受恶意攻击。鉴于交互式定理证明器（如 Coq）较多的人工干预，以及模型检查器较多的可扩展性问题，这两种技术结合在一起，通过安全属性的分解，采用模型检查器验证子模块，最终验证整个系统。因此，将设计从 HDL 转换到 Gallina 并证明 Coq 中的安全定理所需的工作量减少了。

10.4 小　结

本章解释了基于交互式定理证明的 PCH 方法对硬件 IP 核的安全性进行验证；还介绍了防止软 IP 核信息泄露的框架。为了克服原始 PCH 方法的可扩展性和可重用性问题，引入了一种设计层次保留方案，该方案集成了模型检查和交互式定理验证。

参考文献

1. M. Banga, M. Hsiao, Trusted RTL: Trojan detection methodology in pre-silicon designs, in *IEEE International Symposium on Hardware-Oriented Security and Trust (HOST)* (2010), pp. 56–59

2. A. Waksman, M. Suozzo, S. Sethumadhavan, FANCI: identification of stealthy malicious logic using boolean functional analysis, in *Proceedings of the ACM SIGSAC Conference on Computer & Communications Security, CCS'13* (2013), pp. 697–708
3. D. Sullivan, J. Biggers, G. Zhu, S. Zhang, Y. Jin, FIGHT-metric: Functional identification of gate-level hardware trustworthiness, in *Design Automation Conference (DAC)* (2014)
4. N. Tsoutsos, C. Konstantinou, M. Maniatakos, Advanced techniques for designing stealthy hardware trojans, in *Design Automation Conference (DAC), 2014 51st ACM/EDAC/IEEE* (2014)
5. M. Rudra, N. Daniel, V. Nagoorkar, D. Hoe, Designing stealthy trojans with sequential logic: A stream cipher case study, in *Design Automation Conference (DAC), 2014 51st ACM/EDAC/IEEE* (2014)
6. S. Drzevitzky, U. Kastens, M. Platzner, Proof-carrying hardware: Towards runtime verification of reconfigurable modules, in *International Conference on Reconfigurable Computing and FPGAs* (2009), pp. 189–194
7. S. Drzevitzky, M. Platzner, Achieving hardware security for reconfigurable systems on chip by a proof-carrying code approach, in *6th International Workshop on Reconfigurable Communication-Centric Systems-on-Chip* (2011), pp. 1–8
8. E. Love, Y. Jin, Y. Makris, Proof-carrying hardware intellectual property: a pathway to trusted module acquisition. IEEE Trans. Inf. Forensics Secur. **7**(1), 25–40 (2012)
9. Y. Jin, B. Yang, Y. Makris, Cycle-accurate information assurance by proof-carrying based signal sensitivity tracing, in *IEEE International Symposium on Hardware-Oriented Security and Trust (HOST)* (2013), pp. 99–106
10. Y. Jin, Y. Makris, A proof-carrying based framework for trusted microprocessor IP, in *2013 IEEE/ACM International Conference on Computer-Aided Design (ICCAD)* (2013), pp. 824–829
11. INRIA, The Coq proof assistant (2010), http://coq.inria.fr/
12. F. Wolff, C. Papachristou, S. Bhunia, R.S. Chakraborty, Towards Trojan-free trusted ICs: problem analysis and detection scheme, in *IEEE Design Automation and Test in Europe* (2008), pp. 1362–1365
13. M. Hicks, M. Finnicum, S.T. King, M.M.K. Martin, J.M. Smith, Overcoming an untrusted computing base: detecting and removing malicious hardware automatically, in *Proceedings of IEEE Symposium on Security and Privacy* (2010), pp. 159–172
14. C. Sturton, M. Hicks, D. Wagner, S. King, Defeating UCI: building stealthy and malicious hardware, in *2011 IEEE Symposium on Security and Privacy (SP)* (2011), pp. 64–77
15. X. Zhang, M. Tehranipoor, Case study: detecting hardware trojans in third-party digital ip cores, in *2011 IEEE International Symposium on Hardware-Oriented Security and Trust (HOST)* (2011), pp. 67–70
16. Y. Jin, Design-for-security vs. design-for-testability: A case study on dft chain in cryptographic circuits, in *IEEE Computer Society Annual Symposium on VLSI (ISVLSI)* (2014), pp. 19–24
17. X. Guo, R. G. Dutta, Y. Jin, F. Farahmandi, P. Mishra, Pre-silicon security verification and validation: a formal perspective, in *Proceedings of the 52Nd Annual Design Automation Conference, DAC'15* (2015), pp. 145:1–145:6
18. F.M. De Paula, M. Gort, A.J. Hu, S.J. Wilton, J. Yang, Backspace: formal analysis for post-silicon debug, in *Proceedings of the 2008 International Conference on Formal Methods in Computer-Aided Design* (IEEE Press, New York, 2008), p. 5
19. S. Drzevitzky, Proof-carrying hardware: Runtime formal verification for secure dynamic reconfiguration, in *2010 International Conference on Field Programmable Logic and Applications (FPL)* (2010), pp. 255–258
20. J. Rajendran, V. Vedula, R. Karri, Detecting malicious modifications of data in third-party intellectual property cores, in *Proceedings of the Annual Design Automation Conference, DAC' '15* (ACM, New York, 2015), pp. 112:1–112:6
21. J. Harrison, Floating-point verification, in *FM 2005: Formal Methods, International Symposium of Formal Methods Europe, Proceedings*, ed. by J. Fitzgerald, I.J. Hayes, A. Tarlecki. Lecture Notes in Computer Science, vol. 3582 (Springer, Berlin, 2005), pp. 529–532

22. S. Owre, J.M. Rushby, N. Shankar, PVS: a prototype verification system, in *11th International Conference on Automated Deduction (CADE)* (Saratoga, NY), ed. by D. Kapur. Lecture Notes in Artificial Intelligence, vol. 607 (Springer, Berlin, 1992), pp. 748–752
23. D. Russinoff, M. Kaufmann, E. Smith, R. Sumners, Formal verification of floating-point RTL at AMD using the ACL2 theorem prover, in *Proceedings of the 17th IMACS World Congress on Scientific Computation, Applied Mathematics and Simulation, Paris, France* (2005)
24. J.-D. Quesel, S. Mitsch, S. Loos, N. Aréchiga, A. Platzer, How to model and prove hybrid systems with KeYmaera: a tutorial on safety. Int. J. Softw. Tools Technol. Transfer **18**, 67–91 (2016)
25. A. Chlipala, *Certified Programming with Dependent Types: A Pragmatic Introduction to the Coq Proof Assistant* (MIT Press, Cambridge, 2013)
26. U. Norell, Dependently typed programming in Agda, in *Advanced Functional Programming* (Springer, Berlin, 2009), pp. 230–266
27. R.L. Constable, S.F. Allen, H.M. Bromley, W.R. Cleaveland, J.F. Cremer, R.W. Harper, D.J. Howe, T.B. Knoblock, N.P. Mendler, P. Panangaden, J.T. Sasaki, S.F. Smith, *Implementing Mathematics with the Nuprl Proof Development System* (Prentice-Hall, Upper Saddle River, 1986)
28. L.C. Paulson, Isabelle: the next 700 theorem provers, in *Logic and Computer Science*, vol. 31 (Academic Press, London, 1990), pp. 361–386
29. E.M. Clarke, O. Grumberg, D. Peled, *Model Checking* (MIT press, Cambridge, 1999)
30. T.A. Henzinger, R. Jhala, R. Majumdar, G. Sutre, Software verification with blast, in *Model Checking Software*, (Springer, Berlin, 2003), pp. 235–239
31. J. O'Leary, X. Zhao, R. Gerth, C.-J.H. Seger, Formally verifying ieee compliance of floating-point hardware. Intel Technol. J. **3**(1), 1–14 (1999)
32. M. Srivas, M. Bickford, Formal verification of a pipelined microprocessor. IEEE Softw. **7**(5), 52–64 (1990)
33. T. Kropf, Introduction to Formal Hardware Verification (Springer, Berlin, 2013)
34. G. Klein, K. Elphinstone, G. Heiser, J. Andronick, D. Cock, P. Derrin, D. Elkaduwe, K. Engelhardt, R. Kolanski, M. Norrish, T. Sewell, H. Tuch, S. Winwood, seL4: formal verification of an os kernel, in *Proceedings of the ACM SIGOPS 22nd Symposium on Operating systems principles* (ACM, New York, 2009), pp. 207–220
35. S. Chaki, E.M. Clarke, A. Groce, S. Jha, H. Veith, Modular verification of software components in C. IEEE Trans. Softw. Eng. **30**(6), 388–402 (2004)
36. H. Chen, D. Ziegler, T. Chajed, A. Chlipala, M.F. Kaashoek, N. Zeldovich, Using crash hoare logic for certifying the fscq file system, in *Proceedings of the 25th Symposium on Operating Systems Principles, SOSP'15* (ACM, New York, 2015), pp. 18–37
37. M. Vijayaraghavan, A. Chlipala, N. Dave, Modular deductive verification of multiprocessor hardware designs, in *Computer Aided Verification* (Springer, Cham, 2015), pp. 109–127
38. A.A. Mir, S. Balakrishnan, S. Tahar, Modeling and verification of embedded systems using cadence SMV, in *2000 Canadian Conference on Electrical and Computer Engineering*, vol. 1 (IEEE, New York, 2000), pp. 179–183
39. M. Kwiatkowska, G. Norman, D. Parker, Prism: probabilistic symbolic model checker, in *Computer Performance Evaluation: Modelling Techniques and Tools* (Springer, Berlin, 2002), pp. 200–204
40. G.J. Holzmann, The model checker spin. IEEE Trans. Softw. Eng. **23**(5), 279 (1997)
41. D. Beyer, M.E. Keremoglu, Cpachecker: a tool for configurable software verification, in *Computer Aided Verification* (Springer, Berlin, 2011), pp. 184–190
42. A. David, K. G. Larsen, A. Legay, M. Mikučionis, Z. Wang, Time for statistical model checking of real-time systems, in *Computer Aided Verification* (Springer, Berlin, 2011), pp. 349–355
43. E. Clarke, O. Grumberg, S. Jha, Y. Lu, H. Veith, Counterexample-guided abstraction refinement, in *Computer Aided Verification*, (Springer, Berlin 2000), pp. 154–169
44. C. Baier, J. Katoen, *Principles of Model Checking* (MIT Press, Cambridge, 2008)
45. A. Biere, A. Cimatti, E.M. Clarke, M. Fujita, Y. Zhu, Symbolic model checking using sat procedures instead of BDDs, in *Proceedings of the 36th annual ACM/IEEE Design Automation*

Conference (ACM, New York, 1999), pp. 317–320
46. R.E. Bryant, Symbolic boolean manipulation with ordered binary-decision diagrams. ACM Comput. Surv. **24**(3), 293–318 (1992)
47. R.E. Bryant, Graph-based algorithms for boolean function manipulation. IEEE Trans. Comput. **100**(8), 677–691 (1986)
48. A. Cimatti, E. Clarke, E. Giunchiglia, F. Giunchiglia, M. Pistore, M. Roveri, R. Sebastiani, A. Tacchella, Nusmv 2: an opensource tool for symbolic model checking, in *Computer Aided Verification* (Springer, Berlin, 2002), pp. 359–364
49. E. Clarke, A. Biere, R. Raimi, Y. Zhu, Bounded model checking using satisfiability solving. Form. Methods Syst. Des. **19**(1), 7–34 (2001)
50. A. Biere, A. Cimatti, E.M. Clarke, O. Strichman, Y. Zhu, Bounded model checking Adv. Comput. **58**, 117–148 (2003)
51. S. Qadeer, J. Rehof, Context-bounded model checking of concurrent software, in *Tools and Algorithms for the Construction and Analysis of Systems* (Springer, Berlin, 2005), pp. 93–107
52. G.C. Necula, Proof-carrying code, in *POPL '97: Proceedings of the 24th ACM SIGPLAN-SIGACT Symposium on Principles of Programming Languages* (1997), pp. 106–119
53. X. Guo, R.G. Dutta, Y. Jin, Hierarchy-preserving formal verification methods for pre-silicon security assurance, in *16th International Workshop on Microprocessor and SoC Test and Verification (MTV)* (2015)
54. G.E. Suh, J.W. Lee, D. Zhang, S. Devadas, Secure program execution via dynamic information flow tracking, in *Proceedings of the 11th International Conference on Architectural Support for Programming Languages and Operating Systems*, ASPLOS XI (2004), pp. 85–96
55. S. Chen, J. Xu, N. Nakka, Z. Kalbarczyk, R. Iyer, Defeating memory corruption attacks via pointer taintedness detection, in *Proceedings. International Conference on Dependable Systems and Networks, 2005. DSN 2005* (2005), pp. 378–387
56. W. Shi, J. Fryman, G. Gu, H.-H. Lee, Y. Zhang, J. Yang, Infoshield: a security architecture for protecting information usage in memory, in *The Twelfth International Symposium on High-Performance Computer Architecture, 2006* (2006), pp. 222–231
57. N. Vachharajani, M. Bridges, J. Chang, R. Rangan, G. Ottoni, J. Blome, G. Reis, M. Vachharajani, D. August, RIFLE: an architectural framework for user-centric information-flow security, in *37th International Symposium on Microarchitecture, 2004. MICRO-37 2004* (2004), pp. 243–254
58. Y.-Y. Chen, P. A. Jamkhedkar, R.B. Lee, A software-hardware architecture for self-protecting data, in *Proceedings of the 2012 ACM Conference on Computer and Communications Security, CCS'12* (2012), pp. 14–27
59. Y. Jin, D. Oliveira, Extended abstract: trustworthy SoC architecture with on-demand security policies and HW-SW cooperation, in *5th Workshop on SoCs, Heterogeneous Architectures and Workloads (SHAW-5)* (2014)
60. Y. Jin, Y. Makris, Proof carrying-based information flow tracking for data secrecy protection and hardware trust, in *IEEE 30th VLSI Test Symposium (VTS)* (2012), pp. 252–257
61. X. Guo, R.G. Dutta, P. Mishra, Y. Jin, Scalable *SoC* trust verification using integrated theorem proving and model checking, in *IEEE Symposium on Hardware Oriented Security and Trust (HOST)* (2016), pp. 124–129.
62. S. Berezin, *Model checking and theorem proving: a unified framework.* Ph.D. Thesis, SRI International (2002)
63. P. Dybjer, Q. Haiyan, M. Takeyama, Verifying haskell programs by combining testing, model checking and interactive theorem proving. Inf. Softw. Technol. **46**(15), 1011–1025 (2004)

第 11 章　硬件可信验证

11.1 概　　述

硬件木马（Hardware Trojans，HT）是对正常集成电路（IC）设计的恶意篡改。由于硬件复杂性的不断提高以及 IC 设计和制造过程中涉及的大量第三方人员，这些问题一直备受关注。

例如，硬件后门可以通过简单地写几行 HDL 代码来引入到设计中[1-2]，从而导致功能偏离设计规范和敏感信息泄露。Skorobogatov 和 Woods [3]在军用级别的 FPGA 器件中发现了一个“后门”，攻击者可以利用这个后门从芯片中提取所有配置数据，并访问/修改敏感信息。Liu 等[4]展示了一个嵌入式硬件木马无线加密芯片的硅实现，并表明它可能泄露密钥。因此，硬件木马对计算系统的安全构成严重威胁，并已引起许多政府机构的关注[5-6]。

几乎可以在任何阶段，如规格说明、寄存器传输级（RTL）设计、逻辑综合、IP 核集成、实体设计和制造过程中将硬件木马注入到 IC 中。一般来说，硬件木马在设计阶段被注入的可能性通常远高于在制造阶段注入的可能，因为攻击者不需要访问代工厂设备来实现硬件木马，而且它们也能更灵活地实现各种恶意功能。注入到 RTL 代码或网表中的硬件木马可能使硬件设计有隐藏缺陷。这些硬件木马可能由开发团队中的流氓设计者植入，也可能由恶意的第三方 IP 核集成。由于在制造阶段验证 IC 的可信度是不可行的，在 IC 设计周期的下一个阶段就必须确保设计没有硬件木马。

11.2 硬件木马分类

一般来说，硬件木马由其激活机制（称为触发器）及其恶意功能（称为有效载荷）组成。为了通过功能测试和验证，隐身硬件木马通常采用一定的触发条件，这些触发条件由专用触发输入控制，难以通过验证测试用例激活。

在设计阶段注入的硬件木马可以根据它们对原始电路的正常功能的影响来分类。木马可以直接修改正常的功能或注入额外的逻辑来引入额外的恶意行为，同时保持原有的功能。它们分别被命名为基于漏洞的硬件木马和基于寄生的硬件木马。

11.2.1 基于漏洞的硬件木马

基于漏洞的硬件木马以某种方式改变电路使其失去一些正常的功能。考虑图11.1（a）中的正常功能为 $f_n = d_1d_2$ 的原始设计。如图 11.1（b）所示，攻击者可以通过增加一个附加的反相器将其改变为恶意函数 $f_m = \bar{d}_1d_2$。随着这种恶意变化，电路已经失去了某些功能，即当 $d_2 = 1$ 时两个电路的行为不同。它们对应的卡诺图如图11.2（a）和图 11.2（b）所示。通过比较两个卡诺图可以看到，正常功能的一些输入已经被恶意功能修改为灰色显示。

对于基于漏洞的硬件木马，一些功能输入用作硬件木马的触发输入。例如，对于图11.1（b）所示的电路，d_2 既是功能输入又是触发输入。

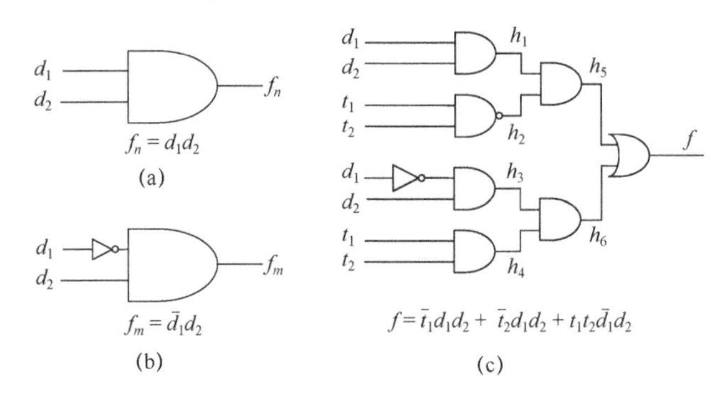

图 11.1　硬件木马分类举一个简单的例子

（a）原始电路；（b）基于漏洞的硬件木马；（c）基于寄生的硬件木马。

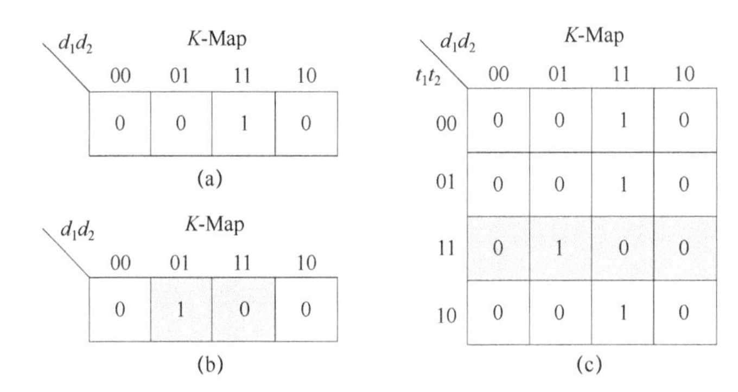

(a) K-Map

d_1d_2	00	01	11	10
	0	0	1	0

(b) K-Map

d_1d_2	00	01	11	10
	0	1	0	0

(c) K-Map

t_1t_2 \ d_1d_2	00	01	11	10
00	0	0	1	0
01	0	0	1	0
11	0	1	0	0
10	0	0	1	0

图 11.2　卡诺图

（a）图 11.1（a）中的原始电路的卡诺图；（b）图 11.1（b）中基于漏洞的硬件木马的卡诺图；（c）图 11.1（c）中基于寄生的硬件木马的卡诺图。

从另一个角度来看，基于漏洞的硬件木马可以简单地看作一个设计漏洞（尽管有恶意），因为这个设计实际上并没有实现规范指定的所有正常功能。因此，大量模拟/仿真有可能能够检测到这种类型的硬件木马。从这个角度来看，就隐身需求而言，基于漏洞的硬件木马通常不是攻击者的好选择，所有出现在文献中的硬件木马设计几乎都属于寄生型（如文献[1，2，7-11]）。

11.2.2 基于寄生的硬件木马

基于寄生的硬件木马与原始电路一起存在，并且不会导致原始设计失去任何正常的功能。再者，考虑一个正常函数为 $f_n = d_1d_2$ 的原始电路。假设攻击者想要将一个恶意函数为 $f_m = \bar{d}_1d_2$ 的硬件木马注入到设计中。为了控制设计何时运行正常功能以及何时运行恶意功能，攻击者可以使用一些额外的输入（t_1 和 t_2）作为触发输入。通常为了逃避功能验证，会仔细选择触发输入，并且触发条件被设计为验证测试中发生的极其罕见的事件。

考虑基于寄生的硬件木马注入电路的卡诺图，如图 11.2（c）所示。第 3 行表示恶意功能，其他行表示正常功能。通过与原始电路的卡诺图进行比较（图 11.2（a））可以观察到，基于寄生的硬件木马通过额外的输入扩大了卡诺图的大小，以便在恶意嵌入时保持原始功能。然后电路可以由触发输入控制交替执行正常功能和恶意功能。

11.3 硬件可信验证技术

11.3.1 功能验证

理想情况下，可以通过激活硬件木马并观察其恶意行为来检测硬件木马。在功能验证过程中，将会应用一组测试用例来验证目标设计的功能正确性。由于基于漏洞的硬件木马使用一些功能输入作为触发器，所以很有可能在功能验证过程中通过广泛的模拟被激活和检测到。因此，对攻击者来说这不是一个好的选择。对基于寄生的硬件木马，理论上也可以通过在穷举模拟中枚举所有可能的系统状态来激活。然而，实际上，即使在简单设计中也存在大量的状态，功能验证只能覆盖硬件设计功能空间的一小部分。考虑到攻击者在设计阶段对硬件木马设计的位置和触发条件具有完全可控性，这对于功能验证工程师来说是难以预知的，故通常很难（但不是不可能）直接激活基于寄生的硬件木马。

11.3.2 形式验证

从理论上讲，当一个给定的可信赖的高层系统模型（如文献[12]）具有形式验证时，硬件设计是否包含硬件木马是理论上可以证明的。然而，在实践中，大型电路的全面形式验证在计算上仍是不可行的。另外，黄金模型本身可能不可用。因此，采用形式验证来验证硬件可信是不恰当的，针对基于寄生的硬件木马检测开发了专用的可信验证技术。

11.3.3 可信验证

可信验证技术基于以下原理观察标记可疑电路：硬件木马几乎总是处于休眠状态（通过设计），以便通过功能验证。可以通过分析功能验证过程中电路的哪一部分不敏感，以动态的方式进行这种分析，如 UCI[10]和 VeriTrust[13]。又如静态布尔功能分析可以用来识别具有弱影响输入的可疑信号，如 FANCI [14]。

1．“未用电路”识别

Hicks 等[10]首先解决了在设计时识别注入硬件木马的问题，将其作为一个未用电路识别问题。UCI 中的主要假设是硬件设计通常使用简略的测试工具进行验证，而硬件木马内部可以成功避免被激活以上显示的某些恶意行为。对于被标识为“未用电路”部分，并不影响验证期间的任何输出，因此被认为是潜在硬件木马。

定义未用电路的一种方法是基于在验证中使用的代码覆盖度量（如线路覆盖和分支覆盖），使得那些未被覆盖的电路被标记为可疑的恶意逻辑。然而，攻击者制作被验证的电路并不困难，而且木马不会被触发。假设硬件木马被注入到 HDL 实现中，如下所示：

```
X≤（ctrl[0]=='0'）?normal_func: trojan_func;
Y≤（ctrl[1]=='0'）?normal_func: trojan_func;
Out≤（ctrl[0]=='0'）?X: Y;
```

如果验证过程中包含了控制值 00、01 和 10，则上述代码中的所有 3 行都将被覆盖，但 out 信号将始终等于正常功能。这种基于覆盖的简单定义很容易被破解，因此不适合硬件木马检测。

定义“未用电路”如下。考虑信号对（s,t），其中 t 取决于 s。如果在整个功能验证过程中 $t=s$，则 s 与 t 之间的中间电路被认为是“未用电路”。

UCI 算法分两步执行。首先，生成一个数据流图，其中节点是信号或状态元素，边缘指示节点之间的数据流。基于数据流图，生成从源信号到过渡信号的信号对或数据流对的列表。该列表包括直接依赖关系和间接依赖关系。其次，通过验证测试来模拟 HDL 码，以检测没有数据流的信号对。在每个模拟步骤中，UCI 检查每个剩余数据流对的不等式。如果检测到不等式，则认为该信号对是安全的，并从可疑列表中移除。最后，在仿真完成之后，识别出一组剩余的数据流对，其中节点之间的逻辑不影响从信源到终端的信号值。

对于图 11.3（a）所示的示例电路，硬件木马以具有触发条件$\{t_1,t_2\}=\{1,1\}$的恶

意函数 $f_m = t_1t_2d_2$ 被注入。该示例电路的数据流图如图 11.3（b）所示。通过数据流图，可以在表 11.1 的左边部分列出 11 个信号对。

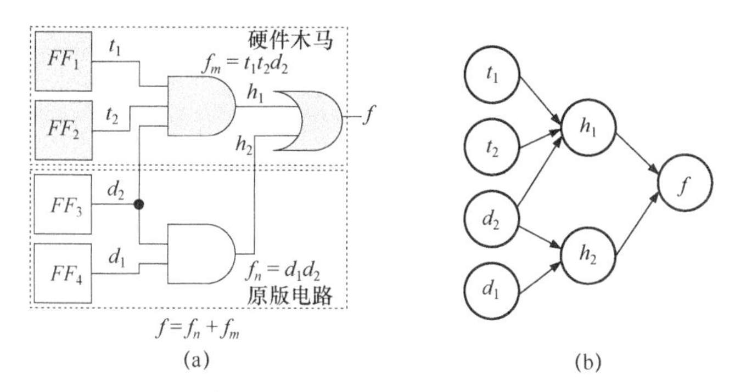

图 11.3　示例电路及其数据流图

（a）具有触发输入 t_1 和 t_2 的硬件木马感染电路；（b）硬件木马感染电路的数据流图。

表 11.1　从 UCI 产生的信号对

信号对		在非触发条件下总是相等的
来源	目标	
t_1	h_1	否
t_2	h_1	否
d_1	h_1	否
d_1	h_2	否
d_2	h_2	否
h_1	f	否
h_2	f	是
t_1	f	否
t_2	f	否
t_1	f	否
t_2	f	否

通过应用那些不包含 $\{t_1,t_2\} = \{1,1\}$ 且可激活硬件木马的测试用例来执行仿真。在仿真过程中记录每个信号对的相等性，其结果如表 11.1 所列。在非触发条件下，信号对（h_2,f）总是相等的，因为 h_1 总是为 0。因此，它们之间的或门被认为是“未用电路”，并且怀疑硬件木马感染。

通过上面给出的算法，在 HDL 代码中给定了一个特定的硬件设计，文献[10]中的 UCI 算法在验证过程中跟踪所有的信号对，并且在整个测试用例中将属性 $s = t$ 标记为可疑的电路。

UCI 技术的主要局限之一在于他们对硬件木马的实现风格变化很敏感。11.4.1 小节介绍了如何利用这个弱点来破解 UCI 检测算法。

2. VeriTrust

为了克服 UCI 的局限性，Zhang 等提出了一种名为 VeriTrust 的硬件木马检测方法。VeriTrust[13]通过识别硬件木马中使用的潜在触发输入来标记可疑的电路，观察到这些输入在非触发条件下保持休眠（否则硬件木马将自身表现出来）来标记可疑电路，这些电路对于电路的正常逻辑功能是冗余的。

VeriTrust 认为任何受硬件木马感染的信号必须由至少一个专用的触发输入驱动。因此，硬件木马感染信号的功能可以表示为 $f = C_n f_n + C_m f_m$，其中，f_n 和 f_m 分别表示电路的正常功能和硬件木马的恶意功能，而 C_n 是非触发条件，C_m 是触发条件。由于 C_m 不会出现在验证过程中，因此卡诺图中的所有输入可以设置为无关，而不影响正常功能。在逻辑简化后，意味着触发输入的函数 $f = f_n$ 变得多余。

这里是基于图 11.1（c）示例电路的一个例子。它的布尔函数是 $f = \overline{t}_1 d_1 d_2 + \overline{t}_2 d_1 d_2 + t_1 t_2 \overline{d}_1 d_2$。这个函数的卡诺图如图 11.4（a）所示。假设验证已经验证了卡诺图中除触发条件以外的每个输入，在图 11.4（a）中用灰色显示。在 VeriTrust 中，这些输入将被设置为无关，如图 11.4（b）所示。通过逻辑简化，原来的布尔函数简化为正常函数 d_1d_2，而使触发输入 t_1 变为冗余。

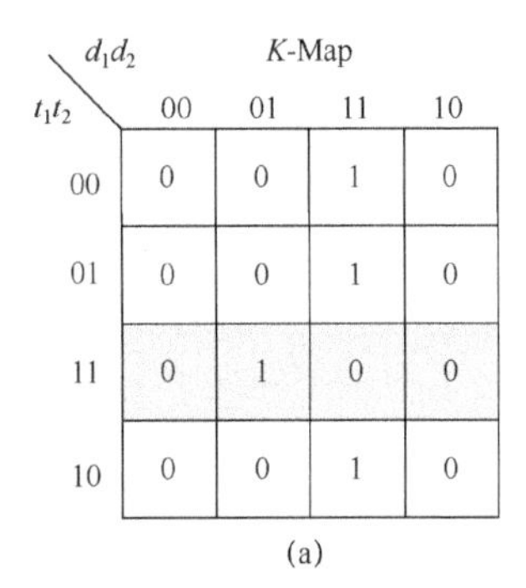

(a)

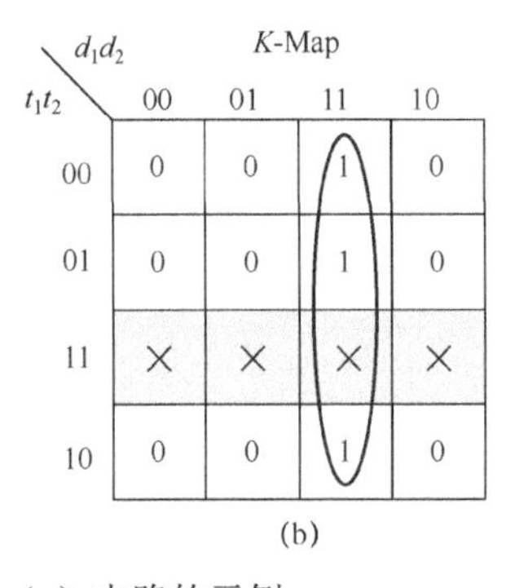

(b)

图 11.4　基于图 11.1（c）电路的示例

（a）具有触发输入 t_1 和 t_2 的硬件木马感染电路；（b）硬件木马感染电路的数据流图。

VeriTrust 可以被视为一种“未使用的输入标识”技术，通过在验证测试中将所有未激活的输入设置为无关之后寻找冗余输入。

VeriTrust 的整体框架如图 11.5 所示，包含两部分，即追踪器和检查器。追踪器通过跟踪机制跟踪验证测试向量来识别包含未激活输入的那些信号；然后检查器分析这些信号并确定它们中的任何一个是否确实包含冗余输入，并因此可能受到硬件木马的影响。

（1）追踪器。

考虑一个特定的信号，其扇入逻辑锥可能包含一个硬件木马，追踪器的责任是在验证测试后查明是否包含任何未激活的输入。一个简单的方法是记录每个输入的激活历史记录，但是对于大型电路来说这需要难以负担的存储空间，并且会导致高运行时间的开销。为了解决这个问题，不能追踪每一个逻辑入口的激活历史，需要一个更加紧凑的追踪机制。

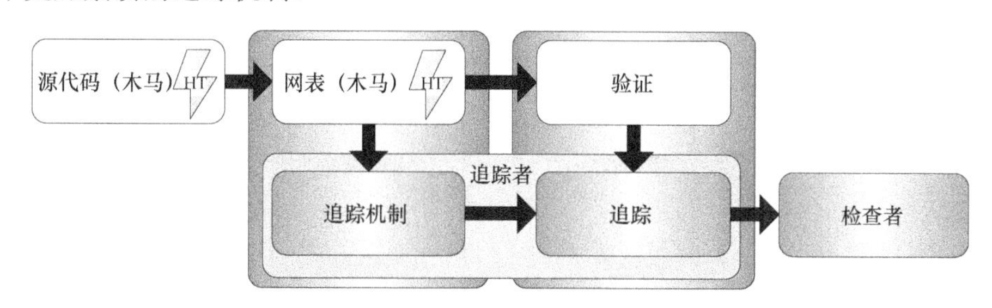

图 11.5 VeriTrust 的概述

在讨论细节之前，有必要重新研究布尔函数的一些基础知识。一般来说，任何组合电路都可以用积和（Sum-Of-Products，SOP）以及和积（Product-Of-Sum，POS）的形式来表示。SOP 使用或运算来结合这些最小开集项，而 POS 使用与运算来结合这些最大闭集项。两个最小项（最大项）是相邻的。

接下来，Zhang 等引入了以下 3 个新的术语，即恶意开集最小项、恶意闭集最大项和虚拟项，它们构成了恶意功能。

定义 11.1 恶意开集最小项是恶意功能中的开集最小项，其正常功能中的相邻最小项是闭集项。

定义 11.2 恶意闭集最大项是恶意函数中的闭集最大项，其正常函数中的相邻最大项是开集项。

定义 11.3 虚拟项是恶意功能中的最小开集项或最大闭集项，其正常功能中的相邻最小项或最大项也处于开集或闭集状态。

通过上述定义，只有恶意最小开集项和恶意最大闭集项才有恶意行为。因此，没有必要设置虚拟项为“无关”来识别专用的触发输入。图 11.6 显示了两个硬件木马感染电路的卡诺图示例（t_1 和 t_2 是触发器输入）来说明上述项。填充垂直行的输入是恶意的最小开集项，因为其在正常功能中的相邻项全部是逻辑“0”。用水平线填充的输入是恶意最大闭集项，因为它在正常函数中的相邻输入都是逻辑“1”。在恶意函数中没有垂直线和水平线的剩余输入是虚拟项，因为它们与正常函数中的相邻输入具有相同的值。根据以上定义，当将电路简化为最小形式的 SOP（POS）时，已经获得以下观察结果。

① 恶意最小开集项和恶意最大闭集项最多只能与恶意函数中的项相结合。这是因为正常函数中的所有恶意最小开集项（恶意最大闭集项）的相邻最小值（最大值）是闭集的（开集的）。例如，在图 11.6（a）中，一个恶意最大闭集项与一个

虚拟项（由C2圈出）结合，并且在图11.6（b）中，一个恶意最大开集项与一个虚拟项（由C2圈出）结合。

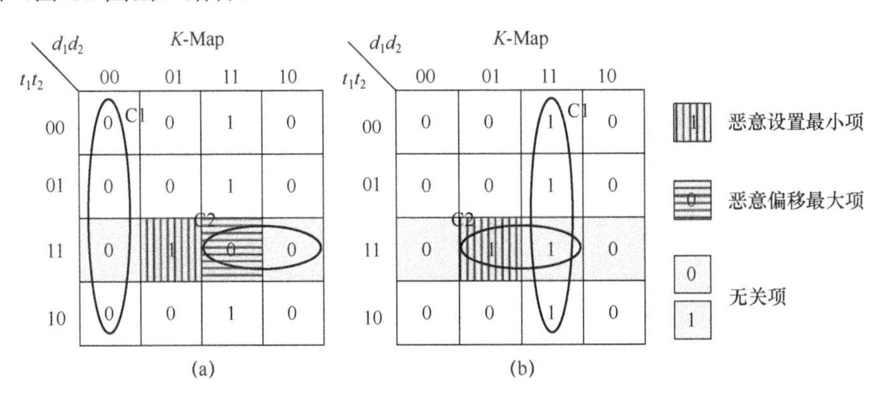

图11.6　由$\{t_1, t_2\} = \{1, 1\}$触发两个受硬件木马影响的电路

② 虚拟项可以与正常函数中的项以及恶意函数中的项相结合。例如，图11.6（a）和图11.6（b）中的圈C1表示虚拟项与正常函数中的项相结合；图11.6（a）和图11.6（b）中的圈C2表示虚拟项与恶意函数中的项相结合。

综上所述，在验证过程中，不能激活包含恶意最小开集项或恶意最大闭集项的简化积或和。换句话说，在跟踪过程中，可以记录乘积和总和的激活历史记录，而不是记录每个逻辑条目的激活历史记录，因此可以显著减少跟踪器的内存需求和运行时开销。利用逻辑综合工具的能力，将电路简化为最小的SOP和POS形式，可以得到简化的积和与和积。

如果要跟踪的乘积与和很大，追踪程序可能仍然很耗时。通过周期性地移除那些激活的和与积，以及那些信号被检测器确定为无硬件木马的未激活的和与积可以减少跟踪开销。

追踪器在应用验证测试后输出多个具有未激活乘积与和的信号。然后，检查器通过分配相应的未激活乘积和无关位来检查特定信号是否由任何冗余输入驱动。如果是，这将是一个可疑的硬件木马受影响的信号；否则无硬件木马。

（2）检查器。

如果一个信号的扇入逻辑锥很大，那么判断它是否是由冗余输入驱动，可能会很费时间。为了缓解这个问题，与检测能力和时间复杂度不同，按冗余输入识别顺序依次采用3种优化方法。检查器1通过从信号的SOP/POS表示中去除未激活的积和/和积来检查是否有任何冗余输入。以图11.6（a）所示的卡诺图为例。SOP可以表示为$f = d_1d_2+t_1t_2d_2$。如果从SOP中删除未激活的$t_1t_2d_2$，那么逻辑函数变为$f = d_1d_2$，带有冗余输入t_1和t_2。这种高效的检查机制在许多情况下是有效的，但是不能保证冗余输入的完全识别。这是因为检查器1是否能够找出冗余输入取决于信号的 SOP/POS 表示。例如，如果图 11.6（b）中的电路被表示为 $f=\bar{t}_1d_1d_2+\bar{t}_2d_1d_2+t_1t_2d_2$，那么去除未激活的 $t_1t_2d_2$ 无法使 t_1 和 t_2 冗余。

检查器 2 利用逻辑综合来重新简化功能，将未激活的积与和视为无关项。如果输入没有出现在综合电路中，则它是一个冗余输入。由于综合工具不能用启发式逻辑最小化算法来保证最优性，所以该方法能够找到大部分冗余输入，但是仍然不能保证找到所有的冗余输入。

检查器 3 对在未激活的乘积或和中使用的所有输入逐个进行验证。如果在未激活的乘积和总和设置为“无关紧要”的情况下，输入的更改不会导致所有输入模式的功能发生更改，则该输入应为冗余输入。检查器 3 可以保证找出所有的冗余输入，但比检查器 1 和检查器 2 更耗时。

为了确保完整的识别能力，同时保持低计算时间，检查器 1、检查器 2 和检查器 3 以连续的方式运行。对于检查的每个信号，如果更高效的检验器（如检验器 1）发现具有未激活的乘积/和的特定信号的冗余输入，则乘积/和被标记为可疑的受硬件木马影响的信号；否则，下一个检查器用于冗余输入标识。如果所有 3 个检测器都不能找到感兴趣的信号的冗余输入，则保证是无硬件木马的。最终，检查器返回可能受到硬件木马影响的可疑信号列表。

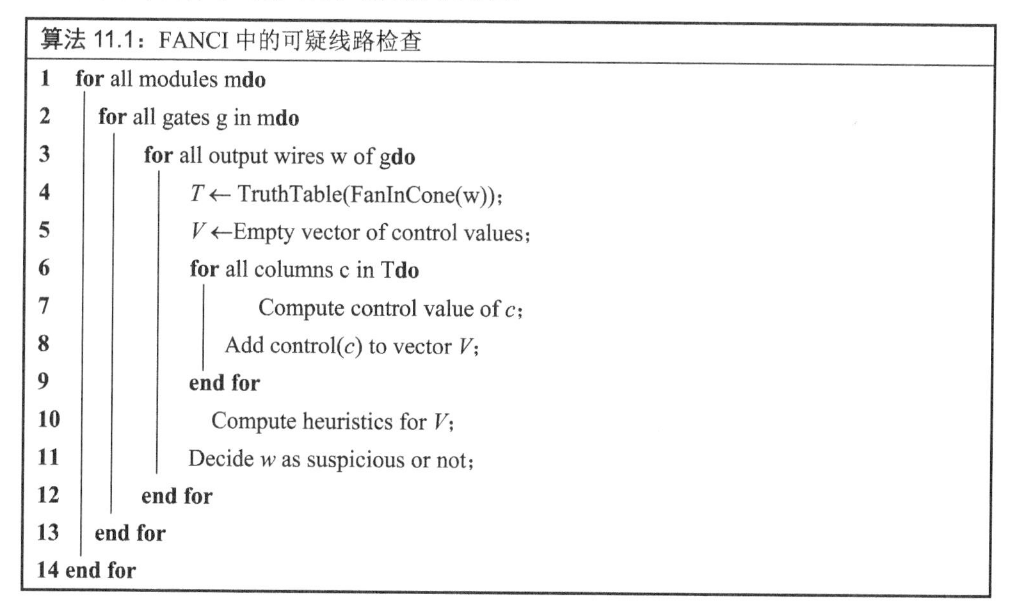
算法 11.1：FANCI 中的可疑线路检查

```
1  for all modules mdo
2    for all gates g in mdo
3      for all output wires w of gdo
4        T ← TruthTable(FanInCone(w));
5        V ←Empty vector of control values;
6        for all columns c in Tdo
7            Compute control value of c;
8          Add control(c) to vector V;
9        end for
10         Compute heuristics for V;
11       Decide w as suspicious or not;
12     end for
13   end for
14 end for
```

3．FANCI

FANCI[14]是一种静态布尔函数分析法，代表对几乎未用电路识别功能的分析，用于查找输入信号影响较小的信号。因此，这些影响较弱的输入可能被对手作为后门触发器注入。FANCI 的主要目标是通过控制值衡量输入和输出之间的“弱影响”的依赖性，来度量输入对数字电路输出的控制程度。

整个检测算法可以如算法 11.1 所示。FANCI 检查硬件设计中所有模块中每个门的输出，并基于其扇入函数构造功能真值表。对于连接到被检查输出的每个输入，FANCI 通过对照真值表计算出的控制值确定输入是否可疑。给定一个输入线 w_i 和输出线 w_o，FANCI 算法遍历 w_o 真值表中的所有行，用 T 表示，并且计算在 w_i 值翻转 w_o 改变时 T 的行数。w_i 对 w_o 的控制值定义为

$$\mathrm{CV}(w_i, w_o) = \frac{\mathrm{count}}{\mathrm{size}(T)} \tag{11.1}$$

式中：count 为总行数；w_i 的变化影响 w_o 的值；size(T)为真值表的大小（即 T 中的总行数）。

例如，如图 11.3（a）所示，函数可以表示为 $f = d_1d_2+t_1t_2d_2$。它的真值表如表 11.2 所列。只有两行以灰色显示，其中 t_1 的反转导致输出的改变，因此 t_1 对 f 的控制值为 $\mathrm{CV}(t_1,f) = 2/2^4 = 0.125$。以类似的方式获得控制值 V 的向量 $\boldsymbol{V}$ = [0.125, 0.125, 0.375, 0.625]，其中 f 为 $\boldsymbol{V}$ 包含输入 t 的控制值。由于真值表的大小相对于输入线的数量呈指数增长，所以计算控制值确定性地是指数级的难度。为了有效和实用的检测，需要进行必要的优化。方案中提出通过统一随机地选择完整真值表中的一个子集来计算近似控制值。例如，随机选择 N 个案例进行计算，并且对于每个案例，反转 w_i 并记录 w_o 改变的总次数，用 n 表示。近似的控制值是 n/N。需要说明的是，真值表中的行是随机选择的，以防止潜在的对手利用抽样程序设计硬件木马逃避 FANCI。

表 11.2　电路真值表 $f = d_1d_2+t_1t_2d_2$

t_1	t_2	d_1	d_2	f	t_1	t_2	d_1	d_2	f
0	0	0	0	0	1	0	0	0	0
0	0	0	1	0	1	0	0	1	0
0	0	1	0	0	1	0	1	0	0
0	0	1	1	1	1	0	1	1	1
0	1	0	0	0	1	1	0	0	0
0	1	0	1	0	1	1	0	1	1
0	1	1	0	0	1	1	1	0	0
0	1	1	1	1	1	1	1	1	1

当计算需要分析的信号的控制值向量时，确定是否包含硬件木马触发并非无关紧要。只有影响较弱的输入或只是边缘影响较弱的输入不可定义为可疑，因为它可能只是一个低效的实现。FANCI 包括几种启发式算法，如中值和均值，通过考虑 CV 向量中的所有元素来判断信号是否可疑。

中位数：如果输出受到硬件木马触发的影响，则中位数通常接近于零。如果 CV 向量中的分布不规则，则中值可能会带来不必要的误报。

平均数：这个度量与中位数相似，但对异常值稍微敏感。当有较少的无影响依赖关系时，它更有效。

中位数和平均数：考虑具有极端中位数和平均值的信号来减轻限制并减少误报。

分散率：该指标计算控制值向量的加权平均值。通过判断这些导线成为影响输出（以决定一个输出在多大程度上被它的输入影响）唯一导线的频率。假设 FANCI 对输出线 $w_o = w_{i_1} \oplus \cdots \oplus w_{i_n}$ 进行分析，所有输入线的控制值都是 1.0，但不会出现输出完全由输入控制的情况。因此，每个输入的分散率，即权是 0.5。

对于每一个度量标准，都有必要设定一个可疑和不可行的临界值。该临界值在检查计算值分布的前后选择。

4．讨论

表 11.3 总结了现有硬件木马检测解决方案的特点。由于动态可信验证技术（如 UCI 和 VeriTrust）分析硬件木马检测的功能验证的罕见情况，表 11.3 所列的两种验证技术以某种方式相互补充。一般来说，在应用更多 FV 测试的情况下，硬件木马被激活的可能性更高，而 UCI 和 VeriTrust 报告的可疑电路数量会减少。作为一个不依赖于验证的静态解决方案，FANCI 相对于其他解决方案的独特优势在于它不需要可靠的验证团队。另一方面，攻击者也可以使用 FANCI 来验证他们的硬件木马设计，而不必猜测用于捕获它们的未知测试用例。

表 11.3　硬件木马检测与硬件功能验证和可信验证

方法	静态/动态	检测方法	运行时间
功能验证	动态的	激活硬件木马	好
代码覆盖率 UCI	动态的	识别未覆盖的木马	好
Hicks 等的 UCI[10]	动态的	识别相等信号组	正常
VeriTrust[13]	动态的	识别硬件木马触发输入	正常
FANCI[14]	静态的	识别弱影响输入	正常

方法	假阴性	假阳性
功能验证	硬件木马有罕见的触发条件	没有
代码覆盖率 UCI	文献[2]中的木马	经过彻底核实的很少
Hicks 等的 UCI[10]	文献[2,11]中的木马	部分经过彻底核实
VeriTrust[13]	未知	部分经过彻底核实
FANCI[14]	可能是低阈值	许多具有高阈值

所有的可信验证技术都试图消除假阴性（假阴性意味着未检测到硬件木马），同时保持尽可能少的假阳性数量，以免浪费太多精力检查被认为是可疑的良性电路。然而，检测能力与可信验证期间的一些用户指定的参数和输入有关。例如，FANCI 为布尔函数分析过程中的可疑事件和非可疑事件定义了一个截止阈值。如

果这个值设置得过大，很可能会把硬件木马相关的线路与大量的良性线路连接在一起。然而，这对于安全工程师来说是一个沉重的负担，因为他们必须通过代码检查与/或大量的仿真来评估所有可疑的线路。相反，如果这个值被设定得过小，它可能会漏掉一些与硬件木马有关的线路。同样，如果只应用少量的 FV 测试，UCI 和 VeriTrust 会标记大量可疑的线路（在没有应用 FV 测试的极端情况下的所有线路），这可能包含硬件木马相关的信号，但大量的的误报使得接下来的检查程序不可实行。

11.4 隐身硬件木马设计破解可信验证

硬件木马设计和硬件木马识别技术就像军备竞赛，设计师更新安全措施来保护他们的系统，而攻击者则用更棘手的硬件木马来回应。借助 UCI、VeriTrust 和 FANCI 等最先进的硬件可信验证技术，能够有效地识别现有的硬件木马，无疑，攻击者会相应调整攻击策略，并寻找新类型的硬件木马来破解这些硬件可信验证技术。

11.4.1 规避 UCI 的硬件木马

UCI 跟踪在验证过程中值保持不变的信号对。这些信号之间的电路被认为是“未用电路”，并且是潜在的硬件木马。规避 UCI 显而易见的方法是使硬件木马中所有可靠信号对在非触发条件下至少有一次不同。

Sturton 等[11]展示一个只包括两个多路复用器的简单设计以避开 UCI。设计如图 11.7 所示。该电路避开 UCI 的检测，因为在非触发条件下不存在总是相等的相关信号对。有两个非触发输入 d_1、d_2 和两个触发输入 t_1、t_2，触发条件为 $\{t_1,t_2\} = \{1,1\}$。输出函数 $f= d_0d_1 + t_0t_1\overline{d}_1$，真值表如表 11.4 所列。在触发条件下，显示恶意函数 $f= d_0\overline{d}_1$，在非触发条件下，显示正常函数 $f= d_0d_1$。

在表 11.4 中，灰色行是触发条件下的信号值，因此在验证测试中不能看到。最后一列记录了当一个输入使一对相关的信号不相等时的情况。如果验证测试包括第 2、3、4、7、8、11 行中的非触发模式，则 UCI 不会将电路的任何部分标记为恶意。由于所有这些输入的触发条件都是错误的，而正常的函数是 d_0d_1，所以在所有的测试情况下，这个电路的行为与“与”门相同。

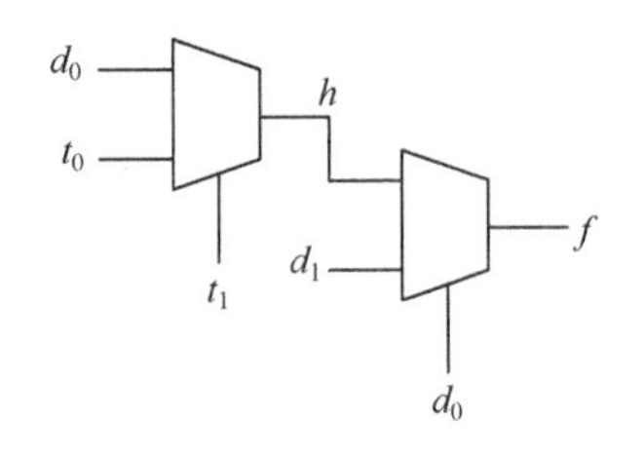

图 11.7 破解 UCI 的例子

欺骗设计者可以利用这个事实，用图 11.7 中的恶意电路代替任何一个与门，并且可以规避 UCI 检测。如果这种操作会影响硬件的一些安全关键要素，则此木马会引入一个隐藏的漏洞。UCI 漏掉这种行为的原因是没有相当于输出函数的中间功能，因此 UCI 无法找到输出端的短路。破解 UCI 的关键是创建一个不等同于任何内部函数的非触发函数。

表 11.4 图 11.7 中电路真值表

序号	t_0	t_1	d_0	d_1	h	f	注释
1	0	0	1	0	0	0	
2	0	0	1	1	0	0	$f\neq d_1$
3	0	0	0	0	1	0	$h\neq t_0,t_1$
4	0	0	0	1	1	1	$f\neq t_0,t_1$
5	0	1	1	0	0	0	
6	0	1	1	1	0	0	
7	0	1	0	0	0	0	$h\neq d_0$
8	0	1	0	1	0	1	$f\neq h$
9	1	0	1	0	0	0	
10	1	0	1	1	0	0	
11	1	0	0	0	1	0	$f\neq d_0$
12	1	0	0	1	1	1	
13	1	1	1	0	1	1	触发
14	1	1	1	1	1	1	触发
15	1	1	0	0	1	0	触发
16	1	1	0	1	1	1	触发

11.4.2 对抗 UCI 的硬件木马设计

Sturton 等提出以增量方式构建恶意木马。他们首先构建了一组小电路，通过穷举搜索将这些小电路与基本电路构建元件（如与门、或门、多路复用器等）相结合，从而避开 UCI 并构建更多的隐身硬件木马。每个新创建的电路都由 UCI 验证，以确定它是否可以逃避 UCI。

这种增量搜索认为，每个 UCI 规避电路的子电路都逃避了 UCI。考虑到“未用电路”定义，这很容易理解。如果一个电路避开了 UCI 检查，则意味着这个电路中的每个内部信号并不总是等于其扇入锥中的信号。因此，每个内部信号与其主输入之间的电路是一个子电路，而且它避开了 UCI。

在介绍硬件木马设计算法之前，Sturton 等为便于讨论定义了几个概念。

定义 11.4 允许电路是一个：（1）只包含一个触发条件；（2）至少有一个触发输入；（3）在非触发条件下，其输出独立于触发输入的电路。

定义 11.5 如果电路对一个输入存在两个输出估值，则该电路显然是恶意的，$x = (d,t)$，$x' = (d,t')$，其中 t 为非触发条件，t'为触发条件，电路的输出在这两个条件下是不同的。

定义 11.6 如果一个电路避开了 UCI，那么这个电路就是一个隐身电路，即在验证测试中没有一对相关信号总是相等的。

这 3 个定义完美地表征了规避 UCI 的硬件木马的 3 个层面：首先，硬件木马应该包含一个可以在特定条件下触发的恶意功能，即显然恶意层面；其次，硬件木马应通过设计验证，输出与触发输入无关，即可接收层面；最后，它不能包含任何被 UCI 标记为可疑的信号，即无可疑层面。硬件木马构造算法的目标是找到包含上述特征的硬件木马。

算法 11.2 展示了从头开始生成硬件木马的建议方法。硬件木马设计者首先要确定电路输入信号的数量和电路的大小，此外，还应确定建立电路的基本块。构建算法保持新形成电路的最初工作队列，这些电路将作为未来电路的构建块。工作队列最初包含的电路仅有一个输入。

算法 11.2： 构建克制 UCI 的电路

```
   // 初始电路，每个输入端一个
1  C0 = (d0)； C1 = (d1)； …； Cn = (tm)；
   // 组电路发现逃避 UCI
2  completed_circuits = ∅；
   // 一组电路用作大型电路的组成部分
3  workquene = {C0， C1， …Cn}；
   // 建立的电路中的一组基行
4  gate_basis = {AND， OR， NOT， NAND， 2-input MUX}；
5  while length(workqueue)>0 do
6      curr_circuit = workqueue.pop()；
7      if curr_circuit is stealthy， admissible and oblivious malicious then
8          Print curr_circuit；
9      else
10         for all gate in gate_basis do
11             for all cirt in completed_circuits ∪ {curr_circuit} do
12                 new_circuit = gate(curr_circuit， circ)；
13                 if new_circuit is stealthy and not in completed_circuits then
14                     workqueue.append(new_circuit)；
15                 end if
16             end for
17         end for
18         completed_circuits.add(curr_circuit)；
19     end if
20 end while
```

粗略地说，在算法的每一次迭代中，一个电路被移出工作队列并考虑所有的方法来扩展它以制造一个新的隐身电路。如果发现新的电路满足 3 个定义，则将其添加到所有构建的硬件木马的数据库中。该算法可以用不同的参数（如输入数量、电路尺寸、基础链接门等）运行多次，并且更多的硬件木马将被添加到数据库中。

搜索算法完成后，形成一个包含具有各种正常功能和恶意功能的电路的数据库。流氓设计人员可以通过搜索数据库来使用感染木马但具有同样正常功能的电路，以替代正常设计中的电路。

11.4.3 规避 VeriTrust 的硬件木马

如前所述，VeriTrust 通过识别在验证中冗余的那些输入来标记可疑的硬件木马触发输入。因此，正如文献[15]所示，破解 VeriTrust 的关键是，使受硬件木马影响的信号只在非触发条件下受非受控输入驱动。

1. 相关案例

对于在非触发条件下不是冗余的任何输入，下面的引理必须为真。

引理 11.1 考虑布尔函数为 $f(h_1,h_2,\cdots,h_k)$的受硬件木马影响的信号。在非触发条件下，只要正常函数（由 f_n 表示）无法在没有 h_i 的情况下被完整表示，那么任何输入 h_i 都不是冗余的。

证明：既然 f_n 不能在没有 h_i 时被完整表示，那么在除了 h_i 的所有输入中至少存在一个模式，使得 $f_n(h_i=0)\neq f_n(h_i=1)$，所以 h_i 不冗余。

受到引理 11.1 的启发，图 11.8（a）示出了根据图 11.4 所示电路修改的硬件木马感染电路，其中硬件木马在$\{t_1,t_2\}=\{1,1\}$时被激活。在该实现中，恶意乘积 $t_1t_2d_2$ 与正常功能中的乘积 $t_1d_1d_2$ 结合在一起从而隐藏在 h_1 和 h_2 的扇入锥中，其中 $h_1=t_1d_2$ 和 $h_2=d_1+t_2$。f 的卡诺图如图 11.8（b）所示，其中在非触发条件下无法激活的输入被标记为“无关”。对于该电路，VeriTrust 着重于组合逻辑，将验证 4 个信号，即 f、h_1、h_2 和 h_3。根据图 11.8（b）所示的卡诺图，可以清楚地看出，h_1、h_2 和 h_3 在非触发条件下对于 f 来说不是冗余的。而且，因为它们的所有输入模式都可以在非触发条件下激活，故不受硬件木马影响的信号 h_1、h_2 和 h_3 也没有冗余输入。因此，图 11.8（a）中的硬件木马能够逃避 VeriTrust。

通过检查这个激励案例的实现情况，显然触发器和原始电路的混合设计使得受硬件木马影响信号的触发条件对于 VeriTrust 而言不可见。为了区分现有的硬件木马和图 11.8（a）所示的硬件木马，在文献[15]中引入了两个新术语，即显性触发的硬件木马和隐性触发的硬件木马。

定义 11.7 如果在受硬件木马影响的信号扇入逻辑锥中存在唯一表示触发条件的输入模式，则硬件木马是显性触发的。

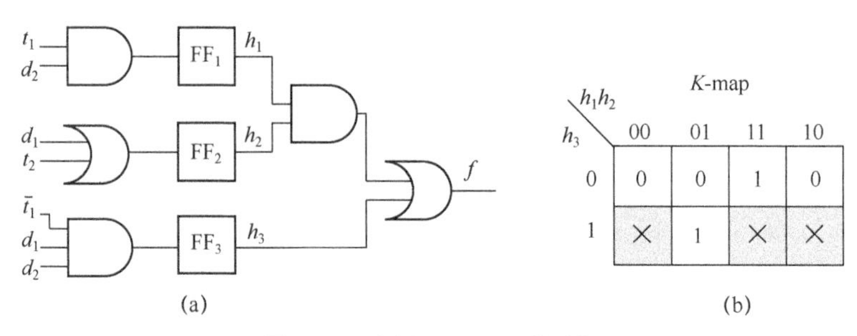

图 11.8　破解 VeriTrust 的动机

（a）硬件木马感染的电路；（b）卡诺图。

定义 11.8　如果在受硬件木马影响的信号的扇入逻辑锥中不存在任何唯一表示触发条件的输入模式，则硬件木马是隐性触发的。

VeriTrust 可以检测到所有显性触发的硬件木马，因为它们包含可由 VeriTrust 识别的专用触发输入。图 11.8（a）所示的硬件木马是隐性触发的，因为触发条件隐藏在 h_1h_2 中，h_1h_2 也包含某些电路的正常功能。

下面的硬件木马设计方法是通过上面的例子和观察，通过实现隐性触发的硬件木马来规避 VeriTrust。

2．规避 VeriTrust 的硬件木马

由于 VeriTrust 只专注于检测组合逻辑块中的硬件木马触发输入，其中输出是受硬件木马影响的信号。规避 VeriTrust 的硬件木马设计方法也侧重于组合逻辑。根据引理 11.1，规避 VeriTrust 的方法通过以下两个步骤来实现隐性触发的硬件木马。

① 将所有恶意开集项与正常功能的开集项①相结合，并重新分配顺序元素（如触发器），以将触发器隐藏在多个组合逻辑块中。

② 简化所有剩余的开集项，并在包含触发输入的情况下重新分配顺序元素。

注意，由于电路可以用所有开集项的总和来显性表示，所以只选择开集项。

VeriTrust 的破解方法可以进一步说明如下。考虑一个带有显性触发硬件木马的电路，其布尔函数可以用下面式子表示，即

$$f = \sum_{c_{n_i} \forall C_n} \sum_{p_{n_j} \forall P_n} c_{n_i} p_{n_j} + \sum_{c_{m_i} \forall C_m} \sum_{p_{m_j} \forall P_m} c_{m_i} p_{m_j} \tag{11.2}$$

式中：由功能输入驱动的 P_n 和 P_m 为使正常功能和恶意功能输出逻辑“1”的所有模式的集合；由触发输入驱动的 C_n 和 C_m 分别表示非触发条件和触发条件的集合。

为了简单起见，分析从恶意函数仅包含一个恶意开集项 $C_{m_0}P_{m_0}$ 的情况开始。

① 恶意开集项是本身位于恶意功能区的开集项，它附近位于正常功能区的项是闭集项[13]。开集项和闭集项分别是使功能输出逻辑“1”和逻辑“0”的项。

假设选择正常函数 $c_{n_0}p_{n_0}$ 与 $c_{m_0}p_{m_0}$ 结合。假设 f_n' 是除了 $c_{n_0}p_{n_0}$ 之外的正常函数的所有开集项。那么，f 可以通过下式得出，即

$$f = f_n' + (c_{n_0}p_{n_0} + c_{m_0}p_{m_0}) \tag{11.3}$$

假设 $c_{n_0}p_{n_0}$ 与 $c_{m_0}p_{m_0}$ 含有相同的公共常量 $c^{\mathrm{c}}p^{\mathrm{c}}$，有

$$f = f_n' + c^{\mathrm{c}}p^{\mathrm{c}}(c_{n_0}^{\mathrm{r}}p_{n_0}^{\mathrm{r}} + c_{m_0}^{\mathrm{r}}p_{m_0}^{\mathrm{r}}) \tag{11.4}$$

其中

$$\begin{cases} c_{n_0} = c^{\mathrm{c}}c_{n_0}^{\mathrm{r}}; p_{n_0} = p^{\mathrm{c}}p_{n_0}^{\mathrm{r}} \\ c_{m_0} = c^{\mathrm{c}}c_{m_0}^{\mathrm{r}}; p_{m_0} = p^{\mathrm{c}}p_{m_0}^{\mathrm{r}} \end{cases} \tag{11.5}$$

之后，电路被重新综合，并且触发器被重新赋值，使得 f 变成

$$f = h_1h_2 + h_3 \tag{11.6}$$

其中

$$\begin{cases} h_1 = c^{\mathrm{c}}p^{\mathrm{c}} \\ h_2 = c_{n_0}^{\mathrm{r}}p_{n_0}^{\mathrm{r}} + c_{m_0}^{\mathrm{r}}p_{m_0}^{\mathrm{r}} \\ h_3 = f_n' \end{cases} \tag{11.7}$$

式中：h_1、h_2 和 h_3 为重新赋值的触发器的输出。

正如在方程中所看到的那样，式（11.6）和式（11.7）中，破解方法的关键是从恶意开集项和普通开集项中提取公共常量，并将触发器隐藏到不同的组合逻辑中。由此可知，f、h_1、h_2 和 h_3 在非触发条件下不会有冗余输入。

对于多个恶意开始条件，也可以使用上述方法将每个条件与正常函数中的一个起始条件组合，然后将触发器隐藏在不同的组合逻辑块中。最后，输出函数 f 可以表示为

$$f = \sum_{i=0}^{k-1}(h_{2i+1}h_{2i+2}) + h_{2k+1} \tag{11.8}$$

其中

$$\begin{cases} h_{2i+1} = c^{\mathrm{c}_i}p^{\mathrm{c}_i} \\ h_{2i+2} = c_{n_i}^{\mathrm{r}_i}p_{n_i}^{\mathrm{r}_i} + c_{m_i}^{\mathrm{r}_i}p_{m_i}^{\mathrm{r}_i} \\ h_{2k+1} = f_n' \end{cases} \tag{11.9}$$

很容易证明，$h_1,h_2,\cdots,h_{2k+1}$ 和 f 在非触发条件下没有冗余输入。应注意，通过进一步将触发逻辑驱动 $h_1,h_2,\cdots,h_{2k+1}$ 与正常逻辑相结合，硬件木马可以分布在多个顺序层上。

如果完整执行验证，上面所示方法理论上可以击败 VeriTrust。但实际上，由于时间和电路复杂性的限制，很难保证对硬件木马检测进行足够的验证。因此，硬件木马触发输入被标记为冗余输入的可能性仍然存在，因为验证不足。作者提出了以下 3 种优化。

① 将正常功能的简化恶意乘积（而不是恶意的开集项）与形式化功能的开集项相结合，以避免 VeriTrust 激活正常功能的条款。

② 从正常功能中选择简化的乘积与简化的恶意乘积相结合，这样正常功能激活的乘积中的任何项都可以让硬件木马规避 VeriTrust。

③ 从具有高激活概率的正常功能中选择那些简化乘积与恶意乘积相结合。这种方法需要从正常功能中了解乘积的概率，这可以通过推测功能验证中使用的测试案例来估计[2, 11]。

算法 11.3：克制 VeriTrust 的流程
1 简化此组合逻辑的布尔函数；
2 通过攻击者猜测的测试进行模拟，获得每个产品概率；
3 foreach simplifiedmaliciousproduct **do**
4 将其与激活概率最大的正常功能的产物结合，并将触发器隐藏在不同的组合逻辑块中；
5 end foreach
6 为其余的产品重分配触发器.

算法 11.3 说明了破解 VeriTrust 的流程。首先简化受硬件木马影响的信号组合逻辑的布尔函数，然后用推测的测试用例进行仿真，得到每个产品的概率。之后，使用一个循环以尽可能隐藏硬件木马触发器。在每次迭代中，一个恶意乘积与一个具有最大激活概率的正常函数的乘积相结合，并且隐藏在不同的组合逻辑块中。最后，触发器被重新分配给其余的部分。

11.4.4 规避 FANCI 的硬件木马

由于 FANCI 能够识别组合逻辑块内弱影响输入的信号，所以破解 FANCI 的关键思想是使所有硬件木马相关信号的控制值与功能信号的控制值相当。

文献[15]的作者从图 11.9 所示的电路开始，以说明破解 FANCI 的关键思想。图 11.9（a）和图 11.9（b）分别给出了一个常见的多路复用器（MUX）和一个具有罕见触发条件的恶意多路复用器（MULtiplexer，MUX）。因为由 $t_0,t_1,\cdots,t_{63}$ 表示的触发输入对于输出 $O(1/2^{65})$具有非常小的控制值，故 FANCI 能够区分这两种类型的 MUX 并作标记。

从这个例子可以看出，硬件木马相关信号（图 11.9（b）中的 o）有弱影响输入的主要原因是它由扇入组合逻辑锥中的多个触发输入驱动。考虑由具有 m 个触

发输入和 n 个功能输入的组合逻辑块驱动的信号。这个特定的硬件木马相关信号的真值表的大小由下式给出，即

$$\text{size}(T)=2^{m+n} \tag{11.10}$$

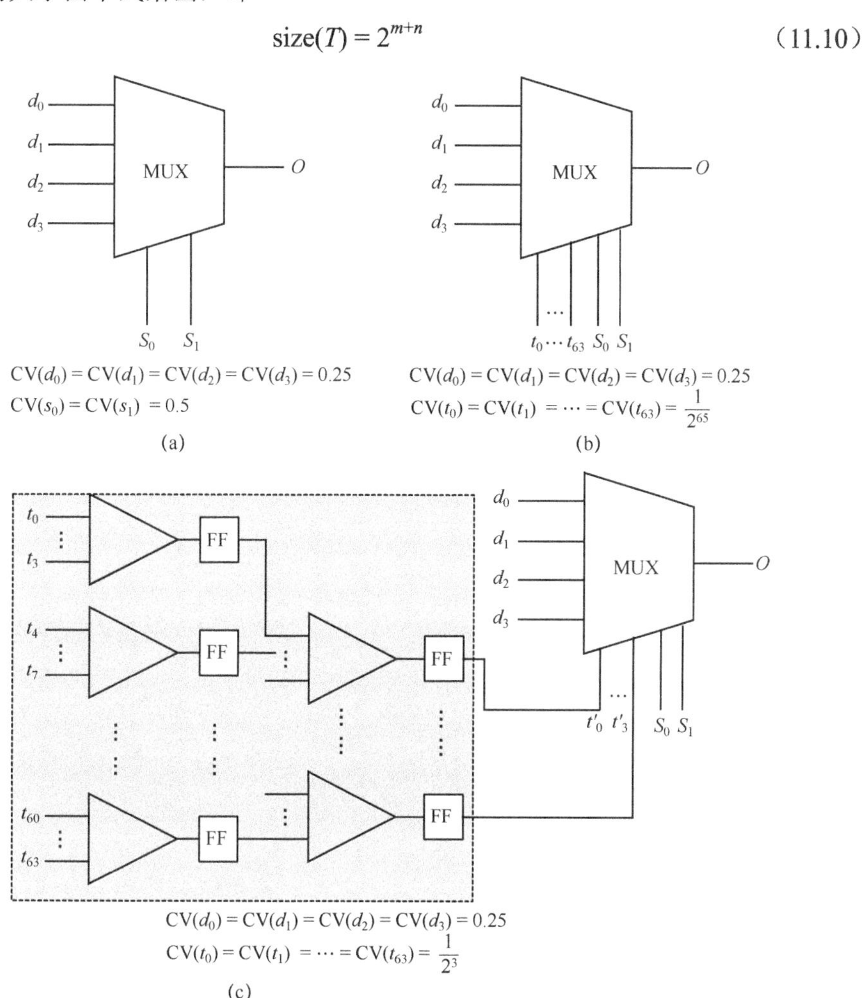

图 11.9　破解 FANCI 的动机的例子

（a）标准 MUX；（b）恶意 MUX；（c）修改实现的恶意 MUX。

对于以 t_i 表示的触发输入，那些影响输出的输入模式应该满足两个要求：①除了 t_i 外的所有触发输入都由触发值[①]驱动；②反转 t_i 会导致输出值的变化。总共有 2^{n+1} 个输入模式满足第一个要求。其中，进一步满足第二个要求的数量取决于恶意函数与正常函数的实际差异，因为它们可能在某些功能输入下输出相同的值。同时，它们不能总是输出相同的值；否则就不会有恶意的行为。因此，满足这两个要

① 触发值是满足触发条件的触发输入逻辑值。

求的输入模式的数量是有界的，即

$$2^1 \leqslant \text{counter} \leqslant 2^{n+1} \tag{11.11}$$

根据式（11.10）和式（11.11），t_i 对相应的硬件木马相关信号的控制值是有界的，即

$$\frac{1}{2^{n+m-1}} \leqslant \mathrm{CV}(t_i) = \frac{\text{counter}}{\text{size}(T)} \leqslant \frac{1}{2^{m-1}} \tag{11.12}$$

为了使 FANCI 很难区分与硬件木马相关的信号和功能信号，硬件木马相关信号的控制值应与功能信号的控制值相当。如式（11.12），减少 m 对控制值的增加有指数级的影响。因此，作者通过将这些触发输入平衡到多个连续的层级来修改恶意 MUX 的实现（图 11.9（c））。这样，对于组合块，触发输入的数量控制在不超过 4 个，使得每个触发输入的控制值与功能输入的控制值相当。

受此启发，FANCI 的攻击手段就是减少驱动硬件木马相关信号的所有组合逻辑块的触发输入次数，并通过在多个连续的级别之间扩展硬件木马触发输入来实现。

11.4.5 对抗 FANCI 的硬件木马设计

本小节考虑两种硬件木马。通常，隐性硬件木马的触发由组合部分（图 11.10 中的❶）和连续部分（图 11.10 中的❷）组成。因为采用不同的方法来处理由附加顺序层次引起的额外延迟，故 FANCI 的破解算法需要分别处理。算法 11.4 给出了破解 FANCI 的流程。

对于❶中的组合逻辑块，破解方法类似于图 11.9（c）所示的方法。可以看出，具有大量触发输入的原始触发组合逻辑被分散在多个组合逻辑块中，使得每个组合逻辑块中的触发输入的数量不大于 N_T（用于平衡硬件木马的隐形和硬件开销）。如算法 11.4（6~10 行）所示，只有触发器的输入而不是所有信号被检测。这是因为，只要每个触发器的输入的触发输入的数量小于 N_T，那么内部信号的触发输入的数量也小于 N_T。

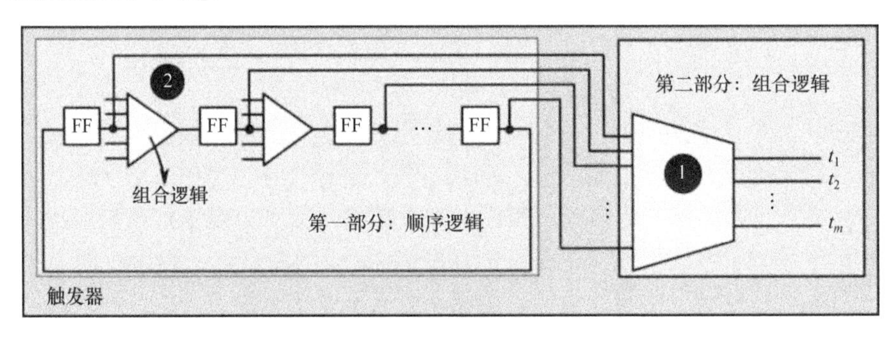

图 11.10 典型的硬件木马触发器设计

算法 11.4： 克制 FANCI 的流程

```
1 N_T = 2;
2 do
3 |    DefeatFANCI(N_T++) ;
4 while(The hardware cost is larger than a given constraint.);
  /* 一步击败 FANCI                    */
5 DefeatFANCI(N_T)
  |    /* 对①的组合逻辑                                    */
6 |    foreach The fan-in cone of the input of the flip-flop do
7 |    |    if thenumber of trigger inputs>N_T then
8 |    |    |    在多个顺序级别中平衡于触发器;
9 |    |    end if
10|    end foreach
  |     /*  对②的组合逻辑*/
11|    Find out the maximum number of trigger signals, denoted by N_max, within a combinational
  |    logic cone;
12|    if N_max> N_T  then
13|    |    Introduce multiple small FSMs until N_max≤ N_T
14|    end if
15 end
```

硬件木马触发器的连续部分可以用有限状态机（FSM）表示，触发输入用于控制状态转换（图 11.11（a））。对位于 FSM 内的❷中的组合逻辑块，由于引入了额外的顺序级别，所以上述的破解方法是不适用的。附加的流水线延迟会改变触发条件。

相反，原有的 FSM 被分割成多个小 FSM，例如，如图 11.11（b）所示，具有 64 个触发输入的 FSM 被分割成 8 个小 FSM。在这个例子中，通过这样做，每个小 FSM 中触发器输入的数量减少到 8 个，并且可以通过引入更多的 FSM 来进一步减少触发器输入的数量。当所有小 FSM 同时达到某些状态时，硬件木马被触发。

注意，针对 FANCI 的建议破解方法对电路的正常功能和硬件木马的恶意行为没有影响，因为这种方法仅操纵与原始电路和硬件木马有效载荷分离的硬件木马触发器设计。

由于硬件木马的隐身性主要取决于每个组合逻辑中的触发器输入的数量，所以这是通过发现 N_T 的值来实现的。也就是说，如算法 11.1 所示，从 $N_T = 2$ 开始逐渐增加直到应用破解方法的成本低于给定的约束。

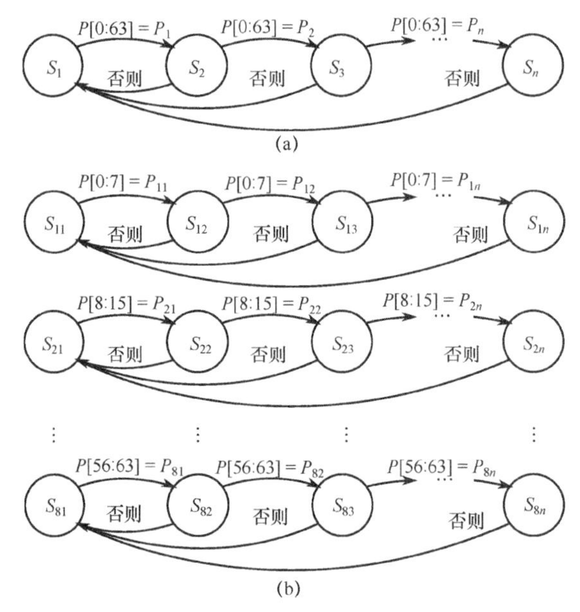

图 11.11　建议的顺序触发器设计来击败 FANCI

（a）原始的 FSM；（b）多个小型 FSM。

11.4.6 讨论

针对 FANCI 和 VeriTrust 的破解方法不会相互干扰。一方面，FANCI 的破解算法着重于减少硬件木马触发器中使用的组合逻辑块的触发输入数量，而不改变其逻辑功能；另一方面，VeriTrust 的破解方法在不增加任何组合逻辑中的触发器输入数量的情况下实现隐性触发的硬件木马。

此外，设计用于破解 FANCI 和 VeriTrust 的硬件木马不会影响 11.4.1.1 中针对 UCI 的硬件木马设计的隐身性。首先，这些方法不改变硬件木马触发条件，因此对功能验证没有影响。对于文献[10]中的 UCI 技术，一方面，FANCI 算法中引入的信号属于硬件木马触发单元，由不同的触发输入驱动，在功能验证过程中不可能总是相等的；另一方面，VeriTrust 破解方法将部分正常功能与硬件木马触发器结合起来，因此也不太可能在验证期间创建相同的信号对。

综上所述，所有 3 种硬件木马设计方法可以混合在一个设计中，使得硬件木马能够抵抗所有已知的可信验证技术，同时仍然通过功能验证。

参考文献

1. S.T. King, J. Tucek, A. Cozzie, C. Grier, W. Jiang, Y. Zhou, Designing and implementing malicious hardware, in *LEET*, vol. 8 (2008), pp. 1–8

2. J. Zhang, Q. Xu, On hardware Trojan design and implementation at register-transfer level, in *Proceedings of the IEEE International Symposium on Hardware-Oriented Security and Trust (HOST)* (2013), pp. 107–112
3. S. Skorobogatov, C. Woods, Breakthrough silicon scanning discovers backdoor in military chip, in *Proc. International Conference on Cryptographic Hardware and Embedded Systems (CHES)* (2012), pp. 23–40
4. Y. Liu, Y. Jin, Y. Makris, Hardware Trojans in wireless cryptographic ICs: silicon demonstration & detection method evaluation, in *Proc. IEEE/ACM International Conference on Computer-Aided Design (ICCAD)* (2013), pp. 399–404
5. M. Beaumont, B. Hopkins, T. Newby, *Hardware Trojans-Prevention, Detection, Countermeasures (A Literature Review)* (Australian Government Department of Defense, 2011)
6. Defense Science Board Task Force on High Performance Micorchip Supply, Office of the Under Secretary of Defense for Acquisition, Technology, and Logistics (United States Department of Defense, 2005)
7. Y. Jin, N. Kupp, Y. Makris. Experiences in hardware trojan design and implementation, in *Proceedings of the IEEE International Workshop on Hardware-Oriented Security and Trust* (2009), pp. 50–57
8. Trust-Hub Website, https://www.trust-hub.org/
9. S. Wei, K. Li, F. Koushanfar, M. Potkonjak, Hardware Trojan horse benchmark via optimal creation and placement of malicious circuitry, in *Proceedings of ACM/IEEE Design Automation Conference* (2012), pp. 90–95
10. M. Hicks, M. Finnicum, S.T. King, M.K. Martin, J.M. Smith, Overcoming an untrusted computing base: detecting and removing malicious hardware automatically, in *Proceedings of the IEEE Symposium on Security and Privacy (SP)* (2010), pp. 159–172
11. C. Sturton, M. Hicks, D. Wagner, S. T King, Defeating UCI: building stealthy and malicious hardware, in *Proceedings of the IEEE International Symposium on Security and Privacy (SP)* (2011), pp. 64–77
12. J. Bormann, et al., Complete formal verification of TriCore2 and other processors, in *Design and Verification Conference* (2007)
13. J. Zhang, F. Yuan, L. Wei, Z. Sun, Q. Xu, VeriTrust: verification for hardware trust, in *Proc. IEEE/ACM Design Automation Conference (DAC)* (2013), pp. 1–8
14. A. Waksman, M. Suozzo, S. Sethumadhavan, FANCI: identification of stealthy malicious logic using boolean functional analysis, in *Proceedings of the ACM Conference on Computer and Communication Security (CCS)* (2013), pp. 697–708
15. J. Zhang, F. Yuan, Q. Xu, DeTrust: defeating hardware trust verification with stealthy implicitly-triggered hardware trojans, in *Proceedings of the ACM Conference on Computer and Communication Security (CCS)* (2014), pp. 153–166

第 12 章　针对未详细说明的 IP 核功能的验证和可信

12.1　概　　述

电子设备和系统如今无处不在，影响着如言论自由、隐私、金融、科学和艺术等现代生活的关键方面。我们对电子系统和基础设施的安全性和可靠性的关注处于历史最高水平。保护电子系统是非常困难的，因为攻击者只需要发现和利用一个弱点来实施恶意行为，而防御者必须保护系统免受无限可能的漏洞集合的威胁，以确保其安全。

安全技术的目标是在特定的威胁模型下检测/预防一类漏洞。枚举和解决所有威胁模型和漏洞的任务不可能完成，但本章通过探索一种新颖的漏洞类型为此任务做出了贡献：大多数硬件设计中的攻击者有机会将恶意行为完全隐藏在未详细说明的功能中。

12.1.1　未详细说明的 IP 核功能

验证和测试是硬件设计的主要瓶颈，随着设计复杂度的增加，设计和验证之间的生产率差距也会增加[1]。据估计，70%以上的硬件开发资源被验证任务所消耗。为了应对这一挑战，过去几十年来发展的商业验证工具和学术研究致力于增加对特定功能正确性的信心。对重要的设计行为进行建模，然后使用各种工具和方法来分析芯片设计过程中不同阶段的实现，以确保实现始终与黄金参考模型匹配。

未建模的行为不会被现有的方法验证，这意味着在未详细说明的功能中发生的安全漏洞都会被忽略。在现代包含几十亿个晶体管的复杂硬件设计中，总是存在未详细说明的功能。当行为不仅取决于系统的内部状态，而且还取决于设备所嵌入环境的外部输入时，在每个周期中要枚举几十亿个晶体管或逻辑门的理想状态是不可能的。只有对具有功能重要性的设计进行建模和验证才是可行的。

由于许多操作周期中很大一部分信号的行为是未详细说明的，因此攻击者可以轻松地修改这些功能，而不被现有验证方法检测到。

本章将探讨攻击者如何将恶意行为完全嵌入到未详细说明的功能中，而大多数相关的研究则探讨如何检测在极端罕见情况下发生的特定行为的违规情况，其主要挑战在于如何识别这些情况。

12.1.2 硬件木马

插入芯片中的恶意功能称为硬件木马。由于芯片设计生态系统的复杂性，硬件木马是半导体设计公司和美国政府关注的主要问题[2-3]。经济因素决定了硅芯片的设计、制造、测试和部署分布在许多公司和国家，而且在目标和利益间往往发生冲突。如果涉案单方认为插入硬件木马是有利的，则后果可能是灾难性的。

过去提出的硬件木马的目标包括拒绝服务攻击，如迫使电路过早老化[4]和 SOC 总线锁死[5]，以实现试图在系统上获取未被检测到的特权访问的更精妙的攻击[6]，通过电源或时序侧信道[7]，或削弱随机数发生器的输出[8]来泄露秘密信息。文献[9-11]中介绍了许多木马分类，其分类标准依据它们被插入的设计阶段、触发机制和恶意功能（有效载荷）。大多数现存的木马可以分为以下几类。

第一类：某些设计信号的逻辑功能被改变，导致电路违反系统规范。

第二类：木马通过侧信道泄露信息，并且没有任何现有信号的功能被修改。

第三类：仅具有未详细说明行为的设计信号的逻辑功能被改变，以添加恶意功能而不违反系统规范。

本章介绍并解决了第 3 个较少研究的木马类型。第三类木马的一个例子是图 12.1 中深色的恶意电路。只有在未详细说明 read_data 的值时，木马感染电路的行为才与 FIFO 的正常功能不同。当信号 write_enable 为 1 并且 FIFO 未满时，FIFO 将当前在输入 write_data 处的数据写入缓冲器，并且当信号 read_enable 为 1 且 FIFO 不为空时，将来自缓冲器的数据放置在 read_data 输出上。有人可能会问，当 read_enable 为 0 或者 FIFO 为空时 read_data 的值应该是多少？

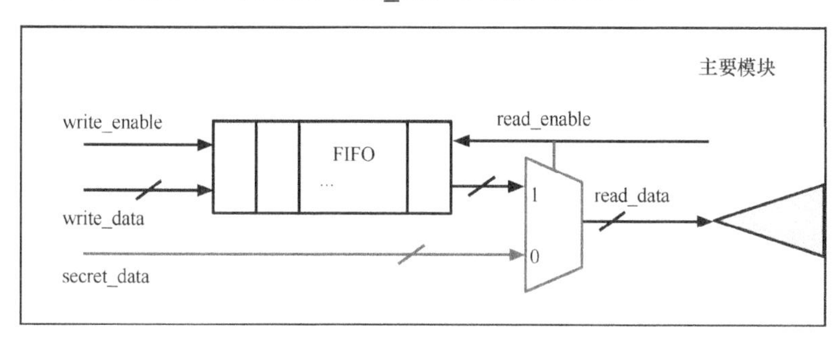

图 12.1　FIFO 的第三类木马病毒（木马电路影响未详细说明的功能泄露信息以深色显示）

假设在这种条件下，read_data 的值保留了前一次有效读取的值，这似乎是合乎逻辑的，但是如果 FIFO 从来没有被写入或读取过，那该怎么办呢？在这种情况下，该值是不可知的，不能被说明。当 read_enable 为 1 并且 FIFO 不为空时，验证工作很可能只检查 read_data 的值，因为假定 read_data 的扇出中的电路仅在有效的 FIFO 读取期间被使用。当 read_enable 为 0 时，read_data 的值是未详细说明的。

但是，这意味着攻击者可以修改FIFO设计，以便在未经验证的条件成立的所有循环期间泄露read_data输出中的秘密信息。图12.1中这个恶意电路显示为深色。应该强调的是，这些情况发生得非常频繁，使得这种木马行为很难用现有的硅前检测方法来标记，这种检测方法依赖于仅在极少数情况下才能发现的行为。

文献中提出的许多木马程序都使用极其罕见的触发条件（第一类木马）躲避核查工作。上文隐形木马触发器所用例子是在改变电路功能之前等待数千个周期的计数器，或是系统总线上等待出现“魔术”值或序列的模式识别器[12]，或者作为密码硬件中的明文输入[13-15]。具有这些触发机制的木马通常部署有明显违反系统规范的有效载荷（如在加密计算期间引起故障或锁定系统总线）。

现有的硅前木马检测方法假定木马在精心设计的罕见触发条件下违反了设计规范，并且专注于在RTL代码或门级网表[16-19]中识别该触发电路的结构。这些方法识别“几乎未使用的”逻辑，其罕见度由发生概率阈值量化。这个概率使用近似布尔函数分析[16-17]或基于模拟轨迹静态计算[18-19]。

本章所述的木马程序不依赖于罕见的触发条件来隐藏，而是只改变设计信号的逻辑功能，这些信号具有未详细说明的行为，这意味着木马从未违反设计规范。因为传统的验证和测试不包括分析未详细说明的功能以提高效率，主要关注一致性检查，故解决这个木马类型需要一种与现有的木马检测和硬件验证方法不同的方法。识别包含硬件木马或未来可能被攻击者利用的未详细说明功能是困难的，因为根据定义，未详细说明的功能不是由设计/验证团队建模或获知的。

本章的其余部分提供了具体的技术以确保未详细说明的设计功能是安全的。12.2节探讨了最直接的未详细说明功能的定义：RTL无关。给出了仅通过修改无关比特位来泄露信息的几个例子，然后给出了一种设计分析方法，用于识别易受木马修改的无关比特位的子集[20]。12.3节介绍了一种识别超出RTL的未详细说明功能的方法。例如，当read_enable为0时，FIFO示例中的read_data信号可能并未被赋值给X。识别方法是基于变异测试，在12.3节中介绍的案例研究中，只有在空闲周期才能发现整个类别的木马修改总线功能[21]。12.4节对这一发现进行了扩展，并提出了一个通用模型，用于在SoC组件之间创建秘密的木马通信通道，只有在未详细说明功能时才改变现有的片上总线信号，并概述在几个广泛使用的标准总线协议如AMBA AXI4中如何插入木马通道[22]。最后，在12.5节总结我们的工作并给出结论。

12.2 RTL木马中的“无关”

“无关”是用于描述一组输出是0或1布尔函数的输入组合的概念。例如，假设基于使用4个开关编码的二进制值，字母表的前10个字母将被显示在7段显示器上。每个 LED 段的逻辑功能（总共有 7 个）确定这 10 个组合中的每一个段是 ON 还是 OFF。然而即使设计仅需要 10 个输入组合，4 个开关也允许 16 个可能的输入组合。对于 6 种输入组合，考虑到问题规范，LED 段的开/关值无关紧要。

如果使用每段的真值表和卡诺图来推导出这个简单设计的门级表示，对应于 6 个“无关”输入组合的真值表中的行可以被赋值为 0 或 1，以使得到的逻辑开销最小化。现代设计没有使用真值表来指定，而是通过硬件描述语言（如 Verilog 或 VHDL）来指定。这两种语言都允许使用“无关”表达，而这些“无关”允许综合工具来优化结果逻辑。本章重点介绍 Verilog，但这些概念很容易应用于 VHDL。在 Verilog 中，可以使用赋值右侧的文字“X”表示无关，X 为赋值语句执行的条件，赋值为“X”的变量可以是 0 或 1。

不幸的是，X 也被用来表示不定值，另外“无关”使得 X 的含义有歧义。出现在 RTL 代码中的 X 有不同的语义进行仿真和综合。在 RTL 仿真中，X 代表一个未知的信号值，而在综合中，X 代表一个“无关”，这意味着综合工具可以自由地赋值信号 0 或 1。

在 RTL 仿真过程中，有两种可能的 X 源：①X 在 RTL 代码中指定（或者由设计者明确写入，或者隐含的，如没有默认的 case 语句）；②X 由未初始化或未被驱动的信号产生，如缺少已知复位值的触发器或时钟门控块中的信号。来自源 1 的 X 是“无关”的，并且在综合期间被赋值，这意味着它们在综合之后是已知的，而来自源 2 的 X 可能在流片之前是未知的。

我们提出的木马程序利用了源代码 1 的优势，显然，如果设计逻辑完全被刻画，并且“无关”不会出现在 Verilog 代码中，则不能插入这些木马程序。然而，几十年来，“无关”已经被用于在综合过程中最小化逻辑[23]，并且禁止使用它们会导致难以接受的面积、性能、功耗开销。对于 12.2.3 小节中介绍的案例研究，将控制单元 Verilog 中的所有 X 替换为 0，结果块的面积增加了近 8%。

Turpin[24]和 Piper 及 Vimjam[25]给出了一个行业视角，并概述了 RTL X 在芯片设计、验证、调试过程中引起的许多问题，以及对现有技术和解决 X 问题的工具的调查。由于 X 的好或坏、RTL 和设计的门级版本之间的仿真差异以及由于不正确的复位或功耗管理序列引起的未知值的传播[26]，都是现有研究和商业工具所要解决的问题。

本节介绍了 RTL 代码中存在 X 的另一个问题，并为分配验证资源给这些现有的 X 分析工具提供了进一步的激励。但是，现有的工具旨在发现偶发的功能性 X 漏洞，而我们提出的木马可以被认为是为避免在功能验证过程中被发现而恶意生成的一种病态种类 X 漏洞。

这意味着只关注于提供具有准确 X 语义 RTL 仿真的 X 分析工具，仅对基于仿真验证期间发生的情景进行 X 传播分析，或者在分析过程中仅仅分析有限数量的周期（如重置序列）不足以解决提出的威胁。通过本节其余部分的示例，我们旨在突出显示与商业和学术工具所针对的现有X漏洞不同的最新威胁的各个方面。

12.2.1 说明性的例子

[例 12.1]（木马修改“无关”位以泄露密钥)。为了说明“无关”是如何被利用来执行恶意功能，提供了一个人为的例子加以说明。清单 12.1 给出的模块通过反向、与密钥值进行异或或者是直接不加修饰这3种方式之一将4bit输入转换为输出。3种转换的选择是使用2位控制信号决定的。当控制信号为11时，第17行指定tmp可以由综合工具赋值任何值，以最小化所使用的逻辑。

清单 12.1 simple.v

```
1 module simple(clk,reset,control,data,key,out);
2 input clk,reset;
3 input[1:0] control;
4 input[3:0] data,key;
5 output reg[3:0] out;
6 reg[3:0] tmp ;
7 // tmp 只分配了一个有意义的值
8 // 控制信号为 00、01 或 10
9 always@(*)begin
10    case(control)
11       2'b00:tmp < = data ;
12       2'b01:tmp < = data^key ;
13       2'b10:tmp < =  ~data ;
14    // Trojan logic -----
15    // 2'b11 :tmp < = key ;
16    //-------------------
17       default:tmp < = 4'bxxxx ;
18    endcase
19 end
20 always@(posedge clk )begin
21 if(~reset) out < = 4'b0 ;
22 else out < = tmp ;
23 end
24 endmodule
```

攻击者可以通过将密钥分配给 tmp 来利用 RTL 提供的实现自由度，从而使得密钥值能够在该模块的输出中显示。通过执行第 15 行的代码，可以将该木马插入到 RTL 代码中，或者在综合之后通过修改网表在门级插入该木马。

需要强调的是，无论哪种情况，由于在控制信号 = 11 条件下 tmp 的赋值是未详细说明的，所以即使可以详尽模拟设计，也不可能检测出木马，或者一个完美的等价性验证器可以比较黄金模型和木马间的实现。例如，Cadence Conformal LEC [27]用来执行两个试验：Golden RTL 和 Trojan RTL 之间的等价性验证，以及 Golden RTL 和一个木马感染的网表之间的等价性验证。在这两种情况下，等效检查器都无法检测到木马功能的存在。还应该注意的是，第 17 行赋值给 tmp 的“无关”对于攻击者是有用的，因为：①“无关”任务是可达的；②主输出的改变（攻击者可以观察到）取决于无关位的值。

[例 12.2] （不可到达和不可传播的 X）。在例 12.1 中，所有的“无关”位都是危险的，应该在 RTL 代码中就进行消除。本例（类似于例 12.1 增加了具有 5 个可到达状态的 3 位 FSM）说明并非所有的“无关”都是危险的，而任何木马预防或 X 分析技术的目标是只识别危险的 X，并允许综合工具使用其余的“无关”来最小化逻辑。

在清单 12.2 中，共有 6 个 1 位“无关”值。可以用 6 个 1 位信号 $dc_0,dc_1,\cdots,dc_5$ 代替 Verilog 代码中的这些 X；然后，攻击者可以选择将其他内部设计信号（如密钥位）分配给“无关位”，或留给综合工具分配。第 27 行可以重写为

$$\text{default}:\text{pattern} \leqslant \{dc_0,dc_1,dc_2,dc_3\};$$

清单 12.2 simple_state.v

```
1 module simple_state (clk, reset, control, data, key, out);
2 input clk, reset;
3 input[1:0] control;
4 input[3:0] data, key;
5 output reg[3:0] out;
6 reg[3:0] tmp;
7 reg[2:0] counter, next_counter;
8 reg[3:0] pattern;
9 // 截断变量计数器 0~4
10 // 5、6 和 7 从未出现
11 always@(*)begin
12     if(counter<3'h4)
13         next_counter < = counter+3'b1;
```

```
14    else next_counter < = 3'b0;
15 end
16 always@(posedge clk)begin
17    if(~reset) counter < = 3'b0;
18    else counter < = next_counter;
19 end
20 always@(*)begin
21    case(counter)
22       3'd0:pattern < = 4'b1010;
23       3'd1:pattern < = 4'b0101;
24       3'd2:pattern < = 4'b0011;
25       3'd3:pattern < = 4'b1100;
26       3'd4:pattern < = 4'b1xx1;
27       default:pattern < = 4'bxxxx;
28    endcase
29 end
30 always@(*)begin
31    case(control)
32       2'b00:tmp < = data;
33       2'b01:tmp < = data ^ key;
34       2'b10:tmp < = ~data;
35       2'b11:tmp < = data^{pattern[3], pattern[2:0]&counter};
36    endcase
37 end
38 always@(posedge clk)begin
39    if(~reset) out < = 4'b0;
40    else out < = tmp;
41 end
42 endmodule
```

因为变量计数器只取值 0～4，故程序运行时第 27 行不可达（因此模式将永远不会被设置为 $dc_0 \sim dc_3$）。这些 X 是安全的，不会泄露信息，因此最好留在 RTL 中以帮助逻辑优化。一个更有趣的 X 设置发生在第 26 行，可以重写为

$$3'd4 : pattern \leqslant \{1, dc_4, dc_5, 1\};$$

可以将 $\{dc_4, dc_5\}$ 赋值给模式[2：1]，但是通过手动检查，可以看到受模式

（Line35）影响的唯一赋值包含计数器和模式[2：0]之间的按位与，防止 dc_5 进一步传播，但不是 dc_4！这是因为当计数器为 3'd4 时，第 35 行变成

$$2'b11: tmp \leqslant data \wedge \{1, dc_4, 0, 0\};$$

在这个例子中，只有 1/6 的“无关”是危险的并且是必要的。在有着数百个“无关”的设计中，预计只有一小部分是危险的，这说明了为什么 X 分析工具使用细粒度的方法并对“不可达、可达但不可传播的‘无关’、存在传播到输出或攻击者观察点潜在风险的‘无关’”3 种状态加以区分是有价值的。

12.2.2 自动识别危险的“无关”

通过 12.2.1 小节的例子已经看到，如果可以找到输入序列，那么 dc_i 是取值 0 或 1，电路输出会相应有所不同，则“无关”位 dc_i 是危险的。为了实现这一点，将 dc_i 分配赋值给设计变量的语句必须可达，并且变量的值必须传播到电路输出。发现这样一个输入序列是否存在的问题已经在文献[28]中被简化为一个时序等价性验证问题。在文献[28]中，分析是为了找到 X 漏洞，而不是为了阻止硬件木马，但是就像提到的硬件木马一样，X 漏洞是由设计中影响主输出的可达 X 赋值产生的。

X 漏洞和提到的木马类型之间的一个关键区别在于，在许多设计中，如串行乘法器或者在 12.2.3 小节中分析的椭圆曲线处理器，只要最终的计算结果是正确的，那么在计算的中间循环中单元的主输出处的值通常不重要。如果最终结果不受影响，那么 X 在中间循环期间传播到主输出通常不被视为 X 漏洞，但是如果攻击者能够观察电路的主输出，则在这些中间循环期间仍然可能发生信息泄露。

等价性验证在设计的两个几乎相同的版本之间进行：一个是 $dc_i = 0$；另一个是 $dc_i = 1$。如果在所有可能的输入序列下设计是相同的，则 dc_i 不可能用于泄露设计信息。

通过解决设计中多个“无关”之间的关系来进一步构建这个想法，并且从组合等价性验证和状态可达性分析方面说明这个问题。出于可扩展性的原因，我们的解决方案可能会过度逼近被归类为危险的“无关”的集合。

虽然两个几乎相同的设计之间的组合等价性验证是有效的和可扩展的，但状态可达性分析不是。在 12.2.3 小节中介绍的椭圆曲线处理器案例研究中，说明如何使用商业代码可达性工具代替符号状态可达性分析，用以在组合等价检查之后将被错误标记为危险状态的“无关”重新定义。

考虑图 12.2 中的通用示例电路，其通过使所有触发器输入为伪主输出（Pseudo Primary Outputs，PPO）和所有触发器输出为伪主输入（Pseudo Primary Inputs，PPI）来消除时序行为。在设计中有 n 个“无关”位，很显然，dc_i 和 dc_j 有阻止彼

此传播的能力。dc_h 在信号 a 的扇入锥中，并且也可以影响 dc_i 和 dc_j 的传播，而 dc_k 和 dc_i 、dc_j 和 dc_h 完全无关。

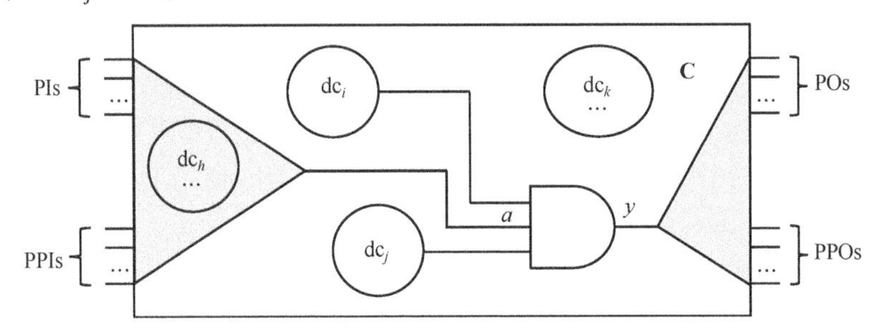

图 12.2　通用电路与“无关”位

通过在图 12.3 中构造斜角并检查节点 z 的可满足性，可以在原始设计的两个版本之间进行组合等价性验证：$C_{\mathrm{dc}_i=0}$ 和 $C_{\mathrm{dc}_i=1}$。如果 z 不可满足，则 dc_i 是安全的；否则，等价性验证器返回一个区分输入向量。应注意，在分析 dc_i 时，所有剩余的 $n-1$ 个“无关”位将作为主输入。这确保了：如果 dc_i 成功泄露了信息，那么区分输入向量能够包含剩余“无关”比特位是如何被约束的信息。

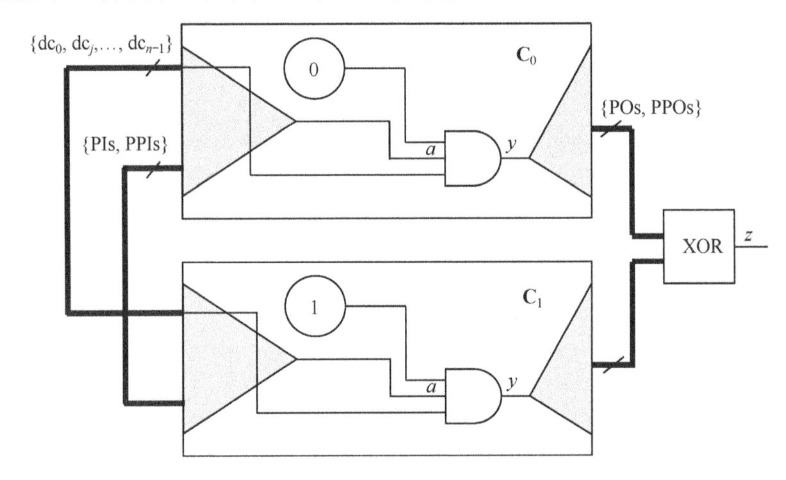

图 12.3　等价性验证公式

由于我们没有考虑设计的顺序行为，区分输入向量可能要求为伪主输入赋值一个永远不会发生的值，换句话说，即不可达状态。状态可达性分析可以在分析所有“无关”位之前进行，并且可以将描述不可达状态集合的逻辑公式结合到斜接电路中，以防止等价性验证器找到包含这些状态的区分输入向量。

状态可达性是一个难题，但是最近在模型检查[29]和技术研究进展中（如文献[30]）提出，可以采用基于可达状态集合的过近似方法，可以帮助解决不平凡设计的验证问题。此外，由于“无关”通常可以追溯到 Verilog 代码中的单行语句，死亡代码分析和代码可达性工具可以轻松帮助消除无法访问的“无关”赋值。对于木马的预防，过近似方法是理想的，因为其消除了包含被错误标记为不可达状态的区分输入向量，确保了危险的“无关”永远不会被归类为安全的。

12.2.3 椭圆曲线处理器案例研究

下面介绍一个案例研究，在该案例研究中，使用人工检查来识别控制单元中的“无关”，可以防止为木马提供泄露所有密钥位的机会。然后，除了介绍发现的几个以前未知的信息泄露方式外，将展示基于“无关”分类的自动探测方法，这种方法可以探测引起电路漏洞的未知缺陷。

椭圆曲线密码学（Elliptic Curve Cryptography，ECC）是一种公钥密码系统，其基本操作使用椭圆曲线的数学运算来进行密钥协商并生成/验证数字签名。ECC 目前在安全防护（SSH）和传输层安全性（TLS）领域中应用，并提供比 RSA 更多的安全性/密钥位[31]。像其他密码算法一样，如果在硬件中实现，ECC 操作可以加速。本案例研究考察了一个公开可用的椭圆曲线处理器（Elliptic Curve Processor，ECP），它执行了由 FPGA 实现优化的点乘运算[32]。

点乘操作是构建所有 ECC 协议的基本操作，读者可以参考文献[32]获取更多背后的数学背景。点乘以椭圆曲线参数，椭圆曲线上的初始点 P 和密钥 k 为输入，计算 $G=[k]\,P$，其使用椭圆曲线点加和点乘的公式将 P 自身“加”到 k 次。因为只知道 G 和 P 很难发现 k，所以 ECC 是安全的。

1. 硬件木马

插入到 ECP 中的木马只允许观察主输出信号的攻击者来获取密钥 k。这种设计包含一个状态机，其具有 38 个状态（图 12.4）、多个寄存器文件和多个调度操作使用的几个自定义算术单元。当达到状态 38 时，计算最终点 G。在状态机逻辑中分配控制信号的过程中，ECP 木马程序探测 case 语句中的无关（don’t care）值。

在状态 15 期间，分配给控制信号（cwl 和 cwh）的“无关”值传输到寄存器组地址和写使能信号，有效地使得在状态 15 期间寄存器组的内容未被说明。其中一个寄存器与主输出信号绑定，使得攻击者可以直接将所有密钥位泄露到可观察的输出点。读者可以阅读文献[20]获取详细信息，包括代码清单、显示泄露密钥位所需的确切设计修改。

通常情况下，计算中间循环电路输出的未知值不被视为错误，因为它不影响在点乘中计算的最终点。需要强调，在了解这种新的木马类型的情况下，必须防止在任何周期内对主输出的 X 传播。

2. 自动 X 分析

ECP 设计具有 572 个主输入位、467 个主输出位和 11232 个状态，导致门数超过 300000。在我们的工具分析设计中有 538 个“无关”位。282 个对应于在状态 0～38 中对 cwl 和 cwh 中的位进行的赋值，33 个对应于这些信号的默认赋值（状态大于 38，其应该是不可达的），并且 233 个来自 quadblk 模块中的默认赋值。

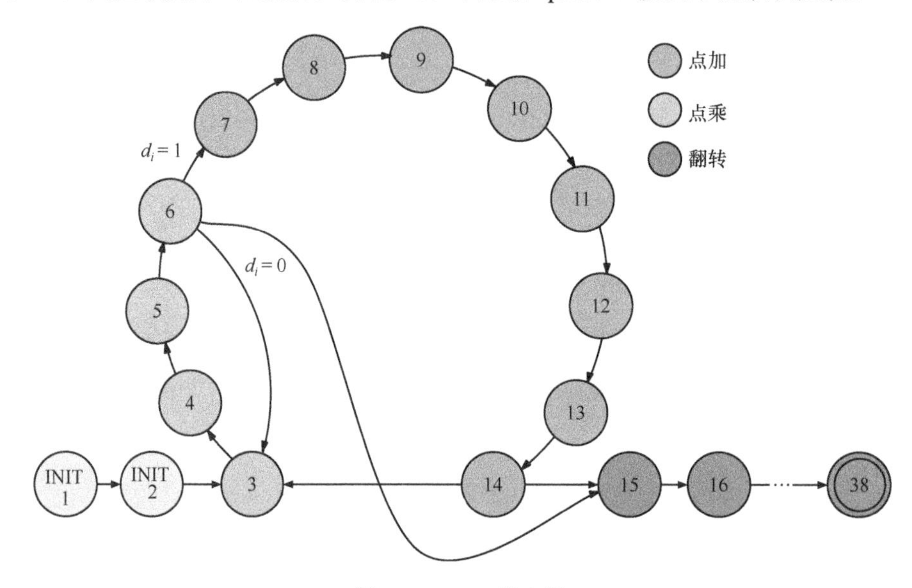

图 12.4 ECP 状态机

两个非常相似的设计之间采用组合等价性验证，用 ABC 分析每个“无关”只需要几分钟[33]。只使用组合等价性验证，538 个“无关”被分为两组，即绝对和可能危险（307 位）、绝对安全（231 位）。

应注意，表 12.1 的第 1 行中的危险“无关”与我们原始手动分析选择的“无关”完全对应以实现木马。第 2 行和第 3 行突出显示了额外的“无关”，攻击者可以利用这些额外的“无关”在各种状态期间泄露高达 33 位的信息。因为区分输入向量可能包含不可达状态，故绝对和可能危险的“无关”之间的区分需要使用状态可达性分析。例如，仅当当前状态变量状态在 0～38 范围之外时，下一个变量状态才被赋值“无关”（表 12.1 的行 4），对 RTL 代码的快速分析将永远不会出现。

完全爆炸状态的可达性分析无法很好地扩展，因此无法使用 ABC 提取确切的一组无法达到的状态。但是，我们能够确定使用 Spyglass（Atrenta[34]的 RTL lint 工具）无法访问表 12.1 中第 4～6 行中包含 X 赋值的代码行。文献[20]中给出了用于对第 4～6 行中的“无关”进行分类的确切的 Spyglass 规则。

通过替换表 12.1 中列出的“无关”位来消除木马插入的机会，并使用 Synopsys Design Compiler（verI-2013.12-SP2）来综合设计并测量修改区域的开销。行 1～6 和行 7 中的“无关”分别来自 ecsmul 和 quadblk 模块。

表 12.2 显示了如何替换危险的“无关”（包括危险和可能危险），而且所有“无

关”都会影响 ecsmul 和 quadblk 模块的面积开销。即使只使用组合等价性检验过度逼近危险的“无关”的数量，保持谨慎，并移除所有第一类和第二类“无关”，也要比不加区别地替换掉所有“无关”位（总共 305 个）所导致的 8%的面积增加更好。

表 12.1 “无关”分类

行#	#无关位	影响到的信号
第 1 类：绝对危险（35 bit）		
1	2	cwh[4]，cwh[7] ，when state = = 15
2	1	cwh[12]，when state = = 2
3	32	cwl，for various states ≤38
第 2 类：可能危险（272 bit）		
4	6	nextstate[5：0]，when state >38
5	23	cwh[22：0]，when state >38
6	10	cwh[9：0]，when state >38
7	233	d[232：0]，when cwh[19：16] = = 1 or cwh[19：16] = = 15
第 3 类：绝对安全（231 bit）		

表 12.2 指定“无关”的区域开销

无关定义	范围增加	
	ecsmul	quadblk
类型 1	0.04	—
类型 2	1.80	3.87
所有无关字节	8.00	3.87

12.3 识别危险的未详细说明功能

前面提到的“无关”分析技术依赖于 RTL 设计的组合等价性验证工具的成熟性，使其很难推广到 SystemC、C 和其他高级建模语言。另外，只能分析由“无关”位捕获的未详细说明功能。本节基于前一部分的思想，但是由于突变检测适用于 FSM、C、SystemC、事务级建模（TLM）、RT 和门级模型，所以只要求模型是可执行的并且存在测试方案。

本节介绍的分析方法随机抽样可能的设计修改（在突变测试中被称为突变[35]）。通过监控攻击者/用户可观察到的功能覆盖和信号，过滤出非危险的修改（不影响未详细说明或缺乏测试的功能）。经过分析之后，验证团队会观察到一系列从最危险到最不危险的（“无关”）设计修改列表，这意味着功能需要被指定或更好地测试以确保没有木马。

12.3.1 背景：突变测试和覆盖率折算

突变测试的目标是通过在设计代码中插入人为错误（故障），然后记录检测到多少设计的错误版本（突变体）来评估验证工作的有效性。突变分析的动机在于，如果测试平台连人为错误也无法检测到，那么很可能真正的设计错误也会被忽略。

突变测试已被用于软件安全分析以验证安全协议，确保程序对缓冲区溢出攻击的敏感性，并识别不合适的错误处理[35-36]。在硬件领域，突变测试主要用于测试平台的鉴定[37]。故障模型和故障注入工具为 SystemC[38]、TLM[39]和 RTL[40]服务。

突变分析两个明显的缺点是运行时间长、需要大量的人力来分析未检测到的突变体，其中一些可能是多余的。冗余突变体是在所有可能的输入下，永远不会造成设计“关心”输出变化的那些突变体。

覆盖率折算[41]是一种识别导致功能覆盖率变化的未检测突变体的技术，可实现以下功能：①从分析中过滤出多余的突变体；②其余未检测到的突变体与特定的功能覆盖点相关联，使得分析更容易；③覆盖痕迹被修改以反映错误传播和检测台的检测能力。

我们的技术基于覆盖折算，通过识别导致攻击者可观察信号（除了引起功能覆盖变化的信号）变化的突变体来过滤掉多余突变体，同时突出显示易受信息泄露木马使用的功能性相关的突变体。

为了激发突变测试识别易受信息泄露木马修改的功能，考虑清单 12.3，其中给出描述图 12.1 中 FIFO 读取行为的 Verilog 代码。为了说明突变分析的潜力，突出验证基础设施会忽略该木马的弱点，考虑一个将 AND 操作符（粉红色突出显示）更改为清单 12.3 中第 2 行 OR 操作符的故障。即使没有发生读操作，只要 FIFO 不为空，此故障就会导致 read_data 更新。如果发生读操作，则读指针将如清单 12.3 的第 7 行所示递增，并且在下一个周期中，即使 read_enable = = 0，read_data 也将被更新为下一个 FIFO 项的值。

清单 12.3　FIFO 读行为

```
1  | //Memory Access Behavior
2  |if(read_enable&& !buffer_empty)
3  | read_data< = mem[read_ptr];
4  | ...
5  | //Pointer Update Behavior
6  |if(read_enable&& !buffer_empty)
7  | read_ptr< = read_ptr+1;
```

在测试过程中，可能会发生读操作，但是 FIFO 不会立即变空，这意味着如果比较无故障和故障设计的波形，就可以观察到 read_data 的伪更新。但是，由于故障不会导致读指针伪更新，并且当 read_enable = = 0 时，测试平台没有动机来检查 read_data 的值，所以这个故障不太可能会导致任何测试失败。应该注意的是，受此故障影响的功能对于攻击者非常有用，原因如下。

① 在测试过程中，主模块边界处的可观测信号偏离了无故障版本（表明在正常操作过程中信息可能会泄露，而不需要攻击者强制设计进入罕见状态）。

② 故障未被发现。

在 12.3.2 小节中提出的方法将标记这个故障用于分析，迫使验证团队在 read_enable = = 0 时为 read_data 信号定义行为，然后为此行为编写一个测试用例或检查器以检测故障，在改进的测试平台上能够检测到图 12.1 中的木马。

12.3.2 识别程序

在安全环境下，如果故障是危险的，它会表现为不被测试工具检测到以及造成攻击者可观察信号的变化。图 12.5 显示了未检测到的故障如何根据它们对攻击者可观察信号和功能覆盖的影响进行分类。危险故障落入图 12.5 中的 A 区和 B.2 区。

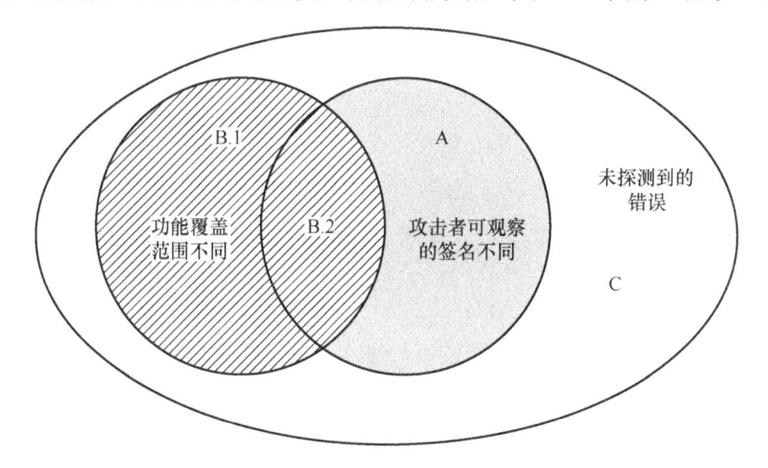

图 12.5　未检测到故障的情况

攻击者可观察信号的标签取决于设计和攻击模型。例如，如果攻击者可以运行与硬件木马进行连接的恶意用户级软件程序，除了网络接口外，这些寄存器将被标记为攻击者可观察的。如果要分析的设计是外设或协处理器，并且假定主处理器可能包含木马，则模块之间的总线接口被视为攻击者可观察的。

如果攻击者能够物理访问设备，那么所有芯片的输出引脚都是攻击者可观察的。需要注意的是，即使某些攻击者可观察信号的正确值对于验证团队来说是未知的，我们的技术也只需要发现有故障和无故障设计之间仿真轨迹的差异即可。

那么影响指定功能的未检测到的故障（图 12.5 中的区域 B.1、B.2）呢？区域 B.1 中的故障不会影响攻击者可观察的信号，但因为它们表征的设计功能没有得到充分测试，所以应该进行检查！区域 B.1 中的故障导致覆盖痕迹在覆盖率折算期间向下修改[41]。通过记录由每个故障引起的功能覆盖范围的变化，折算将影响设计功能的故障与冗余故障分开。折算可以应用于任何可以定义和记录功能覆盖范围的设计。

只需追加攻击者可观察信号的额外开销，就能够将我们的分析添加到现有的覆盖率折算流程中。以下流程既标识影响指定功能的测试平台弱点，又突出显示危险的未详细说明功能。

（1）在所有测试中记录原始设计中攻击者可观察信号和功能覆盖的值。

（2）分析设计并产生一组故障，然后注入每个故障并重新运行所有测试，记录与（1）中相同的信息。

（3）只检查未检测到的错误（不会导致任何测试/断言失败的错误）。

基于图 12.5 所示的故障，下面详细说明每个未被发现的故障应该采取的行动。

① 区域 A：功能覆盖在故障下没有改变，但是发生了一些攻击者可观察到的信号改变。这种错误很可能会影响未详细说明的设计功能，易受信息泄露木马的影响。必须指定受故障影响的功能行为，然后必须改进测试平台以检查新定义的行为。

② 区域 B（区域 B.1 和 B.2）：在故障有意指定的设计功能下的功能覆盖变化已经被修改，并且这种修改已经被测试平台忽视。这表明了测试平台的一个弱点，验证工程师必须检查为什么这个功能变化未被发现并修复测试平台。

③ 区域 C：功能覆盖率和攻击者可观察信号都没有变化，意味着故障可能是多余的（如将 for（x = 0；x<10；x++）中的循环条件改为 for（x = 0；x！ = 10；x++）），这不值得研究。

虽然少于未检测到的故障总数，但图 12.5 中 A 区未被发现的故障数量仍然可能太高而无法完全分析。通过计算每个故障的指标，如不同的攻击者可观察比特的数量、攻击者可观察信号的总时间不同，以及在攻击者可观察信号故障排序指标上产生差异的不同测试次数，可以优先分析最危险的故障。关于这些排名启发式的细节，读者可参考文献[21]。

12.3.3 UART 通信控制器案例研究

使用 12.3.2 小节中介绍的方法分析 OpenCores [42]的通用异步接收器/发送器（UART）设计。在分析了使用我们的方法返回的 4 个最危险且未被检测到的故障之后，确定了未详细说明的总线功能以及容易被插入信息泄露木马的未被测试的中断功能。在进一步定义总线规范的一部分并纠正中断检查器中的错误之后，测试基础结构能够检测这些故障以及插入在 UART 总线功能中的示例木马。

在这个案例研究中使用的测试平台是一个由 EDA 工具供应商提供的基于开放性验证方法（Open Verification Methodology，OVM）的工具，包括 80 个有约束随机刺激的测试、功能检查器和 846 个功能覆盖点。这个测试平台是一个典型的成熟回归工具的代表。有 38 个攻击者可观察位。32bit 属于 wb_dat_o 信号，当总线主控器（通常是处理器内核）发出读取请求时，它是 UART 将数值总线置于数据总线上。信号 wb_ack_o、int_o 和 baud_o 分别是确认总线事务、信号中断和定义波特率的单位信号。这 35 个信号构成了处理器内核的接口，而剩下的 3 个攻击者可以观察到的信号是片外串行输出、请求发送和数据终端就绪信号。对于这个试验，假设攻击者能够看到所有的 38 个信号。

使用商用突变分析工具 Certitude[40]进行突变分析。认证故障是对设计源代码进行的简单修改，例如用 OR 运算符替换 AND 运算符，或者将模块端口连接到静态 0 或 1。在设计中逐个注入 1183 个故障，并运行测试，直至检测到故障。在 1183 个故障中，80 次测试都没有检测出 110 个故障。表 12.3 将这些故障依据图 12.5 中的 ABC 区进行了分类。使用我们的方法，需要手动分析的故障（从 A 区到 B 区）的数量从 110 个减少到 32 个。

表 12.3　未检测到的故障分类

110 个未检测到的错误		
范围 A	范围 B	范围 C
30 个错误	2 个错误	78 个错误

1. Wishbone 总线木马

根据我们的排名启发式确定的 3 个最危险的故障与 Wishbone 总线[43]接口信号有关。所有故障都会影响输出使能（output enable，oe）信号的赋值，导致数据输出总线发生虚假的变化。在原始设计中，oe 只在有效的读取事务中设置。在这 3 种故障下，当 UART 从机没有被选中，以及有效的总线周期没有被执行时，oe 在写操作过程中被错误地设置。这些故障未被检测到，是因为在这些周期中，总线主控器从不捕获来自 wb_dat_o 的数据，所以额外的数据总线更改不会导致从 UART 寄存器中读取或写入不正确的数据。

这个分析表明，只要有效的读操作没有发生，而且测试平台不能很好地检测，那么 UART 设计可能会被木马程序侵入，这个木马程序可以在数据总线上不受惩罚地泄露信息！具体来说，木马可以利用在写入事务或无效循环期间未详细说明总线上的输出数据（wb_dat_o）的值。

通过将 oe 的赋值更改为某个未检测到的允许 wb_dat_o 伪更新的错误版本来实现一个可能的总线木马，然后仅在写任务和无效循环期间在总线上泄露值 0xdeadbeef。

图 12.6 说明了木马在不干扰读取事务的情况下每个写任务期间泄露 32bit 数据的能力。例如，在 135ns，UART 响应一个正确的数据读请求，而不是 0xdeadbeef。简单地将 0xdeadbeef 放在数据总线上能够很好地说明意图，但这对攻击者来说可能并不是那么有用。值得注意的是，任何 32bit 的值都可以被赋值给 wb_dat_o，其中包括其他秘密的内部设计信号。

这个木马与依赖于罕见触发条件来隐形的木马是截然不同的，因为它在每个写任务中都是活跃的，如图 12.6 所示，这显然不是一个罕见的设计状态。这种木马不太可能被现有的目标识别，极少使用逻辑的方法检测到。

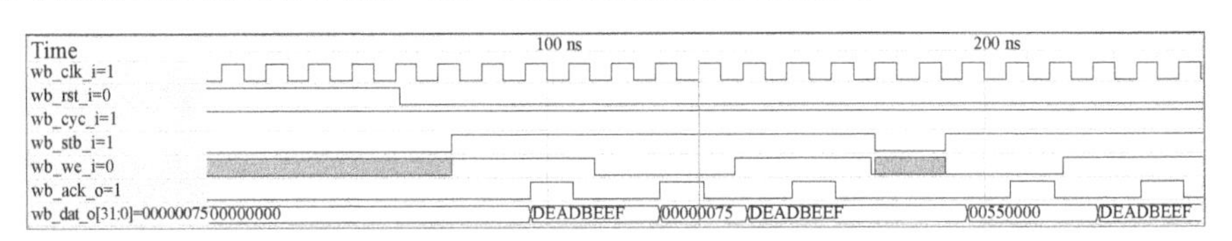

图 12.6　输出启用木马波形总线协议测试

为了检测这些危险故障，将在现有总线协议检查器中添加以下附加检查：除非设计已被重置或读请求正在被确认；否则 wb_dat_o 不能更改。除了检测 3 个故障外，还会检测输出使能总线木马。

在传统的验证设置中，添加这个额外的检查是不必要的和繁琐的，并且认为分析这 3 个故障是在浪费时间，因为它们不影响正常读/写操作的正确性。我们希望强调影响攻击者可观察信号的未检测故障和硬件木马之间的关系，为分析和改进测试平台以检测这些看似毫无意义的人为错误提供了动力。

通过突变分析，这个分析是一个非常明确的设计修改的随机抽样，实际上已经发现了一个更普遍的木马类——总线协议木马。总线协议木马利用未详细说明的功能，如没有发生有效事务时的数据总线值，以及写周期中数据输出总线的值，FIFO 木马实际上属于这类木马。

2. 中断输出信号检查器错误

改进测试平台以检测 Wishbonebus 相关的 3 个故障之后，下一个最危险的故障影响指定的功能，属于图 12.5 中的 B.2 区域。有趣的是，这个故障是由我们的技术而不是覆盖率折算标记的。

UART 使用单个位信号 int_o 来通知主处理器挂起中断。有 5 个不同的事件可能导致中断，中断识别寄存器（Interrupt Identification Register，IIR）指示当前未决的最高优先级中断。常见的中断是接收数据可用（Received Data Available，RDA）中断，当接收到阈值字符数时触发。

在 80 个测试的 49 个测试中，该故障导致 int_o 在许多周期中变得不确定。更具体地说，在某些情况下，故障导致 RDA 中断未决信号 rda_int_pnd 变为 X 而不是

1，使得有可能在没有测试平台检测的情况下选择性地抑制 RDA 中断（并且因此是 int_o）。

尽管测试平台检查是否 IIR bits 在每个中断类型的条件被满足时正确设置，以及大部分时间检查在 10 个时钟周期内反映中断挂起位，但是行为 int_o 变为 *X* 时还是不会被检测。而且，即使木马为了泄露信息而将 int_o 设置为非 *X* 值，只要 int_o 在 10 个时钟周期内变为 0 和 1，中断检查器不会注意到 int_o 对 IIR 中断挂起位的变化是虚假的。测试平台中的这种疏忽是指定功能测试不足的一个例子，因为 int_o 的值显然在中断检查器中被检查了，但是还不够彻底。

有趣的是，这个故障并没有引起功能覆盖的变化，也许表明覆盖模型不够详细，不足以突出显示中断功能中有意义的验证漏洞，说明我们的分析技术在覆盖模型之外有突出并验证重要设计功能的潜力。

12.4　部分指定的片上总线功能的木马程序

在任何类型的设计中识别危险的非特定功能的一般方法需要突变仿真和分析，如果不能直接通过检查识别危险的非特定功能，那么这种方法是昂贵但必要的。由于总线系统具有定义明确的协议和一组常见的拓扑结构，因此可以直接为本节中危险且未详细说明的总线功能提供一个通用模型。这个工作从 12.3 节介绍的 Wishbone 总线木马中获得灵感，并将木马推广到其他总线协议和更复杂的总线拓扑。

由于总线控制关键系统组件之间的通信，操纵总线系统的能力对攻击者来说是非常有价值的。停止所有总线通信的拒绝服务木马程序可能导致整个 SoC 无法使用。传输到主存储器、键盘、系统显示器、网络控制器等的任何信息都可被插入到互连中的木马被动捕获或主动修改。

许多不同的总线协议旨在优化不同的设计参数，如面积/时序开销、功耗和性能[44]。无论如何，所有协议都使用信号来标记何时发生有效的总线事务和握手以提供速率限制功能，这意味着可以明确区分有效和空闲的总线周期。虽然总线协议在有效事务期间清楚地定义了每个数据或控制信号的期望值，但空闲周期期间这些信号的值是未详细说明的，并且在基于仿真的验证期间，总线协议检查器、形式验证属性和详细检查中忽略了这些值。传统验证方法不能检测到这些周期内的木马行为。例如，图 12.7 显示了广泛使用的 AXI4 协议中每个通道使用的 VALID/READY 握手。当 VALID 为低时，信息行可以取包括木马信息的任何值。

在本节中提出的总线木马完全在空闲的总线周期内运行，其目标是提供建立在现有总线基础架构上的隐蔽通信信道。该木马通道可以用来连接遍布整个 SoC 的木马组件，同时还能使原始设计中原本不可能泄露信息的合法组件泄露信息。不像以前提出的锁定系统总线，修改总线数据，并允许未经授权总线传输[5,46]总线木马，我们的木马永远不会妨碍正常的总线功能或影响有效的总线传输。

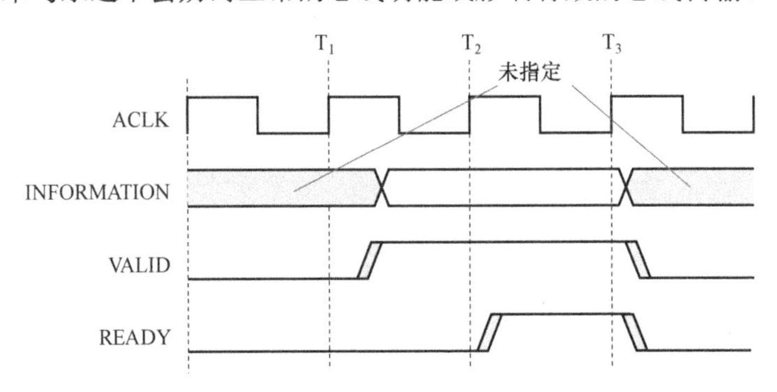

图 12.7　AXI 总线协议 VALID/READY 握手[45]

12.4.1 威胁模型

由于隐蔽的通信信道在没有信息的发送者和接收者的情况下是无意义的，故假定连接到系统总线的至少一个组件藏有利用信道接收信息的木马程序，而且还有另一个木马泄露出于它驻留的组件数据或者侦听总线数据；否则信息对接收器不可见并通过通道发送。

由于提出的木马完全在非特定的总线功能下运行，因此它们不能抑制或改变有效的总线传输，这意味着任何木马行为都必须存在于没有发生有效传输的周期和信号中。虽然木马可能在未使用的周期内创建遵循总线协议的新总线事务，但验证基础结构通常包括总线检查器，其对所有有效的总线事务进行计数和记录。出于这个原因，我们提出的木马不会抑制、改变或创建有效的总线事务，而是重新使用现有的总线协议信号来定义新的“木马”总线协议，允许整个 SoC 上的不同恶意组件之间进行通信。

假设木马被插入到 RTL 代码或更高级的模型中，这意味着在设计周期的后期阶段不存在黄金（完美）的 RTL 模型来帮助木马检测。复杂的 SoC 需要数百名工程师进行设计和测试，并依靠第三方 IP 核内核和工具来满足上市时间的需求。单一的验证设计工程师或恶意第三方 IP 核或 CAD 工具供应商有可能实施木马通信通道。

12.4.2 木马通信通道

木马通信通道电路的结构和大小取决于以下内容。

① 总线拓扑结构：确定接收器接口处 FIFO 和额外泄露条件逻辑的必要性。

② 总线协议：定义泄露条件逻辑和选择信号来标记有效的木马事务。

③ 木马通道连接性：通道可以是单向或双向的，包含主动或窥探发送者，涉

及两个主设备、两个从设备或主设备和从设备之间的信息泄露。

④ 木马通道数据宽度（k）：在木马程序中泄露的位数。

⑤ FIFO 深度（d）：如果接收器忙于接收有效的总线事务，那么 FIFO 用于缓存木马通道数据。

总线拓扑和协议由系统设计者选择，而木马通道连接方式由攻击者选择。数据位宽（k）和木马 FIFO 深度（d）是攻击者选择的用于平衡木马通道的性能和开销的参数。图 12.8 中的黑色组件是实现共享总线拓扑的木马通信通道所必需的，如图 12.9（a）所示。对于这种情况，来自发送者组件的数据和控制线在接收器处直接可见。图 12.8 中右侧部分显示了在具有基于 MUX 的拓扑的互连中实现通道所需的额外电路，如图 12.9（b）所示。

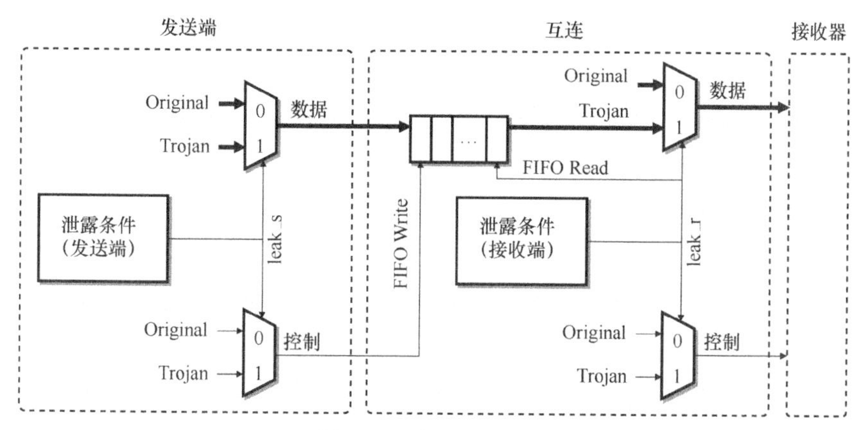

图 12.8　木马通道电路

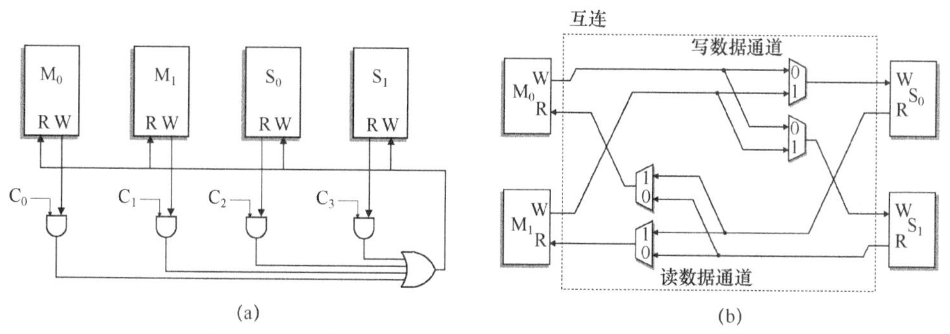

图 12.9　总线拓扑在该区域的相对两端 v 吞吐量频谱

（a）共享的 R/W 数据通道[44]；（b）并行数据渠道[47]。

发送方和接收方可以是互连上的任何主或从组件。木马通信通道的目标是仅使用预先存在的互连接口将数据从发送方传送到接收方。例如，如果发送方是总线主机，发送方一侧图 12.8 中标有“数据”的线可能是写数据或读/写地址端口，如果发送方是总线从机，则与之相反，为读数据端口和接收方的数据。

由于木马数据使用与正常总线流量相同的线路进行传输，所以当有效的木马数据正在传输时，额外的信号必须标记。这些信号在图 12.8 中标记为控制，就像木马数据一样，被映射到预先存在的数据/地址/控制信号，这意味着不会创建额外的接口端口。泄露条件逻辑是依赖于协议的，并且在发送器的互连接口处检查信号，以确定何时用木马值替换原始总线信号值是“安全的”。

1．拓扑相关的木马通道属性

所有总线信号可以被分类为地址、数据或控制信号，并且另外被分类为读和写两种功能。互连拓扑规定了不同类别的总线信号之间的并行度，以及主、从器件之间的连通性[44]。

图 12.9 的（a）和（b）显示了位于面积效率和信道吞吐量平衡两端的读写数据通道拓扑图。图 12.9（a）是最有效率的区域，但一次只能支持一个事务，而图12.9（b）则包含更多的电路，可以支持多个并发事务。

在图 12.9（a）中，所有的读写事务对于所有总线组件都是可见的，这意味着不需要木马电路来简单地监听总线数据。如果木马总线组件希望发送信息，则需要图 12.8 的发送器块内部的黑色电路。在图 12.9（b）中，数据对于事务中未涉及的组件是不可见的。与图 12.9（a）不同，在两个从机或两个主机之间形成通道需要在互连内部有额外的电路，如图 12.8 中右侧部分所示。由于发送器互连接口处的信号在接收器接口处不可见，反之亦然，因此需要新的泄露条件，其监测接收器的接口并确定何时可以安全地泄露数据而不改变有效的总线事务。同时必须选择接收器界面上的信号来实现数据线和控制线。因为发送方和接收方泄露信息应该不会同时发生，故 FIFO 是必要的。

2．协议相关的木马通道属性

产生 leak_s 和 leak_r 的泄露条件逻辑的细节以及数据和控制信号的选择取决于所使用的总线协议。由于各种总线协议之间的相似性，可以给出确定泄露条件逻辑、选择数据和控制信号的一般流程。

（1）数据信号选择。为了保持隐身，木马不能创建额外的信号来传输数据，并且必须通过总线协议中原本存在的信号来发送数据。由于总线的主要用途是传输数据，所有总线协议/拓扑组合都具有适合发送/接收木马数据的信号。在具有独立读写数据信号的协议中，选择取决于木马发送者/接收者驻留在主还是从组件中，因为主设备驱动写数据并观察读数据信号；反之亦然。如果木马发送端驻留在主组件中，则读写地址信号也可以用来发送木马数据。

（2）泄露情况逻辑。由于原本存在的总线信号被用来传输木马数据，因此确保正常的总线操作不受木马危害的逻辑是必要的。泄露条件逻辑检查协议控制信号以识别何时木马数据信号不被用于传输有效数据，并且具有未详细说明的值。每个总线协议都明确规定了数据、地址和错误报告信号的有效条件。某些协议（如 AXI4）为每个数据通道指定一个“有效”信号，而另一些协议（如 APB）使用协议内的当前状态来识别哪些信号是有效的。当木马发送者有数据要发送并且数据信号不涉及有效的事务时，设置 leak_s。如果木马发送者正在泄露有效的总线事务而不是主动发送信息，则 leak_s 是不必要。当木马 FIFO 中有数据时，leak_r 被设置，并且接收器接口上的数据信号当前不涉及有效的事务。

（3）控制信号选择。当一个木马数据信号在有效的总线事务中未被使用时，其值不确定。在空闲的总线周期内，要么木马数据正在传输，或是总线真正空闲，并且没有数据（木马数据或有效数据）被发送。为了区分这两种情况，现有的总线信号被选择为木马控制信号，这在木马数据在总线上时被标记。选择这些信号及其相应值的标准是，当 leak_s/leak_r 被声明时，信号的正常行为是可预测的，但也是未详细说明的。对于大多数协议来说，控制信号是很好的选择，因为它们在空闲周期中通常是未使用的，但是在给定的实现中它们的值在空闲时保持静态。

读者可参考文献[22]中详细的全面介绍 AMBA AXI4 协议的木马数据、控制信号和泄露条件逻辑的选择，在 2.4.3 小节中解释为基于 AXI4-Lite 的示例系统选择这些信号的理由。

12.4.3 AXI4-Lite 互连木马举例

图 12.10 所示的系统是通过 RTL 仿真来验证 AXI4-Lite 互连结构的。这两个从机是简单的 8bit 加法器协处理器，它们通过 3 个处理器的互连接收 3 个操作数。

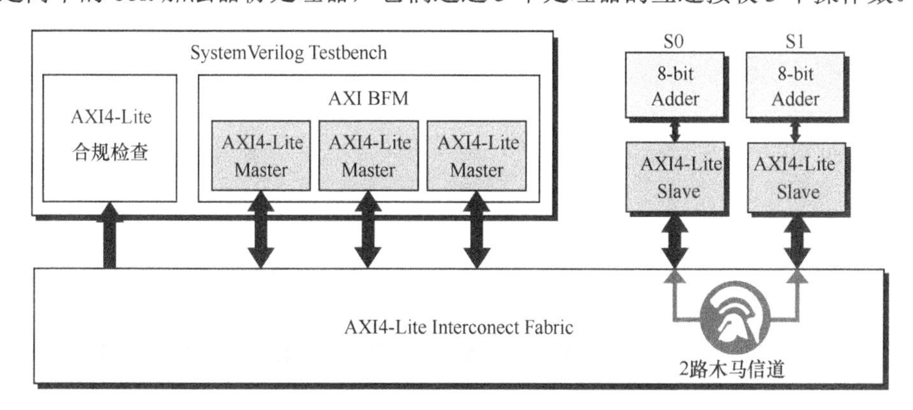

图 12.10　AXI4-lite 示例系统验证基础架构

由于主处理器的细节是无关紧要的，在示例基础架构中，它们被来自文献[48]的 AXI4-Lite 总线功能模型（Bus Functional Models，BFM）取代。此外，由 ARM 打包的用于协议一致性检查[49]的 AXI4-Lite 声明在系统仿真期间是活跃的。

所使用的 AXI4-Lite Interconnect Fabric IP 核是 Xilinx 的 LogiCORE IP AXI

Interconnect（v1.02.a）[47]配置为共享地址多数据（Shared-Address Multiple-Data，SAMD）模式（拓扑如图 12.9（b）所示）。

图 12.10 中的 AXI4-Lite 互连 IP 核被图 12.11 中的两个电路复制感染，以允许 S1 窥探 S0 的读取请求；反之亦然。没有木马，S0 的读取数据通道对 S1 不可见；反之亦然。现在为图 12.11 所示的木马通道电路选择数据、控制信号和泄露条件逻辑提供推理。

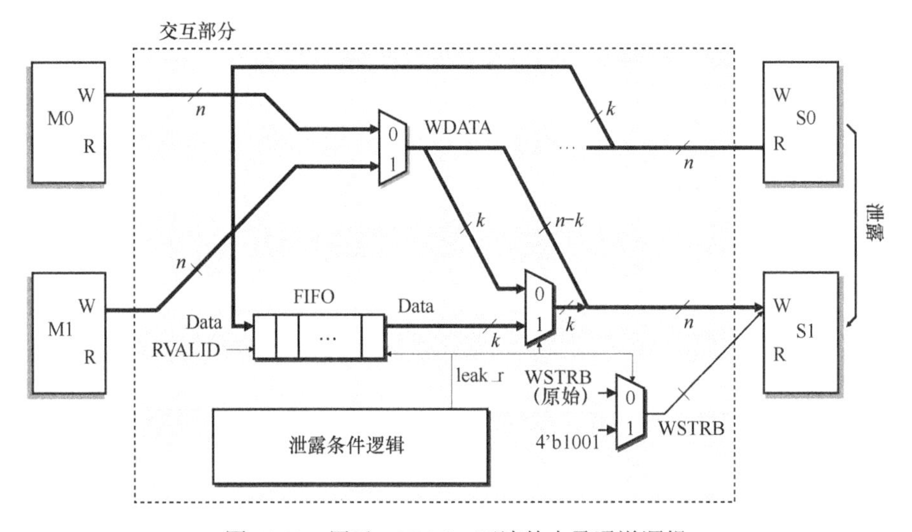

图 12.11 用于 AXI4-lite 互连的木马通道逻辑

（1）数据信号选择。因为 S1 是从组件，在读数据信道上驱动数据信号，并在写数据信道上接收信号，所以选择 *n* bit 的 AXI4-Lite 写数据信号（WDATA）的 *k* bit 将存储在 FIFO 中的泄露信息传送到 S1 处的总线接口。因为来自 S0 的有效读数据的 *k* bit 被窥探，没有被主动发送，故发送端没有木马数据信号。

（2）泄露条件逻辑。在 AXI4 和 AXI4-Lite 中，每个主、从接口上都有独立的事务通道，即读地址通道、读数据通道、写地址通道、写数据通道和写响应通道[45]。每个通道使用一个 VALID/READY 握手信号对，如图 12.7 所示，用于指示接收器何时准备好处理总线数据，并标记有效数据何时出现在总线上。由于使用写入数据信号传输木马数据，所以可以使用写入数据通道有效信号（WVALID）来定义 leak_r，即 leak_r = troj_data_ready&!WVALID。

（3）**控制信号选择**。WSTRB 信号用于指示泄露的数据何时出现在总线上。因为总线数据宽度是 32bit，但是加法器协处理器有 8bit 宽的寄存器，通常 WSTRB = = 1。因此，任何具有大于 1 的汉明权重的 WSTRB 的值在该系统中都没有功能相关性，并且是未使用的，使得当泄露的数据出现在总线上时这样的值是标记的备选优项。在这个例子中的木马通道，当 WDATA，WSTRB = = 9 时，信息泄露。

图 12.12 中的波形首先演示了 3 个来自 S1 的读数据响应是如何被窥视和发送到 S0 的写通道的，然后显示从 S0 发送到 S1 的写入通道的单个读取数据响应（值 96），最后，另一个从 S1 读取的数据响应（值 13）泄露到 S0。所有木马事务在图 12.12 中以深色突出显示。

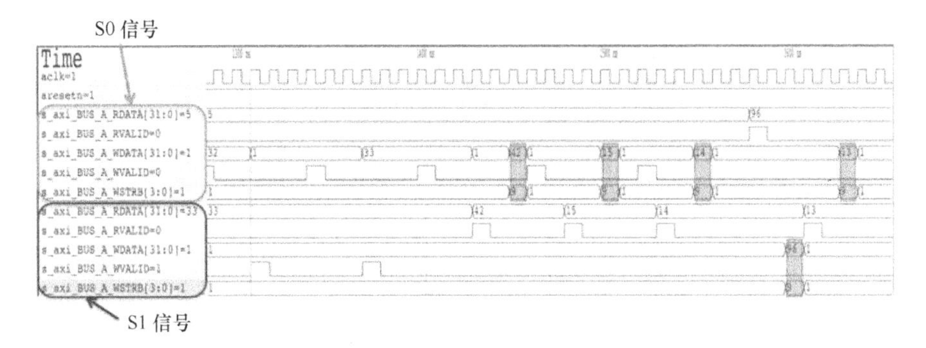

图 12.12　双向信息泄露波形

对于 AXI4-Lite，在仿真过程中有超过 50 条断言监测总线信号，即使信息流经木马通道，也不会违反这些断言。

为了确定在 S0 和 S1 之间实现双向木马通道的面积和时间开销，图 12.10 中的 SystemVerilog Testbench 被几个简单的总线主控器所取代。表 12.4 显示了在 Virtex-7 FPGA（7vx330t-3）环境下布局路由之后防木马设计的结果，假定有 3 个主设备和 2 个从设备（标记为 3M2S），以及 4 个主设备和 6 个从设备（标记为 4M6S）。

表 12.4　无木马的设计结果（布局路由之后）

配置	#FF	#LUT	#BRAM	频率/MHz
3 主 2 从	1814	2474	2	250
4 主 6 从	3071	4247	3	250

表 12.5 说明了木马通道参数数据宽度（k）和 FIFO 深度（d）的选择如何影响结果。木马通道不影响设计的工作频率，并保持在原始 FF 和 LUT 利用率的 3%以内。随着主机和从机数量的增加，互连和总体设计面积也在增加，但木马电路的大小并没有改变。

表 12.5　双向 HW 木马通道的区域开销

数据位宽	FIFO 深度	FF 增量		LUT 增量	
		3 主 2 从	4 主 6 从	3 主 2 从	4 主 6 从
2	2	0.8	0.5	0.9	0.4
	4	1.1	0.7	1.5	0.6
	8	1.4	0.8	1.8	1.1

（续）

数据位宽	FIFO 深度	FF 增量		LUT 增量	
		3主2从	4主6从	3主2从	4主6从
4	2	1.0	0.6	1.4	0.7
	4	1.3	0.8	2.0	0.8
	8	1.7	1.0	2.0	1.5
8	2	1.4	0.8	1.8	1.0
	4	1.8	1.0	2.4	1.2
	8	2.1	1.2	3.0	1.7

由于互连的复杂性和连接的组件数量增加，木马通道更容易隐藏。在表 12.4 和表 12.5 中用于生成结果的主、从组件远比典型的 SoC 简单得多，所以表 12.5 中的结果给出了现代设计中由木马通道造成的面积增加预期百分比的大致上限。

12.5 小　结

本章讨论了硬件木马在未详细说明设计功能中的威胁。由于现代芯片的复杂性，设计规范通常只定义一小部分行为。传统的验证技术只关注已指定行为的正确性，意味着只会影响未详细说明功能的任何修改或错误（恶意或意外）都可能不被察觉。

本章已经展示了这个验证漏洞是如何让攻击者能够修改设计来悄悄地破坏系统的安全。已经表明，椭圆曲线处理器中的所有密钥都可以通过只修改 RTL 来泄露，并且在通道空闲时只通过修改片上总线接口信号就可以在用于公共总线协议的现有片上总线基础设施上创建隐蔽木马通信通道。

通过查看安全性作为验证问题的延伸，我们基于现有技术开发了几种分析方法，如等价性验证和突变测试，既可以防止木马程序，又可以提高对指定设计功能正确性的信心。又如基于等价性验证的木马预防方法，该方法将设计中的所有无关比特分类为危险安全和基于突变测试的方法，能够识别危险的非特定功能，而不管分析的抽象级别或设计类别如何。因为未知的功能本质上是未知的，所以在这个空间中充分探索木马威胁的范围还有很多工作要做。

参考文献

1. M. Dale, Verification crisis: managing complexity in SoC designs. EE Times (2001) [Online]. Available: http://www.eetimes.com/document.asp?doc_id=1215507
2. S. Adee, The hunt for the kill switch. IEEE Spectr. **45**(5), 34–39 (2008)
3. S. Mitra, H.-S.P. Wong, S. Wong, The Trojan-proof chip. IEEE Spectr. **52**(2), 46–51 (2015)
4. Y. Shiyanovskii, F. Wolff, A. Rajendran, C. Papachristou, D. Weyer, W. Clay, Process reliability

based trojans through NBTI and HCI effects, in *2010 NASA/ESA Conference on Adaptive Hardware and Systems (AHS)* (IEEE, Anaheim, 2010), pp. 215–222
5. L.-W. Kim, J.D. Villasenor, Ç.K. Koç, A Trojan-resistant system-on-chip bus architecture, in *Proceedings of the 28th IEEE Conference on Military Communications*. Ser. MILCOM'09 (2009), pp. 2452–2457
6. S.T. King, J. Tucek, A. Cozzie, C. Grier, W. Jiang, Y. Zhou, Designing and implementing malicious hardware, in *Proceedings of the 1st Usenix Workshop on Large-Scale Exploits and Emergent Threats (LEET)* (USENIX Association, Berkeley, CA, 2008), pp. 5:1–5:8
7. L. Lin, W. Burleson, C. Paar, Moles: malicious off-chip leakage enabled by side-channels, in *2009 IEEE/ACM International Conference on Computer-Aided Design - Digest of Technical Papers*, November (2009), pp. 117–122
8. G.T. Becker, F. Regazzoni, C. Paar, W.P. Burleson, Stealthy dopant-level hardware trojans, in *Cryptographic Hardware and Embedded Systems (CHES)*. Ser. Lecture Notes in Computer Science, vol. 8086, ed. by G. Bertoni, J.-S. Coron (Springer, Berlin, Heidelberg, 2013), pp. 197–214
9. M. Tehranipoor, F. Koushanfar, A survey of hardware trojan taxonomy and detection. IEEE Des. Test Comput. **27**(1), 10–25 (2010)
10. R.S. Chakraborty, S. Narasimhan, S. Bhunia, Hardware trojan: threats and emerging solutions, in *High Level Design Validation and Test Workshop, 2009. HLDVT 2009. IEEE International* (IEEE, San Francisco, 2009), pp. 166–171
11. C. Krieg, A. Dabrowski, H. Hobel, K. Krombholz, E. Weippl, Hardware malware. Synth. Lect. Inf. Secur. Priv. Trust **4**(2), 1–115 (2013)
12. A. Waksman, S. Sethumadhavan, Silencing hardware backdoors, in *Proceedings of the 2011 IEEE Symposium on Security and Privacy*, Ser. SP'11 (2011), pp. 49–63
13. S.S. Ali, R.S. Chakraborty, D. Mukhopadhyay, S. Bhunia, Multi-level attacks: an emerging security concern for cryptographic hardware, in *2011 Design, Automation Test in Europe* (2011), pp. 1–4
14. S. Bhasin, J.L. Danger, S. Guilley, X.T. Ngo, L. Sauvage, Hardware Trojan horses in cryptographic IP cores, in *2013 Workshop on Fault Diagnosis and Tolerance in Cryptography (FDTC)*, August (2013), pp. 15–29
15. D. Agrawal, et al., Trojan detection using IC fingerprinting, in *IEEE Symposium on Security and Privacy*, 2007
16. A. Waksman, M. Suozzo, S. Sethumadhavan, FANCI: Identification of stealthy malicious logic using Boolean functional analysis, in *Proceedings of the 2013 ACM SIGSAC Conference on Computer & Communications Security, CCS'13* (ACM, New York, 2013), pp. 697–708
17. D. Sullivan, J. Biggers, G. Zhu, S. Zhang, Y. Jin, FIGHT-metric: functional identification of gate-level hardware trustworthiness, in *Proceedings of the 51st Annual Design Automation Conference, DAC'14* (ACM, New York, 2014), pp. 173:1–173:4
18. J. Zhang, F. Yuan, L. Wei, Z. Sun, Q. Xu, VeriTrust: verification for hardware trust, in *Proceedings of the 50th Annual Design Automation Conference, DAC'13* (ACM, 2013), pp. 61:1–61:8
19. M. Hicks, et al., Overcoming an untrusted computing base: detecting and removing malicious hardware automatically, in *Proceedings of the 2010 IEEE Symposium on Security and Privacy, SP'10* (IEEE Computer Society, Washington, 2010), pp. 159–172
20. N. Fern, S. Kulkarni, K.-T. Cheng, Hardware Trojans hidden in RTL don't cares - Automated insertion and prevention methodologies, in *Test Conference (ITC), IEEE International*, October (2015), pp. 1–8
21. N. Fern, K.-T. Cheng, Detecting hardware trojans in unspecified functionality using mutation testing, in *Proceedings of the IEEE/ACM International Conference on Computer-Aided Design, ICCAD'15* (IEEE Press, Piscataway, 2015), pp. 560–566
22. N. Fern, I. San, Ç.K. Koç, K.T. Cheng, Hardware Trojans in incompletely specified on-chip bus systems, in *2016 Design, Automation Test in Europe Conference Exhibition (DATE)*, March (2016), pp. 527–530
23. R.A. Bergamaschi, D. Brand, L. Stok, M. Berkelaar, S. Prakash, Efficient use of large don't

cares in high-level and logic synthesis, in *1995 IEEE/ACM International Conference on Computer-Aided Design, 1995. ICCAD-95. Digest of Technical Papers* , November (1995), pp. 272–278
24. M. Turpin, The dangers of living with an x (bugs hidden in your verilog), in *Boston Synopsys Users Group (SNUG)*, October 2003
25. L. Piper, V. Vimjam, X-propagation woes: masking bugs at RTL and unnecessary debug at the netlist, in *Design and Verification Conference and Exhibition (DVCon)*, 2012
26. H.Z. Chou, H. Yu, K.H. Chang, D. Dobbyn, S.Y. Kuo, Finding reset nondeterminism in rtl designs - scalable x-analysis methodology and case study, in *2010 Design, Automation Test in Europe Conference Exhibition (DATE 2010)*, March (2010), pp. 1494–1499
27. Cadence conformal equivalence checker [Online]. Available: http://www.cadence.com/products/ld/equivalence_checker
28. M. Turpin, Solving verilog x-issues by sequentially comparing a design with itself. you'll never trust unix diff again! in *Boston Synopsys Users Group (SNUG)*, 2005
29. A.R. Bradley, SAT-based model checking without unrolling, in *Verification, Model Checking, and Abstract Interpretation* (Springer, Berlin/Heidelberg 2011), pp. 70–87
30. G. Cabodi, S. Nocco, S. Quer, Improving SAT-based bounded model checking by means of BDD-based approximate traversals, in *Design, Automation and Test in Europe Conference and Exhibition, 2003* (2003), pp. 898–903
31. J.W. Bos, J.A. Halderman, N. Heninger, J. Moore, M. Naehrig, E. Wustrow, Elliptic curve cryptography in practice, in *Financial Cryptography and Data Security* (Springer, 2014), pp. 157–175
32. C. Rebeiro and D. Mukhopadhyay, High performance elliptic curve crypto-processor for FPGA platforms, in *12th IEEE VLSI Design and Test Symposium*, 2008
33. ABC [Online]. Available: http://www.eecs.berkeley.edu/~alanmi/abc/
34. Atrenta spyglass lint tool [Online]. Available: http://www.atrenta.com/pg/2/
35. Y. Jia and M. Harman, An analysis and survey of the development of mutation testing. IEEE Trans. Softw. Eng. **37**(5), 649–678 (2011)
36. B. Breech, M. Tegtmeyer, L. Pollock, An attack simulator for systematically testing program-based security mechanisms, in *2006 17th International Symposium on Software Reliability Engineering*, November (2006), pp. 136–145
37. N. Bombieri, F. Fummi, G. Pravadelli, M. Hampton, F. Letombe, Functional qualification of tlm verification, in *2009 Design, Automation Test in Europe Conference Exhibition*, April (2009), pp. 190–195
38. P. Lisherness, K.T. Cheng, Scemit: a systemc error and mutation injection tool, in *Design Automation Conference (DAC), 2010 47th ACM/IEEE*, June (2010), pp. 228–233
39. N. Bombieri, F. Fummi, G. Pravadelli, A mutation model for the systemC TLM 2.0 communication interfaces, in *2008 Design, Automation and Test in Europe*, March (2008), pp. 396–401
40. Synopsys certitude [Online]. Available: https://www.synopsys.com/TOOLS/VERIFICATION/FUNCTIONALVERIFICATION/Pages/certitude-ds.aspx
41. P. Lisherness, N. Lesperance, K.T. Cheng, Mutation analysis with coverage discounting, in *Design, Automation Test in Europe Conference Exhibition (DATE), 2013*, March (2013), pp. 31–34
42. UART 16550 core [Online]. Available: http://opencores.org/project,uart16550
43. Wishbone bus [Online]. Available: http://opencores.org/opencores,wishbone
44. S. Pasricha, N. Dutt, *On-Chip Communication Architectures: System on Chip Interconnect* (Morgan Kaufmann Publishers Inc., Burlington, 2008)
45. *AMBA AXI and ACE Protocol Specification, Issue E*, ARM, 2013
46. L.-W. Kim, J.D. Villasenor, A system-on-chip bus architecture for thwarting integrated circuit Trojan horses, in *IEEE Transactions on VLSI Systems* **19**(10), 1921–1926 (2011)
47. *DS768: LogiCORE IP AXI Interconnect (v1.02.a)*, Xilinx Inc., March 2011
48. Axi4 bfm [Online]. Available: https://github.com/sjaeckel/axi-bfm
49. Amba 4 axi4, axi4-lite and axi4-stream protocol assertions bp063 release note (r0p1-00rel0), ARM [Online]. Available: https://silver.arm.com/browse/BP063

第 13 章　采用指令级抽象技术验证现代 SoC 的安全属性

13.1　概　　述

在登纳德缩放定律时代，晶体管缩放驱动计算性能不断提高，每一代的发展都使晶体管比以前更小、更快、更省电[7,17]。通过设计具有更高运算频率的更复杂芯片，这些增益被用来提高 IC 的性能。登纳德缩放定律结束后进入多核时代，性能的提高是由并行而不是增加运行的频率驱动[31]。然而，功耗和散热仍然限制了性能，而当前技术仍处于暗硅时代，必须关闭 IC 的某些重要模块以保证功耗符合要求[18]。

尽管暗硅时代呈现出了技术上的制约，但是对于提升应用性能和功耗效率的需求并未减少，这导致了多加速器的 SoC 架构的兴起。应用程序特定的功能是使用全定制或半可编程加速器来实现的，以获得更高的性能和功效。这些加速器由可编程内核上执行的固件控制和编排。整个系统功能由固件、可编程核心和硬件组件的组合来实现。

图 13.1 显示了现代 SoC 的结构。它包含多个可编程内核、加速器、存储器和 I/O 设备，通过片上互连连接[41,44]。这些组件被组织成分层模块，也被称为 IP 核。典型情况下，每个 IP 核都包含一个处理器内核、独立内存以及多个加速器和 I/O 设备。更简单的 IP 核可能只包含加速器和/或 I/O 设备。

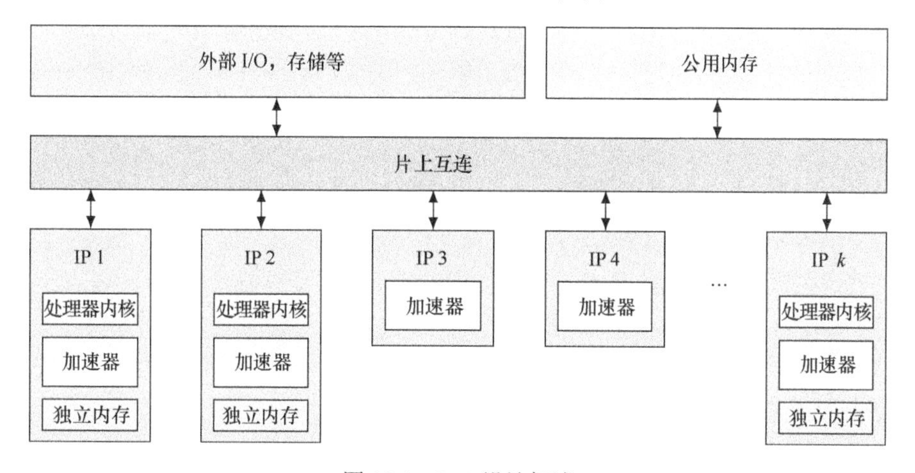

图 13.1　SoC 设计概述

由于竞争环境带来的上市时间压力，IP核通常从半可信或不可信的第三方供应商处获得。这对安全验证问题有两个影响：①这些块的功能可能没有完全或清晰地说明（如验证工程师可能只能访问门级网表而不是RTL设计），使验证更具挑战性；②由于其不可信性，设计可能具有细微的缺陷，这违反了SoC的系统级安全要求。

强调固件在现代SoC设计中的作用是非常重要的。固件是在可编程内核上执行的代码。它随硬件一起提供，位于操作系统的下层，并与硬件加速器、片上互连和I/O设备紧密交互。系统级功能（包括安全性功能和协议）由固件管理，即固件协调启动相关硬件加速器，收集并协调各类响应，管理资源的获取和释放。

13.1.1 SoC安全验证面临的挑战

当今SoC中固件的普及对SoC安全验证提出了重要挑战。固件和硬件都对其他组件做了许多假设。由于功能是通过硬件和固件的组合来实现的，因此分别验证这两个组件需要明确列举这些假设，并确保其他组件满足这些假设。漏洞可能单独存在于硬件或固件中，但是一些漏洞也可能是由硬件/固件对其他组件所做的不正确的假设造成的。

1. 硬件/固件协同验证的必要性

作为说明性示例，考虑由Krstic等讨论的运行时二进制认证协议。该协议的目标是从I/O设备读取二进制文件，验证它是否由可信的RSA公钥签名，如果是则将二进制文件加载到本地存储器中执行。Krstic等证明这样的协议容易受到各种攻击。比如，恶意实体可以在其签名被验证之后，但在加载执行之前修改所加载的二进制文件。为防止出现这种情况，固件需要配置内存管理单元（Memory Management Unit，MMU），以在签名验证期间和之后“锁定”包含二进制文件的页面。验证此保护是否正常工作需要精确指定MMU的硬件/固件接口，确保硬件正确实施保护，使不可信的硬件组件不能写入锁定的页面，并验证固件设置MMU配置的正确性。任何这些步骤的错误都可能与SoC的安全要求相违背。

上面的例子演示了：①硬件和固件协同分析验证的必要性；②需要对硬件/固件接口进行精确的说明，以至于双方相互之间作出的假设是明确的。实现这两个目标的一个方法是固件以及SoC硬件的周期级、比特级的寄存器传输级（Register Transfer Level，RTL）模型的形式化验证。不幸的是，这种天真的方法在实践中并不奏效：由于形式化工具的可扩展性限制，固件RTL描述的形式验证即使对于非常小的SoC也是不可行的。

2. 通过抽象进行SoC验证

使SoC验证易于处理的一般技术是使用一种抽象的方法，这种抽象方法可以根据固件可访问硬件状态的全部变化而精确建模[24,33,38,49,54-55]。在验证涉及固件的属性时，将使用抽象来代替比特级、周期级的硬件模型。

尽管为固件验证构建抽象概念是有吸引力的，但应用这种技术仍然有几个挑战。固件以各种方式与硬件组件交互。为使抽象有用，需要对所有交互进行建模，并将所有更新捕获到固件可访问状态。

（1）固件通常通过写入加速器内的存储器映射寄存器来控制 SoC 中的加速器。这些寄存器可以设置加速器的操作模式、要处理数据的位置，或者返回加速器操作的当前状态。抽象需要对这些“特殊的”读取进行建模，并正确写入内存映射的 I/O 空间。

（2）一旦启动操作，加速器就会依据一个实现数据处理功能的高层级状态机来工作。这个状态机的转换可能取决于来自其他 SoC 组件的响应，如获取信号量、外部输入等。这些状态机必须建模，以确保没有涉及竞争条件或恶意外部输入的错误，这些错误会导致意外的转换或死锁。

（3）另一个担心是防止受损/恶意固件访问敏感数据。为了证明满足要求，抽象需要捕获诸如将敏感值复制到固件可访问的临时寄存器中等问题。

抽象的完整性对安全验证非常重要，因为查找安全漏洞需要推理系统的所有输入和状态，包括无效/非法输入。在文献[48]中给出了一个具体的例子，它描述了一个影响商业 SoC 中某些未对齐的存储指令的错误。未对齐的存储指令会出现异常，因此不应该由运行良好的程序执行。但是，恶意代码可能会专门执行此指令以利用该错误，并损坏 MMU 状态。如果验证仅限于“合法”输入，或者抽象不能精确地模拟非法输入行为，那么这种违规将被忽略。

如文献[54-55]中提出的那样，手动构建捕获这些细节的抽象是不实际的，因为它容易出错、乏味且费时。对于第三方 IP 核来说，手动构建尤其具有挑战性，因为 RTL 源代码可能不可用，所以抽象必须从门级网表实施“反向工程”。如果手动构建的抽象是不正确的，即硬件实现与抽象不一致，则使用它证明的属性是无效的。

3. 描述安全属性的挑战

安全验证的另一个挑战是属性规范。传统的基于时态逻辑的属性规范语言不能表达涉及信息流的安全需求，如机密性和完整性[34]。因此，现有的模型检查器和符号执行引擎等形式工具无法验证信息流属性。

机密性和完整性可以使用信息流属性直观地指定。验证这些属性的一种方法是动态污渍分析[3,13-14,29,42,46]。动态污渍分析（Dynamic Taint Analysis，DTA）将“污点”与程序/设计中的每个对象相关联。如果计算的输入也被污染，污染传播规则就设置计算输出的污点位。当污染传播到不可信的对象时，通过隐藏秘密并提出错误来检测保密违规。通过污染不可信对象并在污染传播到可信位置时产生错误来检测完整性违规。

虽然 DTA 能够实现直观的属性规范，但它在验证方面存在缺陷。DTA 可以根据指令跟踪确定是否与特性相悖。然而，由于这是一个动态的分析，因此不能用来彻底搜索所有可能的指令序列空间，以证明缺少特性违例。其次，由于存在不足和过度的问题，创建污染传播规则是具有挑战性的[3,29]。过度污染可能会导致大量的假阳性[29]，而污染不足可能会漏掉漏洞[42]。

静态污点分析可以确保程序中的信息流属性得到满足。然而，目前的静态污点分析技术是基于编程语言与安全型系统[37,39]。这些技术不能用于现有的固件，因为重要的部分是用汇编语言编写的。这就需要在二进制代码而不是高级编程语言层面进行分析。上面的讨论指出工具的必要，这些工具在硬件/固件协同验证背景下可以对二进制代码的信息流属性进行详尽分析。

13.1.2 使用指令级抽象的 SoC 安全性验证

本章将介绍一个原理性的方法，用于验证 SoC 中系统级安全属性的抽象。本章工作的基础是，固件只能按照指令的粒度查看系统状态的变化。因此，构建一个用粒度对 SoC 的硬件组件进行建模的抽象就足够了。将其称为指令级抽象（Instruction-Level Abstraction，ILA）[49]。

1．指令级抽象的合成和核查

为了以半自动化的方式轻松地构建抽象，本章基于最新研究进展[2,26-27,43]构建出一个语法引导型的综合器。验证工程师不是手动构建完整的 ILA，而是构建一个模板抽象，这个抽象可以被看作一个“漏洞”的抽象。本章综合框架通过对硬件组件的定向模拟来填充“漏洞”。

综合算法需要一个仿真器，可以按以下方式使用：在指定的初始状态下开始仿真，执行给定的指令，并在对应于该指令的状态更新之后返回状态。ILA 综合只需要对结构、RTL 或门级仿真器进行较小的修改，其关键优势在于它大大减少了 ILA 构建中的人工工作，即使对非 RTL 表述形式的第三方 IP 核，也可以容易且正确地构建 ILA。

ILA 还可以使用模型检查方法来验证对硬件实现的正确逼近，确保 ILA 准确地捕获 RTL 描述的行为。如果模型检查完成，便可以更加确认所有使用 ILA 证明的属性是有效的。

2．使用 ILA 进行安全性验证

为了解决安全 IP 核规范的问题，引入固件信息流属性的规范语言。这些属性既能检查信息不能从给定源“流”到给定目标，又可以验证源是秘密的，与目标是不可信位置的秘密性。此外，当源是不可信的位置，并且目标是敏感的固件寄存器时，可以验证完整性。

使用 ILA 作为底层硬件的形式化模型，引入一种基于符号执行的算法来验证这些信息流属性。该算法详尽地探索了程序中的所有路径，并创建了在每个路径上执行的计算符号表达式。然后使用约束求解器来检查源中的两个不同值是否可能导致目标处值的不同。如果是，则意味着信息流可以从源到目标中产生，因为目标值取决于源，这意味着属性被侵犯。如果不能找到这样的值，属性会沿着这个特定的路径一直保持。

3. 基于 ILA 的验证方法的总结

图 13.2 概述了完整的安全验证方法。该方法分为两个部分：（a）ILA 系统的综合以及正确性的验证；（b）使用 ILA 验证安全属性。本章的其余部分安排如下。在 13.2 节描述 ILA 的定义、ILA 的综合和 ILA 正确性的验证。在 13.3 节中描述安全性属性规范语言和用于验证属性的 ILA 的使用。关于潜在的扩展、方法的局限性以及相关工作的讨论可参见 13.4 节。13.5 节为结束语。

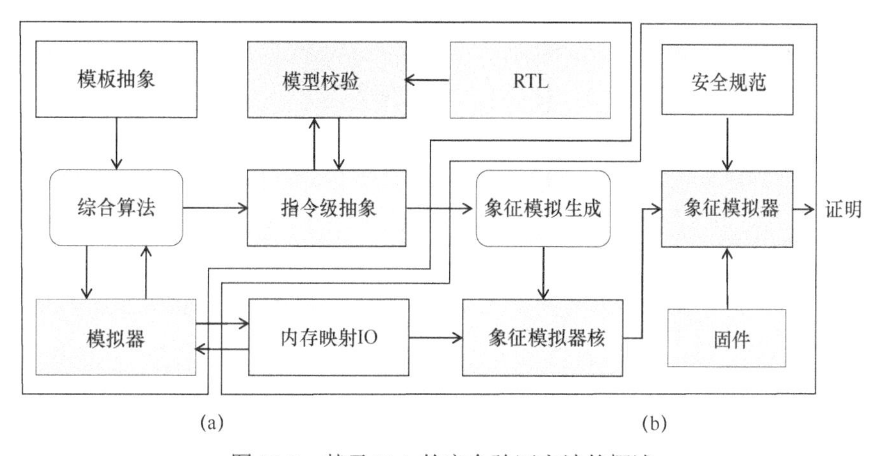

图 13.2　基于 ILA 的安全验证方法的概述
（a）ILA 的综合和正确性核实；（b）使用 ILA 进行安全核查。

13.2　指令级抽象

指令级抽象（Instruction-Level Abstraction，ILA）是捕获 SoC 场景下固件可见的硬件行为。ILA 的关键点在于对所有固件可见状态及其状态变化的建模。因此，ILA 不对固件不可见的通道寄存器和重排缓冲器等微架构级状态建模。然而，包括 MMU 状态和片上网络状态的所有固件可见寄存器，都需要 ILA 建模。其好处在于既可以构建硬件和固件协同验证的抽象，又能避免可能导致可伸缩性瓶颈的不必要细节。

在本节的其余部分中，首先给出一个直观的 ILA 概述；然后形式化定义 ILA 并描述 ILA 如何被半自动地综合以及验证为 SoC 硬件的正确抽象。

13.2.1 ILA 概述

ILA 是硬件模块的固件可见行为的抽象。因此，在可编程内核的情况下，ILA 与可编程内核的指令集架构（Instruction-Set Architecture，ISA）规格相同。ILA 的一个非常重要的方面是一个形式化的、机器可读的抽象过程，它模拟由可编程内核在执行指令后引起的架构级状态和相关的状态变化。在实践中得出 ILA 形式规约可能相当困难[22-23]。提出的方法通过实现 ILA 的半自动综合来缓解这一挑战。

ILA 使用类似于 ISA 的抽象模型来模拟半可编程和固定功能加速器。当今 SoC 设计中的加速器由事件驱动。计算由可编程核心发送的命令响应而执行，并且通常是有限的长度。从可编程内核到加速器的命令，就像“指令操作码”一样，并且将这些命令的状态更新为“指令执行”，其核心是通过类似于可编程内核的读取/解码/执行序列对加速器建模，模仿了内核的指令“获取”阶段、分支命令处理的“解码”阶段以及更新状态的“执行”阶段。

ILA 模拟以 ISA 的方式模拟出抽象“指令”。它指定了每个指令执行的计算，以及其将会发生哪些架构级状态的更新。对于 ILA，架构级状态目前包括系统中所有的软件可见状态，在系统执行过程中，这些状态是可见的，包含内存映射寄存器、共享内存缓冲区、加速器配置表等。例如，在文献[49]的加速器中实现安全散列算法 1（SHA-1），ComputeHash 指令从内存中读取源数据，计算其散列值，并将结果写回内存。该指令的输入和输出数据在内存中的位置由前面的配置指令设置。

把这个结构引入针对加速器的抽象中有两个好处。首先，ILA 成为加速器硬件/软件界面的一个精确和形式化的规范。它可以用于各种设计任务，如全系统仿真，以支持固件/软件开发和系统级验证。其次，固件和加速器之间的交互可以使用完全理解的指令交织语义进行建模，从而可以使用模型检查器等标准工具进行验证。再次，SoC 硬件验证也变得更加易于处理，因为可以基于“每条指令”，组合化地平衡微控制器验证工作的各个任务，同时保证与 ILA 的一致[28,35]。

13.2.2 ILA 定义

本小节提出一个指令级抽象的形式化定义。

1. 表示法

设 $\mathbb{B}=\{0,1\}$ 是布尔域，并让 bvec_l 表示宽度为 l 的所有位向量。$\boldsymbol{M}_{k\times l}$：$\text{bvec}_k \alpha \text{bvec}_l$ 是从宽度为 k 的位向量映射到宽度为 l 的位向量，并且表示地址宽度 k bit 和数据宽度 l bit 的存储器。布尔值和位向量被用来模拟状态寄存器，而存储器变量则用来模拟像配置表和随机存取存储器这样的硬件结构。一个内存变量支持两种操作：read(mem,a)，返回存储在内存 mem 地址 a 上的数据；write(mem,a,b)，返回一个新的与 mem 相同的内存，即 read(write(mem,a,d),a) = d。

2．架构级状态和输入

ILA 的架构级状态变量会被建模为布尔、位向量或内存变量。与 ISA 一样，架构级状态指的是在跨指令执行时持续可见的状态。

设 $\boldsymbol{S}$ 表示由布尔、位向量和内存变量组成的 ILA 状态变量的向量。在用于微控制器的 ILA 中，$\boldsymbol{S}$ 包含所有的架构级寄存器、比特位级状态（如状态标志）以及数据和指令存储器。在加速器中，$\boldsymbol{S}$ 包含所有软件可见的寄存器和存储器结构。ILA 的状态是对 $\boldsymbol{S}$ 中变量的赋值组成。

设向量 $\boldsymbol{W}$ 代表 ILA 的输入变量，其实质为布尔型和位向量变量，它们模拟处理器/加速器的输入端口。

令 $\text{type}_{S[i]}$是状态变量 $S[i]$的“类型”。如果 $S[i]$是布尔值，则 $\text{type}_{S[i]} = B$。如果 $S[i]$是宽度为 l 的位向量，则 $\text{type}_{S[i]} = \text{bvec}_l$。如果 $S[i]$是一个存储值，则 $\text{type}_{S[i]} = \boldsymbol{M}_{k\times d}$。

3．获取指令

获取指令的结果是一个“操作码”，它由函数 F_o:$(S\times W)\mapsto bvec_w$ 建模，其中 w 是操作码的宽度。例如，在 8051 微控制器中，$F_o(S,W) \triangleq$ read(IMEM,PC)。IMEM 是指令存储器，PC 是程序计数器[①]。

可编程内核反复取指，解码和执行指令，即它们总是在“执行”指令。但是，加速器可能是事件驱动的，所以只有在发生某种触发时才执行指令。这由函数 F_v:$(\boldsymbol{S}\times\boldsymbol{W})\mapsto\mathbb{B}$ 建模。假设在 Cmd1Valid 或 Cmd2Valid 被声明时，加速器执行一条指令，即 $F_v(\boldsymbol{S},\boldsymbol{W}) \triangleq$ Cmd1Vaild$\vee$Cmd2Vaild。

4．解码指令

解码指令涉及检查操作码并选择将要执行的状态更新操作。将一些常数 C 定义一组函数 $D = \{\delta_j|1\leqslant j\leqslant C\}$来表示不同的选择，其中每个 δ_j：$\text{bvec}_w\mapsto B$。F_o：$(S\times W)\mapsto\text{bvec}_w$ 是返回当前操作码的函数。每个 δ_j 是应用于 F_o 的结果。函数 δ_j 必须满足条件：$\forall j,j'$: $j\neq j'\Leftrightarrow\neg(\delta_j\wedge\delta_{j'})$。

为了方便，定义 $\text{op}_j \triangleq \delta_j(F_o(S,W))$。当 op_j 为 1 时，它选择第 j 条指令。例如，在 8051 微控制器环境下，$D = \{\delta_1(f) \triangleq f = 0$，$\delta_2(f) \triangleq f = 1,\cdots,\delta_{256}(f) \triangleq f = 255\}$[②]。前文已经将这个微控制器的 F_o 定义为 $F_o(S,W) \triangleq$ read(IMEM,PC)。因此，$\text{op}_j\Leftrightarrow$read(IMEM, PC) = j–1。对操作码所取的 256 个值中的每一个进行“分解”，并且每个值都可能执行不同的状态更新。函数 δ_j 选择要执行哪些更新。

① 注意 $F_o(S,W)$必须包含指令操作码。也可能包含（非必须）额外的数据比如指令的参数。

② 将位宽为 8（bvec_8）的位向量写为 0…255。

5. 执行指令

对于每个状态元素 S 定义函数 $N_j[i]$：$(S\times W)\mapsto \text{type}_{S[i]}$。$N_j[i]$是 $\text{op}_j = 1$ 时 $S[i]$的状态更新函数。例如，在 8051 微控制器中，操作码 0x4 递增累加器。所以，$N_4[\text{ACC}] = \text{ACC}+1$。完整的次态函数 N：$(S\times W)\mapsto S$ 是根据对所有的 i 和 j 的函数 $N_j[i]$定义的。

根据函数 $N_j[i]$定义次态函数 N，有一个明显的优势：它可以进行组合验证[28,35]。现在可以为每个状态元素 $S[i]$及每个操作码 op_j 分别验证 RTL 的行为，使之成为更简单的验证问题，并使大型设计的可扩展验证成为可能。

6. 语法

F_o、F_v、D 和 $N_j[i]$中所允许的表达式的语言如图 13.3 所示。表达式是位向量、位向量数组和未解释函数理论域上的无量词公式。它们可以是布尔类型、位向量或内存类型，每种类型都有标准解释变量、常量和运算符。以粗体显示的综合原子函数将在 13.2.3 小节详细介绍。

```
<exp> ::= <bv-exp> | <bool-exp> | <mem-exp> | <func-exp>
| <choice-exp>

<bv-exp> ::= var <id>width | cnstval width
| bvop<exp> …
| read<memexp><addrexp>
| read-block <memexp><addrexp>
| apply<func><bv-exp> …
| extract-bitslice<bv-exp>width
| extract-subword<bv-exp>width
| replace-bitslice<bv-exp><bv-exp>
| replace-subword<bv-exp><bv-exp>
| in-range<bv-exp><bv-exp>

<bool-exp> ::= var | true | false
| boolop<exp> …

<mem-exp> ::= <id> |
| write<mem-exp><bv-exp><bv-exp>
| write-block <mem-exp><bv-exp><bv-exp>

<func-exp> ::= func<id>width_out width_in1…

<choice-exp> ::= choice<exp><exp> …
```

图 13.3　表达式的语法

7. 通盘考虑

综上，指令级抽象（ILA）是六元组：$A = \langle S,W,F_o,F_v,D,N \rangle$。$S$ 和 W 是状态和输入变量。F_o、F_v、D 和 N 分别是取值、解码和次态函数。

图 13.4 给出了这个定义的图形概述。最左边的框显示了状态向量 $\boldsymbol{S}$。函数 F_v（“取值有效”）检查状态向量 $\boldsymbol{S}$ 和输入向量 $\boldsymbol{W}$，并确定是否有指令要执行。如果是这种情况，即如果 $F_v(\boldsymbol{S},\boldsymbol{W}) = 1$，则用 $F_o(\boldsymbol{S})$当前状态和输入向量中获得操作码。这个操作码用来评估每个函数 δ_1，δ_2，…，δ_j，…，δ_C，。如果 $\delta_j = 1$，那么 $N_j[i]$对每个 $\boldsymbol{S}[i]$进行评估以得到次态 $S'[i]$。然后，向量 $\boldsymbol{S}'$定义 ILA 的次态，并且从这个状态再次重复上述过程以执行下一条“指令”。

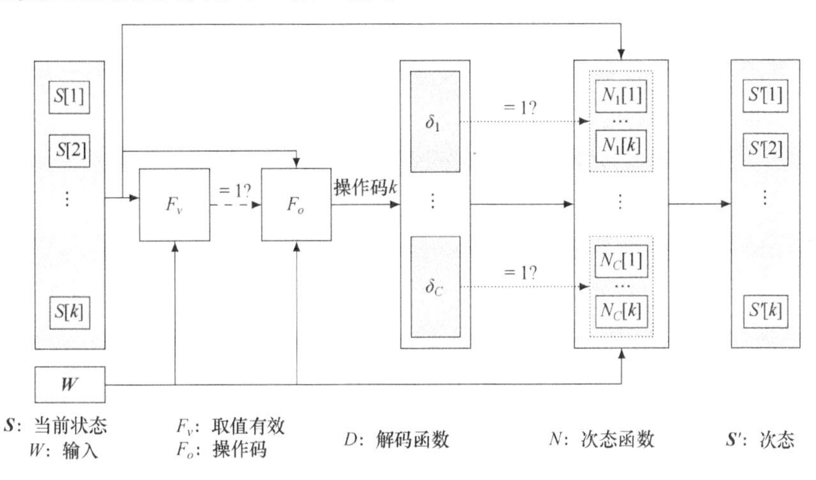

图 13.4 ILA 定义的图示概述

13.2.3 ILA 综合

为了使 ILA 有用，ILA 必须能够正确且最好自动生成。由于第三方 IP 核的普及，在构建 ILA 之前，SoC 硬件模块经常存在，因此 ILA 需要在没有 IP 核设计者支持的情况下构建。为了解决这个结构中容易出错和繁琐的情况，一种基于模板的 ILA 综合算法被开发出来。

为了半自动地综合 ILA 中的函数 $N_j[i]$，所提出的方法建立在反例引导归纳综合（CEGIS）算法[26-27]上。假定模拟器可以建模并由硬件执行的状态更新，该模拟器可以工作在门级、RTL 或高层次的 C/C++/SystemC 设计中，被视为一个黑盒。除了能够设置初始状态外，执行一条指令，并在执行后读出最终状态，模拟器的具体实现方法并不重要。

1. 符号和问题描述

让 Sim：$(\boldsymbol{S}\times\boldsymbol{W})\mapsto S$ 成为次态函数 N 的 I/O 预示。将 Sim_i 定义为投影 Sim_i：

$(\boldsymbol{S}\times\boldsymbol{W})\mapsto \text{type}_{S[i]}$的状态元素 $\boldsymbol{S}[i]$的函数。为了帮助综合 Sim_i 实现的功能，SoC 设计人员编写了一个模板次态函数，用 $\mathcal{T}_i$：$(\Phi\times\boldsymbol{S}\times\boldsymbol{W})\mapsto \text{type}_{S[i]}$表示。

Φ 是一组综合变量，也称为“洞”[45]，不同的赋值（诠释）导致不同的次态函数。与 $N[i]$不同，T_i 是部分描述，因此更容易编写。它可以省略某些底层细节，如各个操作码和操作之间的映射、操作码位以及源寄存器和目标寄存器等。这些细节由反例引导归纳综合（CEGIS）算法[26-27]基于输出 Sim 仔细选择（$\boldsymbol{S},\boldsymbol{W}$）的输出值而实现。

（问题陈述：ILA 综合）：对于每个状态元素 $\boldsymbol{S}[i]$和每个 op_j，找到一个 Φ、$\phi_j[i]$的解答，就有$\forall \boldsymbol{S},\boldsymbol{W}:\text{op}_j\Rightarrow(\mathcal{T}_i(\phi_j[i],\boldsymbol{S},\boldsymbol{W}) = \text{Sim}_i(\boldsymbol{S},\boldsymbol{W}))$。

对每条指令（每个 j）和每个状态元素（每个 i）重复综合过程，综合结果 $\phi_j[i]$是对 i 和 j 关于 Φ 的解释。

2．模板语言

目前实现模板语言中的综合原语在图 13.3 中以黑体显示。很重要的一点是，所提出的算法和方法不依赖于特定的综合原语，唯一要求是可以将原语“编译”为位向量、位向量数组和未解释函数上的一些无量词公式。

表达式 **choice**$\varepsilon_1\varepsilon_2$ 要求综合器根据仿真结果用 ε_1 或 ε_2 取代 **choice** 原语。**choice**$\varepsilon_1\varepsilon_2$ 被转换为公式 ITE（$\phi_b,\varepsilon_1,\varepsilon_2$），其中 $\phi_b\in\Phi$ 是与 **choice** 原语相关联的新的布尔变量，其值由综合程序确定。

extract-slice 和 **extract-subword** 原语用于综合位向量运算，涉及的索引号在综合过程中确定，并从寄存器中提取位域。使用这些运算符而不是提取运算符的优点是不需要说明位域的索引，会带来两个好处：（1）减少了构建 ILA 时的人工量；（2）通过综合程序自动确定索引，消除了人工说明索引可能引起的错误。**replace-slice** 和 **replace-subword** 原语对应于上面两原语，用参数表达式替换了一部分位向量。

in-range 原语将位向量常量综合到特殊的域中。在这种语言中添加新的综合原语既容易又直接。

3．一个说明上述方法的例子

图 13.5 所示的处理器被用来说明 ILA 和次态函数的定义。此处理器从 ROM 读取要执行的指令，其操作数可以是来自 ROM 或 4 口寄存器组的操作数。为了简单起见，假设处理器仅支持的两个操作是加法和减法。

处理器的架构级状态是 $\boldsymbol{S} = \{\text{ROM},\text{PC},R_0,R_1,R_2,R_3\}$，输入集合 W 是空集。当其他所有变量都是 bvec_8 类型时，$\text{type}_{\text{ROM}} = \boldsymbol{M}_{8\times8}$。确定下一条指令的操作码存储在 ROM 中。$F_o \triangleq \text{read}(\text{ROM},\text{PC})$，$F_v \triangleq \text{true}$。$D = \{\delta_j|1\leqslant j\leqslant 256\}$，其中每个$\delta_j(f) \triangleq f = j-1$。次态函数 $\mathcal{T}_{\text{PC}}$ 和 $\mathcal{T}_{R_i}$ 为

$$_{\text{PC}} = \text{choicek } (\text{PC}+1)(\text{PC}+2)$$
$$\text{imm} = \text{read } (\text{ROM}, \text{PC}+1)$$
$$\text{src}_1 = \text{choice } R_0 R_1 R_2 R_3$$
$$\text{src}_2 = \text{choice } R_0 R_1 R_2 R_3 \text{imm}$$
$$\text{res} = \text{choice } (\text{src}_1 + \text{src}_2)(\text{src}_1 - \text{src}_2)$$
$$_{R_i} = \text{choice res } R_i \ (0 \leqslant i \leqslant 3)$$

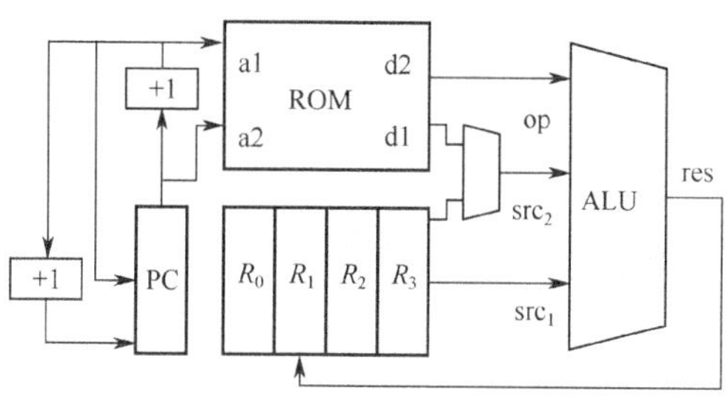

图 13.5　一个简单的处理器

4．综合算法

在算法 13.1 中显示了文献[49]的反例引导归纳综合（Counter Example-Guided Inductive Synthesis，CEGIS）算法。该算法的输入如下。

算法 13.1：综合算法

```
1 function SYNCEGIS(op_j, T_i ,Sim_i,A)
2      k ← 1
3      R_1 ← A ∧ op_j ∧ (θ ↔ (T_i (Φ_1,S,W) ≠ (T_i (Φ_2,S,W)))
4      while sat(R_k ∧ θ) do
5          Δ ← MODEL_(S,W)(R_k ∧ θ)              ▶getdist.inputΔ
6          O ← Sim_i(Δ)                          ▶simulateΔ
7          O_1 ← (T_i (Φ_1,Δ) = O)
8          O_2 ← (T_i (Φ_2,Δ) = O)
9          R_{k+1} ← R_k ∧ O_1 ∧ O_2             ▶执行Δ的输出 O
10         k ← k+1
11     end while
12     if sat(R_k ∧ ¬θ) then
13         return MODEL_Φ1(R_k ∧ ¬θ)
14     end if
15     return ⊥
16 end function
```

① 确定执行综合的操作码 op_j。

② 产生次态函数$\mathcal{T}_i$。

③ 模拟器Sim_i。这里的后缀i表示状态元素$S[i]$的值，是从模拟器的输出中提取的。

④ A是要进行的综合类型假定的合取。

例如，假设操作码是 read(ROM,PC)，功能只在范围 0x0～0xF0 的操作码中定义，则假设A将表示为$A \triangleq \text{read(ROM,PC)} \geqslant 0x0 \wedge \text{read(ROM,PC)} \leqslant 0xF0$。

该算法针对每个op_j和每个$S[i]$执行。在每种情况下，它返回$\phi_j[i]$，用来将次态函数计算为$N_j[i](\boldsymbol{S},\boldsymbol{W}) = \mathcal{T}_j(\phi_j[i],\boldsymbol{S},\boldsymbol{W})$。

为了理解算法，观察到$\mathcal{T}_j(\boldsymbol{\Phi},\boldsymbol{S},\boldsymbol{W})$定义了一系列次态函数。通过$\boldsymbol{\Phi}$的不同解释选择不同的功能。算法试图找到对（$\boldsymbol{S},\boldsymbol{W}$）的解释，即$\Delta$对于$\boldsymbol{\Phi}$的两种解释：$\phi_1[i]$和$\phi_2[i]$满足$T_i(\phi_1[i],\Delta) \neq T_i(\phi_2[i],\Delta)$。$\Delta$被称为区分输入。一旦找到$\Delta$，就可以对仿真预测$\text{Sim}_i$进行评估以找到这个场景的预期输出。然后强制添加执行输入/输出关系的约束，并尝试找到另一个区分输入。重复这个过程，直到无法找到更多的区分输入。当发生这种情况时，意味着$\boldsymbol{\Phi}$的所有其余解释导致相同的次态函数，任何这样的解释都是解决方案。

考虑图 13.6 所示$N_1[R_0]$的计算。对操作码op_1构造下一状态函数$R_0\text{op}_1 \Leftrightarrow \text{read(ROM,PC)} = 0x0$。计算的第一个区分输入是图 13.6 中的节点$A$。这区分了$R_0+R_2$、$R_0+R_3$等次态功能和$R_0+R_0$等函数。节点$B$显示来自仿真器的输出为$A$是 0x0，排除了$R_0+R_2$和$R_0+R_3$。接着可以计算区分输入$C$。这个输入区有$R_0+R_0$、$R_0-R_0$、$R_0+R_1$、$R_0-R_1$等函数。当这个输入被模拟时，输出为$D$。此时，产生了唯一的次态函数$N_1[R_0] = R_0+R_0$，算法终止。

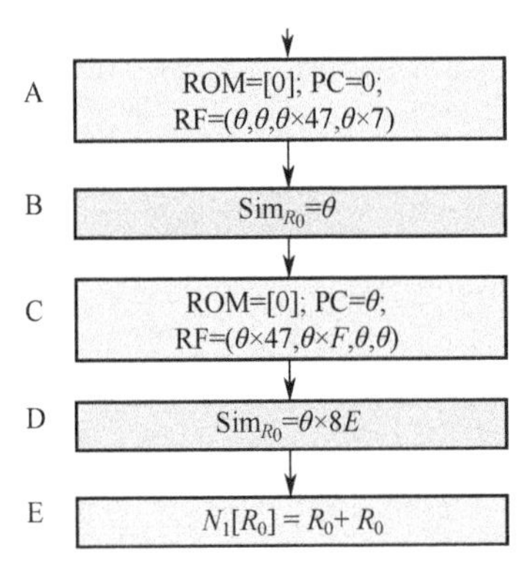

图 13.6　说明性示例区分输入（符号 ROM = 0 表示所有的 ROM 地址包含值 0）

13.2.4 ILA 验证

一旦有了 ILA，下一步就是验证它是否正确地抽象了硬件实现。第一次尝试可能是将 ILA 和 RTL 看作并行执行的有限状态转换系统，并验证形式 G（$x_{ILA} = x_{RTL}$）的属性。该属性表示，ILA 中的状态变量 x_{ILA} 在每个时间步骤[①]中等于 RTL 中的状态变量 x_{RTL}。不幸的是，这个属性对于硬件设计中的大多数状态变量可能是错误的。

例如，考虑具有分支预测的流水线微控制器。在这种情况下，处理器可能错误预测分支并执行“错误路径”指令。尽管这些指令最终会被刷新，但在执行它们时，RTL 中的寄存器将包含这些“错误路径”指令的结果，因此 x_{RTL} 将不匹配 x_{ILA}。

1. 验证抽象的正确性

当考虑硬件组件的内部状态时，正如 McMillan [35]所提出的那样，可以通过定义精化关系来验证 ILA：G（$\mathrm{cond}_{ij} \Rightarrow x_{ILA} = x_{RTL}$）。$\mathrm{cond}_{ij}$ 指定 ILA 中的状态与实现中对应状态之间的等价关系。例如，在流水线微控制器中，可能期望当一条指令提交时，实现的架构级状态与 ILA 相匹配。注意这里的下角 ij 表示对于每个状态元素 $S[i]$、每个操作码 op_j 的精化关系可能是不同的。即 $S[i]$和 op_j 的各种组合对应的 RTL 的状态更新在每个周期都可能会出现。

基于上述精化关系，可以定义组合验证[28]。考虑属性$\neg(\Phi \cup (\mathrm{cond}_{ij} \wedge (x_{ILA} \neq x_{RTL})))$，其中$\Phi$ 表示所有的精化关系都持续到时间 $t-1$。这等价于上面的属性，但是当证明 x_{ILA} 和 x_{RTL} 的等价性时，可以抽象出Φ 的不相关部分。例如，在考虑 op_j 时，可以抽象出其他操作码 $\mathrm{op}_{j'}$的实现，并假设这些操作正确实现。这种方式简化了模型，因为其仍然在考虑所有操作码的正确性，所以虽然分开，但是这些证明仍然有效。

对于被建模的硬件组件输出的状态变量，预计 ILA 输出总是与实现相匹配。在这种情况下，属性是 $G(x_{ILA} = x_{RTL})$。

2. 验证问题的讨论

案例研究的一部分是有限预测执行的流水线微控制器。所提出的精化关系是 G（inst_finished$\Rightarrow$（$x_{ILA} = x_{RTL}$）的形式，即每个指令提交时，ILA 的状态和实现必须匹配。另一部分涉及两个密码加速器的验证。这里的精化关系形式为：G(hlsm_state_changed$\Rightarrow x_{ILA} = x_{RTL}$)。每当加速器中的高级状态机改变状态，hlsm_state_changed 等于 1。这种改进关系表明，ILA 和 RTL 的高级状态机具有相同的转换。虽然 RTL 状态机有一些“低级”状态。但是这些状态在 ILA 中不存在，对固件不可见。

如果必须验证超标量处理器，ILA 将在每个转换中执行多条指令。执行每个转换对应的确切的指令数量既是实现的输出，也是对抽象的输入。该属性将声明在执行了这些指令之后，ILA 和实现的状态相匹配。

---

① 这是 G 线性时态逻辑（Linear Temporal Logic，LTL）运算符的含义。

从实现到抽象的辅助执行信息有助于验证许多复杂的场景。考虑弱存储器模型的验证[1]，其中微控制器中指令的加载和存储过程可以重排序，而重排序方法影响了程序语义。有关加载/存储指令执行顺序的信息将作为实现的输出和 ILA 的输入。假设指令以相同的顺序执行，精化关系将验证 ILA 的执行是否与实现相匹配。

3. 验证正确性

如果证明 ILA 的所有输出和实现的精化关系 $G(x_{ILA} = x_{RTL})$，那么可以知道 ILA 和实现具有相同的外部可见行为。因此，证明有关 ILA 外部输入、输出行为的任何属性也适用于执行。

在实践中，为所有外部输出证明 $G(x_{ILA} = x_{RTL})$性质可能不是可扩展的，所以采用 McMillan 的组合方法。证明$\neg(\Phi \cup (\mathrm{cond}_{ij} \wedge x_{ILA} \neq x_{RTL}))$为内部状态的精化关系，并用它来证明输出的等价性。

如果在 ILA 和实现的可见状态上，可以证明这些可组合的精化关系，那么可以知道 ILA 和实现之间的所有固件可见状态更新是等价的。而且，可以知道 ILA 中高级别状态机的转换与实现中的相同。这些特性保证了 ILA 中的固件/硬件交互等价于实现，确保了抽象的正确性。

13.2.5 实际案例研究

本小节介绍评估方法，作为案例研究的 SoC 示例；然后简要介绍综合和验证结果。

1. 方法

基于模板的综合框架使用 Z3 SMT 求解器作为 Python 库实现[16]。使用 Yosys 的修改版综合行为级 Verilog 的网表[53]。使用 ABC 进行模型检查[5]、综合框架、模板抽象。ILA 综合和其他相关试验可在网上查得[19]。

2. SoC 结构示例

试验在由包含 8051 微控制器和两个密码加速器（图 13.7）的开源组件构成的 SoC 上进行。一个加速器使用高级加密标准（Advanced Encryption Standard，AES）实现加密/解密，而另一个实现 SHA-1 加密散列函数[25,47]。8051 的 RTL 描述来自 opencores.org [51]。8051 的指令级仿真由 i8051sim 完成[32]①。

运行在 8051 上的固件通过将要加密/解密/散列的数据地址写入加速器内的存储器映射寄存器来启动加速器的操作。通过写入存储器映射机制的启动寄存器来开始操作，一旦操作开始，加速器使用直接存储器访问（Direct Memory Access，DMA），从外部存储器（External Memory，XRAM）获取数据，执行

① 我们原可用 Verilog 实现进行仿真。然而，我们选择使用在 RTL 设计完成之前，开发模拟器并用于确认的方案。

操作，并将结果写回到 XRAM。处理器通过轮询内存映射状态寄存器来确定完成情况。

3．综合结果总结

两个 ILA 被构建：一个用于 8051 微控制器；另一个用于仲裁器、XRAM、AES 和 SHA 模块。通过读/写 XRAM 地址使 8051 与加速器、XRAM 进行通信。所以从 8051 的角度来看，修改 8051 内部状态的所有指令都是正确执行的，读/写 XRAM 的指令在外部存储器接口上产生正确的结果。在这些指令"离开"外部存储器接口之后会发生什么？无论它们是修改 XRAM 还是开始 AES 加密，抑或是返回 SHA 加速器的当前状态，在这个模型中都不需要考虑。一个单独的 ILA 被构造用于加速器和 XRAM，需要考虑的唯一指令是对 XRAM 地址的读写。在这个 ILA 中，这些操作产生了预期的结果被验证。

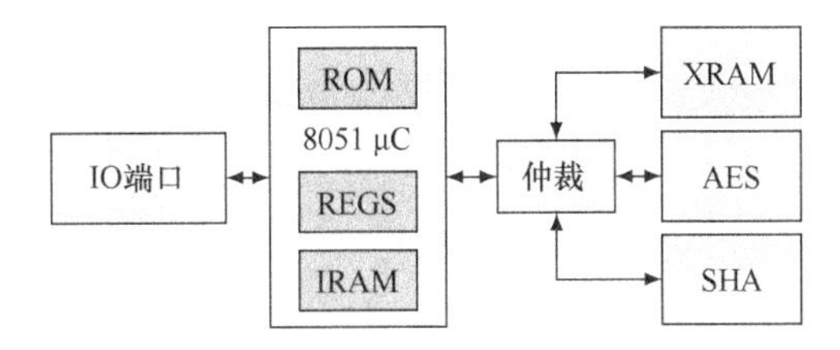

图 13.7 示例 SoC 框图

作为构建模型的工作量表示，表 13.1 显示了两个 ILA 的模板、模拟器和 RTL 实现的大小。该表显示模板 ILA 通常比 RTL 小得多。这些数据还表明模板 ILA 会占用相对较少的工作量。

表 13.1 代码行（LoC）和 8051 ILA 的每个模型的字节大小

模型	8051		AES+SHA+XRAM	
	LoC	大小/KB	LoC	大小/KB
ILA 模板	≈650	30	≈ 500	26
指令级模拟器	≈3000	106	≈ 400	14
行为级实现	≈9600	360	≈ 2800	87

表 13.2 显示了 8051 ILA 综合算法的执行时间，同时展示了所有 256 个操作码的平均值和最大值。除了内部 RAM 外，所有其他元素都会在几秒钟内合成。ILA 综合在 i8051sim 中发现了 5 个错误。

4．典型的 ILA

表 13.3 和表 13.4 显示了加速器的 ILA 中的"说明"。固件首先使用相应的指令配置加速器；然后使用 StartEncryption 和 StartHash 指令开始操作；最后可以使用 GetStatus 指令轮询完成。这些指令中的每一条都通过内存映射 I/O 写入到适当

的地址来“触发”。F_v的格式为$F_v \triangleq ((\text{memop} = \text{WR} \vee \text{memop} = \text{RD}) \wedge \text{mem_addr} = \text{REG_ADDR})$，其中REG_ADDR是相应配置寄存器的地址。

表13.2　8051 ILA的综合执行时间

状态	平均值	最大值	状态	平均值	最大值
	时间/s			时间/s	
ACC	4.3	8.5	B	3.6	5.1
DPH	2.7	5.0	DPL	2.6	4.4
IRAM	1245.7	14043.6	P0	1.8	2.7
P1	2.4	3.8	P2	2.2	3.5
P3	2.7	4.6	PC	6.3	141.2
PSW	7.3	15.9	SP	2.8	5.0
XRAM/addr	0.4	0.4	XRAM/dataout	0.3	0.4

表13.3　ILA关于AES加速器说明

指令	操作描述
Rd/Wr DataAddr	获取/设置加密数据地址
Rd/Wr DataLen	获取/设置加密数据长度
Rd/Wr Key0 <index>	获取/设置密钥key0的专用字节
Rd/Wr Key1 <index>	获取/设置密钥key1的专用字节
Rd/Wr Ctr <index>	获取/设置密钥计数器的专用字节
Rd/Wr KeySel	获取/设置当前密钥
StartEncryption	开始加密状态机
GetStatus	完成验证

表13.4　ILA关于SHA1加速器的说明

指令	操作描述
Rd/Wr DataInputAddr	获取/设置哈希数据地址
Rd/Wr DataLength	获取/设置哈希数据长度
Rd/Wr DataOutputAddr	获取/设置输出地址
StartHash	开始SHA1状态机
GetStatus	完成验证

5. 验证结果摘要

Verilog的“黄金模型”从ILA中生成，并且定义一组精化关系，同时指定黄金模型等同于RTL。然后，有界模型和无界模型检查被用来验证这些精化关系。这些验证结果如下所述。

（1）验证8051 ILA。

首先试图通过生成在一个周期能实现处理器的全部功能的大型整体黄金模型来

验证 8051。该模型中的 IRAM 从 256B 的大小抽象为 16B。这个抽象的黄金模型是使用综合库自动生成的。通过手动实现抽象，减少了在 RTL 设计中 IRAM 的大小。

使用得到的黄金模型来验证形式化 G（inst_finished$\Rightarrow x_{\mathrm{ILA}}=x_{\mathrm{RTL}}$）的属性。对于处理器的外部输出，如外部 RAM 地址和数据输出，属性的形式为 G（output_valid$\Rightarrow x_{\mathrm{ILA}}=x_{\mathrm{RTL}}$）。使用有界模型检查（Bounded Model Checking，BMC） ABC 的 bmc3 命令。修复了一些错误并禁用了剩余的错误指令之后，经过 5h 执行能够达到 17 个周期的界限。

为了提高可伸缩性，生成一套“per-instruction”黄金模型，它只对 256 个操作码中的一个进行状态更新，其他 255 个操作码的执行被抽象掉。然后，验证了一组 $\neg(\Phi\cup(\mathrm{inst_finished}\wedge \mathrm{op}_j\wedge x_{\mathrm{ILA}}\neq x_{\mathrm{RTL}}))$形式的属性。这里 Φ 表示所有的架构级状态保持成功匹配直到时间 t−1。然后，试图验证 5 个重要属性，即 PC、累加器、IRAM、XRAM 数据输出及 XRAM 地址在黄金模型和实现间等价。

这些验证试验的结果显示在表 13.5 中。表中的每一行都对应一个特定的属性。列 2～6 显示 BMC 在 2000s 内达到的范围。例如，第一行显示，对于 25 条指令，BMC 能够在没有反例的情况下达到 21～25 个周期； 对于 10 条指令，它达到了 26～30 个周期，对于其余的 204 条指令，BMC 达到了 31～35 个周期。最后一栏显示了可以证明属性的指示的数量。这些证明是使用 IC3 实现算法的 pdr 命令完成的[8]，时间限制为 1950s。在运行 pdr 之前，使用门级抽象[36]技术预处理网表，时间限制为 450 s。

表 13.5　结果与每条指令理想模型

特性	有界模型检查					证明数
	CEX	≤20	≤25	≤30	≤35	
PC	0	0	25	10	204	96
ACC	1	0	8	39	191	56
IRAM	0	0	10	36	193	1
XRAM/dataout	0	0	0	0	239	238
XRAM/addr	0	0	0	0	239	239

（2）在 8051 验证期间发现的错误。

在模拟器中共发现了 5 个错误：CJNE、DA 和 DIV 指令中的错误是由于有符号整数被用于无符号值的地方；AJMP 中的输入错误；RTL 和模拟器之间的零时不匹配。这些错误是在综合过程中发现的。

POP 模板中一个有趣的错误是 POP 指令。POP <operand>指令更新两个状态项，即<operand> = RAM [SP]和 SP = SP-1。但是如果操作数是 SP 呢？RTL 使用<operaud> = RAM[SP] 设置 SP，而 ILA 使用 SP = SP−1 设置。这是在模型检查过

程中发现的，ILA 被修改为符合 RTL。这显示了所提出方法的好处之一是所有状态更新都是在 ILA 和 RTL 之间进行精确定义且一致的。

在 RTL 模型中，总共发现了 7+1 个漏洞。其中之一就是一整套将特殊功能寄存器（Special Function Register，SFR）的值从一个正在执行的指令转发到其后续程序有关的漏洞。这影响了 17 个不同的指令和所有位可寻址的架构级状态。本节的研究部分解决了这个问题，后续修复工作还需要很多努力。

另一个有趣的问题是由于从保留/未定义的 SFR 地址读取，RTL 会返回存储在临时缓冲区中以前的值。这是检查和预防经由未定义状态泄露信息方法的一个例子。

（3）验证 XRAM + AES + SHA ILA。

针对 XRAM，AES 和 SHA 模块生成了一个结合了 ILA 的 Verilog 黄金模型。因为并不想证明读写 XRAM 的正确性，故将 ILA 中的 XRAM 和实现的大小减小到一个字节。然后试图证明 G（hlsm_state_changed⇒（$x_{\mathrm{ILA}} = x_{\mathrm{RTL}}$））的一组属性。能够证明在实现中 AES：State、AES：Addr 和 AES：Len 使用 pdr 命令匹配 ILA。对于其他固件可见状态，BMC 在 199 个时钟周期时限为 1h，没有找到属性违规。

13.3 使用 ILA 进行安全性验证

ILA 是一个完整的硬件行为规范，可以实现可扩展的系统级验证。与加速器、I/O 设备交互的固件可以根据 ILA 所指定的固件可见行为进行分析，而不是通过临时手动的方式构建模型，或是在另一个极端的、采用非常详细的位精度周期级的 RTL 描述中进行分析。

本节将介绍如何基于使用符号执行，使用 ILA 来验证固件机密性和完整性属性。首先描述系统和威胁模型，接着描述固件安全属性的规范语言，并简要提供一个基于符号执行的算法来验证这些属性。

13.3.1 系统和威胁模型概述

本小节简要介绍了书中所考虑的系统模型和威胁模型。

1. 片上系统模型

如 13.1 节所述，如图 13.1 所示，考虑 SoC 设计由一组交互 IP 核、共享 I/O 空间、片上互连和可能的共享内存组成。每个 IP 核由一个微控制器、专门的硬件组件以及专用的只读和读写存储器（即 ROM 和 RAM）组成。微控制器上执行的固件通过内存映射输入/输出（Memory-Mapped Input/Output，MMIO）与其自身 IP 核中的专用硬件以及其他 IP 核进行交互。

从固件角度看，系统由一组架构级寄存器，（称为程序计数器的专用寄存器）、包含固件的指令 ROM 以及在固件执行期间使用的数据 RAM 组成。虽然只考虑单线程固件，但通过固件线程的并发执行实现的硬件和固件互动也可以模拟。使用微控制器的 ILA 来模拟固件中每条指令执行的状态更新。

2. 威胁模型

验证问题以模块化方式处理。每个 IP 核将被单独验证，而后由这些验证过的独立 IP 核生成威胁模型。

对于每个 IP 核，需要确定其他哪些 IP 核是它的可信边界。可信边界由完全可信的 IP 核组成，这些可信 IP 核是整个 IP 核的子集。例如，涉及安全关键功能（如安全启动）的 IP 可能不会相信摄像头和 GPS 的 IP 核。因此，这些 IP 核将超出其可信范围，并且从这些 IP 核收到的任何输入都是不可信的。保持较小的可信边界有助于保持较小的攻击面。

3. 安全目标

需要考虑的两类安全目标分别是固件资产的机密性和完整性。首先希望保留来自不可信 IP 核的固件机密，如加密密钥。同样，希望保持固件资产的完整性。例如，希望通过在来自不可信的 IP 核的任意输入的情况下排除堆栈粉碎/缓冲区溢出攻击来确保固件控制流的完整性。同时希望确保不可信的 IP 核不能修改敏感控制/配置寄存器（如存储器保护配置寄存器）的值。在这项工作中，不考虑其他安全要求，如可用性和侧信道攻击。

4. 对攻击建模

假设由不可信 IP 核控制的内存、I/O 和硬件寄存器包含任意值。换句话说，不可信的 IP 核输出是无约束的，所以从这些位置读取，则返回任意值。同样，不可信的 IP 核可能会尝试发送无效的命令，如缓冲区溢出错误。

13.3.2 信息流属性说明

固件安全属性的特性说明语言基于以下共识。首先，保密性和完整性等安全要求本质上是关于信息流的语句。要求固件秘密要么不能“流”到不可信的值（机密性），或者不可信的值不能“流”到敏感资产（完整性）。注意这些属性不能用基于时态逻辑的规范语言表示[34]。

其次，通过 MMIO 访问几乎所有有意义的固件安全资产，如密钥、敏感配置寄存器和不可信输入寄存器。因此，固件地址范围和架构级寄存器是属性规范语言中的第一类实体。

再次，需要一个分类机制[40]。这允许在执行期间某些条件成立时，信息流动；

如果这些不成立，不允许信息流动。

基于上述要求，引入了信息流属性的规范语言，包括以下内容。

（1）src，它是一系列固件内存地址。

（2）与src相关联的srcpred命题，指明src中的数据何时有效。例如，可以在引导过程中允许从输入端口对寄存器进行编程，但是之后不能使用，用¬boot表示。

（3）这是ILA状态的一个组成部分。

（4）命题dstpred指定dst中的数据何时有效。与上面（2）类似。

如果在srcpred = 1时从src读取的数据从不影响在dstpred = 1时写入dst的值，则属性保留。srcpred和dstpred分别在读取和写入时进行评估。

13.3.3 固件执行模型

本小节描述固件状态和执行模型。

1．执行状态

固件状态使用微控制器硬件的ILA建模：$A = \langle S,W,F_o,F_v,D,N\rangle$。假定固件状态$S$包含以下特殊元素。

（1）包含当前存储器操作信息的一组位向量变量S.mem = {S.memop，S.memaddr，S.datain，S.dataout}。其中，S.memop = NOP表示当前指令不从内存或存储器映射I/O中读取/写入；S.memop = RD表示读取，S.memop = WR表示写入；S.memaddr是当前存储器操作的地址；S.datain是从存储器（或I/O）读取的数据；S.dataout是正在写入存储器或I/O的数据。这些变量帮助建模内存映射I/O并访问不可信内存。

（2）S.ROM包含只读存储器，这种存储器包含要执行的固件。我们假设指令和数据存储器是分开的。

（3）ILA所有余下的状态变量S.regs。S.regs包含指向微控制器程序计数器的特殊元素S.PC。

微控制器的初始状态，即执行开始的状态由符号表达式$init_s$定义。N是次态函数，N_{mem}和N_{regs}分别是N对集合S.mem和S.regs的投影。

2．符号执行方法的回顾

验证算法建立在使用约束求解器的符号执行上[9,21]。这里将简要介绍这些技术。13.3.4小节将描述验证信息流属性所需的扩展。

考虑清单13.1所示的代码。为了更容易地理解算法，代码以类似C的语言显示，但符号执行实际上是在等价的二进制代码上执行。为了简单起见，假设列表中显示的行号对应于程序计数器（PC）值。以下步骤概述了通过典型符号执行算法验证第8行语句的正确性。

清单 13.1 演示符号执行的示例代码

```
1 void foo(int a, int b){
2     int c;
3     if(a <0|| b <0)
4         c = 0;
5     else
6         c = a+b;
7
8     assert(c > = a && c > = b);
9     return c;
10 }
```

执行从符号状态 $init_s \trianglelefteq S.PC = 3$ 开始。这意味着初始状态将 $S.PC$ 的值约束为 3，但所有其他变量/寄存器/存储器值是不受约束的，即它们可以取任意值。该算法使用约束求解器来枚举符合这个符号状态的 $S.PC$ 的所有具体值。在这种情况下，约束是 $S.PC = 3$。$S.PC = 3$ 和 $init_s$ 的组合被压入堆栈。该堆栈包含程序中所有需要通过算法进行探索的路径和相关的符号状态。

1）符号执行主循环

符号执行算法的主循环首先在栈顶给出符号状态。注意：堆栈中的符号状态总是有一个 $S.PC$ 的特定（具体）值，所以可以知道接下来要执行什么指令。该指令从程序存储器中检索并以符号方式执行，这意味着我们为程序中的每个寄存器和存储器值创建与状态更新相对应的符号表达式。

在本节的例子中，最初是 $S.PC = 3$，这条指令是一个条件分支，它根据下面的表达式更新 PC：ite（a<0∨b<0，4，6）。在上面的公式中，ite 是 if-then-else 运算符，并且公式规定如果 a <0 或 b <0 则下一个 PC 值将是 4；否则为 6。所有其他变量和内存状态保持不变； 它们保持与 $init_s$ 中相同的值。

现在，该算法使用约束求解器来评估与这些次态表达式一致的 $S.PC$ 的所有值，即 $S.PC = 4$ 和 $S.PC = 6$，每个值将与 $init_s$ 及路径条件做合取运算，然后被推入堆栈。路径条件记录了该分支的约束条件。图 13.8 显示符号状态 S_4 的路径条件是 ite（a<0∨b<0，4，6）。这个路径条件可以在语法上简化为 $a<0 \vee b<0$，并记录了只有当 a<0 或 b<0 时才到达第 4 行的事实。当前有两条路径可供探索，一条路径在 a<0 或 b<0 时，可达 PC = 4，另一个在路径条件¬（$a<0 \vee b<0$）下可到达 PC = 6。当到达最终指令时，在这种情况下，PC = 9，没有任何东西被推入堆栈，表示没有额外的路径需要探索。

重复该循环，直到栈被清空，即所有的路径被访问。

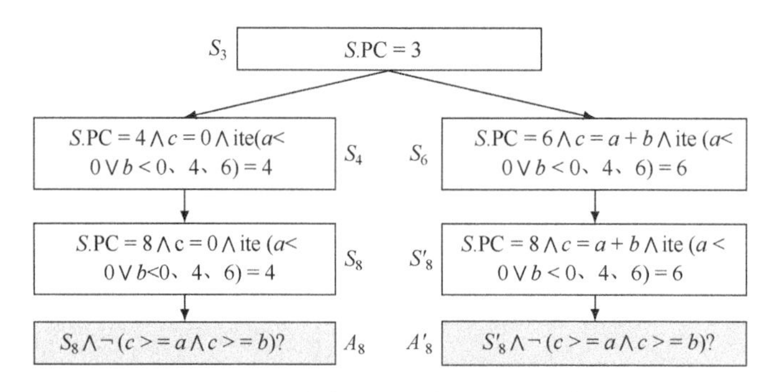

图 13.8 在象征性的执行状态演变

2）验证断言

在验证代码清单 13.1 中代码时，同时构造出符号状态表达式，如图 13.8 所示。白色框显示符号状态表达式，并用相应的 PC 值标记。可以看到程序中从两个不同路径都可以到达 PC = 8 状态。

灰色框显示第 8 行的断言。通过否定断言条件，将它与状态表达式相结合，并检查结果在约束求解器中是否可满足，来验证断言。在这个例子中，A_8 不能满足，断言是沿着这条路径保持成立。但是 $c = a+b$ 的结果可能溢出，所以 A'_8 可以满足。该违规行为可以由此算法报告。

清单 13.1 中的断言是程序状态的命题。不幸的是，这样的命题不能用来推理信息流[34]，所以上述算法不能用来验证信息流属性。一个可以验证信息流属性的算法在 13.3.4 小节给出。

13.3.4 验证信息流属性

算法 13.2 显示了如何使用符号执行来验证信息流属性。它按照深度优先搜索（Depth First Search，DFS）所有可达指令，并检查由（src，dst，srcpred，dstpred）指定的信息流属性是否适用于所有指令。堆栈跟踪要访问的路径，并且路径约束 P_A 和 P_B 确定每个路径被采用的满足条件。

算法 13.2：符号执行
Inputs: init_S,<src,srcpred,dst,dstpred>
1 stack.push(<init_S,init_S,true,ture>)
2 **while** ¬empty(stack) **do**
3 ▷ S_A 和 S_B 表示当前固件状态
4 $<S_A,S_B,P_A,P_B>$←stack.pop()
5
6 $T \leftarrow P_A \wedge P_B \wedge [\text{dstpred}]_{S_A} \wedge [\text{dstpred}]_{S_B} \wedge [\text{dst}]_{S_A} \neq [\text{dst}]_{S_B}$
7 **if** *sat* (*T*) **then** ▷ 检查属性

```
8           display violation
9       end if
10
11      if finished(S_A,S_B) then                    ▷检查完成
12          continue
13      end if
14
15      在执行此指令后 S'_A 和 S'_B 的状态
16      S'_A.mem←N_mem(S_A)
17      S'_B.mem←N_mem(S_B)
18
19      ▷检查并处理 MMIO
20      if isMMIO(S'_A) then
21          < S'_A,S'_B>←execMMIO(S_A,S_B)
22      end if
23      ▷如果 memaddr 与源匹配,重置 datain
24      if overlaps(S'_A,src) then
25          S'_A.datain = ite(overlaps(S'_A.memaddr,src)∧srcpred(S_A),newVar(),S'_A.datain)
26          S'_B.datain = ite(overlaps(S'_B.memaddr,src)∧srcpred(S_B),newVar(),S'_B.datain)
27      end if
28      ▷计算寄存器的下一个值
29      <S'_A.regs,S'_B.regs>←<N_regs(S_A),N_regs(S_B)>
30
31      ▷找到与符号值[PC]SA 一致的所有具体值 PC;并添加到协议栈
32      for all PC_i| = [PC]_{S_A} do
33          (S'_A.PC,S'_B.PC) = (PC_i,PC_i)
34          P_A←P_A∧S_A.PC = PC_i
35          P_B←P_B∧S_B.PC = PC_i
36          stack.push(<S'_A,S'_B,P_A,P_B>)
37      end for
38 end while
```

清单 13.2 完整性属性的例子，src = r1@，dst = dataout@，srcpred = true 且 dstpred = memaddr = 0x200 ∧ memop = WR

```
1 unit8_ttbl[] = {1,1};          //address of tb1 = 0x100
2 unit8_tdata = 3;               //&data = 0x102
3 unit8_tIO_REG = 1              //&IO_REG = 0x200
4
5 voidfoo(intr1){
```

```
6   if(r1<0||r1> = N)return;
7   IO_REG = tbl[r1];
8 }
```

与基本的符号执行引擎相比，该方案有两个主要的增强[4,9-10,15]。首先是引擎在 S_A 和 S_B 中保持两个状态的副本。这样，可以在功能上测试将不同的值赋值给 src 是否会在 dst 中产生不同的值。该检查在第 7 行中进行。用“最新的”无约束变量替换源在第 24～27 行中执行。另一个区别是处理第 20～22 行中的 MMIO 指令，这些指令使用仿真来执行。

为了理解算法 13.2，让考虑执行清单 13.2 所示的代码。类似于 C 的伪代码被用来展示算法，使得理解更容易，但是分析是在二进制代码上完成的。这里的属性指出不可信值 r_1 不能影响 IO_REG 的值。

假设是由于打印错误使 $N=3$ 而不是正确的值 2。算法在达到 IO_REG 赋值时计算的符号状态如表 13.6 所列。

表 13.6　符号状态

$P_A=\neg(x_A<0 \vee x_A \geqslant 3)$	$P_B=\neg(x_B<0 \vee x_B \geqslant 3)$
S_A.dataout = $\boldsymbol{M}_A$[0x100+x_A]	S_B.dataout = $\boldsymbol{M}_B$[0x100+x_B]
S_A.dataaddr = 0x200	S_B.dataaddr = 0x200
S_A.memop = WR	S_B.memop = WR
S_A.$\boldsymbol{M}$ = S_B.$\boldsymbol{M}$ = [0x100↦1,0x101↦1,0x101↦3，…]	

P_A 和 P_B 是两个路径条件，它们规定了程序中对于这条路径所必须具备的条件。S_A.$\boldsymbol{M}$ 和 S_B.$\boldsymbol{M}$ 表示 RAM 的值。状态变量 dataout、memaddr 和 memop 引用 S.mem 中的元素，这些元素包含有关在执行的每个“副本”中由此语句执行的内存操作的信息。x_A 和 x_B 是为了表示不可信值 r_1 而创建的新变量。此时，当求解器评估 $\text{dataout}_A \neq \text{dataout}_B$ 是否可能与 P_A、P_B 和阐述一起出现时，它将找到 $x_A=1$，$x_B=1$。这意味着 $r_1=x_A=1$ 时存储在 IO_REG 中的值与存储在 IO_REG 的值与 $r_1=x_B=2$ 时存储在 IO_REG 中的值与存储在 IO_REG 的值不同。同时还意味着属性被篡改。一旦修复了这个漏洞并设置了 $N=2$，那么$(P_A,P_B)=(x_A \geqslant 0 \wedge x_A<2，x_B \geqslant 0 \wedge x_B<2)$。$P_A$ 和 P_B 满足的时候，不可能出现 $\text{dataout}_A \neq \text{dataout}_B$，所以算法不会报错。

验证信息流属性的另一种技术是动态污渍分析（Dynamic Taint Analysis，DTA）[3,13-14,29,42,46]。DTA 的工作方式是将一个污点与每个变量/对象相关联，并将污染位从输入传播到计算的输出。DTA 是一个动态分析，它通过分析信息流属性来源被污染的执行轨迹来实现，并且分析检查这个污点是否传播到目标。DTA 不能搜索所有可能执行的空间。

清单 13.2 是 DTA 失败的一个例子。对于存储器地址和存储器数据，通常会分别追踪污点[42]。因此，如果内存读取的地址受到污染，而地址指向的数据不受污染，则内存读取的结果不会受到污染。在这样的策略下，DTA 不会检测到漏洞，因为污染不会从 r_1 传播到 IO_REG。如果改变策略，当地址被污染时污染内存读取结果，将会出现过污染。即使漏洞是固定的，$N=2$，DTA 也会报告问题。

现在假设 src 是数据，而 dst 和 dstpred 与之前一样。该属性指出秘密值数据不能影响不可信寄存器 IO_REG。很显然，如果 $N=3$，就会出现违规行为，并且会被算法 13.2 检测到。

为了检测这个问题，DTA 需要一个 $r_1=2$ 的指令序列来揭露违规行为。换句话说，在没有"激活"问题的轨迹时，DTA 无法检测到违规行为。上面的例子说明了所提出技术的优点：可以对所有程序路径和状态进行详尽的静态分析；与 DTA 相比提高了精度。

MMIO 和符号执行：

内存映射输入/输出（Memory-Mapped Input/Output，MMIO）为符号执行提出了特殊的挑战，因为进出 MMIO 的读/写可能具有"副作用"，如启动硬件状态机。理想情况下将对所有这些符号进行建模。然而，这在实践中是困难的，因为为整个 MMIO 空间构建符号模型是非常耗时的。

因此使用选择性符号执行来仿真 MMIO 的副作用。在 SoC 设计和模型 MMIO 访问期间，SoC 的仿真模型通常可用。使用这些模型来执行 MMIO 读/写的"副作用"。这意味着必须将符号表达式转换为具体值的集合，对每个具体值进行仿真，然后用仿真结果继续符号执行。这个过程如图 13.9（b）所示，与图 13.9（a）所示的完全符号执行形成鲜明对比。因为典型的访问只对少量的硬件寄存器进行，所以这种从符号状态到具体状态的转换过程对于固件来说是容易理解的。

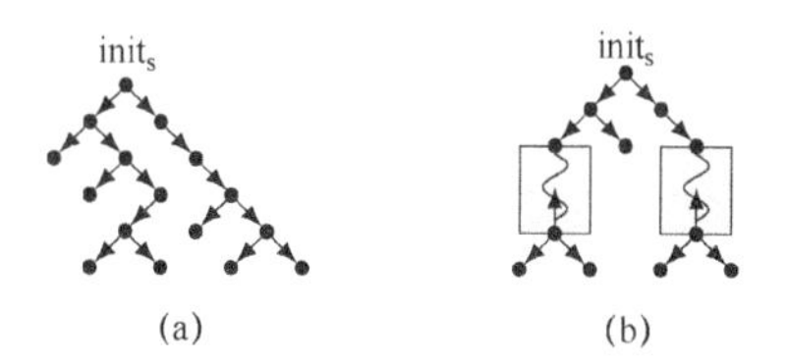

图 13.9 执行模式（在（b）中阴影框显示由于 MMIO 而通过模拟模型执行的单一路径（具体））
（a）完全符号执行；（b）有选择性的符号执行。

13.3.5 评估

通过检查即将上市的商用手机/平板电脑 SoC 的部分固件来评估所提出的方法。SoC 包含许多用于各种功能的 IP 核，如显示器、相机和触摸板。这个评估检查了一个单一的组件 IP 核，称为 PTIP，它涉及安全敏感的"流量"，如安全启动。它包含一个用于执行固件的专有 32 位微控制器。固件通过使用 MMIO 访问的硬件寄存器与 SoC 中的其他 IP 核进行交互。

1. 方案

方案综合了 PTIP 微控制器的指令级抽象（ILA），然后使用 ILA 生成一个符号执行引擎。Z3 v4.3.2 是用于约束求解器（Constraint Solver）[16]的。这个符号执行引擎与该微控制器的预先存在的模拟器集成在一起，以模拟 MMIO 对 SoC 的其他部分的读取和写入。

2. 安全目标

PTIP 固件与系统软件、设备驱动程序和其他不可信的 IP 核进行交互。由于这些实体，尤其是系统软件和驱动程序，可能会受到恶意软件的威胁，故这些都是不可信的。作为评估的一部分，研究探讨了两个主要的安全目标。首先，PTIP 存储器拥有一个称为 IPKEY 的敏感密钥。试验验证这些不可信的实体不能访问 IPKEY。其次，试验验证了 PTIP 固件的控制流程完整性。3 个有代表性的信息流属性被制定出来捕获这些安全需求。

PTIP 固件的总大小大约是几万条静态指令。由于时间有限，本次评估的重点是一组消息处理函数，这些函数发送和接收来自（不可信的）系统软件、驱动程序和其他 IP 核的命令/消息。这些处理函数的规模约为几百条静态指令。

3. 验证结果摘要

在可扩展性方面，符号执行引擎可以在指定的 30min 时间内检索多达 50 万条指令。对于评估中检查的 6 名处理人员中的 4 人来说，这足以探索所有可能的途径。路径的完整探索不可能由另外两个处理人员完成。虽然这些结果是有希望的，并且可以检查一些现实世界的固件，但是使用更复杂的分析技术可能会进一步改进可扩展性。

之前 PTIP 固件已经进行了基于仿真的测试和手动代码审查。但是，仍然能够发现一个可能导致 IPKEY 暴露的棘手安全漏洞。涉及推理所有可能的输入值的符号分析对帮助发现这个漏洞至关重要。

13.4 讨论和相关工作

本章描述了基于指令级抽象的构建以及使用符号模拟来验证信息流属性的 SoC 安全验证方法。本节讨论这种方法的潜在扩展适用性，同时也讨论相关的工作。

13.4.1 SoC 安全验证

ILA 是硬件行为的完整形式规范，其精确定义了软硬件接口。机器可读是 ILA 的一个关键特性。13.3 节显示了如何在微控制器的 ILA 上进行符号执行来验证 SoC

设计中的信息流属性。但是，基于 ILA 的验证不限于符号执行。符号执行只是完成 SoC 安全要求所提出证明的一种方式。其他验证技术，如模型检查和抽象解释，也可以用来进行这些证明。

特别地，软件模型检查器[6,11]比符号模拟器更具可扩展性，因为它们通过隐式的枚举路径来避免路径爆炸问题。但是，目前的软件模型检查器不支持信息流属性。因此，为了验证信息流属性，扩展具有更丰富的属性规范方案的模型检查器是进一步工作的重点。在其他形式化框架（如交互式定理证明）中使用 ILA 可能也是有益的。

13.4.2 相关工作

本小节完成了大量的文献研究综合与验证。下面是本小节调研的一些最密切相关的工作。

1. 综合抽象

本章的工作[33,49]建立在文献[2]中调查的语法指导综合的最新进展上。所使用的综合算法是基于文献[26]中的 Oracle-guided 综合方法。本章的贡献是使用综合来构建 SoC 硬件的抽象。Godefroid 等的工作也与此相关。他们使用 I/O 样本为 x86 算术逻辑单元（Arithmetic Logicunit，ALU）指令的子集合成一个模型。相比之下，本章的贡献是对 SoC 硬件的综合抽象和一般抽象正确性的有力保证，而不仅仅是 ALU 输出。例如，之前的工作不考虑操作码和指令之间的映射、源寄存器、内存寻址模式、PC 如何更新等问题，而所建立的模型考虑了所有这些细节。

Udupa 等[52]的工作也与本章的工作是相关的。他们使用部分模板规格和输入输出轨迹来综合分布式协议。与本章的工作类似，他们使用模型检查来验证综合协议的正确性。综合了满足某些规范的密码协议的 Gascon 等，也使用这种综合方法，即将综合与模型检验相结合的想法。

2. SoC 验证

来自文献[28，35]的精化关系，用于证明抽象和实现匹配。Xie 等[54,55]提出了组合 SoC 验证的一种方法。他们建议手动构建一个“桥接”规范，这个规范配合一组硬件属性，可以用来验证依赖这些属性的软件组件。本章所提出的方法使得构建“桥接”规范的抽象变得容易。最重要的是，它确保了抽象的正确性。

Horn 等[24]建议在包含硬件组件的固件和软件模型上完成符号执行，这是对本章工作的补充，因为当 RTL 模型不可用时，它可以用于早期设计阶段验证。但是，一旦建立了 RTL 模型，就没有简单的方法来确保软件模型和 RTL 是一致的。这是目前工作面临的重大挑战。

3. 符号执行和污点分析

DART 和 KLEE 项目是符号执行系列工作的先驱[9,21]。他们结合了现代约束求解器和动态分析来生成软件程序的测试。之后的项目，如 FIE 和 S2E，已经对固件和低级别软件进行了符号执行[10,15]。这些框架与本章的工作最重要的区别在于，他们只是验证安全属性，而不是保密性和完整性。

文献[3，29，42，46]对动态污渍分析也做了大量的研究工作（DTA）。DTA 由于不足和过度的问题而导致误报假否定和假肯定。本章的工作[50]不会导致误报。DTA 和符号执行的概述见文献[42]。本章展示了如何使用符号执行来验证信息流，这是文献[42]中分开处理 DTA 和符号执行所缺少的。

13.5 小　　结

本章介绍了一个原理性的 SoC 安全验证方法。该方法的第一个组成部分是构建 SoC 硬件组件的指令级抽象（Instruction Level Abstractions，ILA）。硬件组件的 ILA 是一种抽象，它将从固件发送到组件的命令看作“指令”，并根据这些指令对所有固件可见状态的更新机制进行建模。本章描述了 ILA 是如何能够被半自动综合和验证以成为硬件组件的正确抽象。

该方法的第二个组成部分是使用 ILA 来验证系统级安全属性。本章引入了一个属性规范语言，它可以表达保密性和完整性等要求，也介绍了基于符号执行的算法来验证这些属性。在试验中发现这两个组件（ILA 构建和使用符号执行的验证）都有助于发现由开源组件和部分商用 SoC 设计构建的 SoC 中的一些缺陷。

参考文献

1. S.V. Adve, K. Gharachorloo, Shared memory consistency models: a tutorial. IEEE Comput. **29**(12), 66–76 (1996)
2. R. Alur, R. Bodik, G. Juniwal, M.M.K. Martin, M. Raghothaman, S.A. Seshia, R. Singh, A. Solar-Lezama, E. Torlak, A. Udupa, Syntax-guided synthesis, in *Formal Methods in Computer-Aided Design* (2013)
3. G.S. Babil, O. Mehani, R. Boreli, M.-A. Kaafar, On the effectiveness of dynamic taint analysis for protecting against private information leaks on Android-based devices, in *Security and Cryptography* (2013)
4. O. Bazhaniuk, J. Loucaides, L. Rosenbaum, M.R. Tuttle, V. Zimmer, Symbolic Execution for BIOS Security, in *Proceedings of the 9th USENIX Conference on Offensive Technologies* (2015)
5. Berkeley Logic Synthesis and Verification Group, ABC: a system for sequential synthesis and verification (2014). http://www.eecs.berkeley.edu/~alanmi/abc/
6. D. Beyer, T.A. Henzinger, R. Jhala, R. Majumdar, The software model checker blast. Int. J.

Softw. Tools Technol. Transfer **9**(5–6), 505–525 (2007)
7. M. Bohr, The new era of scaling in an SoC world, in *IEEE International Solid-State Circuits Conference-Digest of Technical Papers* (IEEE, New York, 2009), pp. 23–28
8. A.R. Bradley, SAT-based model checking without unrolling, in *Verification, Model Checking, and Abstract Interpretation* (2011)
9. C. Cadar, D. Dunbar, D. Engler, KLEE: unassisted and automatic generation of high-coverage tests for complex systems programs, in *Operating Systems Design and Implementation* (2008)
10. V. Chipounov, V. Kuznetsov, G. Candea, S2E: a platform for in-vivo multi-path analysis of software systems, in *Architectural Support for Programming Languages and Operating Systems* (2011)
11. E. Clarke, D. Kroening, F. Lerda, A tool for checking ANSI-C programs, in *Tools and Algorithms for the Construction and Analysis of Systems* (2004)
12. J. Cong, M.A. Ghodrat, M. Gill, B. Grigorian, K. Gururaj, G. Reinman, Accelerator-rich architectures: opportunities and progresses, in *Proceedings of the 51st Annual Design Automation Conference* (ACM, New York, 2014), pp. 1–6
13. M. Costa, J. Crowcroft, M. Castro, A. Rowstron, L. Zhou, L. Zhang, P. Barham, Vigilante: end-to-end containment of internet worms, in *Symposium on Operating Systems Principles* (2005)
14. J.R. Crandall, F.T. Chong, Minos: control data attack prevention orthogonal to memory model, in *IEEE/ACM International Symposium on Microarchitecture* (2004)
15. D. Davidson, B. Moench, S. Jha, T. Ristenpart, FIE on firmware: finding vulnerabilities in embedded systems using symbolic execution, in *USENIX Conference on Security* (2013)
16. L. De Moura, N. Bjørner. Z3: an efficient SMT solver, in *Tools and Algorithms for the Construction and Analysis of Systems* (2008)
17. R.H. Dennard, V. Rideout, E. Bassous, A. LeBlanc, Design of ion-implanted MOSFET's with very small physical dimensions. IEEE J. Solid State Circuits **9**(5), 256–268 (1974)
18. H. Esmaeilzadeh, E. Blem, R.S. Amant, K. Sankaralingam, D. Burger, Dark silicon and the end of multicore scaling, in *Proceedings of the International Symposium on Computer Architecture* (IEEE, New York, 2011), pp. 365–376
19. Experimental artifacts and synthesis framework source code (2016). https://bitbucket.org/spramod/ila-synthesis
20. A. Gascón, A. Tiwari, A synthesized algorithm for interactive consistency, in *NASA Formal Methods* (2014)
21. P. Godefroid, N. Klarlund, K. Sen, DART: directed automated random testing, in *Programming Language Design and Implementation* (2005)
22. P. Godefroid, A. Taly, Automated synthesis of symbolic instruction encodings from I/O samples, in *Programming Language Design and Implementation* (2012)
23. S. Heule, E. Schkufza, R. Sharma, A. Aiken, Stratified synthesis: automatically learning the x86-64 instruction set, in *Proceedings of Programming Language Design and Implementation* (2016)
24. A. Horn, M. Tautschnig, C. Val, L. Liang, T. Melham, J. Grundy, D. Kroening, Formal co-validation of low-level hardware/software interfaces, in *Formal Methods in Computer-Aided Design* (2013)
25. H. Hsing, http://opencores.org/project,tiny_aes (2014)
26. S. Jha, S. Gulwani, S.A. Seshia, A. Tiwari, Oracle-guided component-based program synthesis, in *International Conference on Software Engineering* (2010)
27. S. Jha, S.A. Seshia, A theory of formal synthesis via inductive learning, in *CoRR*, abs/1505.03953 (2015)
28. R. Jhala, K.L. McMillan, Microarchitecture verification by compositional model checking, in *Computer-Aided Verification* (2001)
29. M.G. Kang, S. McCamant, P. Poosankam, D. Song, DTA++: dynamic taint analysis with targeted control-flow propagation, in *Network and Distributed System Security Symposium* (2011)
30. S. Krstic, J. Yang, D.W. Palmer, R.B. Osborne, E. Talmor, Security of SoC firmware load

protocols, in *Hardware-Oriented Security and Trust*, pp. 70–75 (2014)
31. R. Kumar, K.I. Farkas, N.P. Jouppi, P. Ranganathan, D.M. Tullsen. Single-ISA heterogeneous multi-core architectures: the potential for processor power reduction, in *Proceedings of International Symposium on Microarchitecture* (IEEE, New York, 2003), pp. 81–92
32. R. Lysecky, T. Givargis, G. Stitt, A. Gordon-Ross, K. Miller, http://www.cs.ucr.edu/~dalton/i8051/i8051sim/ (2001)
33. S. Malik, P. Subramanyan, Invited: specification and modeling for systems-on-chip security verification, in *Proceedings of the Design Automation Conference*, DAC '16, New York, NY (ACM, New York, 2016), pp. 66:1–66:6
34. J. McLean, A general theory of composition for trace sets closed under selective interleaving functions, in *IEEE Computer Society Symposium on Research in Security and Privacy* (IEEE, New York, 1994), pp. 79–93
35. K.L. McMillan, Parameterized verification of the FLASH cache coherence protocol by compositional model checking, in *Correct Hardware Design and Verification Methods* (Springer, Berlin, 2001)
36. A. Mishchenko, N. Een, R. Brayton, J. Baumgartner, H. Mony, P. Nalla, GLA: gate-level abstraction revisited, in *Design, Automation and Test in Europe* (2013)
37. A.C. Myers, JFlow: practical mostly-static information flow control, in *Principles of Programming Languages* (1999)
38. M.D. Nguyen, M. Wedler, D. Stoffel, W. Kunz, Formal hardware/software co-verification by interval property checking with abstraction, in *Design Automation Conference* (2011)
39. A. Sabelfeld, A. Myers, Language-based information-flow security. IEEE Sel. Areas Commun. **21**, 5–19 (2003)
40. A. Sabelfeld, D. Sands, Declassification: dimensions and principles, J. Comput. Secur. **17**(5), 517–548 (2009)
41. R. Saleh, S. Wilton, S. Mirabbasi, A. Hu, M. Greenstreet, G. Lemieux, P.P. Pande, C. Grecu, A. Ivanov, System-on-chip: reuse and integration. Proc. IEEE **94**(6), 1050–1069 (2006)
42. E. Schwartz, T. Avgerinos, D. Brumley, All you ever wanted to know about dynamic taint analysis and forward symbolic execution (but might have been afraid to ask), in *IEEE Security and Privacy* (2010)
43. S.A. Seshia, Combining induction, deduction, and structure for verification and synthesis. Proc. IEEE **103**(11), 2036–2051 (2015)
44. R. Sinha, P. Roop, S. Basu, The AMBA SOC platform, in *Correct-by-Construction Approaches for SoC Design* (Springer, New York, 2014)
45. A. Solar-Lezama, L. Tancau, R. Bodik, S. Seshia, V. Saraswat. Combinatorial sketching for finite programs, in *Architectural Support for Programming Languages and Operating Systems* (2006)
46. D. Song, D. Brumley, H. Yin, J. Caballero, I. Jager, M.G. Kang, Z. Liang, J. Newsome, P. Poosankam, P. Saxena, BitBlaze: a new approach to computer security via binary analysis, in *Information Systems Security* (2008)
47. J. Strömbergson, https://github.com/secworks/sha1 (2014)
48. P. Subramanyan, D. Arora, Formal verification of taint-propagation security properties in a commercial SoC design, in *Design, Automation and Test in Europe* (2014)
49. P. Subramanyan, Y. Vizel, S. Ray, S. Malik, Template-based synthesis of instruction-level abstractions for SoC verification, in *Formal Methods in Computer-Aided Design* (2015)
50. P. Subramanyan, S. Malik, H. Khattri, A. Maiti, J. Fung, Verifying information flow properties of firmware using symbolic execution, In *Design Automation and Test in Europe* (2016)
51. S. Teran, J. Simsic, http://opencores.org/project,8051 (2013)
52. A. Udupa, A. Raghavan, J.V. Deshmukh, S. Mador-Haim, M.M. Martin, R. Alur, TRANSIT: specifying protocols with concolic snippets, in *Programming Language Design and Implementation* (2013)
53. C. Wolf, http://www.clifford.at/yosys/ (2015)
54. F. Xie, X. Song, H. Chung, N. Ranajoy, Translation-based co-verification, in *Formal Methods and Models for Co-Design* (2005)
55. F. Xie, G. Yang, X. Song, Component-based hardware/software co-verification for building trustworthy embedded systems. J. Syst. Softw. **80**(5), 643–654 (2007)

第 14 章　检测恶意参数变化的测试生成方法

14.1　概　述

第三方 IP 核在 SoC 设计方法中已经广泛地使用。其中一些 IP 核可能来自不可信的第三方供应商。确保 IP 核不容易受到违反非功能（参数）限制（如功耗、温度或性能）的输入条件的影响就变得至关重要了。电源电压、集成密度的增加以及更高的工作频率等因素使得器件对功耗和可靠性问题更为敏感。

图 14.1 显示了对手可以构建一个特定的测试（输入序列）场景，在这个场景里面可以最大化峰值功耗和峰值温度。我们使用“功耗病毒”和“温度病毒”这两个术语来分别表示能够违反峰值功耗和峰值温度的测试。过高的功耗会导致过热、电迁移和芯片寿命缩短，而且较大的瞬时功耗会导致电压下降和地弹，这将会导致电路延迟和软错误。因此，在设计阶段进行准确的功耗估算对于避免耗时间的重新设计过程是至关重要的，而且在最坏情况下，会导致极其昂贵的流片失败。因此，可靠性分析逐渐成为数字电路设计过程的关键部分。

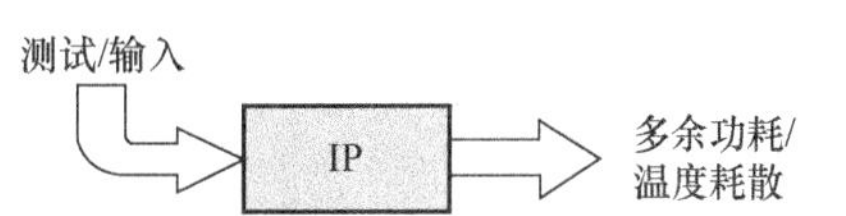

图 14.1　恶意输入会导致过度的功耗/温度耗散

图 14.2 显示了不同 IP 核的不同类型的功耗和温度病毒。对于门级或 RTL 的 IP 核而言，功耗病毒是一组可能会产生过多瞬时功耗的测试向量。对于处理器级 IP 核，功耗病毒是一个在执行过程中可能导致峰值功耗的程序。类似地，温度病毒生成可以用于门级 IP 核或处理器级 IP 核。本章将详细描述这 4 种测试生成方案。

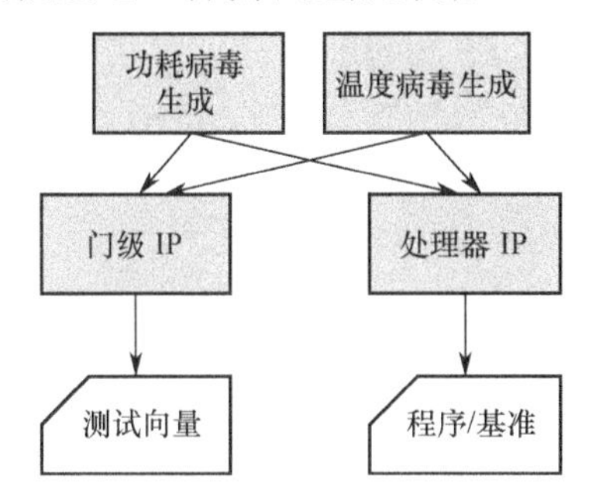

图 14.2　不同类型的功耗病毒

14.2 针对门级IP核的功耗病毒

其基本思想是生成一个能够最大化 IP 核中开关活动的功耗病毒。在这种情况下，如果峰值功耗超过阈值，设计人员可能需要重新设计 IP 核以降低峰值功耗。在 CMOS 电路中，功耗取决于电路开关活动的程度，而开关活动程度取决于输入模式。由两个连续输入的二进制向量产生的瞬时功耗正比于总功耗，即

$$P \propto \sum_{g} T(g) \cdot C(g) \tag{14.1}$$

式中：$C(g)$为门 g 的输出电容；$T(g)$为当电路馈入两个输入向量时门 g 节点是否存在开关过程。如果存在开关过程，则$T(g)$为 1；如果不存在开关过程，则$T(g)$为 0。P是对总功耗的估算。

最大电路活动估计问题的目的在于寻找导致峰值瞬时动态功耗的输入模式，这是最严重的情况，即过多的门电路同时开关对电源造成过大的电流需求，从而导致不必要的电源电压下降。一种天真的方法是穷举搜索两个连续的二进制输入向量，找出哪种输入向量会导致最大开关次数。不幸的是，这个问题对于组合电路和时序电路都是 NP 完全的。该穷举搜索的时间复杂度是$O(4^n)$，其中 n 是电路的主输入对的数量，并且每个输入信号具有 4 对可能的值（0-0，0-1，1-1，1-0）。

现有估计最大功耗的方法可以分为两大类，即基于仿真的方法和基于非仿真的方法。对于具有大量主输入量的电路来说，不可能穷举搜索所有输入测试源以获得可能会导致最大功耗的输入向量。解决这个问题的唯一可行的方法是产生一个最大的可达到的功耗下限。在电路仿真中，基于 Monte Carlo 的技术可以用来估计最大功耗[3,22]。通过估计功耗的均值和偏差并监测仿真期间的最大功耗，就可以从统计的角度来测量峰值功耗的下限。非仿真方法使用电路的特性和输入向量所具有的随机性质来执行对功耗的估计，而不是直接地对电路仿真。

在下面的小节中，将详细解释组合电路的几种非仿真方法，包括伪布尔可满足性方法和其他 3 种基于自动测试模式生成（ATPG）的方法。然后，展示如何将组合电路的方法扩展到时序电路。

14.2.1 伪布尔可满足性方法

在 CMOS 电路中，门的输出电容负载与扇出的数量成正比。因此，两个连续的输入向量$\boldsymbol{x}^1$和$\boldsymbol{x}^2$的功耗可以重写为

$$\sum_{i=1}^{m} F_i \cdot (g_i(\boldsymbol{x}^1) \oplus g_i(\boldsymbol{x}^2)) \tag{14.2}$$

式中：$g_i(*)$ 为具有指定输入向量的门 g_i 的布尔函数输出；F_i 为门 g_i 的扇出因子。式（14.2）是对电路总功耗的估计，是最大化的目标函数。

伪布尔可满足性方法在文献[14]中提出。图 14.3（b）显示了为伪布尔 SAT 问题构造的新电路 N。新电路 N 由原始电路 T 的两个副本组成，即 T^1 和 T^2。主输入向量（$\boldsymbol{x}^1$ 和 $\boldsymbol{x}^2$）分别应用于两个副本（T^1 和 T^2）。对于每一对对应的门，如 T^1 中的 g_1^1 和 T^2 中的 g_1^2，用 g_1^1 和 g_1^2 作为输入来构造新的异或门 xor_1。每个异或门 xor_i 的输出产生 $g_i(x^1) \oplus g_i(x^2)$。

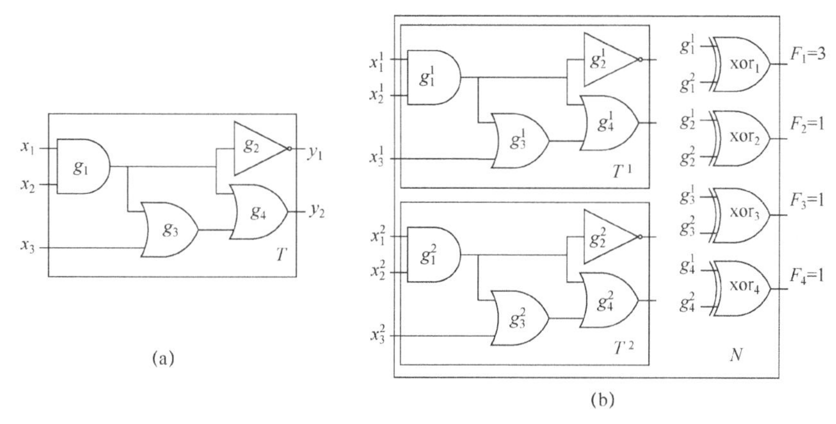

图 14.3　组合电路的伪布尔优化（PBO）公式[14]

（a）原始电路；（b）新电路。

伪布尔 SAT 问题可以将最大化功耗表示为

$$P = \sum_{i=1}^{m} F_I \cdot \text{xor}_i$$

其中

$$\psi = \text{CNF}(N) \qquad (14.3)$$

式中：目标函数 P 为原始电路中开关的总数；CNF(N)为新电路 N 的合取范式（Conjunctive Normal Form），这是伪布尔问题需要满足的约束条件。

式（14.3）中的问题可以使用伪布尔优化（Pseudo Boolean Optimization，PBO）求解器来解决。然而，由于大型电路的伪布尔 SAT 问题的复杂性，这种形式化的方法是不可扩展的。

14.2.2 最大扇出优先方法

区别于直接寻找输入向量对 $(\boldsymbol{x}^1, \boldsymbol{x}^2)$ 以最大化功耗 P，最大扇出优先方法[22]以贪婪法向内部门赋值，如图 14.4 所示。门按照扇出数量以降序排列。在每一次迭代中，选择未尝试并具有最大扇出的门 g_i 来赋值转换为 $g_i(\boldsymbol{x}^1) \oplus g_i(\boldsymbol{x}^2) = 1$。门 g_i

的赋值由两个过程来证明：在电路中回溯（向后到输入）和蕴含（向前到输出）。如果转换赋值调整失败，例如在调整期间发生冲突，电路的节点值将被恢复，这意味着新产生的值将被重置为先前的值。该算法一个接一个地尝试将门来对转换赋值，直到所有的门被处理完成。有兴趣的读者可以参考文献[22]了解调整过程的细节。

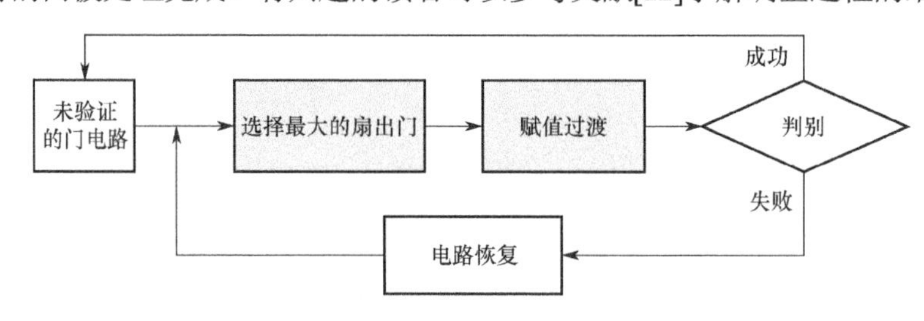

图 14.4 最大扇出优先方法[22]

14.2.3 成本效益分析方法

最大的扇出优先（Largest Fanout First，LFF）方法[22]是一种贪婪算法，需要优先将转换赋值到高扇出门。但是 LFF 忽略了一个重要的事实，即当一个特定的门（节点）被标记为切换时，它确实产生了一定数量的切换事件，但是可能会限制后面进行的其他切换。为了解决 LFF 的缺陷，成本效益方法[7]建议每个任务都应该进行成本效益分析。在一定的赋值应用于门之后，进行的所有未尝试的门的切换概率也会发生变化。对所有可能赋值的成本效益分析会选择最有利的赋值，这有助于整体优化过程，使更有效的功耗病毒生成。门的切换概率和赋值的成本效益函数定义为

$$\begin{cases} \mathrm{SP}(g_i)=\dfrac{\text{使用 } g_i \text{ 切换的扇入组合数}}{\text{可用扇入组合总数}} \\ \mathrm{CB}(a)=\sum\limits_{\text{未经测试的门}} \Delta\mathrm{SP}(g_i)\cdot F_i \end{cases} \tag{14.4}$$

式中：a 为当前迭代的赋值；F_i 为门 g_i 的扇出数；$\mathrm{SP}(g_i)$ 为门 g_i 的切换概率，它是可使 g_i 切换的扇入组合的总数与可能扇入组合的总数的比率；$\Delta\mathrm{SP}(g_i)$ 为赋值之前和之后的切换概率的差异，如果 $\Delta\mathrm{SP}(g_i)$ 是正数，那么这个赋值会增加门 g_i 的切换概率，在这种情况下，$\Delta\mathrm{SP}(g_i)\cdot F_i$ 被认为是有益于该任务的，否则将被视为增加成本；$\mathrm{CB}(a)$ 为所有未经测试的门的利益/成本的总和，$\mathrm{CB}(a)$ 到最大赋值是最有利的，最有利于后续未尝试的门进行切换。

成本效益方法的工作流程如图 14.5 所示。在每次迭代开始时，对所有未经测试的门的所有可能的赋值进行成本效益分析。成本效益分析还涉及对整个电路赋值的调整。只有可行的赋值会被评估为有成本−收益价值。选择最有利赋值的门，并将该赋值应用于电路以更新电路中的值。当所有门被测试后算法停止。有兴趣的读者可以参考文献[7]了解详情。

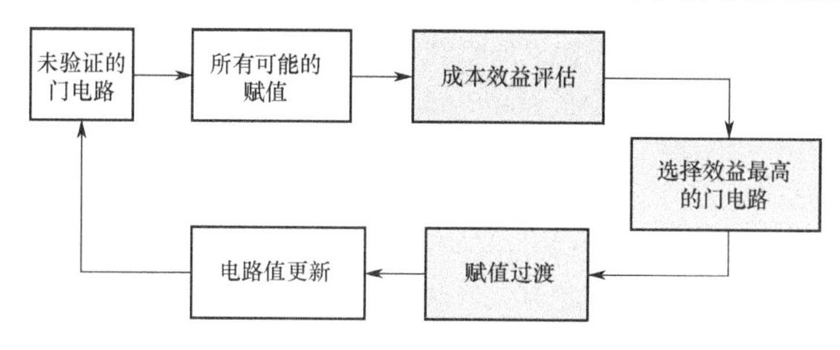

图 14.5　成本效益分析方法[7]

14.2.4　时序电路的功耗病毒

到目前为止，我们已经描述了如何构建组合电路的功耗病毒。时序电路的功耗估算方法[9,10,16-17]是对上述方法的自然延伸。时序电路中组合部分的动态功耗的计算仍然与式（14.1）中的相同。时序电路中的单周期峰值功耗问题与组合电路中的瞬时功耗问题非常相似，唯一的区别是时序电路具有状态元素（触发器或存储元件）。让 $\boldsymbol{S}_i$ 表示在第 i 个时钟周期开始时触发器的状态。令 $\boldsymbol{I}_i$ 表示第 i 个时钟周期的主要输入向量。序列 $(\boldsymbol{S}_1,\boldsymbol{I}_1,\boldsymbol{S}_2,\boldsymbol{I}_2,\cdots,\boldsymbol{I}_n,\boldsymbol{S}_{n+1})$ 表示具有一组输入向量的电路的状态变化。

以上讨论的用于组合电路的功耗病毒的生成方法可以扩展成用于时序电路的单周期峰值功耗生成。一个时钟周期的输出取决于输入向量和前一个周期触发器的状态。为了应用上述方法，需要将触发器的状态初始化为已知状态。如果电路是全扫描设计，触发器的状态可以初始化为任意值。对于没有插入完整扫描链的电路，可以通过文献[10，17]中讨论的预热电路来完成初始化。假定触发器的初始状态是未定义的，并且生成输入向量以馈送电路直到所有触发器保持确定的值。在电路的初始状态不完全可控的情况下，上述过程不能初始化一部分触发器。如文献[10]所述，这些触发器可能采用随机值。一旦定义了电路的状态，就可以应用生成组合电路的功耗病毒的方法，即寻找产生最大功耗的一对输入向量。在 14.4 节中将更多地讨论峰值 k 周期功耗和峰值持续功耗。

14.3　处理器级 IP 核的功耗病毒

体系结构级或处理器级 IP 核中的功耗病毒是一种计算机程序，它可以执行特定的机器码来增加 CPU 的功耗。但由于计算机的冷却系统依赖基于功耗预期的散热设计，不是最大的功耗，所以功耗病毒会导致系统过热。如果功耗管理逻辑不能及时停止处理器工作，那么功耗病毒可能会永久损坏系统。为了设计合适的功耗预期和各种功耗管理特性，了解系统的功耗特性并准确估算可达到的最差情况的功耗是至关重要的。需要着重注意的是处理器的功耗病毒是上面讨论的功耗病毒的特例。

14.3.1 压力基准测试程序

在设计阶段，功耗病毒程序或压力测试程序经常用于计算机组件的热测试。在计算机系统的设计和测试可靠性阶段，热测试是稳定性测试的一部分。MPrime[15]和 CPUburn-in[2]是对 CPU 进行压力测试的最流行的基准测试程序。

MPrime[15]是一个搜索梅森素数的免费软件。这就是所谓的酷刑测试，作为稳定性测试工具，**MPrime** 在 PC 爱好者和超频玩家中非常流行。压力测试功能可通过在素数检查期间设置快速傅里叶变换的大小来配置。该程序可以使处理器和内存的工作量非常大，并且即使在遇到一个小错误时也会停止。在运行时，处理器保持稳定的时间量用作衡量系统稳定性的量度。这一特性使 MPrime 适合测试处理器和内存的稳定性以及冷却效率。

CPUburn-in[2]是由 Michal Mienik 编写的针对超频玩家的稳定性测试工具。该程序可以将 X86 处理器加热到最大可能的工作温度。该程序在用户指定的时间段内持续运行 FPU 密集型功能，并持续监控错误，确保 CPU 在超频状态下不会产生错误。

MPrime[15]和 CPUburn-in[2]等严格的测试可能会给处理器带来沉重的工作负担，并将系统推向高功耗。但是不能保证这些基准能达到最坏情况下的功耗。芯片设计人员必须手工编写功耗病毒程序，以便很好地获得对峰值功耗的估计。但是，对于给定的体系结构而言，手动地设计有效的病毒是非常繁琐和低效的。而且，为特定架构设计的功耗病毒通常不能直接用于不同的处理器级 IP 核。生成架构级 IP 核的功耗病毒需要自动探索并生成代码。以下两小节将介绍这种自动方法，可以为使用遗传算法的架构生成功耗病毒。

14.3.2 单 IP 核的功耗病毒生成

我们的目标是生成一个能够导致最大化和最坏情况的功耗病毒程序。需要着重注意的是，处理器的最坏情况功耗不是所有组件最大功耗的总和。使所有组件/资源同时达到最大利用率几乎是不可能的。由于处理器流水线的停顿以及其他共享资源（如高速缓存或内存端口）的争用，峰值总功耗显著小于所有组件的峰值功耗总和。

当一条指令经过不同的流水线阶段（取指令、解码指令、执行指令、存储器指令和提交指令）时，它将激活处理器中的某些功能单元和组件。一条指令消耗的功耗取决于 3 个因素：指令的操作码和操作数；与本指令竞争资源的其他指令；架构的硬件约束。功耗病毒由一系列指令组成，这些指令将在给定的体系结构中制造出最大功耗。

如果功耗病毒能够演化并适应处理器级 IP 核的硬件配置，则能够最好地利用流水线各个阶段的所有组件，这一点是至关重要的。机器学习和遗传算法可以用来驱动这个过程以搜索最大功耗的功耗病毒。这种学习方法（如文献[12]，[5]）不受硬件配置的限制，因此适用于不同的处理器级 IP 核。

自动综合生成功耗病毒程序的框架如图 14.6 所示。遗传算法通过参数空间搜索，为潜在的候选功耗病毒生成参数值。这些抽象的程序参数被送到代码生成器，综合生成一个包含基于这些指定参数的嵌入式汇编指令的 C 程序。C 程序将被编译成二进制程序，这是病毒的候选对象。仿真器执行每个二进制程序并获得估计的最大功耗。每个二进制程序的功耗将是适应值，其表示用于生成该程序的一组程序参数的适合度。遗传算法将所有的适应值作为反馈，调整参数来智能地搜索可能具有更高功耗（适应值）的下一代参数。该过程不断地进行迭代，直到遗传算法收敛，以找到给定系统配置的最大功耗病毒。程序参数空间见表 14.1。代码生成器的过程在下面详细解释。

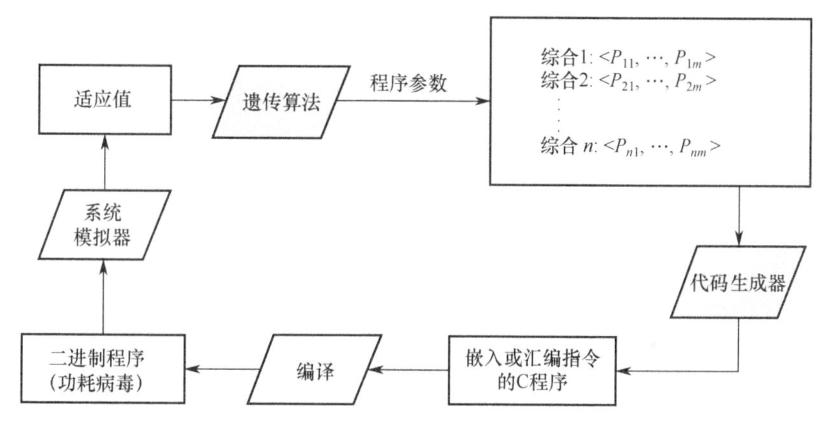

图 14.6　使用遗传算法构建合成基准（功耗病毒）的框架[5]

表 14.1　搜索空间和参数设置[5]

种类	编程参数	范围
控制流预测	基本块数	10～200
	平均块大小	10～100
	平均分支可预测性	0.8～1.0
指令混合权重	整数指令（ALU，mul，div）	0～4、0～4、0～4
	浮点指令（add，mul，div）	0～4、0～4、0～4
	装载/存储指令（ld，st）	0～4、0～4
指令级并行	寄存器依赖距离分布	
数据位置	装载/存储步幅值分布	
	数据印记	1～200
内存级并行	内存级并行度的平均值	1～6

1. 探索程序参数空间

给定一个特定的体系结构，想要自适应地改变功耗病毒程序的参数来最大化功耗。程序参数包括控制流程可预测性、指令混合参数、指令级并行性、数据局部性和内存级并行性。所有这些参数的探索空间如表 14.1 所列。

程序的控制流程可预测性由 3 个不同的参数设置，即基本块的数量、块的平均大小和分支的平均可预测性。基本块数和块的大小定义了程序的指令占用空间。程序的分支可预测性很重要，因为它会影响流水线的整体吞吐量。当发生错误预测时，流水线必须被清空，这将导致流水线中的活动减少。正确预测分支的百分比决定分支预测器的活动水平。分支预测器的功耗通常是整个处理器功耗的 5%左右。

指令混合确定了程序中每种指令的频率。让我们考虑表 14.1 中 8 种类型的指令（3 种类型的整数指令、3 种类型的 FP 指令和装载/存储指令）。由于不同的指令具有不同的延迟和功耗，指令混合对整体功耗有重大影响。整数和浮点 ALU 的典型功耗分别为 4%～6%和 6%～12%。

指令级并行性由寄存器距离分布的依赖性决定。指令之间的寄存器间距可以是（1、2、4、8、14、16、20、32、48、64），程序将在这 10 个档次中搜索最佳赋值。该参数直接影响流水线的吞吐量。流水线的总吞吐量与指令窗口、时钟和重命名逻辑的功耗有关。指令窗口和时钟子系统的典型功耗分别为 8%和 20%左右。

数据级并行性由数据局部性和内存级并行性决定。数据局部性包括两个方面，即装载/存储指令之间的跨度值以及数据足迹（复位到数据数组开始之前的迭代次数）。装载/存储指令地址之间的跨度值可以是（0、4、8、12、16、32、64），程序将搜索最佳赋值。数据足迹控制了装载/存储指令会触及的缓存行数。平均的长时延突出负载（跳跃幅度大的负载会导致最后一级缓存丢失）个数代表了内存级并行性。有兴趣的读者可以参考文献[5]了解详情。

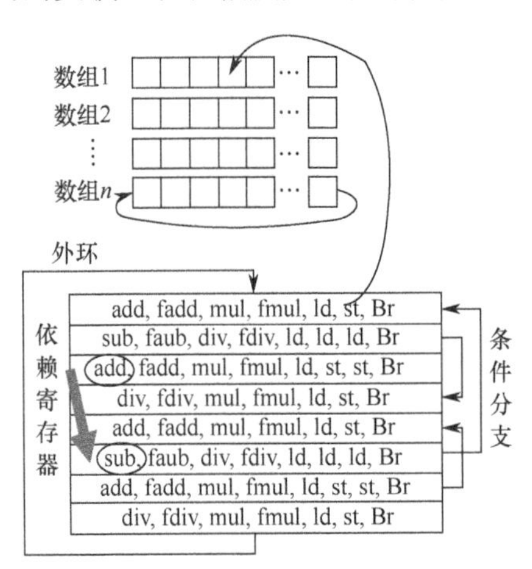

图 14.7 合成功耗病毒程序的代码生成示例[5]

2. 代码生成

代码生成过程如图 14.7 所示。首先，综合程序中的基本块的数量是固定的。对于每个基本块，选择使用指令混合的每条指令的类型。然后使用条件 0 跳转将基本块绑定在一起。对于每条指令，需要找到一条生产者指令来赋值一个寄存器依赖。目标寄存器采用轮询赋值。源寄存器基于依赖性赋值。内存访问通过加载/存储模型以一种跨跃方式访问一组一维数组来模拟。装载/存储指令分组到池中并赋值给不同的阵列。当需要的数据足迹被访问时，数组的指针被重置到数组的开头。有兴趣的读者可以参考文献[5]了解详情。

14.3.3 针对多 IP 核的功耗病毒

对于多 IP 核，功耗病毒是一个具有最大功耗的多线程程序。由于互联网络、分片缓存、DRAM 和一致性目录等组件，这比单 IP 核更具挑战性，这也对多核并行系统的功耗作出了重大贡献。需要在适当的程度上探索多核系统的这些特性。参数探索空间应该考虑这些特征，并利用遗传算法搜索最优参数[1,4,13]。

1. 基于程序特点的空间探索

表 14.2 显示了多线程功耗病毒生成的程序参数。前两类（并行和共享数据存取）专门用于多线程探索，其他参数与表 14.1 中的相同。线程数控制综合程序的线程级并行度。线程种类和进程赋值参数选择各种模式，这些模式决定将线程赋值给它们将被执行的核心。内存访问相对于共享数据的百分比和共享内存访问跨度将影响对共享数据的访问。装载/存储是具有后续存储的装载，它模仿迁移的访问共享模式。装载/存储对参数可以设置也可以不设置。

表 14.2 多核 IP 核的搜索空间和参数设置[4]

种类	编程参数	范围
并行	威胁数	1～32
共享数据存取	威胁等级和处理器赋值	
	共享数据内存存取的百分比	10～90
	共享内存存取的步幅	0～64
	耦合的装载/存储	True/false
控制流预测	基本块数	10～200
	平均块大小	10～100
	平均分支可预测性	0.8～1.0
指令混合权重	整数指令（ALU，mul，div）	0～4，0～4，0～4
	浮点指令（add，mul，div）	0～4，0～4，0～4
	装载/存储指令（ld，st）	0～4，0～4
指令级并行	寄存器依赖距离分布	
数据位置	装载/存储步幅值分布	
	数据印记	1～200
内存级并行	内存级并行度的平均值	1～6

2. 多线程功耗病毒生成

使用遗传算法自动生成多线程功耗病毒的框架如图 14.8 所示。除了涉及多线程特征的参数外，其工作流程与单核的病毒生成非常相似。每个参数集都包含多线程特性的规范以及每个线程。有兴趣的读者可以参考文献[4]了解详情。

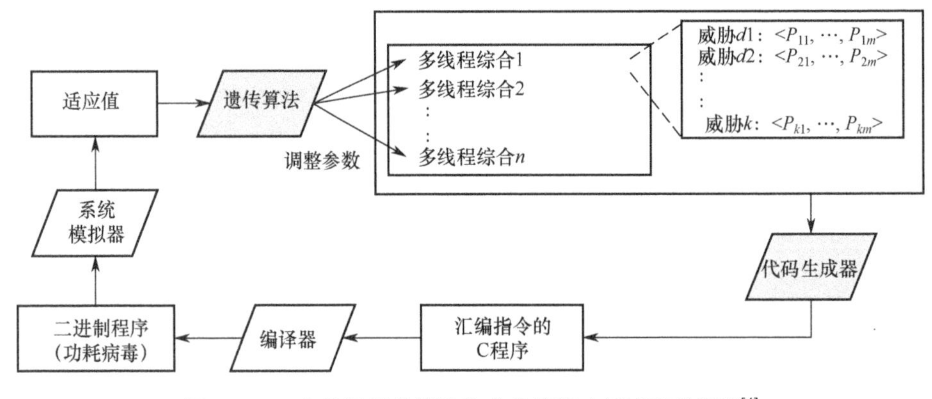

图 14.8　一个使用遗传算法生成多线程功耗病毒的框架[4]

14.4 温度病毒

14.4.1 门级 IP 核的温度病毒

温度病毒可以建立在功耗病毒的思想之上，因为持续的高功耗可能会产生峰值温度。序列$(\boldsymbol{S}_1,\boldsymbol{I}_1,\boldsymbol{S}_2,\boldsymbol{I}_2,\cdots,\boldsymbol{I}_n,\boldsymbol{S}_{n+1})$表示具有一组输入向量的电路状态的变化。图 14.9 给出了峰值单周期功耗、峰值 n 周期功耗和峰值可持续功耗的定义。

对于峰值单周期功耗，功耗病毒将是在一个时钟周期内具有最大功耗的一个元组$(\boldsymbol{S}_1,\boldsymbol{I}_1,\boldsymbol{I}_2)$。对于 n 周期的峰值功耗，功耗病毒是一个在 n 个时钟周期内具有最大平均功耗的序列$(\boldsymbol{S}_1,\boldsymbol{I}_1,\boldsymbol{I}_2,\cdots,\boldsymbol{I}_n,\boldsymbol{I}_{n+1})$。对于峰值可持续性电源，功耗病毒可以使电路在 n 个时钟周期之后回到初始状态 $\boldsymbol{S}_1$。能产生可持续峰值功耗的功耗病毒实际上就是一个温度病毒，因为可以反复应用输入序列$(\boldsymbol{I}_1,\boldsymbol{I}_2,\cdots,\boldsymbol{I}_n)$使电路无限期地保持高功耗。

在确定时序电路的峰值功耗/温度时，初始状态 $\boldsymbol{S}_1$ 是重要的。如果电路状态是完全可控的，那么在 14.2 节中讨论的功耗病毒生成方法就可以被扩展到用于单周期峰值功耗和 n 周期峰值功耗估计中。也可以使用遗传算法来生成序列$(\boldsymbol{S}_1,\boldsymbol{I}_1,\boldsymbol{I}_2,\cdots,\boldsymbol{I}_n,\boldsymbol{I}_{n+1})$，初始状态 $\boldsymbol{S}_1$ 从可达和可控状态池中选择。

对于可持续峰值功耗（峰值温度），问题是需要得到一个具有高功耗并且可以持续的长序列向量。Hsiao 等[8]已经发现，n 周期峰值功耗的典型趋势以及搜索可持续峰值功耗的过程。如图 14.10 所示，当 $n=1$ 时，为单峰功耗峰值。随着 n 的增加，如果向量序列不能维持功耗，则预期的 n 周期峰值功耗会降低。当 n 足够大或在状态转换中发现一个周期时，峰值功耗电平关闭。有两种方法可以搜索具有可持续能力的峰值功耗病毒。第一个是从一个峰值 n 周期功耗序列开始，然后搜索向量以尽可能少的状态转换来闭合循环。但是初始状态可能需要很多周期才能达到。而且，状态转换到闭环可以起到冷却阶段的作用，这可能会降低平均功耗。第二种方法是从一个容易到达的初始状态开始，并且以很少的附加转换返回到简单状态。Hsiao 等[8]采用第二种方法，从完全“无关”状态开始，将其推到极限情况。由于“无关”状态是所有状态的超集，因此需要一个额外的周期才能返回到初始状态。文献[8]中生成的序列将是一个从任何未知状态转换到另一个状态的序列，可以无限地重复应用到电路。

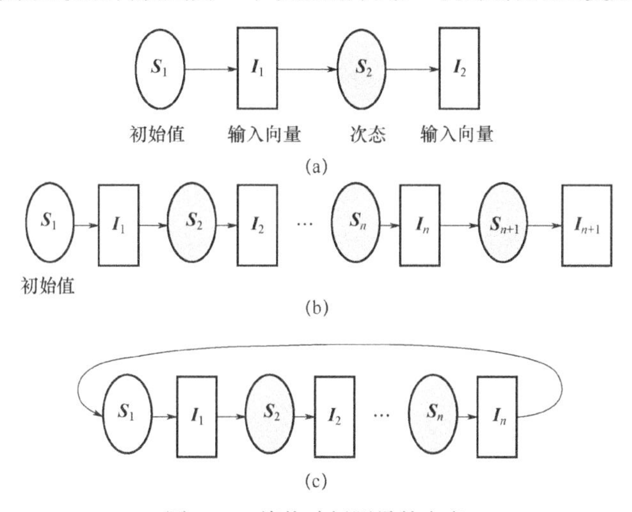

图 14.9 峰值功耗测量的定义

（a）峰值单周期功耗；（b）峰值 n 周期功耗（在 n 个周期内测量和平均的功耗）；（c）峰值可持续功耗（在 n 个周期内测量和平均的功耗，电路每 n 个周期返回初始状态）[8]。

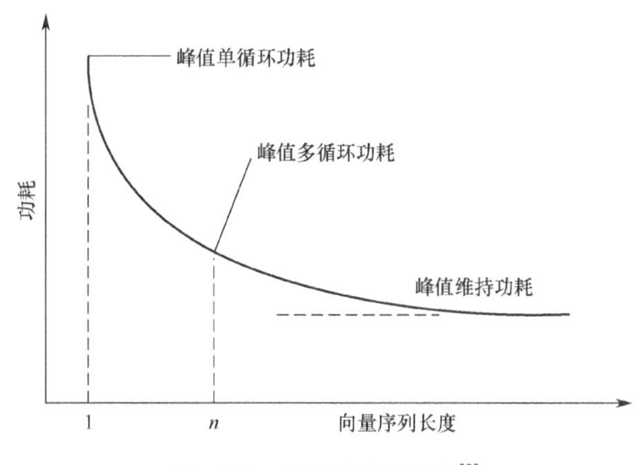

图 14.10 峰值功耗的下限[8]

14.4.2 处理器级IP核的温度病毒

在14.3节中讨论的处理器级IP核功耗病毒的生成方法能够被直接用于产生的温度病毒。基于遗传算法的方法可以在指定的系统配置下搜索出最适合的综合程序。可以简单地将适应度函数从峰值功耗改变为可持续功耗或峰值温度。新的适应度函数将引导遗传算法搜索温度病毒。

14.5 小　结

本章讨论了可能导致IP核过热的功耗/温度病毒。在门级举例说明了为组合电路和时序电路自动产生功耗病毒的测试生成技术。在系统层面上，遗传算法可以用来自动并且有效地生成给定处理器架构的综合程序集。功耗病毒的测试向量和综合程序在最大功耗估计和热阈值选择中非常有用。功耗病毒可用于测试芯片的功耗/热行为以及功耗/热管理设计的健壮性。一般来说，现代处理器级IP核具有非常先进的动态功耗管理（Dynamic Power Management，DPM）和动态温度管理（Dynamic Thermal Management，DTM）功能，如动态电压/频率缩放[20-21]和动态重新配置[6,11,18-19,23-25]。功耗病毒需要绕过所有这些DPM/DTM技术，才能对系统造成真正的伤害。

参考文献

1. R. Bertran, A. Buyuktosunoglu, M.S. Gupta, M. González, P. Bose, Systematic energy characterization of cmp/smt processor systems via automated micro-benchmarks, in *Proceedings of the 2012 45th Annual IEEE/ACM International Symposium on Microarchitecture*, December (2012), pp. 199–211
2. CPUburn-in. http://cpuburnin.com/
3. N.E. Evmorfopoulos , G.I. Stamoulis, J.N. Avaritsiotis. A Monte Carlo approach for maximum power estimation based on extreme value theory. IEEE Trans. Comput. Aided Des. **21**(4), 415–432 (2002).
4. K. Ganesan, L.K. John, MAximum Multicore POwer (MAMPO): an automatic multithreaded synthetic power virus generation framework for multicore systems, in *Proceedings of 2011 International Conference for High Performance Computing, Networking, Storage ACM International Conference for High Performance Computing, Networking, Storage and Analysis*, Article No. 53 (2011)
5. K. Ganesan, J. Jo, W.L. Bircher, D. Kaseridis, Z. Yu, L.K. John, System-level Max Power (SYMPO) - a systematic approach for escalating system-level power consumption using synthetic benchmarks. in *The 19th International Conference on Parallel Architectures and Compilation Techniques (PACT)*, 2010
6. H. Hajimiri, P. Mishra, S. Bhunia, Dynamic cache tuning for efficient memory based computing in multicore architectures, in *International Conference on VLSI Design*, 2013

7. H. Hajimiri, K. Rahmani, P. Mishra, Efficient peak power estimation using probabilistic cost-benefit analysis, in *International Conference on VLSI Design*, Bengaluru, January 3–7, 2015
8. M.S. Hsiao, E.M. Rudnick, J.H. Patel, K2: an estimator for peak sustainable power of VLSI circuits, in *IEEE International Symposium on Low Power Electronics and Design*, 1997
9. M.S. Hsiao, E.M. Rudnick, J.H. Patel, Effects of delay models on peak power estimation of VLSI sequential circuits, in *Proceedings of the 1997 IEEE/ACM International Conference on Computer-aided Design*, 1997
10. M.S. Hsiao, E.M. Rudnick, J.H. Patel, Peak power estimation of VLSI circuits: new peak power measures. IEEE Trans. Very Large Scale Integr. (VLSI) Syst. **8**(4), 435–439 (2000)
11. Y. Huang, P. Mishra, Reliability and energy-aware cache reconfiguration for embedded systems, in *IEEE International Symposium on Quality Electronic Design*, 2016
12. A.M. Joshi, L. Eeckhout, L.K. John, C. Isen, Automated microprocessor stressmark generation, in *IEEE 14th International Symposium on High Performance Computer Architecture (HPCA)* (2008), pp. 229–239 (2008)
13. Y. Kim, L.K. John, S. Pant, S. Manne, M. Schulte, W.L. Bircher, M.S.S. Govindan, AUDIT: stress testing the automatic way, in *2012 45th Annual IEEE/ACM International Symposium on Microarchitecture (MICRO)* December (2012), pp. 212–223
14. H. Mangassarian, A. Veneris, F. Najm, Maximum circuit activity estimation using pseudo-Boolean satisfiability. IEEE Trans. Comput. Aided Des. Integr. Circuits Syst. **31**(2), 271–284 (2012)
15. MPrime, wikipedia page. https://en.wikipedia.org/wiki/Prime95
16. K. Najeeb, V.V.R. Konda, S.K.S. Hari, V. Kamakoti, V.M. Vedula, Power virus generation using behavioral models of circuits, in *25th IEEE VLSI Test Symposium (VTS'07)*, Berkeley, CA (2007), pp. 35–42
17. K. Najeeb, K. Gururaj, V. Kamakoti, V. Vedula, Controllability-driven power virus generation for digital circuits, in *IEEE 20th International Conference on VLSI Design (VLSID)* (2007), pp. 407–412
18. X. Qin, W. Wang, P. Mishra, TCEC: temperature- and energy-constrained scheduling in real-time multitasking systems. IEEE Trans. Comput.-Aided Des. Integr. Circ. Syst. (TCAD) **31**(8), 1159–1168 (2012)
19. K. Rahmani, P. Mishra, S. Bhunia, Memory-based computing for performance and energy improvement in multicore architectures, in *ACM Great Lakes Symposium on VLSI (GLSVLSI)*, 2012
20. W. Wang, P. Mishra, Pre-DVS: preemptive dynamic voltage scaling for real-time systems with approximation scheme, in *ACM/IEEE Design Automation Conference (DAC)* (2010), pp. 705–710
21. W. Wang, P. Mishra, System-wide leakage-aware energy minimization using dynamic voltage scaling and cache reconfiguration in multitasking systems. IEEE Trans. Very Large Scale Integr. (VLSI) Syst. (TVLSI) **20**(5), 902–910 (2012)
22. C.Y. Wang, K. Roy, Maximum power estimation for CMOS circuits using deterministic and statistical approaches. IEEE Trans. VLSI **6**(1), 134–140 (1998)
23. W. Wang, P. Mishra, S. Ranka, Dynamic cache reconfiguration and partitioning for energy optimization in real-time multi-core systems, in *ACM/IEEE Design Automation Conference (DAC)* (2011), pp. 948–953
24. W. Wang, P. Mishra, S. Ranka, *Dynamic Reconfiguration in Real-Time Systems - Energy, Performance, Reliability and Thermal Perspectives* (Springer, New York, 2013). ISBN: 978-1-4614-0277-0
25. W. Wang, P. Mishra, A. Ross, Dynamic cache reconfiguration for soft real-time systems. ACM Trans. Embed. Comput. Syst. (TECS) **11**(2), article 28, 31 pp. (2012)

第五部分
结　　论

第 15 章　可信 SoC 设计的未来

15.1 总　　结

归功于学术研究人员、SoC 设计人员以及 SoC 验证专家的贡献，本书全面介绍了 IP 核安全和可信问题。本书涵盖的主题大致可以分为以下 3 类。

15.1.1 可信漏洞分析

第 1 章重点介绍了在 SoC 设计–制造–部署周期的各个阶段，IP 核的安全性是如何受到影响的。本书介绍了 5 种有效的可信漏洞分析技术。

（1）安全规则检查。第 2 章介绍了一个框架，分析不同抽象层次的设计漏洞，并在设计阶段评估其安全性。

（2）门级和版图级漏洞分析。第 3 章描述了门级和版图级设计的漏洞分析，以定量确定它们对硬件木马注入的敏感性。

（3）代码覆盖率分析。第 4 章介绍了一个有趣的案例研究，用形式和半形式化的覆盖率分析方法来识别可疑信号。

（4）探测攻击的布局分析。第 5 章总结了执行探测攻击和防止探测攻击的现有技术，并提出了布局驱动的框架来评估进行探测攻击的漏洞设计。

（5）侧信道漏洞。第 6 章介绍了使用 3 个指标进行的侧信道测试，以及关于未受保护和受保护目标的实际案例研究。

15.1.2 有效对策

第 7 章和第 8 章提供了针对各种攻击的有效对策。这些方法的目标是使攻击者难以引入漏洞。

（1）伪装、加密和混淆。第 7 章介绍了 3 种主要的安全强化方法——伪装、逻辑加密/锁定和设计混淆，它们适用于 IC 设计的版图布局、门级和寄存器传输级等设计过程中。

（2）运行时体系结构的变化。第 8 章介绍了一种突变运行时的体系结构，以支持系统设计人员使用针对侧信道攻击的加密设备。

15.1.3 安全和可信验证

第 9～14 章介绍了验证 IP 核安全性和可信漏洞的有效技术。

（1）IP 核可信的验证。第 9 章结合仿真确认和形式化方法来调研 IP 核的安全性。

（2）证明携带硬件。第 10 章利用可证明硬件方式模型检测和定理证明进行可信评估。

（3）可信验证。第 11 章介绍利用木马特征来检测潜在硬件木马的 3 种方法，还概述了隐身的木马是如何逃避这些方法的。

（4）未详细说明的 IP 核功能。第 12 章概述了如何利用未详细说明的功能泄露信息，并提出了防止此类攻击的框架。

（5）安全属性验证。第 13 章提出了使用指令级抽象来刻画安全属性并通过固件和硬件验证这些属性的机制。

（6）恶意参数变化。第 14 章介绍了如何生成测试以检测参数约束中的恶意变化。

这些章节提供了全面的硬件 IP 核可信分析以及有效的可信验证技术，以实现安全可靠的 SoC 设计。

15.2 未来的方向

随着集成电路和知识产权供应的不断变化，尽管过去 10 年来为保护知识产权开展了大量的研究工作，但仍然面临许多挑战。例如，IP 核供应商正在转向使用加密来保护他们的 IP 核免受盗版侵害。这将使得逻辑仿真、可信验证以及与 SoC 中的其他 IP 核集成更加困难。此外，解决一个安全问题可能会产生不必要的新漏洞而导致一些其他安全问题出现。本书简要地概述在验证未来 IP 核的安全性和可靠性方面所面临的一些挑战。

15.2.1 加密 IP 核的安全和可信验证

IP 核盗版的最新趋势已经引起了 IP 核开发者的密切关注。IP 核盗版有几种方式：例如，不可信的设计者可以从 IP 核供应商那里购买第三方 IP（3PIP）核，然后非法复制原始 IP 核并以他们自己的名义出售[4]； SoC 设计人员还可以给原始 IP 核添加一些额外的功能，使其看起来像一个新的，然后出售给另一个 SoC 设计师，以轻松获利。为了防止 IP 核盗版，IP 核开发人员越来越多地采用由电气与电子工程师学会（Institute of Electrical and Electronics Engineers，IEEE）设计自动化标准委员会发布的 IEEE P1735 加密方案[7]。大多数 EDA 工具支持 IEEE P1735 标准，该标准利用两级加密来生成加密 IP 核[8]。IEEE P1735 标准确保明文格式的 IP

核永远不会暴露给 SoC 集成商，同时允许 EDA 工具进行加密 IP 核的功能仿真、综合等。

不幸的是，IEEE P1735 加密方案通过限制 SoC 设计者分析 RTL 代码，给 IP 核可信验证和安全规则检查带来了新的挑战和复杂性。这将阻止 SoC 集成商应用本书以及文献中提出的一些 IP 核可信验证技术。例如，文献[1-3，5-6，12]中提出的 IP 核可信验证技术不能应用于加密的 IP 核，因为分析需采用明文格式的 RTL 代码。学术研究界应该集中精力，确保即使 IP 核以加密格式提供，IP 核可信验证也是可能的。一个可能的解决方案是探究在门级网表上工作的 IP 核可信验证技术。原因是大多数 IP 核供应商允许根据 IEEE P1735 标准以非加密格式来查看门级网表。

15.2.2 混淆 IP 核的安全和可信验证

逻辑混淆方法不能解决所有与 IP 核盗版相关的问题。不可信的 SoC 集成商可以为混淆 IP 核添加一些附加功能，并将其作为公司 IP 核出售给其他 SoC 集成商。例如，不可信的 SoC 集成商可以从加密格式的 IP 核提供商处购买加密引擎。然后，SoC 集成商可以使用包含哈希函数的加密引擎，并将其合成到门级网表（未加密格式）。不可信的 SoC 集成商可以将其非法地作为公司 IP 核进行销售，公司 IP 核可以以自己的名义对其他 IP 核进行加密和散列操作。为了解决这个问题，学术研究人员提出混淆和功能锁定 IP 核[10-11]。这种方法通过将锁定门（XOR/XNOR）放入设计中生效。当 IP 核接收到正确的芯片解锁密钥时，IP 核产生功能正确的输出。混淆方法已经引起了业界的兴趣，预计在不久的将来将被纳入设计流程。

IP 核混淆技术将有助于解决 IP 核盗版问题。然而，从 SoC 设计人员的角度来看，这将使 IP 核可信验证极具挑战性。类似地，逻辑混淆使得执行安全规则检查变得困难。迄今为止，还没有文献提出关于 IP 核混淆的 IP 核可信验证方法。大多数已有技术如 FANCI [16]、罕见的网络识别[13]、IP 核可信验证的安全规则检查[18]等在功能上锁定的网表上不起作用。学术研究界应将更多注意力和努力投入到开发新颖和创造性的 IP 核可信验证技术，以应用于混淆和功能锁定的 IP 核。

15.2.3 硬 IP 核的安全和可信验证

另一个业内越来越关注的问题是验证硬 IP 核的可信度。大多数代工厂都会为 SoC 设计人员提供越来越多的硬 IP 核。这些硬 IP 核成本相对较低，且经历过多次测试和生产，成熟度较高并且缩短了上市时间。然而，这些 IP 核在 SoC 设计流程的最后阶段（物理布局）被纳入设计中。在版图层面上进行的任何分析都将非常复杂且耗时。解决这个问题的一个可能的方法就是从后期调试技术中获取灵感，开发后期安全和可信验证技术。

15.2.4 SoC 设计流程中的安全性和可信度验证

在 SoC 设计流程的各个抽象层次以及从设计过程的一个阶段过渡到下一阶段的过程中，确定 IP 核安全和可信问题至关重要。在大多数文献中，3PIP 厂商和代工厂被认为是不可信的[17]。但是，SoC 设计流程中还有其他实体可能会将硬件木马恶意并入设计中，或者造成安全漏洞。例如，许多 SoC 设计者将可测性设计（DFT）插入任务外包给第三方，这些第三方可以在将设计返回给 SoC 设计方之前在设计中引入恶意电路。因此，SoC 开发人员不仅要验证第三方 IP 核的可信性，还要验证其设计在后续抽象层次（即综合、DFT 插入、物理布局等）的可信度。研究人员可以从不同的领域获取灵感来解决这个问题。例如，为了建立设计可信，可以采用为防止 IP 核盗版而提出的技术。SoC 设计人员可以对其设计进行混淆和功能锁定，并限制 SoC 设计流程中的其他实体进行恶意修改。

15.2.5 无意的漏洞

SoC 中的许多安全漏洞可能由 CAD 工具和设计人员的失误无意中创建。CAD 工具被广泛用于综合、DFT 插入、自动布局和路由等。然而，现在的 CAD 工具并不具备理解 SoC 中的安全漏洞的功能。因此，这些工具可能会在设计中引入额外的漏洞。例如，在综合过程中，该工具尝试优化设计的功耗、面积和/或性能。如果在 RTL 规范中存在任何无关条件，综合工具就为设计优化中的无关条件引入确定性值。这可能有利于攻击，如故障注入或基于侧信道的攻击[18]。另一个值得一提的例子是 DFT 工具引入的漏洞。插入的 DFT 由于允许攻击者控制或观察 SoC 的内部资产而产生许多漏洞。SoC 设计中的漏洞也可以由设计者的失误引入。

传统上，设计目标是由成本、性能和上市时间限制驱动的，而安全性在设计阶段通常被忽略。在文献[9]中，作者表示如果设计一个有限状态机没有考虑安全性，则它会促进故障注入攻击从而引入漏洞。在硬件设计和验证过程中识别这些安全漏洞是非常重要的。但是，鉴于现代 SoC 设计越来越复杂，手动识别这些漏洞即使不是不可能，也是极其困难的。这需要开发 CAD 工具能在合理的时间内自动评估设计的安全性，而不会显著影响上市时间。同样，为了避免在早期设计阶段出现一些常见的安全问题，必须开发安全感知设计实践，并将其作为设计工程师的指导原则。

15.2.6 多安全目标设计

IP 核安全和可信验证的评估时间以及发现 IP 核中的漏洞需要根据设计规模进行扩展，以缩短产品上市时间。因此，鉴于目标 SoC 的应用，确定需要应用哪些安全分析方法和对策是重要的。例如，对于加密 IP 核，推荐使用侧信道漏洞分析加以解决。但是，对于非加密 IP 核，侧信道泄露可能不会造成任何威胁，因此这种 IP 核不需要侧信道漏洞分析解决。但是，如果一个 SoC 设计者盲目地开始对所有的 IP 核使用侧信道泄露对策，不仅会造成不必要的面积开销，而且还会对依赖侧信道评估的木马检测方法产生负面影响。总之，解决一个安全问题可能会对另一个安全功能产生负面影响，因此在设计过程中必须考虑多个安全目标。为了执行这个分析，设计者需要选择他/她可能关心的目标 SoC 的安全漏洞，并且使用工具执行优化过程来确保所有漏洞的最高安全性。

15.2.7 指标和基准

最后，任何 IP 核安全和可信验证技术的性能主要受限于基准检测电路的数量和质量不足。比较研究人员开发的不同技术时，基准和指标是重要依据之一。在文献[14-15]中开发的木马标准检测电路不足以解决新出现的 IP 核可信问题（如加密的 IP 核）带来的一些挑战，而且在文献[15]中也指出目前没有注入对木马的加密 IP 核。因此，研究机构设计的创新指标和包含这些特征的木马基准检测电路是非常重要的。

参考文献

1. F. Farahmandi, Y. Huang, P. Mishra, Trojan localization using symbolic algebra, in *Asia and South Pacific Design Automation Conference (ASPDAC)*, 2017
2. X. Guo, R. Dutta, Y. Jin, F. Farahmandi, P. Mishra, Pre-silicon security verification and validation: a formal perspective, in *ACM/IEEE Design Automation Conference (DAC)*, 2015
3. X. Guo, R. Dutta, P. Mishra, Y. Jin, Scalable SoC trust verification using integrated theorem proving and model checking, in *IEEE International Symposium on Hardware Oriented Security and Trust (HOST)* (2016), pp. 124–129
4. U. Guin, Q. Shi, D. Forte, M.M. Tehranipoor, FORTIS: a comprehensive solution for establishing forward trust for protecting IPs and ICs. ACM Trans. Des. Autom. Electron. Syst. (TODAES) **21**(4), 63 (2016)
5. Y. Huang, S. Bhunia, P. Mishra, MERS: statistical test generation for side-channel analysis based Trojan detection, in *ACM Conference on Computer and Communications Security (CCS)*, 2016
6. M. Hicks, M. Finnicum, S.T. King, M.M.K. Martin, J.M. Smith, Overcoming an untrusted computing base: detecting and removing malicious hardware automatically, in *Proceedings of IEEE Symposium on Security and Privacy* (2010), pp. 159–172
7. IEEE Approved Draft Recommended Practice for Encryption and Management of Electronic Design Intellectual Property (IP) (2014)
8. Microsemi 2014, *Libero SoC Secure IP Flow User Guide for IP Vendors and Libero SoC Users* (2014). http://www.microsemi.com/document-portal/docview/133573-libero-soc-secure-ip-flow-user-guide
9. A. Nahiyan, K. Xiao, K. Yang, Y. Jin, D. Forte, M. Tehranipoor, AVFSM: a framework for identifying and mitigating vulnerabilities in FSMs, in *Design Automation Conference*, 2016
10. M.T. Rahman, D. Forte, Q. Shi, G.K. Contreras, M. Tehranipoor, CSST: preventing distribution of unlicensed and rejected ICs by untrusted foundry and assembly, in *IEEE International*

Symposium on Defect and Fault Tolerance in VLSI and Nanotechnology Systems (DFT) (2014), pp. 46–51
11. J.A. Roy, F. Koushanfar, I.L. Markov, EPIC: ending piracy of integrated circuits, in *Proceedings of the on Design, Automation and Test in Europe* (2008), pp. 1069–1074
12. H. Salmani, M. Tehranipoor, Analyzing circuit vulnerability to hardware Trojan insertion at the behavioral level, in *IEEE International Symposium on Defect and Fault Tolerance in VLSI and Nanotechnology Systems (DFT)* (2013), pp. 190–195
13. H. Salmani, R. Karri, M. Tehranipoor, On design vulnerability analysis and trust benchmarks development, in *Proceedings of IEEE 31st International Conference on Computer Design (ICCD)*, pp. 471–474 (2013)
14. H. Salmani, M. Tehranipoor, R. Karri, On design vulnerability analysis and trust benchmark development, in *IEEE International Conference on Computer Design (ICCD)*, 2013
15. Trust-HUB, http://trust-hub.org/resources/benchmarks
16. A. Waksman, M. Suozzo, S. Sethumadhavan, FANCI: identification of stealthy malicious logic using Boolean functional analysis, in *Proceedings of the ACM Conference on Computer and Communications Security* (2013), pp. 697–708
17. K. Xiao, D. Forte, Y. Jin, R. Karri, S. Bhunia, M. Tehranipoor, Hardware Trojans: lessons learned after one decade of research. ACM Trans. Des. Autom. Electron. Syst. **22**(1), article 6 (2016)
18. K. Xiao, A. Nahiyan, M. Tehranipoor, Security rule checking in IC design. Computer **49**(8), 54–61 (2016)

缩 略 语

3D	Three Dimensional	三维
3PIP	Third-Party Intellectual Property	第三方知识产权
AES	Advanced Encryption Standard	高级加密标准
ALU	Arithmetic Logic Unit	算术逻辑单元
AMASIVE	Adaptable Modular Autonomous SIde-Channel Vulnerability Evaluator	适应性模块化自治侧信道漏洞评估器
ASIC	Application Specific Integrated Circuit	专用集成电路
ATPG	Automatic Test Pattern Generation	自动测试向量生成
BDD	Binary Decision Diagram	二元决策图
BEOL	Back End of Line	后道工序
BFM	Bus Functional Model	总线功能模型
BMC	Bounded Model Checking	有界模型检测
CAD	Computer Aided Design	计算机辅助设计
CAE	Computer-Aided Engineering	计算机辅助工程
CBC	Cipher Block Chaining	密码分组链接
CE	Circuit Editing	电路编辑
CEGIS	Counter-Example Guided Inductive Synthesis	反例引导归纳综合
CIC	Calculus of Inductive Construction	归纳构造演算
CM	Central Moment	中心矩
CNF	Conjunctive Normal Form	联结正常形式
CPP	Cross-plane port	跨面端口
DFD	Design-For-Debug	可调试性设计
DFS	Depth First Search	深度优先搜索
DFT	Design For Test	可测性设计
DMA	Direct Memory Access	直接存储器访问
DPA	Differential Power Analysis	差分功耗分析
DPM	Dynamic Power Management	动态功耗管理
DRC	Design Rule Check	设计规则检查
DSD	Dynamic State-Deflection	动态状态偏转
DSeRC	Design Security Rule Check	设计安全规则检查
DSP	Digital Signal Processor	数字信号处理器
DTA	Dynamic Taint Analysis	动态污渍分析
DTM	Dynamic Thermal Management	动态温度管理

ECC	Elliptic Curve Cryptography	椭圆曲线密码学
ECP	Elliptic Curve Processor	椭圆曲线处理器
EDA	Electronic Design Automation	电子设计自动化
EEPROM	Electrically Erasable Programmable Read-Only Memories	带电可擦除可编程只读存储器
eMSK	enhanced Multi-Segment Karatsuba	增强多段 Karatsuba
EOFM	Electro-Optical Modulation	电光调制
FANCI	Functional Analysis for Nearly-unused Circuit Identification	几乎未使用电路识别的功能分析
FIB	Focused Ion Beam	聚焦离子束
FIFO	First-In, First-Out	先进先出
FIPS	Federal Information Processing Standard	联邦信息处理标准
FPGA	Field Programmable Gate Array	现场可编程门阵列
FSM	Finite State Machine	有限状态机
HARPOON	HARdware Protection through Obfuscation Of Netlist	基于混淆网表的硬件防护
HDL	Hardware Description Language	硬件描述语言
HiFV	Hierarchy-preserving Formal Verification	层次化形式验证
HT	Hardware Trojan	硬件木马
HW	Hardware	硬件
IEEE	Institute of Electrical and Electronics Engineers	电气与电子工程师学会
IFS	Information Flow Security	信息流安全
IIR	Interrupt Identification Register	中断识别寄存器
ILA	Instruction-Level Abstraction	指令级抽象
IoT	Internet of Things	物联网
ISA	Instruction Set Architecture	指令集架构
ITRS	International Technology Roadmap for Semiconductors	国际半导体技术路线图
LFF	Largest Fanout First	最大扇出优先
LFSR	Linear Feedback Shift Register	线性反馈移位寄存器
LTL	Linear Temporal Logic	线性时间逻辑
LUT	LookUp Table	查找表
LVX	Laser Voltage Techniques	激光电压技术
MMIO	Memory-Mapped Input/Output	内存映射的输入/输出端口
MPU	Micro Processor Unit	微处理器单元
MRA	Mutating Runtime Architecture	运行时可变体系结构
MSB	Most Significant Bit	最高位
MSK	Karatsuba Multi-Segment Karatsuba	多段
MUX	Multiplexer	多路复用器
NI	Network Interface	网络接口
NICV	Normalized Inter Class Variance	归一化类间方差

NoC	Network-on-Chip	片上网络
NoC-SIP	NoC Shielding Plane	NoC 屏蔽平面
OTP	One-Time Programmable Memory	一次性可编程存储器
OVM	Open Verification Methodology	开放性验证方法
PAD	Probe Attempt Detector	探针型探测器
PBO	Pseudo Boolean Optimization	伪布尔优化
PCC	Proof-Carrying Code	随码证明
PCH	Proof-Carrying Hardware	可证明硬件
PCHIP	Proof-Carrying Hardware IP	可证明硬件 IP 核
PE	Photon Emission	光子发射
POS	Product-Of-Sums	和积
PPI	Pseudo Primary Inputs	伪主输入
PPO	Pseudo Primary Outputs	伪主输出
PSL	Property Specification Language	属性规范语言
PUF	Physical Unclonable Function	物理不可克隆函数
RAM	Random Access Memory	随机存取存储器
RDA	Received Data Available	接收数据可用
ROBDD	Reduced Order Binary Decision Diagram	简约的有序二元决策图
ROM	Read-Only-Memory	只读存储器
RSR	Reconfigurable ShiftRows	可重构到位移
RTL	Register-Transfer Level	寄存器传输级
SAMD	Shared-Address Multiple-Data	共享地址多数据
SAT	Satisfiability	可满足性
SCA	Side Channel Analysis	侧信道攻击
SEM	Scanning Electron Microscopy	扫描电子显微镜
SFR	Special Function Register	特殊功能寄存器
SHA-1	Secure Hash Algorithm 1	安全散列算法 1
SNR	Signal to Noise Ratio	信噪比
SoC	System on Chip	片上系统
SOP	Sum-of-Products	积和
SPA	Simple Power Attack	简单功耗攻击
SPP	the Single Plane Port	单面端口
SRSWOR	Simple Random Sampling WithOut Replacement	简单随机无放回抽样
SRSWR	Simple Random Sampling With Replacement	简单随机有放回抽样
SSH	Secure SHell	安全防护
SW	SoftWare	软件
TLM	Transaction-Level Modeling	事务级建模
TLS	Transport Layer Security	传输层安全性

TSV	Through-Silicon-Via	通硅孔
TTP	Trusted Third Party	可信第三方
TVLA	Test Vector Leakage Assessment	基于测试量的漏洞评估
TVVF	Timing Violation Vulnerability Factor	时序违规漏洞因子
UART	Universal Asynchronous Receiver/Transmitter	通用异步接收器/发送器
UCI	Unused Circuit Identification	未用电路识别
UV	Ultra-Violet	紫外线
VLIW	Very Large Instruction Word	超大指令字
XRAM	External Memory	外部存储器
XOR	eXclusive-OR	异或

致　谢

没有硬件安全和可信领域的许多研究人员和专家的贡献，本书不可能完成。我们非常感谢以下为本书章节做出贡献的作者：

- Adib Nahiyan，佛罗里达大学，美国
- Debapriya Basu Roy，印度理工学院，印度克勒格布尔
- Marc Stoettinger 博士，达姆施塔特工业大学，德国
- Nicole Fern 博士，加州大学圣巴巴拉分校，美国
- Pramod Subramanyan 博士，普林斯顿大学，美国
- Farimah Farahmandi，佛罗里达大学，美国
- Jaya Dofe，新罕布什尔大学，美国
- Jonathan Frey，德雷珀，美国
- Kan Xiao，英特尔，美国
- Debdeep Mukhopadhyay 教授，印度理工学院，印度克勒格布尔
- Domenic Forte 教授，佛罗里达大学，美国
- Hassan Salmani 教授，霍华德大学，美国
- Qiang Xu 教授，香港中文大学，中国
- Qiaoyan Yu 教授，新罕布什尔大学，美国
- Sharad Malik 教授，普林斯顿大学，美国
- Sorin Alexander Huss 教授，达姆施塔特工业大学，德国
- Tim Cheng 教授，加州大学圣巴巴拉分校，美国
- Yier Jin 教授，中佛罗里达大学，美国
- Qihang Shi，康涅狄格大学，美国
- Shivam Bhasin，印度理工学院，印度克勒格布尔
- Sikhar Patranabis，印度理工学院，印度克勒格布尔
- Yuanwen Huang，佛罗里达大学，美国
- Yuejun Zhang，新罕布什尔大学，美国

这项工作得到了美国国家科学基金会（CNS-1441667，CNS-1558516，CNS-1603475，CNS-1603483）、半导体研究公司（2014-TS-2554，2649）和思科公司的部分支持。本书中提出的任何意见、发现、结论或建议仅为作者和贡献者的意见，不代表国家科学基金会，半导体研究公司或思科公司的观点。

内 容 简 介

本书介绍了基于知识产权（IP 核）的片上系统（SoC）设计方法，着重分析了在 SoC 设计、制造、部署周期各个阶段 IP 核所面临的安全威胁，读者将从中了解对于不同类型的 IP 核安全漏洞和如何通过 IP 核安全设计方案或者安全对策克服这些漏洞，其中包括多种 IP 核安全与可信的评估以及验证技术。

本书可为构建安全、可靠及可信 SoC 的系统设计者和从业者提供有价值的参考源。